Advanced Game Design
A Systems Approach

游戏设计进阶

一 种 系 统 方 法

[美] Michael Sellers 著

李天颀 译

電子工業出版社
Publishing House of Electronics Industry
北京·BEIJING

内 容 提 要

作者凭借 20 多年设计游戏、领导游戏开发团队以及教授游戏设计的经验，将游戏设计实践与成熟的系统理论相结合，帮助读者厘清目标以及实现目标的最佳方式。

本书首先为读者奠定了系统性思维的基础，解释了游戏与乐趣的本质。之后严格基于系统性思维，分层次、自顶向下地讲解了游戏设计的步骤。此外还阐述了游戏平衡的重要性，以及如何系统地调整游戏平衡。最后对游戏开发过程中会遇到的各种实际问题也进行了介绍。

本书适合各层次的游戏设计人员、独立游戏开发者以及高等院校相关专业的学生阅读。

版权贸易合同登记号　图字：01-2018-3998

图书在版编目（CIP）数据

游戏设计进阶：一种系统方法/（美）迈克尔·塞勒斯（Michael Sellers）著；李天顺译. —北京：电子工业出版社，2019.8
书名原文：Advanced Game Design: A Systems Approach
ISBN 978-7-121-36664-2

Ⅰ. ①游… Ⅱ. ①迈… ②李… Ⅲ. ①游戏程序－程序设计 Ⅳ. ①TP317.6

中国版本图书馆 CIP 数据核字（2019）第 100462 号

责任编辑：付　睿
印　　刷：北京捷迅佳彩印刷有限公司
装　　订：北京捷迅佳彩印刷有限公司
出版发行：电子工业出版社
　　　　　北京市海淀区万寿路 173 信箱　　邮编：100036
开　　本：787×980　　1/16　　印张：26.75　　字数：522 千字
版　　次：2019 年 8 月第 1 版
印　　次：2023 年 9 月第 8 次印刷
定　　价：99.00 元

凡所购买电子工业出版社图书有缺损问题，请向购买书店调换。若书店售缺，请与本社发行部联系，联系及邮购电话：（010）88254888，88258888。
质量投诉请发邮件至 zlts@phei.com.cn，盗版侵权举报请发邮件至 dbqq@phei.com.cn。
本书咨询联系方式：010-51260888-819，faq@phei.com.cn。

献给致力于创新和成为下一代游戏设计师的所有人！

译者序

对当今这个时代的年轻人来说，"游戏"这个事物多多少少都会伴随其成长过程中的某个，抑或某些个阶段。在国内，经过 20 多年的发展，游戏得到了正名，从媒体、家长眼中的"洪水猛兽"变为全民的娱乐项目。越来越多的人看到了游戏在减压、情感熏陶、社交、文化传播以及经济效益提升等方面的作用。怀揣梦想的年轻人也正前赴后继地踏入"游戏开发"这一领域。

游戏开发过程中主要涉及的职能包括程序、美术与设计（也就是策划），但相比前两者，在游戏设计领域，很长一段时间内并无成体系的基础理论，对设计师的水平也并无太多置信度高的评判标准。实际上，游戏设计是长期基于经验主义来开展的。从实际落地的角度考虑，这固然有它的可取之处，但同时，纯工匠式的经验传承不能将一个领域拓展成正式的、拥有一整套方法论的学科。

纵观人类文明发展的进程，每发现一个新领域，最常见的操作是：将已有的成熟领域中的理论体系作为开拓这个新领域的类比对象、参考标准以及指导，即"站在巨人的肩膀上"。游戏设计作为一个极其年轻的新生领域（相对其他领域来说），也正走在这条逐渐成熟的道路上——而这正是本书作者 Michael Sellers，以及其他一些学者努力做的事情。

如本书副书名所描述的那样，在本书中，"系统性思维"贯穿所有章节。你会频繁地看到诸如"部分、循环、整体""涌现""层次结构"这样的概念。实际上，游戏作为一个天生的分层体系，从系统的角度来思考、剖析以及学习，是再合适不过的了。也因此，就设计本身而言，本书更侧重"如何系统化地展开设计"，侧重方法论，而并未过多涉及"怎样设计会获得更多的乐趣"。

如果你想在游戏设计领域一展拳脚，那么这本书可以成为你不二的行动指南。书中高度组织化的知识体系可以让你无论是从头设计一个全新的系统（乃至整个游戏），以批判的角度看待一个既有系统，还是调整、平衡一个不够完美的系统，都能得心应手。

如果你立志做一个独立游戏开发者，那么这本书也是为你而生的。本书除教授设计方法的"本职工作"以外，还详细介绍了从"形成理念"到"游戏上线"整个开发过程中会遇到的所有非技术问题，甚至连如何招商引资（即书中提到的"推介"）、如何团结好团队成员等都有涉及，而这些内容往往是小规模独立开发者容易忽视但又深受其害的痛点。

另外，正如 Michael Sellers 所提到的，本书也可以成为大学相关专业的教材。希望在不久的将来，年青的一代都能以系统性思维来看待游戏设计，以及其他所有遇到的问题。

本书在翻译过程中，得到了电子工业出版社付睿等众多编辑朋友从一而终的支持。对于大规模翻译经验不够丰富的我来说，是她们的帮助让本书"进化"成现在这样。在这里，我表示由衷的谢意。

我要感谢皮皮关的伙伴们。创业是一条一般人难以想象的艰辛之路，如果没有一致的愿景——培养出真正热爱游戏开发的人，身为摸鱼达人的我也绝没有动力将这本 400 余页图书的翻译工作坚持下来。

我也非常感激电子科技大学 2006 级通信 4 班一干志同道合的兄弟——李享、方鑫、韩峰、朱野石、吴瑞竹等人，以及学弟谭经纬、吕珏等人。一个人的阅历终究是有限的，正因为有大家的帮助，我才能更迅速地了解书中的典故，更准确地抓住书中各事例背后的含义。

感谢我的朋友吕姣。如果没有她，这本书根本不可能出现。**Thanks girl！**

最后，我要感谢我的父母蒋兆平、李桂秋。套用郑渊洁老师的一句话：是他们不遗余力地把自己的孩子推荐到了这个世界上，之后又不遗余力地向世界推荐孩子的才能。

由于水平、阅历等诸多限制，本书中难免会出现翻译以及理解错误，在此恳请各位读者将发现的问题反馈给我，我将不胜感激！

李天顺

2019 年 1 月于成都

致谢

任何一本书都是一次关于写作的旅程。我要感谢我的家人、朋友以及同事，他们多年如一日地帮助我厘清游戏设计的思路，同时也催促甚至强迫我坚持走完这段旅程。特别地，我要感谢 Ted Castronova 和 Jeremy Gibson Bond 给我的持续支持；感谢我印第安纳大学游戏设计课程的学生们，他们与我共同测试了这本书中的用例；同时最重要的，我要感谢我的妻子 Jo Anna，感谢她多年来坚定不移的爱、支持与鼓励。

我也要感谢 Kees Luyendijk 在读研究生期间担任这本书的插画师以及早期读者！我很感激 Laura Lewin、Chris Zahn 以及培生教育集团的其他编辑朋友们，是他们的指导和支持才使这本书得以问世；我同时还很感激 Daniel Cook 和 Ellen Guon Beeman，他们不遗余力地担任了本书的技术测评者，测评过程睿智而又深刻。缺少上述任何一个人的辛苦工作，这本书都不可能面世。

关于译者

李天顺，电子科技大学工学硕士，毕业后凭借一腔热情投身游戏行业，做过游戏策划，也兼任过游戏运营。曾负责的主要产品有《自由之战》《聚爆》《兰空 VOEZ》等。如果读者有什么疑问或者想要与译者交流、沟通，欢迎联系译者，联系方式是 castlevaniax@qq.com。

关于作者

Michael Sellers 是印第安纳大学伯明顿分校的实践型教授，也是游戏设计课程的负责人。

自 1994 年以来，Sellers 一直以职业游戏设计师的身份专注于社交、移动以及大型多人在线游戏（MMO）的设计。他曾成功成立并运营 3 个游戏工作室，也曾以首席设计师、执行制作人、总经理、创意总监等身份供职于 3DO、EA、Kabam 及 Rumble Entertainment 等知名游戏开发公司。

他的第一款商业游戏是曾获殊荣的《子午线 59》（*Meridian 59*），1996 年发行，是世界上第一款 3D MMO。他同时也是《模拟人生 2》（*The Sims 2*）、《网络创世纪》（*Ultima Online*）、《度假村》（*Holiday Village*）、《爆弹战士》（*Blastron*）、《狂神国度》（*Realm of the Mad God*）等游戏的首席设计师。

在游戏领域的工作之外，他还牵头发布了有关人工智能的独创性研究。此项研究由美国国防高级研究计划局（DARPA）提供部分资助，主要专注于"社交人工智能"——创造在各种社交场合均表现得体的智能体。这些潜心研究使得 Sellers 在下述领域取得了重大突破：令人工智能体基于统一的心理结构进行学习、构建社会关系、拥有并表达情感。

Sellers 持有认知科学学士学位。除了设计游戏与研究 AI，他还曾是一名软件工程师、用户界面设计师、RPG 微缩雕刻家，以及短暂的马戏团临时工、群众演员。

Sellers 的贝肯数[1]为 2，他希望有朝一日能拥有一个埃尔德什数[2]。

---

1 贝肯数是一个基于"六度分割理论"的概念，是描述好莱坞影视界一名演员与著名影星凯文·贝肯的"合作距离"的数字。——译者注
2 埃尔德什数描述的是与匈牙利数学家保罗·埃尔德什的"合作距离"的数字。——译者注

目录

第I部分　基础

第 II 部分　原理

第 III 部分　实践

引言

人能做到的最困难的事情之一就是创造好游戏，尽管很多人可能连这件事本身都看不起。而且，这也不可能是那些脱离了本能价值观的人所能做的。

——Carl Jung[1]（Van Der Post，1977）

一种组合式游戏设计方法

本书是一本不同寻常的游戏设计指南。在其中你可以了解到深入的理论，基于各种游戏设计理论的实践，以及经过验证的行业实践。所有这些都是通过理解与应用系统性思维得到的。正如你将看到的，游戏设计与系统性思维以神奇的、提供信息的方式互补。将这些组合起来，可以帮助你成为一名更好的游戏设计师，并让你以全新的方式看待世界。

本书的缘起

我从 1994 年起就一直从事职业游戏设计师的工作，在那时我和我的兄弟共同成立了我们的第一家公司，Archetype Interactive。而早在那之前，自 1972 年参与设计一款题材为亚述战争的六边形军棋开始，我就已经将设计游戏当作一门爱好了。在关于游戏的职业生涯中，我先后得到了多个负责不同独创性项目的机会，包括《子午线 59》，世界上第一款 3D MMO；《模拟人生 2》；一种先进的、用于军事训练和游戏内人工智能的程序 Dynemotion；以及各种大大小小的其他游戏。

在我身处学校、先后从事软件工程师、用户界面设计师以及游戏设计师的这么多年来，我着迷于系统性、涌现性以及凌驾于线性集中控制的旧模式之上的各种想法。在我

---

1 Carl Jung 是瑞士著名精神分析专家，分析心理学的创始人。

看来，游戏在让我们与系统交互、认识到系统的真正意义以及它们究竟如何运作等方面，有着自己的独特能力。如果这个世界上真的有魔法，那么它就存在于系统的运作中。从原子如何形成，到萤火虫如何让各自的闪烁保持同步，以及经济体系如何设定价格——要知道是没有人告诉它们具体方法的。

采用系统性的方法进行游戏设计并不容易——它很难理解和表达，更不要说最终敲定具体的设计。但我发现这种方法对创建逼真的世界——系统——是极其有效的，玩家可以很容易地沉浸其中。根据我作为游戏设计师的经验，对"能够清晰地实际认识到产品是如何制造出来的"这种状态始终保持孩子般的敬畏感和好奇心，是至关重要的。把游戏视作系统，同时认清整体与各个独立的部分，给了我达成上述要求的能力。学习如何把这种组合式的好奇心与实践表达出来并运用到游戏设计与生活中，是这本书的缘起。

本书涉及的内容

本书是一本进阶游戏设计的教科书。它可以被选作大学阶段课程的一部分，读者也可以以自我提升为目的阅读。本书为基于系统性思维语言的游戏设计提供了严谨、广泛而深入的检验。它尝试作为"深入到根基"的基础教材，而不是一本简单的、轻度的入门书。如果你刚开始进行游戏设计，要做好这是一场艰难旅程的准备。然而，如果你想学习系统性游戏设计理论，以及基于该理论的、已被行业验证的设计实践，本书就是为你而生的。

更具体地说，本书并不专注于关卡设计、谜题设计、改编现有游戏、创建动画精灵、制作对话树或者其他类似主题。相反，它主要专注于创建那些我们平时称之为系统的东西——战斗系统、任务系统、公会系统、交易系统、聊天系统、魔法系统等——通过更深入地理解系统真正是什么，以及设计系统化的游戏有什么意义来进行。

为了更深入地理解系统，在书中我们会尝试窥探很多其他领域，包括天文学、粒子物理、化学、心理学、社会学、历史学和经济学。乍一看这些内容可能跟学习系统以及游戏设计无关（甚至还是一个障碍），但实际上，自如地借助众多学科的力量是成为一个成功的游戏设计师所应具备的重要能力。作为一名游戏设计师，你需要学会撒下一张有关思想和教育的巨大网络，在广阔的领域中获取能用来提升自己设计能力的知识。

本书还讲述了成为一名职业游戏设计师的意义所在。通过阅读本书，你会学到游戏设计的原理和方法，也将认识到在这样一个充满活力的行业中工作是什么样子的。同时，你还会了解到如何成为高效、多样、创新的团队的一分子,以及设计和开发成功游戏的过程。

本书的目标

阅读本书并运用其中的原理,会让你更加清楚地认识到系统与游戏是如何相互启示和照应的。最终的目标是让你构建出更好的游戏以及更出色的游戏系统,尽管这样的目标是大大高于实际行业目标的。

游戏和系统可以被看作相互辉映的光线,或是成对的透镜,互相帮助聚焦对方的形象。因此,系统和游戏是构成一个整体系统的两部分(见图I.1)。正如你即将看到的那样,游戏和系统是紧密交织在一起的。用系统性思维语言来说,它们在结构上是耦合的,形成一个更大系统的两部分,就好像马与骑手,或者游戏与玩家那样。"游戏+玩家"系统将会贯穿本书的始终。

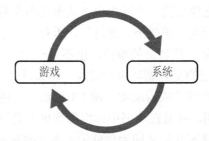

图 I.1　游戏与系统相互呼应,并共同构成一个更大的系统

在原理和理论方面,本书的目标是帮助你更好地理解系统以及在系统中思考的意义。这包括语境思维以及另一项能力:看到不同元素是如何相互作用,从而创造出全新的且往往出人意料的东西的。系统性思维本身是一个广泛的话题,但游戏设计为理解它提供了一个独特的视角,反之亦然。

更实际的,这本书的第一个目的是帮助你学习在系统性思维框架内分析现有的游戏设计、识别并将隐藏于其中的系统暴露出来。你将了解到游戏中的系统如何相互作用,以及它们能否在当前环境中有效工作:它们是否为设计师想要的体验类型创造了对应框架?要回答这个问题,你需要知道如何在游戏组织结构的不同层次间游走。作为一名游戏设计师,你将学会观察整个游戏,构建该游戏的系统、各个单独的部分以及它们之间的关系。图 I.2 用图形展示了上述内容。你将在书中看到关于这些过程的更多细节,无论是在一般的系统还是在游戏这一特定领域。

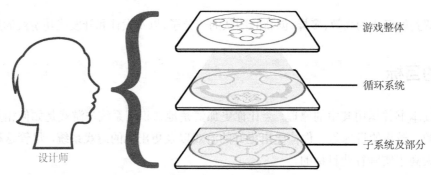

图 I.2   一个游戏设计师能够将视点和焦点在整体、核心循环和部分之间游走。学会以这种方式来观察游戏和进行游戏设计是本书的主要目的

除了将游戏看作系统外，本书的第二个目的是帮助你构建属于你自己的游戏设计，有意并明确地将你想要创造的体验和游戏中的底层结构、过程联系起来。要成为一个优秀的游戏设计师，你需要练习将游戏的想法从脑海中抽取出来，并把它们变成其他人可亲身体验的现实。这个感觉像是把一个游戏想法从永远不需要完全定义的阴影中拖曳出来，并将其置于全方位无死角的阳光下，在这里，所有的具体部分和行为都必须被彻底分类与验证。这从来都不是一件容易的事情，也不是一项一次性练习：在每个游戏中，你作为设计师，将在你自己的交互循环中与游戏、玩家以及"游戏+玩家"的系统进行交互，以让你想创造的游戏体验成为现实。图 I.3 展示了上述内容的图像化描述。在第 4 章中你会再次看到这幅图，并且在本书中你将看到更多类似这样的系统循环图。这幅图，以及前面两幅图，在寥寥几笔之间为你展示了本书的基本思想。

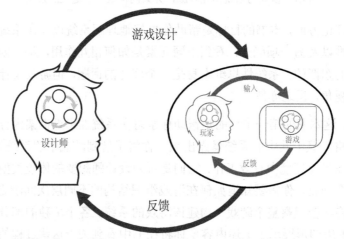

图 I.3   设计师循环，展示了设计师与"玩家+游戏"子系统进行交互的母系统。
参看第 4 章和第 7 章以了解更多细节

定义和设计游戏的一个重要部分，是把自己当作团队一分子来对待，团队对设计进行具体开发，并赋予其生命。这个目标是为了帮助你了解，作为游戏开发的一部分，游戏设计具体会涉及的角色以及过程。这些知识并不是理想化的纯理论，而是基于实际的游戏团队几十年如一日的辛苦工作——以及一些最新的对数据驱动的观察：为什么一些团队和游戏成功了，而另一些却没有。

回到第一个目标，同时也是最后一个目标上来，我写这本书最大的愿望是，你不仅可以创造出有目的的、系统化的游戏设计，而且还能将这些系统知识推广到你的日常生活中。系统就在我们周围，并且正如你将看到的，理解它们正变得越来越重要。

为了阐述清楚这一切，本书的核心前提条件有以下三个部分。

- **游戏设计是系统设计。** 游戏与游戏设计为系统性思维提供了一个独特的视角。要真正将如何在系统中思考内化于心，没有比探索游戏中的系统以及设计迷人的游戏更有效的方法了。理解系统使你能够创造更好的游戏，创造更好的游戏又反过来使你加深对系统的理解。它们好比成对的透镜，每一方都聚焦和增强对另一方的理解。
- **系统性游戏设计的具体掌控力将取决于你在系统中思考的能力——当然，它本身也会揭示你的这项能力。** 当今的游戏设计仍然比已确立的理论更加有探索性和特定实践性。对如何进行系统化的设计和构建游戏有更深入的理解，会为游戏之外的设计原理提供必要基础。这些原理将帮助你创造更好、更有吸引力的游戏，并将增强你对系统性思维的整体理解。熟悉这些能帮助你在各方面都有所突破。
- **在 21 世纪拥有系统性思维，就跟在 20 世纪拥有基本读写能力一样重要。** 在 20 世纪早期，你即使不知道如何读写也可以在西方世界的很多地方生存。而随着时代变迁，读写能力越来越被认为是一个人理所当然应具有的，以至于没有读写能力很难在日常生活中畅通无阻。

同样的道理，知道如何识别、分析和创建系统是 21 世纪所应具有的关键技能。很多人没有这种能力也过得还行（至少目前如此），但随着时间的推移，系统性思维将像阅读与写作一样成为一种思维方式，它对于你在这个世界中畅游是如此自然而关键，以至于你都是无意识地去使用，而不再会专门想到它。那些继续使用局限性、线性和简化性思维方式的人将被抛在后面，无法有效应对周遭世界发生的日新月异而又相互关联的变化。同样地，你需要能够将世界视为系统，并在你的游戏设计中有意识地使用到它们。当我们的世界变得越来越内联与互动时，在你的游戏设计技能中建立这样的体系将会给你带来越来越多的帮助。

怎样阅读这本书

有一些不同的方法来阅读本书并从中获取知识。第一种是按顺序阅读各章节，先关注基础理论，然后是游戏设计的原理，最后是实践性元素。这种方法看起来似乎是一个漫长的过程，但它将为支撑和情景化游戏设计的实践元素提供最有效的基础。将本书着重介绍理论的部分放在首位阅读就像为一座高楼挖地基：是向下而不是向上。看上去方向似乎南辕北辙，但却确保了整个结构不会在之后倒塌。同样，在将系统应用于游戏之前，首先要更好地了解系统本身，这样会帮助你在之后创造更好、更成功的游戏。（然后你可以再次回到本书的系统部分，用已经学过游戏设计后的角度和观点，来看看此时的你能否更好地理解系统。）

如果对你来说，没有必要在学习一本游戏设计书籍的实际设计部分之前熟读所有理论，那么你可以在本书的理论、原理与实践这三个不同的部分之间来回切换。我的建议是先学习一些有关系统和它们如何工作的基础，不过你之后可能想去读一些关于它们如何应用在游戏设计中的章节并来回跳转。在某种程度上，你希望获取足够的理论，以在没有错过任何重要东西的前提下花费更多的时间在实践环节上。系统性思维因素将有助于支撑和改进你的设计工作，不过话说回来，在实践阶段，要做的事情实际上都已经做完了。

快速浏览

本书分为三部分：第 I 部分"基础"，第 II 部分"原理"，第 III 部分"实践"。正如前面提到的，每一部分都建立在它之前章节的信息基础之上，并与之相关联。第 I 部分是最理论化的，研究系统、游戏以及交互性。第 II 部分构建并应用基础元素来设计游戏中的系统，以及系统化地设计游戏。最后，第 III 部分讨论了在现实世界中如何设计、构建和测试游戏。

这三部分构成了一个循环，第 III 部分实践环节反映了你对于第一部分理论的理解。通过这种方式，本书构成了一个系统，如图 I.4 所示。这种"不同部分间相互影响，构成了循环并创造了一个有机整体"的思想是本书的核心，你将在阅读的过程中对它有越来越深的体会。

图 I.4　基础、原理和实践是本书，乃至一个关于游戏设计的更大系统的一部分

章节总览

第 1 章 "系统基础"，是第 I 部分的开端。这一章概述了看待世界的不同方式。它包含系统性思维在过去几个世纪的演变简史，同时着眼于为什么系统性思维是如此重要，并展开了一场从忒修斯的船到原子的中心的、稍显奇特的旅程，（最终回到主题，）以说明无论人的肉眼是否能观察到，系统都是普遍存在于这个世界上的。这听起来很抽象，但它直接关系到你对系统、游戏设计，以及玩家如何以设计者预料不到的方式体验游戏等这些方面的深层次的理解。

第 2 章 "定义系统"，更详细地深入到系统本身，提供了贯穿整本书剩下部分的结构和功能的定义。在这里你将首次看到部分、核心循环以及整体的层次结构。这些内容适用于所有系统，同时你也将在设计系统化游戏时使用到它们。通过这一切，你会与各种各样的例子打交道，比如眼镜蛇效应问题，雪球效应的平衡机理，事物之间的边界如何形成，以及涌现性难以掌控、有时甚至是令人费解的本质。这将引导我们探索这些问题背后的深远意义，以及意义本身是如何在现实世界和游戏中产生的。到这里，你可能会看到系统无处不在，并已经做好以这样的角度看待游戏的准备。

第 3 章 "游戏与游戏设计基础"，回答了一些基本但重要的问题，比如 "什么是游戏"，你会发现，有时这些问题的答案并不是那么显而易见，你将逐渐认识到当今游戏设计理论的局限性。你也会更清晰地了解到游戏设计在过去是如何完成的，以及它是如何从心照不宣的、特殊经验主义的设计转变为明确、基于理论的系统性设计的。

第 4 章 "交互与乐趣"，讨论了交互性这样一个重要而棘手的主题，它将在理论与实践两方面为你的游戏设计知识脉络添砖加瓦。这不仅包括不同类型的交互，还包括玩家如何构建游戏的心智模型，以及你作为游戏设计师如何与玩家和游戏本身交互。在讨论过程中，本章甚至直面定义 "乐趣" 这样一个恼人的问题。作为一名设计师，你需要考虑你的游戏这样设计的乐趣何在。

第 5 章"做一个系统化的游戏设计师"，为第Ⅱ部分的开端。在第Ⅰ部分我们深入到了理论空间，而在这一部分我们尝试绕回到坚实的地面。你在第Ⅰ部分中学到的所有有关系统的东西，现在都将用在游戏设计中，并将在游戏中创建和其他一般系统中一样的结构。另外，你也将开始发现你作为一名设计师的长处——以及那些需要寻求他人帮助的地方。

第 6 章"设计整体体验"，涵盖了系统性设计的最高层次以及游戏理念的创建。这包括在一句话和一个简短的文档中进行蓝天设计并捕捉你想法的过程。

第 7 章"创建游戏循环"，回到系统循环的概念，并将它们应用到游戏设计中。本章讨论了任何游戏中都必然存在的多种循环——游戏内循环，玩家的心理循环，游戏与玩家之间的交互循环，以及你作为设计师从外部观察到的"玩家+游戏"这样一个系统的循环。本章还详细介绍了游戏系统中常见的一些循环，以及用于设计和记录它们的工具。

第 8 章"定义游戏部分"，深入到了创建游戏系统的细节之中。你需要对游戏系统的各个部分都有一个清晰而详细的理解，包括它们定义的属性和行为——以及如何使用它们来构建第 7 章所讨论的游戏循环。

第 9 章"游戏平衡方法"，揭开了第Ⅲ部分的序幕。作为本书的最后一个部分，第Ⅲ部分着重于设计和构建游戏的实践元素。本章与第 10 章构成了本书着重讨论游戏平衡性的两个章节。本章涵盖了各种不同的方法，如基于设计师的、基于玩家的、分析型的以及数学建模类的，这些方法都可以用来平衡游戏中的各个部分和循环。本章还介绍了传递与非传递系统的概念，以及它们是如何最为有效地达成平衡的。

第 10 章"游戏平衡实践"，是有关游戏平衡讨论的下半部分。使用第 9 章中讨论的方法，你将学习如何达成系统的有效进程平衡与经济平衡，以及如何根据实际玩家的行为来平衡你的游戏。

第 11 章"团队合作"，将视点从游戏设计本身放远至成为成功开发团队中一分子的过程。这里有一些特定的实例，这些实例无论是在数量上还是在几十年的经验中都能称得上是典范，它们将成为你作为游戏设计师的良师益友。本章还概括了开发团队所需要的不同角色，以便你更好地理解构成游戏开发系统的所有人的不同身份。

第 12 章"实现你的游戏"，将所有的基础、原理和实践点整合在一起，并添加了一些对实际制作游戏最为重要的方面。要开发一款游戏，你必须能够有效地传达你的想法。你还必须能够快速地构建原型，以及高效地对游戏进行测试，从而让游戏更加接近你想要给玩家创造的体验。了解了开发的这些方面，以及任何完整的游戏开发项目都需经历的各个阶段，不仅可以帮助你在口头上讨论、在概念中设计你的游戏，还能真正地构建它并让他人乐在其中。而这，就是所有游戏设计师的终极目标。

总结

本书结合了基础理论、系统原理和实践过程，将其作为游戏设计的一种方法。通过详细了解系统是如何运作的，你将在本书中学到如何运用系统性思维的原理制作更好的游戏。

你也将看到世界范围内正在运作的各种系统，并用你的认知在你的游戏设计中创建类似的系统。这将提高你运用这些原理和行业已验证方法创造游戏的能力，使你创造的游戏更加系统化、有创造力以及有吸引力。

第 I 部分

基础

第 1 章

系统基础

对"系统是什么"有一个清晰的认识,是构建系统化游戏的关键。在这一章中,我们通过考察看待和思考世界的不同方式,以及快速回顾系统和系统性思维的历史,来深入挖掘系统基础。这将引导你更好地理解系统性思维的重要性,无论是在一般领域还是在游戏设计中。

最后,我们会开展一段奇异的旅程,从船到水,再到原子中心,所有这些都是为了更好地理解系统、事物和游戏究竟是什么。

观察与思维方式

大多数人很少会去考虑自己究竟是怎样进行思考的。这是一个被称为元认知的过程,即考虑思维本身。这对于一名游戏设计师来说是很重要的。你需要能考虑玩家是怎样思考的,以及你自己的思维过程。作为一名游戏设计师,你必须能理解人们观察与思考这个世界的习惯和局限性。虽然这本书的主要内容并不是关于感知或认知心理学,但它确实涵盖了这些领域的一些方面。

我们将讨论几种不同的思维方式。首先,我们来看一项被称为"密歇根鱼测试"的跨文化实验,该实验是由 Richard Nesbitt 教授、Takahiko Masuda 以及一些美国和日本的学生共同完成的(Nisbett,2003)。

快速看一眼图 1.1——不超过两三秒。你看到了什么?把视线从图片上移开片刻,然后快速写下你看到的内容,闭上眼睛大声说出来也行。

现在把视线移回图片,并将其与你的描述做比较。你有说过任何关于蜗牛或者青蛙的内容吗?你是不是说了三条大鱼,或者全部五条鱼?植物和岩石呢,你的描述中是否包括它们?你认为其他来自不同文化背景的人会如何用不同的方式描述这个场景?

图 1.1　Nisbett 的密歇根鱼测试（图片已获授权）

在 Nisbett 和 Masuda 的研究中，他们将这幅水族馆场景图给学生们展示了 5 秒钟，然后要求学生们描述所看到的内容。大多数美国学生描述了三条大鱼，而大多数日本学生则描述了一个更为全面的场景。随后，Nisbett 和 Masuda 又给学生们展示了基于原图做了些许变化的一些图。美国学生很快认出了三条大鱼（或者如果大鱼本身更换了，那么新的鱼也被很快认出），但他们往往会忽略植物、青蛙、蜗牛和较小的鱼。日本学生更善于注意到整个场景的变化，但往往更容易忽略三条大鱼的变化。换句话说，来自不同文化背景的学生确实在以不同的方式观察和思考同一幅图像。

基于这个测试结果以及其他更多的一些研究，Nisbett 发现美国人（以及那些具有西方传统思维的人）倾向于更加简约：他们把场景简化到了单独的个体部分，而忽略了这些部分之间的关系。相比之下，那些来自东亚文化的人更加有可能观察到整体形象，而较少关注个体局部。

密歇根鱼测试突出了这样一个事实，即不同的人有不同的思维方式，我们大多数人认为"我们的"思维方式就是每个人的思维方式——而事实显然并非如此。要想在系统中高效地思考并在游戏设计中使用它们，我们需要了解人们不同的思维方式。

现象学思维[1]

几千年来，尤其是在西方传统中，人们在思维方面几乎没有统一的理论体系。世界正如人们所体验到的那样，无论是用神秘主义、哲学、亚里士多德式逻辑还是以简单的观测学来单独解释，都是不可预知的现象。甚至在最后一种情况下，如果观测发现了由

1　这里使用的术语现象学思维是指前文描述的意义，而不是诸如 Kant、Hegel 或 Husserl 等后来的哲学家在领悟世界和对世界意识的结果研究中用来指代的意义。

不同现象所组合的任意模型，那么它们的产生是不需要任何潜在关系或规则驱动的。事物本就是如此。

　　一个主要的例子是宇宙的地心说。地球静止在宇宙中心，恒星、行星、月亮和太阳都围绕我们旋转。这一观点至少早在古巴比伦时期就已经存在，并以观测学（天空似乎确实在日夜不停地转动）与哲学（我们是世间万物的中心，这是毋庸置疑的！）相结合的形式长期保存了下来。随着时间的推移，天文学家们建立了复杂的模型来解释日益精确、有时甚至令人疑惑的观测现象，例如当行星在其轨道上沿本来的轨迹相反的方向运动时，这种现象被称为逆行运动。我们现在知道，这种明显的运动的发生是由于快速移动的地球正在超越运行速度较慢的外行星。但如果你的模型是世间万物都在绕着地球运动，那么这就成为一个很难解释的现象了。

　　正如你将会看到的，有疑问的观测现象越来越多，使得对它们的合理解释也变得越来越困难，最后导致产生了更加确定性的、合乎逻辑的以及最终的系统性思维。这里的关键点在于，几千年来，直到今天，在某些方面人们认知世界仍然是通过简单观测与推理相结合的方式：因为太阳每天都会从头顶经过，它必然是绕着地球转；因为今天下雪了，气温肯定不会变暖；或者因为我们公司去年赚钱了，我们应该投入更多的精力在相同的策略上。作为一种看待世界的方式，这会让个体的理解陷入局限性，而且很有可能在工作中受到潜在系统的显著影响。

　　例如，我们来做一番比较。一个人考虑"噢，潮水退得非常快，我可以借此机会搜索露出的海滩了"，而另一个人则了解这当中的潜在系统化原理，如此迅速退去的潮水是毁灭性海啸即将到来的警示。或者，一个人考虑"哇，抵押贷款突然很容易就能获得，我可以借此机会得到足够买更大房子的贷款"，另一个人则能看到这当中运作的系统，突如其来的变化意味着信贷紧缩以及灾难性的金融崩溃。将世界视为彼此不相关的孤立事件或任何更深层次的系统——即现象学思维——对于今天的我们来说是不够的。幸运的是，我们有更好的工具。

还原论思维与牛顿的遗产

　　我们将简要探讨艾萨克·牛顿（Isaac Newton）对系统性思维的兴起所起的关键作用。就现在来看，可以说这是推动有关世界的思维方式发生改变的重要组成部分。这里的改变，是指从有局限的观察和现象学思维转变为科学的、基于模型的还原论思维。

　　法国哲学家勒内·笛卡儿（René Descartes）在他 1637 年的著作《谈谈方法》（*Discourse on Method*，Descartes，1637/2001）中倡导了这一观点。他的核心思想是，宇宙及其中的一切都可被看作巨大的机械，可以将它们拆解——还原——成许多组成部分，以弄清楚它们是如何工作的。在这个观点中，任何现象，无论有多复杂，原则上都可以看作是其各个部分的总和，每个部分都对整体起作用，正如笛卡儿所说，"一个只由齿轮和重物组成的钟表，在确定与测量时间方面就比我们掌握的所有技能都精确。"

宇宙可以依据还原论来发掘和分析的观点来自笛卡儿和其他一些人。牛顿的思想虽然是建立在这些观点之上的，但他却是第一个将笛卡儿"宇宙像一个钟表机械"这样的想法带出哲学范畴，使之成为数学与科学领域中的一个统一观点的人。

科学法

简要地说，科学法涉及两个主要部分。

- 首先，观测某事物，对在特定条件下（取决于具体观测的事物）可能发生的事情做一个假设（合理推测），然后检验该假设是否正确。
- 然后，用不同的观测方法与假设来反复重复上述步骤。

这些假设与观测，通常需要除开某个特定的条件（改变该条件所带来的影响能唯一确定），其他所有条件都保持不变。这是一种分析方法，将一件事物分解成更简单的单位，然后依次检查每个部分或条件。这种"整个宇宙都可以通过此方法来发掘和认识"的想法是笛卡儿的核心哲学原理之一，它将科学思维与早期的现象学观点区分开来。

科学法的第二部分是将这些积累的观测结果拿来构建模型，用于描述基于观测结果和已验证假设的宇宙（或其中很小的一部分）。如果构建得好，这些模型又会产生新的等待解答的问题——更多可通过新的观测来检验的假设。如果这个模型成立，它会获得可信度；否则它在验证途中就会崩盘。[1]

由假设驱动的分析在本质上属于还原论分析。它导致还原论和决定论在我们当前的许多思想中得到广泛应用。正如还原论观点所坚持的那样，我们倾向于相信，我们可以将任何看似复杂的问题持续分解成更简单的子问题，直到解决方案显而易见。就这种还原论思维而言，其部分持有的观点是：就像机械一样，世界以确定性的方式运转，曾经

---

1 无可否认，这是一种有关科学如何发挥作用的理想主义观点。科学家作为人类，往往会过于执着于他们自己的想法，且往往会过快忽视他人的想法。长期以来，人们一直说"科学最大的进步是在葬礼上取得的"，意味着有时候科学家中的旧卫道士们不得不退休或者逝去，这样新思想才会得到它们应得的关注。托马斯·库恩（Thomas Kuhn, 1962）首次推广的"范式转换（paradigm shift）"的概念，是理解科学如何实际发挥作用的核心。理解思维方式通常是如何发生变化的也很重要，但对于这本概要性的游戏设计书籍来说，更长的讨论可能不太实际。

发生过的事情将会再次发生。事件不会随机发生，只要我们掌握所有相关条件，我们就能完美预测未来。这是阿尔伯特·爱因斯坦（Albert Einstein）在给他的朋友兼同事马克斯·玻恩（Max Born）的信中表达的观点，当时他们正在讨论量子力学的新理论。在这些信中，爱因斯坦用形如"你相信玩骰子的上帝，而我却身处客观世界里的完整规律与秩序之中"这样的评论，多次表达了这种确定性观点（Einstein, Born, and Born, 1971）。

在对世界的这种诠释中，问题的主体部分（如整个宇宙），可以简化分解为更加简单的部分，这些部分是完全可确定、可预测的。因此，通过这样的分析，我们可以找到问题的根源所在，并根据分析进行对应的修正。这种思维方式有许多优点。它在生活的各个方面为我们带来了数百年持续不断的进步，给了我们在塑造环境、避开危险等方面不断改善的能力，并提高了从食物和住所，到全球通信贸易的各种收益。

事实上，这种思维在整个商业和工程领域都有应用，而且效果通常都很好。例如，在许多计算机科学课程中，教师都是教学生将一个复杂问题或一组任务逐渐拆分为不复杂的部分，直到拆成一系列易于理解和实施的任务。或者在处理材料时，工程师们经常使用有限元分析，在这当中，被分析对象（例如钢结构梁）的每一个部分都被分解成不连续的部分（"元素"）和指定属性，然后再分析强度、压力等可以在整个对象上作为各部分总和来完成的内容。当然，这些分析得到的结果是近似值，但从建造建筑物到制造飞机和航天器，在各个领域中都被证明是很有用的。

然而，在社会中，我们经常过度使用这种兼具逻辑性、分析性、确定性的思维。[1]我们积极寻求解决方案，这种方案能将情况简化至最简单、最能确定的元素，即使这可能意味着无视复杂的交互作用，意味着选择了一个带领我们走向错误的方案。例如，我们经常将相关性（两件事情一起发生）与因果关系混淆起来，后者指一件事情是其他事情发生的原因。一种常见的说法是："由于随着冰淇淋消费数量的增加，溺水的案例增加，因此冰淇淋会引起溺水。"当然，这忽视了一个众所周知的潜在因素：当天太热的时候，人们会更频繁地游泳，且会更频繁地吃冰淇淋。冰淇淋与游泳仅仅是相关；其中一个并不会导致另一个的发生。

关于这种思维有很多有趣的例子（"随着海盗数量的减少，全球气温上升；因此，驱逐海盗将导致全球变暖！"），不过也有一些是真实存在的。例如，著名的《自然》杂

---

1 对美国人来说，从文化角度这可能比其他人更具真实性。许多年前，一位挪威记者告诉我，在他看来，美国人与众不同的是"他们相信每个问题都有解决方案。"当时，我对此感到困惑。我的想法是，"这是相对于什么而言的？"（Sellers, 2012）

志中有一项研究报告指出，两岁以下的儿童如果开着灯入睡，将来会引起其近视（Quinn et al.，1999）。然而，其他研究（Gwiazda et al.，2000）没有发现这样的结果，却发现近视与基因遗传有强烈关系（如果你的父母近视，你可能也会近视），而且近视的父母"更可能为他们的孩子使用夜间照明辅助设备"（Gwiazda et al.，2000）。尽管是专业且熟练的科学家，Quinn 与同事们仍然陷入了这样的陷阱：将开着灯入睡与近视的相关性误认为是因果性。

经济学领域中的一个类似的例子是，过多的国家债务（超过国内生产总值的 90% 以上）减缓了经济增长，导致该国人民身陷困境（Reinhart and Rogoff，2010）。然而其他经济学家后来发现因果关系完全弄反了：首先是增长放缓，然后国家才因此增加了债务负担（Krugman，2013）。当然，不同的经济学家关于这点争论了多年，一部分原因是因为他们在尝试找到根本诱因——那些导致确定、直接影响的条件。而这些条件，往往都处在不那么明显的地方。

实际上，在很多情况下，是不存在简单、符合逻辑的解决方案的。而且，试图通过分析将复杂领域简化为更简单的元素，很多时候只会得到不完整或误导性的结果。例如，Dennett（1995）称之为"贪婪还原论"的观点可以让人相信，人体不过是一堆化学物质——主要成分为氧、碳和氢——总价值约为 160 美元（Berry，2011）。这里似乎搞错了某些东西：你确定这些原子互相结合与关联能产生如此神奇的效果，大变活人？

另一个线性还原论思维的著名例子是被称为"眼镜蛇效应"的轶事。（原始来源很模糊，这里参考了 Horst Siebert 的一本德国书籍。）相传，在印度还处于英国统治下的时期，有毒眼镜蛇的泛滥是一个非常重大的问题——重大到政府愿意为每条眼镜蛇的头买单。这引发了一波狩猎眼镜蛇的狂潮，结果可想而知：眼镜蛇扰人和咬人事件的数量急剧减少。这毫无疑问是英国人想要的：一个良好的、线性的结果，只要你为人们带来的眼镜蛇头付费，人们就会这样做，灾害就会从这片土地上消失！不过政府官员很快注意到，即使已经没有任何证据显示还有残存的眼镜蛇，他们仍然在持续不断地为这一政策买单。很明显背后有其他事情正在发生。

由于种种怀疑，政府宣布不再为眼镜蛇买单。至少以现在的角度回顾，这样的结果是完全可以预料到的：事实证明，人们已经发现，通过饲养眼镜蛇，杀死它们，再用它们的头换金，可以很有效率地赚钱。当政府不再买单后，农民们不再需要这些爬行动物，因此他们将更多精心养殖的眼镜蛇放回了野外，致使眼镜蛇的数量比一开始的时候还要多！

像这样后果出人预料的例子有很多，当需要某个结果时，却出现了另一个戏剧性的、更糟的结果。不过偶尔地，这种意想不到的结果也会带来积极的一面。之后我们将讨论20 世纪 90 年代发生在美国的一个例子：将少量的狼释放到野外环境中，却产生了意料不到的深远影响。

为结束关于线性还原论与决定性思维的讨论，我们将思考单摆的例子（见图 1.2）。附在摆杆上并被固定在另一端的重物将会精确可预测地摆动。一个单摆的运动是如此规则，以至于你可以用其来展示地球是如何在其下方转动的，正如法国物理学家 Léon Foucault 于 1851 年发现的那样。这是笛卡儿、牛顿以及其他伟大思想家所看到的钟表世界的一个很好例子。

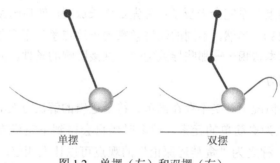

单摆　　　　　　　　双摆

图 1.2　单摆（左）和双摆（右）

然而，如果你对可靠的单摆做一个简单的改动，它就会变成完全不同的东西。如果在摆杆的中部增加一个关节，并允许该关节自由移动，那么其轨迹就会从完全可预测变成完全不可预测。双摆的轨迹是混沌的：非随机，因为它保持在已知范围内；但又不可预测，因为它对起始条件非常敏感。对于双摆下落的位置做一个非常微小的改动，都会引起它的路径发生巨大变化。图 1.3 展示了双摆不规则路径的一个例子（Ioannidis，2008）。如果你从两个尽量接近的位置先后放下双摆，它两次经过的路径会完全不同。起始条件的微小差异并不会在其路径上产生同样微小的差异，而是会生成一个完全不一样的轨迹。

这种行为常常让我们难以理解，因为我们看到的是局部而不是整体。我们很容易理解单摆运动，因为组成它的部件所产生的，是一种直接、近似线性的效果。而仅仅加上一点变数，就像为双摆增加一个关节那样，那么往往就会导致其行为发生剧烈的变化。我们往往也难以把控这样的行为产生的原因。

图 1.3 双摆混沌、独特且不可预测的路径（Ioannidis，2008）

这与我们之前讨论过的"密歇根鱼测试"遥相呼应：我们倾向于看到场景中的鱼，而不是它们的周遭环境，我们将它们各自视为静止的、独立的部分。在看双摆时，我们也倾向于将两根杆与关节视为静态的部分，但我们并没有看到它们是如何移动或相互作用的。或者假设我们确实看到了两个关节在运动，如果运用逻辑、还原论思维，通常不会理解这样的配置怎么会产生图 1.3 展示的那样疯狂、非线性的曲线。如果将全部场景当作一个整体，我们能否看得更透彻？这就引出了下一种思维方式：整体论。

整体论思维

整体论是还原论的有效对立面。如果说还原论与分析有关，那么整体论则是关于综合、寻找统一体，以及将看似不同的东西结合在一起。从更为极端的哲学角度看来，整体论观点认为，所有事物都是相互联系的，一切都是一体的。就其本身而言，整体论在日常生活中并不经常被用到，尽管万物相连的观念在审美或哲学层面上更具吸引力。

与还原论一样，这种思维方式也有它值得推崇之处：通过整体性思考，你不会迷失在细节中，并能够观察到在组织的更高层次（如群体经济、生态等）中运作的显著宏观效应和趋势。例如，整体论避免了 Dennett 提出的"贪婪还原论"的错误，将人看作是完整的个体，而不是化学物质的集合。

然而，过度依赖综合与整体论可能会导致错误，就像过度依赖还原论与分析一样。如果一切事物都是有联系的，发现任何重要的因果关系都会很困难。此外，还很容易发现误报，即使是两个完全不相干的现象，在整体论观点中似乎都是有联系的。除了前面讨论的"冰淇淋导致溺水"的错误结论外，Vigen（2015）在他的"虚假关联"中还展示了不少例子。例如，如图 1.4 显示，美国小姐的年龄与由水蒸气、热蒸气、高温物体导致的谋杀案数量保持紧密相关性长达 20 年。

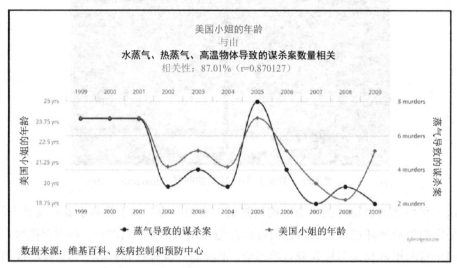

图 1.4   虚假关联中的一个例子（Vigen，2015）

从整体论的角度来看，这两个效应如果不是因果关系的，那么我们倾向于说它们是相关的，但这是一个明显的错误。可能存在隐藏的潜在因素，但在这个例子中又似乎不太可能。实际上，这更可能是数据的巧合，并没有任何真正意义上的联系。整体、综合的观点在这个例子里被误用了。

不过，整体论也的确为我们带来了另一个重要的概念，我们将以不同的方式多次回顾。那就是涌现的概念，意指一个整体"大于其各部分之和"。这是一个历史悠久的概念，最早似乎是由亚里士多德（Aristotle）提出的，他说，"一切具有多个组成部分的事物不仅仅是各个部分单纯的堆砌，它之所以能成为一个整体，在各个部分之外还多了某些原因"（Aristotle，公元前 350 年）。同样，在格式塔（Gestalt）[1] 心理学研究的早期，心理学家 Kurt Koffka 说过一句名言"整体不只是部分的总和"（Heider，1977）。在 Koffka 看来，整体（如图 1.5 中我们看到的白色三角形，尽管其实际上并不存在）并不比部分更多，但正如亚里士多德所说，它拥有一个独立于其组成部分之外的存在（Wertheimer，

---

1 格式塔是一个德语单词，意为"形式"或"形状"。这一心理学分支，研究的是我们实际看到的、以及思维自动填补（当该形状只有部分可见时）的形状的整体方面。

1923）。这一思想几年后在整体进化生物学领域得到了 Jan Christian Smuts（1927）的呼应，他写道："整体不仅是人类定义的、只存在于思维中的构造，而是宇宙中真实存在的某种东西……把一株植物或者一只动物当作一种整体，我们注意到……各部分所组成的统一体是如此紧密和强烈，以至于超过各个部分的单纯总和。"整体是"宇宙中真实存在的某种东西"，其涌现自，而又独立于构成它的还原、分析的部分：这种持续性观点是我们接下来还会再次看到的关键点。

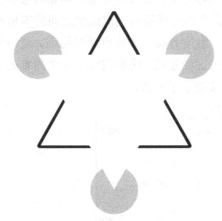

图 1.5　感性心理学与格式塔心理学中研究的"主观轮廓"。即使形状本身不存在，我们的思维也会为其填充由周围环境所形成的形状

系统性思维

在还原论思维与整体论思维之间，还存在一种看待世界的方式，称之为**系统性思维**。从许多角度来说，这是一种"刚刚好"的思维方式，介于过于低层级的还原论思维与过于宽泛的整体论思维之间，并从两者中都汲取了方法。系统性思维考虑了一个过程或事件的结构和功能背景，而不是将其视为一个待分解的机械，或者是元素构成的整体。正如你即将看到的，学会系统地思考问题对游戏设计师来说是一项至关重要的技能。

系统性思维的关键要素，包括能够基于分析法找到和定义系统的各个部分，以及理解它们如何在一个可操作的环境中存在并共同发挥作用：它们是如何影响系统的其他部分，又是如何被其他部分影响的。这进而引导我们找到由这些相互作用构成的循环，以及各部分如何增加或减少互相之间的活化作用。在后续内容中你会看到更多关于循环的内容，但就现在而言，"事物 A 影响 B，B 影响 C，C 又影响 A"这样的概念定义了一个系统循环。这个概念对于系统性思维以及系统化游戏设计至关重要。

同样值得注意的是，描述循环与系统如何共同运作是很困难的，一部分原因是由于语言是线性的：我必须一次一个单词、一行一行地写，而你也必须以同样的方式来读。这意味着对循环系统的描述看起来会很奇怪，你已经看到了最后，却因循环又回到了起点（可能这样的过程还不止一次）。系统由循环组成，而我们的语言不能很好地处理循环。

让我们从一个简单的循环开始，看看当你加热烤箱时会发生什么。你对烤箱内将达到的温度有一个目标值，这个值与烤箱内当前温度之间的差值产生了作用于烤箱的热量。随着施加的热量越来越多，温度升高，差值也越来越小。最终到达了目标温度，热量也不再施加（见图1.6）。通过这种方式，烤箱构成了一个简单的反馈循环：温度差值影响施加的热量，施加的热量又缩小了差值。

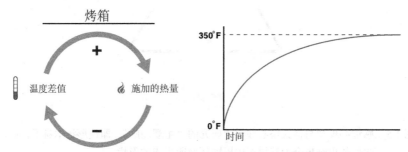

图1.6   一个加热烤箱的反馈循环，由于热量的施加，温度会随着时间发生变化

图1.7展示了一个更加复杂但同样经典的、具有循环结构的物理示例（它同时也很难线性地进行描述）。除非你对引擎有所了解，否则光通过看图可能无法弄明白其中的原理；你缺少它的实际运行环境。重要的部件如下：左侧的两个重锤（A），重锤上方的连杆（C、D、E）以及右侧的阀门（F）。

这些部件相互作用，组成如下的操作循环（按下面的操作流程进行，一次完成一个步骤）：右方的阀门（F）打开时，空气进入，使引擎（未展示在此图中）运转得更快，导致左方的中央垂直轴（B）旋转得更快。而这又相应地导致重锤（A）以及它们所在的杆因质量和离心力而散开；轴的动量使得它们想要向外飞出。结果，它们所连接的杆（C）被向下拉，相应的又将顶部的水平杆（D）左侧向下拉动。由于杠杆（D）的中间是作为枢轴转动的，因此这导致它的右侧向上翘——从而拉动杆（E），这把我们带回起点，关闭了节流阀（F）。

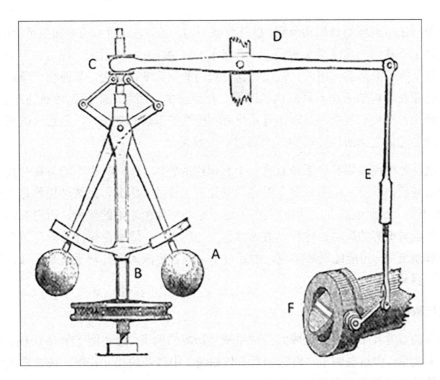

图 1.7　离心调速器（Routledge，1881）。理解这一组件的唯一方法，是系统地熟悉其操作流程与具体
　　　　运行环境。它构成了一个系统，同时它本身也是一个更大系统的一部分。查看正文以了解此图
　　　　中字母所对应部分的详情

　　当阀门打开时，引擎得到更多空气，因而旋转得更快。这导致重锤向外偏移，水平
杆倾斜，阀门又开始关闭，导致引擎减速。而当它速度慢下来时，重物下降，水平杆左
侧被往上推，右侧向下移动，阀门再次打开，让引擎再次加速运转。

　　这个循环使得离心调速器相当有效：它使得引擎能自我调节，速度保持在一定范围
内，永远不会太快或者太慢。不过为了理解这一点，你需要能看清各个独立的部分，它
们连接时的运行状态，以及作用在引擎上的整体系统影响。

　　通过这种方式对机械结构进行观察和思考，可以让你建立起对系统的心智模型并在
心理上和实际中都做出尝试。实操性、系统性理解的一部分，是弄清哪些部分在什么环
境下相互作用，以及那些支配其他部分的相互作用有哪些影响。在离心调速器这样一个
显著的例子里，所有部件与相互作用似乎是同等重要的。但是摩擦力发挥了什么作用？
如果一些关节太紧或太松会怎样？这对引擎的运转是否有重大影响？例如，如果在这些
连接部分没有松动或"游隙"，那么当阀门打开和关闭时，引擎将持续上下振动，从而

导致引擎产生不期望的磨损和撕裂，以及总体不均匀的性能。而如果增加重锤上的摩擦，使得它们上下移动的速度更加缓慢，或者在水平杆中增加一点游隙，使得它不会立即倾斜，在这个例子中都是有用的，它让重物与阀门的反应变得更慢，从而使引擎运转更均匀。无论正在考虑的系统是蒸汽机调速器、是经济体，还是一个幻想游戏的魔法系统，要创造预期的循环和效果，都需要对系统有实操性的理解和建模，以及通过改变各个独立部分或者它们之间的相互影响，来获得最大效果。

系统性思维需要将整个系统看作一个有组织的整体，但同时也不能忽视对其各个部分的分析基础，以及从还原论观点看它们是如何工作的。因此，系统性思维是"兼容并包"，而不是"或此或彼"：它同时利用了还原论与整体论思维的优势，而没有陷入通过单一的角度看世界的陷阱。这种"兼容并包"的能力——能够在保持分析与综合观点的同时理解系统——可能比较难实现，但通过练习或者更深入地理解系统是什么，能使事情变得更容易。

兔与狼的系统

让我们再看几个小改变造成大范围系统化影响的例子。这些例子乍看似乎跟游戏设计没多大关系，但这些例子（将它们都看作系统）中涉及的相互作用，正是你在设计任何复杂的游戏时都需要牢记于心的类型。

首先，在 19 世纪中叶，托马斯·奥斯汀（Thomas Austin）在澳大利亚东南部他自己的领地上放养了 24 只兔子。据报道，他说："引入几只兔子几乎不会带来什么坏的影响，还能给人一种家的感觉，除此之外相当于还多了一个狩猎场"（The State Barrier Fence of Western Australia，日期不详）。放养后的几年，这些兔子的数量仍然相对较少且稳定，但没过 10 年，它们的数量呈爆炸式的增长。它们几乎没有天敌，具有理想的穴居条件，能够全年繁殖，并且由于放养的兔子分属两种不同的类型，它们的杂交可能使得后代的生命力变得更加顽强（Animal Control Technologies，日期不详）。

这个新物种快速入侵的后果是对本地动植物环境的灾难性破坏（Cooke，1988）。越来越多的兔子将一片又一片的灌木丛夷为平地，通过啃咬接近地面的外部树皮使小树死亡，造成了大面积的侵蚀，并带走了其他动物赖以生存的食物和栖息地。

对这种兔子瘟疫的一致响应开始于 19 世纪后期，并一直持续到今天。人们已经尝试了各种各样的方法——包括射杀、诱捕、投毒、烟熏以及用超过 2000 英里长的围栏捕猎，但都不能完全解决问题。本来是出于运动和"家的感觉"这样的目的而引入的野兔，以托马斯·奥斯汀完全无法想象的方式改变了澳大利亚的景观和生物圈。

尽管有很多像这样后果让人意想不到的生态灾难，但也并非所有都是负面的。这里是关于将狼重新引入美国黄石公园的第二个例子。19 世纪后期，黄石地区是狼群的活动范围，但到了 20 世纪 20 年代，它们几乎被猎杀殆尽。之后不到 10 年，黄石地区的鹿和麋鹿数量急剧增加，许多植物相继死去。到了 20 世纪 60 年代，生物学家们担心该地区的整个生态系统由于数量庞大的鹿群而失去平衡，开始考虑重新引入狼群。牧场主和其他很多人反对这样的想法，因为狼是一种进行群体觅食的顶级掠食者，一些人认为这可能会对这一地区的自然生态系统以及牧场上的牛羊带来新的灾难。

经过了数十年的舆论和法律争议，1995 年 1 月，14 只灰狼被首次重新引入黄石地区，第二年又增加了 52 只。结果是影响深远的，远远超出了许多人的想象。这已经成为营养级联的典型案例，高级捕食者的数量变化通过生态系统级联向下，从而产生广泛且常常出人意料的影响。

在这个案例中，正如人们所能预料的，不计其数的鹿成为狼群的美餐。但由于鹿与狼的绝对数量差距悬殊，不能指望光靠这些捕食者限制鹿的数量。狼群除了杀死和吃掉一些鹿之外，还将鹿群从舒适的山谷赶回到高地，在那里它们更容易躲藏，但相应的生活也会更加艰辛。这导致鹿群的习性发生改变：它们不再为了多汁植物与轻松饮水而来到小河旁。因此，它们无法进行大规模的繁殖，从而使得它们的族群数量减少到更加可持续的规模，同时仍然能为狼群提供足够的食物。

没有了大量的鹿群，低谷中的草木开始回春，草地不再被巨大的牧群践踏，乔治·蒙比奥特（George Monbiot，2013）报道，谷底许多树木的高度在短短几年内变成了原来的 5 倍。这使得更多的浆果得以生长，相应地能供给更多的熊（也顺便消费一定数量的鹿）。茂盛的灌木丛、草地和树木给更多的鸟提供了栖息之地，鸟类又通过自己的活动帮助传播种子，从而让更多的树木和灌木丛得以生长。

树木和草地稳定性的提高，又反过来减少了早在 20 世纪 60 年代就开始给生态学家敲警钟的侵蚀现象。这意味着河岸的坍塌更少，河流变得更加清澈，更多的鱼类能在其中生长。岸边生长的树木为更多的河狸提供了生存条件，这些河狸又通过它们自己搭的堤坝为更多的动物创造了栖息地。

最后，侵蚀的减少意味着黄石公园中的河流发生变化，然后又在它们各自的走向中稳定下来。正如蒙比奥特指出的，在黄石地区引入狼群的意义远不止消灭部分鹿群，还改变了那里河流的走向。作为大范围营养级联的一部分，土地本身的各种性质都被改变了。

这是一个让人难以相信的、在生态领域取得了成功的故事，它也是自然界所发生的相互作用与循环的一个很好的例子，只有将它们视为系统才能真正领会其中各部分的联系。图 1.8 展示了黄石地区狼群带来的影响。每个带"-"的箭头表示目标减少——例如，狼群减少了鹿与麋鹿的数量，而带"+"的箭头则表示目标增加。它们同时也有逆向的传递效应：例如，由于鹿和麋鹿在之前吃了（减少了）树木和草地，狼群吃了鹿（同时减少了其数量）又反过来减少了鹿对树木和草地的影响，现在这些草木可以回春了。通过仔细研究这幅图，你可以更好地理解将狼群带回黄石地区所产生的循环系统效应，以及这对整个生态系统造成的巨大影响。

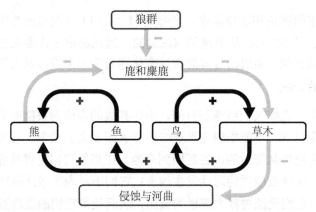

图 1.8   以系统图的形式，展现将狼群重新引入黄石国家公园所带来的影响

系统性思维简史

现在相比其他观察世界的方法，你对于系统性思维已经有了一点了解，本节将简要介绍我们对于系统和世界的理解是如何进化的。

从柏拉图到伽利略："整体由部分组成"

系统（system）这个词在英语中基本保留了在古希腊语系中（systema）的原意，即"联合起来"，或者更广泛地说是一个"由多个部分组成的整体"，这与我们现有的定义非常相似。对于希腊人来说，此定义至少在欧几里得时期就已经存在多种不同的诠释，包括由多个乐音组成的单个和弦，鸟群或兽群，或者一个有组织的政府（Armson，2011；Liddel and Scott，1940）。每一种诠释都如我们今天所考虑的那样抓住了系统的重要方面，都关注于"不同部分相互作用形成更大的整体"上。

然而，希腊人及其后继者并没有系统地应用这一系统观点本身：对"世界"这个体系，经过了许多世纪才得以应用——在某些方面甚至直到现在都还没应用完全。相反，正如之前讨论的，古代人对世界的现象学观点结合了有限的观测与至高无上的哲学。这为当时的人们提供了对宇宙的地心说认识：在任何观察者看来，太阳、月亮和星星都围绕地球转动，地球位于宇宙中心。这个模型至少可以追溯到古埃及时代，随着时间的推移，人们构建了越来越复杂的太阳系和宇宙模型来诠释新观测到的现象，但都是以一种特别的方式，而没有一个统一的原则。即使有观点认为世界上确实存在一些统一的系统，也几乎没有考虑过除开季节规律和日落日出之外的现象。它们之所以像那样存在，是一个哲学问题，而不是观测问题。

更为复杂的宇宙观点最终在丹麦天文学家第谷·布拉赫（Tycho Brahe）于 1588 年提出的模型中得以展现。在这个模型中，太阳和月亮都围绕地球旋转，而其他已知行星围绕太阳旋转。这个模型使布拉赫在保持庄严的地心说模型纯净的同时，也解释了其他各种观测现象，包括后来伽利略于 1610 年通过一个新式望远镜观测到的现象：金星跟月亮一样，也有相位（Thoren，1989）。这种"第谷系"或者称之为"地日心说"的模型及其后续，是支撑宇宙的哲学、现象学模型的最后一根支架。

第谷的宇宙模型公布近一个世纪后仍然占据主流地位。但也有很多传言，其中一些最终完全改变了我们看待世界的方式。在此期间，笛卡儿建立了一个著名的哲学基础，让我们在仔细观测的前提下相信自己的感觉，以及利用数学来验证和扩展我们的观测。伽利略随后表示了对哥白尼学说的支持，也就是日心说、有关太阳系的一种观点：把太阳而不是地球置于万物的中心。这些言论被发表在 1632 年出版的一本具有里程碑意义的、名为《关于托勒密和哥白尼两大世界体系的对话》的书中（很巧，这同时也是伽利略被怀疑是异端的那本书）。虽然这本著作没有直接解决第谷系统的问题，但它为另一项重大发展奠定了基础。

牛顿的遗产：世界体系

我们几乎可以肯定，在 17 世纪后期，熟知笛卡儿作品的艾萨克·牛顿拜读过伽利略的书，因为在他自己的著作里能非常明显地看出受到了伽利略的影响。牛顿在关于彗星与木星卫星的计算方面与埃德蒙·哈雷（就是那颗著名彗星命名的来源）进行了频繁通信。哈雷用他自己的望远镜对这些内容进行了精确的观测，而牛顿在他的数学建模中用到了哈雷的相关笔记。基于他们的通信（包括我们现在能找到的只有草稿形式的早期未发表的论文）以及哈雷的观测数据，艾萨克·牛顿得以在支持哥白尼以及太阳系的太阳中心说观点上做出最后的论证。并且在此项工作的过程中，牛顿从世界的运转体系中移除了地心说和布拉赫的模型（Newton c.，1687/1974）。

牛顿把上述研究成果作为他自己的代表作，并作为 1687 年出版的《自然哲学的数学原理》中的一部分（Newton 1687/c.，1846）。《自然哲学的数学原理》的第Ⅲ部分叫作"世界体系"——为本书极其重要的一卷。在这一卷中，牛顿根据哈雷对于木星卫星的精确观测得出了著名的引力方程。更重要的是，他表明了引力无论是在地球上还是在天空中，（其计算方式）都是一样的。在这之前没有任何假设，更没有任何公式能说明物理机制在地球上和在木星上是一样运作的。关于物理机制能以何种方式达成统一，人们根本没有任何期待。牛顿的方程表明，只有一种运转中的体系，一种引力，一种组织原理，一种体系：世界体系。

关于牛顿的《自然哲学的数学原理》的重要性，以及它对人们看待世界带来了何种改变，用只言片语来说明显得苍白无力。将一个球抛向空中划过的轨迹，与木星的远距离卫星运转时产生的隐约可见的火花轨迹，两者居然可以用同一套方程来描述。这样的观点，在当时产生的震撼已然不能用单纯的革命来形容。这种观点创造了一种崭新的、统一的、机械论的宇宙观。太阳与其他行星都是某个庞大机制的一部分，这个机制可以像一个巨大的发条装置那样用数学方法来完全描述。

牛顿的研究成果带来了科学革命，其本身也成为科学革命的一部分。这样的革命不仅表现在不断增长的知识体系上，还表现在可被实现的如下知识上：宇宙并不是变化无常的。相反，它建立在稳定、可定义的原理上——只要这些原理能被发现。世界不再受现象学和哲学思想约束，而被确定性逻辑严格定义。

进入 20 世纪的牛顿思想

牛顿将宇宙看作巨大发条装置的思想迅速从数学领域扩散到物理学、化学、生物学、经济学，以及必不可少的哲学中。不过与其他任何事物一样，它的流行也面临着盛衰。浪漫主义哲学家（之所以这样称呼，是因为他们偏爱个人主义、想象力和情感，而不是启蒙运动的冷静逻辑与理性主义），如 Blake 和 Goethe，就对牛顿与笛卡儿进行了批判。Goethe 在描述生物形态时引入了"形态学"的概念，其形式被确定为"有组织的整体内部的一种关系模式"（White，2008）。这一观点随后又被追溯到古希腊时期，在今天与系统性思维共存。然而，这一系统性观点并未流行起来。而且，尽管浪漫主义者做出了种种努力，进入 20 世纪后的大趋势仍然是将世界诠释为机械主义。随之而来的是这样的观点：由于牛顿已经证明一切事物原则上都可以被简化为数学（模型），因而数学（或者物理、化学）可以被用来解释一切。

系统性思维的兴起

在 20 世纪，系统性思维的多个变种出现在广泛的领域，包括生物学、心理学、计算机科学、建筑学以及商业。鉴于很多人对系统性思维及其相关领域（系统工程、复杂性理论等）的整体兴起都做出了贡献，这里我们将简要回顾其中的一些内容，用来在人们形成系统性思维方法的多样性上提供一些背景和线索。

如前所述，心理学家 Kurt Koffka、Max Wertheimer 和 Wolfgang Kohler 创建了心理学的格式塔（"形式"）学派（Wertheimer，1923），指出了当部分组合在一起、创造一个新的整体时产生的整体涌现效应。同样，Jan Smuts 探讨了歌德式的观点，即"整体不仅是人类定义的、只存在于思维中的构造，而是宇宙中真实存在的某种东西……把一株植物或者一只动物当作一种整体，我们注意到……各部分所组成的统一体是如此紧密和强烈，以至于超过各个部分的总和"（Smuts，1927）。这类思路基本是系统性思维的原型，尽管通常不会让步于浪漫主义哲学家的个人主义，有时甚至是反科学的观点。正如牛顿之前的现象学观点所指出的，不同的系统概念在此时还未得到普遍使用，也不会被看作一个系统性宇宙的象征。系统的普遍应用直到 20 世纪后期才开始出现；即使现在我们也仍然处于这种变化的开端。

在 Smuts 之后，奥地利生物学家 Karl von Bertalanffy 向广义的宇宙系统观迈出了一大步。在 1949 年，他写下了可以说是将系统性思维作为一般方法的第一个真正意义上的构想。他将这些基础内容描述如下：

> ……它们是一系列模型、原理和法则，用在广义的系统或其子类中。无论这些系统的具体类型、其组成要素的性质还是它们之间的关系或"作用力"如何，都同样适用。（Bertalanffy，1949）

在 1968 年出版的《一般系统论》一书中，Bertalanffy 对此构想做了深入的详述，其中有如下介绍（在此介绍中，他将其看作一个广泛的主题，同时也是所有其他主题的基础）：

> 因此，一般系统论是一种关于"完整性"的通用科学，至今仍被认为是一种不清楚、模糊、半形而上的概念。如果用精确的形式来表述，它会是一种逻辑数学学科，本身的形式很纯粹，但同时又适用于各种经验科学……（包括）大部分领域，如热力学、生物与医学实验、遗传学、人寿保险统计等。（Bertalnaffy，1968）

尽管 Bertalanffy 最终未能看到这一愿景的实现，但他所做的工作对于将系统性思维的原理推广至多学科中至关重要。

20 世纪中期，还有另外一些人在积极探索和筛选可能导出更广泛系统性思维的概念。其中值得注意的是 Norbert Wiener，他撰写了著名的《控制论》（Cybernetics，1948）一书。这本以数学知识为主的书推动了计算机科学、人工智能和系统性思维的大幅进步。与此同时，这本书的主题、专注的焦点以及后续的影响，都预示着它是思考系统的一个重要分水岭。"控制论"一词来源于希腊语，意思是"统治、支配"或"掌权控制者"。[1] Wiener 将控制论定义为"通信与控制"的科学（p.39），并设想控制论是关于：附带传感器与效应器——即输入与输出——与内部的"中央控制系统"互动的"与外部世界进行有效耦合的自动机"（p.42）。这种集中式控制的观点在 20 世纪非常流行，而且很难摆脱这种观点的束缚。但是，正如你即将看到的，系统性思维和系统性设计都要求并让我们能够摆脱中央控制器的局限性，使得系统本身能产生有组织的功能。

Wiener 的书出版几年后，John Forrester 开始研究最终被称作"系统动力学"的领域——系统性思维的另一个分支。1970 年在市区增长委员会的声明（以及之后关于同一主题的论文中）中，Forrester 指出，"社会系统属于被称为多循环非线性反馈系统的一类系统（Forrester，1971，p.3）。"他声称，这些都属于"系统动力学的专业领域"范畴，一种理解社会系统运转的新方法，比之前的所有方法还原度更高。系统动力学现在主要用于商业和一些工程学科。简单的因果关系模型使得理顺复杂、混乱的现实世界情形变得更加容易。这种用法后来直接导致了脍炙人口的《第五项修炼》的出现（Senge，1990），该书向商业界介绍了许多系统性思维的概念。

控制论的早期工作坚持了一种中央控制的观念模式，同时也带来了复杂性科学与复杂适应系统（complex adaptive system，CAS）领域的工作，这些领域专注于研究许多小型、通常也较为简单的智能体，以及有关"它们之间的相互作用产生出的复杂行为"的模拟仿真。这带来了对进化与人造生命，以及有机体、生态与社会进程的理解上的突破。John Holland 为这一领域做出了重大贡献；他的书《隐秩序》（1995）和《涌现》（1998）都大大加强了我们将系统看作一种普遍过程的理解。

与此同时，其他诸如克里斯托弗·亚历山大（Christopher Alexander）等人也在开发类似的思维方式——在他所在的建筑领域。正如你在本章后面将会看到的，亚历山大的《建筑模式语言》（1977）和《建筑的永恒之道》（1979）使人们更加清楚地意识到模式

---

1 Wiener 的控制论式（Cybernetics）造词方法，也导致了用"cyber"前缀来指代那些尖端技术或信息技术的风行，尤其是在 20 世纪后期，哪怕该用法在某种程度上是错误的。

或者系统在多种情况下的重要性，从物理架构到软件工程，都是如此。

当今的系统性思维

系统性思维的深入发展，已经从 20 世纪的最后几年一直持续到了今天。这一领域的杰出人物包括 Donella Meadows、Fritjof Capra、Humberto Maturana、Francisco Varela（有共同研究的也有单独研究的）以及 Niklas Luhmann。

Meadows 是一位环保主义者，主要活跃于 20 世纪后期。她在提高人们的环境意识与系统性思维方面有很高的权威性。尤其是她的《系统之美》（2008）一书，带领很多人进入了系统性思维的大门。

Capra 是一位物理学家，他通过市面上流行的书籍，把视点落在系统的、很多时候也是整体的思维方式上。他到目前为止的主要工作都收录于《物理学之道》（1975）一书中。这本书试图找到科学与神秘学的一个汇合点，而在最近的 *The Systems View of Life*（2014）一书中，则更加关注于"应用系统性思维"这一特定领域。在上面提到的书籍以及其他的一些工作成果（包括 1990 年他参与合作执笔的电影 *Mindwalk*）中，Capra 主张将科学、生命和宇宙观从笛卡儿与牛顿的机械论限制中解放出来，转向一个更加互联、系统性的观点。

Maturana 与 Varela 是经由生物学进入系统性思维的世界中的。他们因为创造了"自创生"这一术语而被世人所熟知，并深入探索了这一重要概念（1972）。所谓自创生，是指生物创造自我的过程。正如 Maturana 和 Varela 在他们的书中所说：

> 具有自创生功能的机械，其被组织（即被定义为一个统一体）成为一种对组件进行加工（转化和销毁）的过程网络，这些组件具有如下特征：（i）通过它们的相互作用与转化不断再生和实现产生它们的过程（关系）网络；（ii）通过将该机械实现的拓扑域指定成（i）中描述的这样一个网络，将它（机械）构建成一个它们（各组件）所存在空间中的一个具体整体。（p.78）

这样的描述可能信息量有点大，但它提出了重要的系统概念：被看作一个统一体的整体以及支持它的过程式底层网络，而且事实上它们不断地在物理空间中创造上述的机械（或者细胞，或是生物体）。这种不包含集中控制、用来创造更多有组织整体、多个过程共同发挥作用的网络概念，后面我们将多次重新进行讨论。

最后，Luhmann 是一位活跃于 20 世纪末期的德国社会学家。他的关注点在于社会的系统模型，他借用并拓展了 Maturana 与 Varela 的大量概念，特别是"社会系统是自创生的，且由个体间的交流互动所引起"这样的观点（Luhmann，2002，2013）。在 Luhmann

看来，交流不会在单个个体中存在，而是存在于人与人之间，或者用我们这里的术语来说，是两个或者更多进行交流的人所产生的涌现系统效应，在这样的系统中，个体之间是在相互作用的。Luhmann 对系统理论的贡献，即"将其视为能广泛适用于跨学科领域的理论"，今天仍然不断有人在进行探索。某种程度上这是 Bertalanffy "一般系统论"的回潮，而这种观点，是将系统性思维应用到游戏设计以及使用游戏设计来阐明我们对系统的理解，这一系列目的的核心。

系统性思维的历史到此并未结束，可能才刚刚开始。尽管有着丰富的历史渊源，并已经取得了长足的进步，但系统性思维及其相关领域（系统动力学、复杂适应系统等）对那些未直接涉及其中的人们来说仍然难以捉摸。目前已经出现少量相关书籍，如 Capra 的 *The Systems View of Life*（2014），定位为大学层面；*Gaming the System*（Teknibas et al.，2014），目标群体为基础教育老师；还有很多商业导向的书籍和网站聚焦于系统性思维。尽管如此，许多人——即使是那些工作中可能需要有很强的系统性思维的人——仍不确定系统究竟是什么，以及他们为什么应该知道或关注系统。

作为世界过程的系统

系统性思维是 21 世纪生存的关键技能。如前所述，以系统的方式思考在 21 世纪的地位，就跟在 20 世纪能够阅读一样重要。我们需要转变观点，去认识世界中正在运转的系统，以让我们能够理解甚至预测一些事件，如少量兔子造成的生态破坏，或者少量狼群产生的积极营养级联。

我们也需要能有效预测和应对人类世界的变化。特别是自 20 世纪 80 年代以来，世界的互联性与交互性变得更强，带来了一系列的潜在问题和机遇，范围从 2008 年的金融危机到不断增长的全球贸易和国际相互依存度。线性的还原论思维不足以理解这些事件和趋势背后的过程，也不足以理解我们即将面对的过程。我们的世界不能再被分割成均匀的碎片，也不再有任何形式的线性分析足以让我们理解身边发生的一切。

互联的世界

作为过去几十年世界所发生改变的一个例子，回顾一下技术自 20 世纪 80 年代以来发生了怎样的变化，能让我们清楚地意识到世界是如何变得越来越互联的，以及在这条路上它还能走多远。

思科系统（Cisco Systems）是全球最大的计算机网络硬件制造商。公司的 CEO 约翰·钱伯斯（John Chambers）于 2014 年描述了自 1984 年公司成立以来，世界发生了怎样的变化——这在很大程度上要归功于思科的工作（Sempercon，2014）。他说在那个年代，全世界大约有 1000 台计算机设备通过因特网连接在一起，这些设备大多数是属于大学和少量科技公司的。[1] 还没过 10 年，到了 1992 年，这个数字已经超过 100 万。而到了 2008 年，已经有超过 100 亿台设备连接入因特网——这一数字远超全球人口数量。Chambers 预计，到 2020 年，接入网络的设备将至少增加到 500 亿台。同时他也指出，目前所有能联网的设备中只有不到 1% 是接入了互联网的；换句话说，我们仍处在建立互联世界的早期。

与此类似，2017 年年初，芯片制造商高通公司的 CEO 斯蒂芬·莫伦科普夫（Stephen Mollenkopf）讨论了计算机设备第五代网络（5G）的到来。他说，新一代的互联芯片"将以我们用上电以来从未见过的方式改变社会"，开启一个"连接城市，在这里从房屋到街灯，每一样东西之间都能对话"的时代（Reilly，2017）。这本身可能只是市场营销的夸张之语，但正如莫伦科普夫（2017）所说，这种芯片将支持"规模、速度与复杂性都前所未有的各种设备"。简而言之，互联性与相关性的快速增长丝毫没有显露出减缓的迹象。

这还只是硬件方面。而就文字、图片和其他数据方面，思科的钱伯斯指出，仅 Facebook 和亚马逊每天产出的信息量就超过 20PB（即 20 000TB）。这个数字，比从最古老的金字塔时代开始到互联网时代刚开始为止人类记录的所有信息总和还要多，而且它们都还是在线互联的。

这些各种形态的互联，产生的影响可以远远超出自身领域之外。例如，你获得车贷房贷的能力直接受到世界各地银行家与投资者的展望与担忧的影响。作为世界市场紧密相连的一个具体例子，1993 年，一场大火烧毁了位于日本新居滨的住友化工，这是一家专门生产环氧树脂的工厂。这场火灾造成的后果是，在短短几周内，计算机内存芯片的价格骤然从每兆字节 33 美元飙升至每兆字节 95 美元（以 1993 年的美元汇率计算），因为制造这些芯片所用的塑料，60% 都是由这家工厂生产的（Mintz，1993）。火灾影响计算机内存的销售情况长达两年。

1　1984 年前后互联网便已经存在，但那时的互联网规模比现在要小太多了。当时我是一名大学生和程序员。那时没有万维网（大约 10 年后才出现），但已经有 E-mail、Usenet（一种电子论坛）以及许多其他服务。在此期间，游戏设计师也开始通过 Genie 和 CompuServe 等新服务来进行电子通信交流。在那时，我们认为这种在线体验已经是非常让人惊讶了，完全想象不到在未来几十年中将如何发展。

在这个世界上，财政、经济、家庭、生态以及国家都有着千丝万缕的关系，如果我们仍然对它们所构建的系统，以及这些系统能产生的影响一无所知，或者只是认为用简单的线性解决方案就足够了，那么我们将注定被动受这些系统的摆布，而不是主动地去理解和驾驭它们。

早在 1991 年，美国教育部和劳工部就认识到了改善社会各阶层系统性思维的必要性。他们将系统性思维定义为"21 世纪的关键技能"，称其为职场所需的"五项能力"之一：

> 工人应能站在别人的背景和角度理解自己的工作；他们理解部分与系统是如何连接、预测结果并监控和纠正自身性能的；他们可以识别系统性能的趋势和异常，整合数据的多个显示，并将符号（如计算机屏幕上显示的）与实际现象（如机器性能）相关联。
>
> 随着工作变得越来越复杂，所有工人都被要求站在别人的工作背景下理解自己的工作。他们必须将离散的任务看作一个整体的各部分。（U.S. Department of Education and U.S. Department of Labor，1991）

根据这些观点，软件工程师 Edmond Lau 将系统性思维列为程序员需要培养的五大技能之一（Lau，2016）：

> 要构建并发布真正重要的代码，你需要将思维从代码提升至整个系统的层次：
>
> ■ 你的代码如何与代码库中的其他部分，以及其他人正在构建的功能达成良好配合？
>
> ■ 你是否充分测试了你的代码，且质量保证团队（如果有的话）能够实际使用你所构建的功能？
>
> ■ 需要对生产环境进行哪些更改才能部署你的代码？
>
> ■ 这些新的代码是否会对任何其他正在运行的系统的行为或性能产生负面影响？与代码交互的客户和用户是否能按照预期行事？
>
> ■ 你的代码是否会产生期望的业务影响？
>
> 这些都是很难回答的问题，要想回答它们需要花费很大的努力。你需要有一个清晰的心智模型，认识到你的代码适用于整体的哪个地方，以了解如何将时间和精力投入工作中才能产生最大限度的积极影响。

尽管我们对系统性思维的改进有了明确的需求，也清楚认识到了识别和分析各种运作中的系统所能带来的好处，但在很长一段时间内，系统性思维仍然被主要作为一种学术追求，或是被限制在商业领域。我们还继续以之前的方式了解世界，就好像还原论、线性的、钟表机械式方法能足以理解和影响它一样。实际上，我们仍拘泥于 Nesbitt 的测试中的大鱼，而忽视了周遭同样重要的环境，尽管我们通常能意识到本来可以做得更好。

体验系统

我们之所以仍然只看到大鱼，部分原因是系统很难从外部进行诠释。系统不是静止的，试图用还原、分析以及静态的观点来理解它们都注定是要失败的。

例如，克雷格·雷诺兹（Craig Reynolds，1987）首次提出，可以仅用三条规则来定义一个完整有组织的鸟群系统：

1．每只鸟都试图不撞到其他鸟。

2．每只鸟都试图以与其他鸟大致相同的方向和速度前进。

3．每只鸟都试图到达它目光所及的鸟群的中心。

遵循这样的规则，在软件中使用小型人工模拟的鸟类或是类似的智能体来进行仿真，可以生成一个完全拟真的鸟群，它的移动看上去非常自然（见图 1.9）。不过，在读了这三条规则之后，现在的你还不太可能产生足够的心智模型，以创建鸟群涌现的反馈循环。将这些规则视为静态规则，是不足以创建交互、互联的系统的。

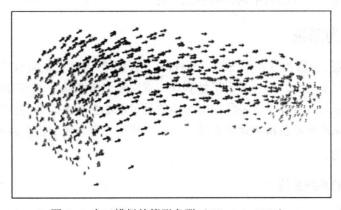

图 1.9　人工模拟的箭形鸟群（Scheytt，2012）

相反，要认识和有效地分析系统，需要一个系统性的观点：系统必须在它们所在的实际运作环境中被观测——一句话，它们必须被实际体验，才能被最充分地理解。体验系统，尤其是创建和修改系统，是理解它们并提高从系统角度观察世界能力的唯一途径。

游戏设计与体验系统

本书的立场可能并不令人意外，即：到目前为止体验系统的最佳途径——学会识别、分析、修改和创建系统——就是设计和创造游戏。正如你即将在第 3 章中看到的，游戏在很多方面都有其独一无二的特性，这使得它们成为学习和创建新系统的理想选择。其中包含游戏为人们——尤其是游戏设计师——提供的反思自我思维（即前面提到的元认知）的机会，以及人们创造的、作为游戏一部分的心智模型。这种反思让人们能识别出游戏中不可见的系统，并识别出那些运行在生活其他方面的类似系统。

举一个例子。几年前，我和我的妻子准备卖房，并且已经在讨论如何定价。这在餐桌上给我们的孩子带来了一系列问题：房价如何确定，是否有人对价格设立了限制，价格定得过高或过低将会发生什么，以及其他类似的容易理解的问题。

没多久，其中一个孩子将这件事与游戏建立了至关重要的关联："这听起来就像《魔兽世界》（*World of Warcraft*）中的拍卖行嘛！"跟很多其他网络游戏一样，在这款游戏中，玩家可以将他们在游戏中得到的物品拿来出销售。为了更加有效地进行销售，玩家必须留意其他类似物品的价格，而不能将其售价定得过高或过低。如果几乎没有类似的商品，那么他们就必须做出最优的猜测，再看看他们的物品卖得怎样。所有这些复杂的玩家行为，都源于暴雪创造的经济系统，而这正是拍卖行的基础。那一天，这个系统的体验推广到了现实世界，在销售一件真实世界中的稀有物品（我们的房子）时，这一切都是有意义的，就跟出售一件游戏中的稀有物品一样。

把世界理解为系统

认识到识别、分析和创建系统的重要性后，我们仍然需要更全面地了解系统是什么，以及它们是如何运作的。不过，为了做到这一点，我们需要从一个不同的、更容易辨认的地方开始：事物的世界。这是我们所习惯的且可能不会考虑太多的世界。我们将会稍微改变一下，先理解事物再来理解系统。一旦完成这一点，我们将会回头看看游戏与系统是如何配合的。

一次奇妙的系统旅程

系统之于我们，就跟水之于鱼一样：在我们周围，创造我们的世界，对我们的存在至关重要，而且很难被意识到。在大多数情况下，虽然我们就像沉浸在水中的鱼一样一直沉浸在系统之中，但是我们并没有意识到系统存在于我们的日常生活中。[1]

忒修斯之船

我们以一个源自希腊传说的古老故事——忒修斯之船作为开始。这个故事通常被认为是一个悖论。忒修斯是一名水手和造船工人，他拥有一艘定期维护的船。每当他看到船板或其他部件开始有磨损迹象时，就会将它们移除并替换掉。经过了多年，他最终将原来船上的每一个部件都做了更换，也就是说，此时船上已经完全没有原装部件了。现在的问题是：当前的这艘船还是他原来那艘吗？如果每一个部件都已经被替换掉了，那么这是一艘旧船还是一艘全新的船？在哪里去定义"船"这样一种事物的同一性？

为了增加更多的曲折性（由英国哲学家 Thomas Hobbes 于 1655 年首次提出），假设海伦在忒修斯附近的海滩上，且随时注意观察着他。每当忒修斯卸下船上的一个待更换的部件并扔在一边时，海伦都会回收该旧部件（它们仍然可以用，因为忒修斯总是会在部件坏掉之前提前更换它们）。用这些部件，海伦建造了另一艘船（见图 1.10）。这样直到有一天，忒修斯更换了船上最后一个旧部件。他后退几步，欣赏这完全翻新的船，一不留神撞到了海伦。此时海伦也刚好在退后欣赏自己的杰作，因为她刚刚才把最后一个部件（忒修斯刚刚才扔的）装上去。

图 1.10　忒修斯、海伦和船

问题来了：哪艘才是忒修斯的船？他是拥有两艘船，还是一艘都没有，还是他和海伦各一艘？让船成为船的本质点何在？是什么赋予它作为一艘船的特征、整体性和完整性？

---

1 这一见解的灵感部分源自基于 David Foster Wallace (2014)讲座的视频"这是水"。

这是一个让哲学家们烦恼了几千年的悖论问题；你也可以对其进行一些思考。我们之后将再次回过头来讨论忒修斯、海伦以及忒修斯船的同一性，以一种新的方式来看待这个问题。在这之前，我们将进行一段奇特的旅程。

我们将重新审视事物以及事物的本质。这会是一段奇特的旅程，它将把我们带到现实中最微小的层面，之后再回到我们的物质世界。这意味着首先要深入研究我们所知的最小结构，包括原子，甚至是我们不熟悉的——但又完全相关联的原子的内部世界，正如我们将会看到的那样。从那里我们又将回到自己熟悉的乃至更广阔的世界。这可能会带来一些意想不到的结论，并可能会改变你对周围世界的看法。

以这种方式谈论事物的本质，看上去似乎即将开始围绕系统展开漫长的讨论过程（更不用说游戏了），但重要的是首先通过理解事物是什么，认识到字面意义上系统的本质，而不是其隐喻的事实。另外，即使你不是一个科学爱好者也不必担心，这不会涉及太多的技术内容。

事物与同一性

那么究竟是什么让一件事物能成为该事物本身？事物究竟是什么？这些问题可能看上去很简单（甚至可以说是愚蠢）。毕竟，这似乎是显而易见的：事物就是你看得见或摸得着的；它们有着质量、重量和实体。你可以拿起一支笔，用手指敲打桌子，或者喝上一杯水。至少宏观事物看起来确实是一种实实在在的事物。但其真正的结构是什么呢？让一件事物成为该事物本身的内在原因是什么？将规模缩小至微观世界，我们知道这最终将会把我们引向分子和原子的世界。这里就是我们开始的地方。

我们先来看一下水。正如你可能知道的那样，它是最常见的物质之一，由含有两个氢原子和一个氧原子的小分子构成，通常如图 1.11 所示。尽管如果你稍微进行一些思考，就会觉得这三个原子看上去并不像你所知道的水。究竟是什么使这些氢氧原子具备了水的特性——能像液体一样晃动，能冻结为纯净的冰，能在天空中形成云？

这个问题需要我们在系统中思考才能得出答案。我们会在回到宏观层面时再次回溯至这个问题。现在让我们再缩小一些，进入到组成水分子的氢原子中去。

氢是最小的原子，它由单个电子包围的单个质子构成。然而电子和质子是如此之小，以至于原子几乎完全是空的。具体来说，"几乎完全是空的"的意思是其 99.9999999999996% 的部分都为空。这不是一个粗略估计值，而是化学家和物理学家们经过努力计算得出的数字。

图 1.11　通常情况下描绘的水分子：两个较小的氢原子和一个较大的氧原子

所以氢原子几乎完全是空的——几乎完全没有任何东西。这些空间中并未填充空气，而是真正意义上的"空间"。有着这么大的空间，似乎很难看出一个原子是如何形成任意事物的。为了提供一定的尺度概念，想象一些细小的东西——胡椒子或者气枪打出的BB 弹，大约 2 毫米宽，放在一个大型专业体育馆的中间或一个足球场的中间。胡椒子就好比氢原子中的质子，体育馆则好比氢原子的近似体积，约为质子大小的 60 000 倍。围绕这颗小种子的所有剩余空间，围绕它的整个体育馆空间，完全是空的——没有空气，没有任何东西，只有"空"。它们合在一起，就形成了氢原子。氢也是目前为止宇宙中最常见的元素，约占所有元素物质的 74%。而对人来说，人体内的氢原子约占人体重的10%。

但是，那些无限接近于"真空"——完全没有任何东西——的物质，是如何在世间万物中体现这么大的存在感的？它如何能占到你自身以及其他事物的如此大的质量比例？原子中的电子只占其质量的很小一部分（约为氢原子质量的 0.05%，本来氢原子就已经很轻很轻了），所以 99% 以上比例的质量，是来自其微小中心的微小质子。

现在，这里就是故事开始变得有点奇怪的地方了。我们经常在教科书中看到将原子表示为小球体的图片，如图 1.11 那样。在这些球体内，组成原子核的质子和中子通常看起来是更小的球体，是位于原子中心的实体小硬块。这是一种很方便的表现手法，但同时也让我们与真实情况——事物与系统实际运转的方式南辕北辙。

原子并不是小球，电子不会以规则的路径运转，原子周围也没有明确的球形轮廓。氢原子中电子的性质比我们这里需要挖掘的还要复杂得多，但事实是，将原子考虑为被电子能到达的所有位置所定义的模糊、云雾状的边界，这样是更加精确的——对一个几乎为空的物体来说，压根儿就没有什么边界的概念！

氢原子的中心是质子。我们常常把它想象为一个坚硬的小球体，一块浓缩的精华。

这就是组成氢原子 99.95%以上质量的东西，然而就像原子本身一样，它实际上并不像一个浓缩的小块。为了找到事物真正的本质，我们需要继续我们的旅程，深入到原子中心的质子，看看里面有什么。

质子是原子核的两种主要成分之一，另一种（只存在于比氢重的原子中）是中子。它们的质量几乎就代表了原子的质量，把原子加起来就是我们能体验到的事物的质量和形态。当我们以实体和大小为标准来体验事物时，质子和中子对"事物之所以是该事物本身"这一事实是必不可少的。话虽如此，但质子和中子还不够基本：事实证明，它们是由更小的、被称为夸克的粒子组成。就我们目前所知，夸克是没有内部结构的基本粒子，它们在很多方面都如其名字所暗示的那样奇特。

人们通常认为，1 个质子由 3 个夸克组成。[1]而这些夸克并不在质子的"内部"；它们就是质子。这听起来可能有点让人困惑，但需要记住，质子并不能将夸克藏于内部的轮廓或球形形状。夸克，就是仔细观察下的质子。这实际上是一个非常重要的概念，我们稍后会讲到。

构成质子（或中子）的每个夸克都有那么一点质量。虽然这很奇怪，3 个夸克的质量加起来只占质子总质量的 1%。那么如果夸克就是质子，它是如何做到的？其余的质量来自哪里？

你应该记得，在前面的内容中我们提到过，需要摒弃"原子或质子是小且硬的实体球"这样的便利想法。原子是"模糊"的，并且其中绝大部分都是空的。质子可以说具有一定的尺寸和形状，尽管它们最好也被描述为模糊的（更准确地说，在其边界内是不确定的、模糊的）。正如原子的大小和形状是由电子的活动范围所决定的一样，质子的大小和形状也是由夸克的出现范围决定的。

构成质子的 3 个夸克紧密地结合在一起：它们聚集在一个非常非常小的空间内（约为 0.85×10^{-15} 米，或小于十亿分之一米的一百万分之一），且从来不会远离彼此。但是在这么小的尺寸中，物理学的运作方式与我们平时所熟知的不太一样，甚至物质与能量之间的差异也基本消失了。（幸运的是，爱因斯坦简洁的公式 $E = mc^2$ 让我们与亚原子粒子能很容易地在能量与质量之间转换。）除了 3 个绑在一起的夸克所具有的能量外，在

---

[1] 在质子中，两个夸克被标记为"上"，一个被标记为"下"。中子也由 3 个夸克组成：两个"下"和一个"上"。不要被这些术语弄晕；它们并不真正指代方向。更可能的是，这只意味着物理学家在命名事物时通常有一种古怪的幽默感。"夸克"这个词本身来源于 James Joyce 的《芬尼根守灵夜》中的一段话，由共同发现者 Murray Gell-Mann（1995）选来描述这些奇异的亚原子实体。

同一极小的体积空间内，还有无数对夸克和反夸克在不断地出现和消失。这些夸克对的出现和消失几乎是瞬时的，从无到有又从有到无，但在这个过程中把它们的能量给到了质子。基于这些小型能量喷发之间的关系，它们在很小的空间里创造了一个稳定而又不断变化的环境。

这意味着，夸克的所有动能、它们之间的相互作用（物理学中称为"胶子场"）和那些瞬时而又接连交替出现的虚夸克对，共同创造了粒子整体质量的99%。这些粒子稳定但始终保持变化，我们称之为质子和中子。听起来很科幻，但这就是事物本质的根源所在。这就是构成我们周围所有一切的本质，构成你所见到或触碰到的所有一切的本质。尽管我们能感受到事物存在的典型体验是其实体性和稳定性，但正如 Simler（2014）恰如其分指出的那样，日常事物实际上"不像一张桌子，更像一阵龙卷风"。用这种方式理解事物，也有助于我们更清楚地认识什么是系统。

从夸克以及它们所组成的质子来看，我们可以了解到，在最为基本的结构层面，事物（无论是原子还是船）并不是我们通常所认为的那样：它们实际上并不是独立存在、明显与其他物体区分开来的、定义明确且界限清晰的物体。在现实世界最微小的层面上，它们根本不像小块实体。它们是能量、力和相互作用。尽管这些一开始可能很难理解，但它们让质子和其他一切事物存在的关系网络，与我们认为的游戏设计的核心元素是同一回事。

让我们暂时回到质子和中子的讨论上，它们是由于夸克之间稳定却又始终保持变化的关系而存在的。夸克本身就是一种稳定又始终保持变化的效应（可能是一种时空中的多维度波动，但不在本书的讨论范围内）。3 个绑在一起的夸克，和不计其数的"虚"（真实存在，但又转瞬即逝）夸克对以某种方式在空间和时间上相互联系，这种方式就形成了稳定但又始终保持变化的质子和中子。原子核（含有质子和中子）和电子也是如此：正是通过它们之间的关系，才使得它们构成稳定但又始终保持变化的原子。

亚稳态与协同作用

这种稳定而又始终保持变化的概念被称为亚稳态。处于亚稳态的物质总是以一种稳定的形式存在（通常情况下），但在更低的组织层级上又总是在发生变化。[1]对外表现稳定的质子，在更低的组织层级上看实际却是丰富的小粒子群。同样，原子本身是稳定的，

---

[1] 在许多科学分支中，事物被归到亚稳态结构的分类方式被称为"整合层次"（Novikoff，1945）。在原子和亚原子领域，物理学家们创造了他们所谓的"有效场论"，将更低一个组织层级的变化近似为当前层次上的亚稳态整体。

但其内部则由原子核与电子之间不断变化的联系所构成。除质子和原子外，还有许多具有亚稳态结构的其他例子，例如鸟群、飓风或者水流。稍后我们将进一步研究这些。

我们继续从亚原子领域出发往回走。不光原子是亚稳态结构，分子也是如此。我们在前面见过的简单水分子，与质子或原子本质上相同。它也是亚稳态的，因为分子内的原子在发生变化，共享着它们之间的电子，且相互改变着它们之间的相对位置。[1]

正如氢原子由质子和电子构成那样，水分子由两个氢原子和一个氧原子构成。水分子并不是"包含"这些东西，它"就是"这些东西。然而，尽管它周围没有轮廓或实体边界，当考虑到水分子之间相互作用的方式时，通常认为它们从原子层面在组织结构上"升了一级"。

也就是说，水分子的存在是因为构成它的原子之间存在协同关系，好比氢原子的存在是因为质子和电子之间的协同作用，也好比质子的存在是因为夸克之间的协同作用一样。协同这个词的意思是"共同工作"。近几十年来它被用在许多场合中，尤其是商业领域，但最初是 Buckminster Fuller 将其引入现代用法的，Fuller 将其描述为"系统整体的行为，此行为不能被组成该系统的各部分拆开后的单独行为所预测"（Fuller，1975）。这是描述亚稳态的另一种方式，在这里，较低组织层级的各部分相组合，会产生一些新的东西，这些东西往往是各个部分所不具有的属性。就像质子和原子一样，分子在其自身的组织层级上具有稳定性和整体性特征：不改变其本质属性就不能使之分裂。

系统是具有自身特有属性的亚稳态事物，同时它们也包含其他较低层级的亚稳态事物。这样的观点是理解系统性思维以及游戏设计的关键点之一。当我们讨论涌现现象时，会再次看到这一点。

作为具有独一无二特征的物质，水分子可以认为是某种疙瘩状的球体，更像是马铃薯而不是橘子的形状，如图 1.12 所示。这种疙瘩形状是由组成它的氧原子与氢原子之间的关系构成的。分子中原子之间的关系决定了分子的亚稳性及其整体电属性。质子和中

---

1 水分子虽然是亚稳态的，但却在以非常奇怪的方式活动，我们这里通常不会考虑这些内容。氢原子可能会跳跃离开 OH⁻ 离子，在短时间内形成一个新的 H_3O^+ 分子，然后再回去或被另一个 H^+ 离子取代。水作为一种物质，本身是亚稳态的，即使在分子级别也会有交换氢离子以及其他类似的行为。

子内的夸克决定了它们各自的电荷，[1]氢氧原子中的质子和电子又决定了水分子的总电荷。氧原子将氢原子身上的电子部分拉出，就像将氢的盖子摘下来一样。这使构成氢原子核的质子略微暴露，并使得分子的块状边缘带部分正电荷。同样地，分子的另一端，即最靠近氧原子而远离氢原子的那一端，带了大约 10 倍数量的负电荷，因为氢原子的电子现在会花一部分时间陪氧原子了。

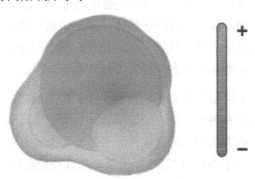

图 1.12 水分子电荷分布的"疙瘩状球体"

因此，水分子作为一个整体，作为一个事物，是具有极性的，一部分更加偏向正极性，另一部分则更加偏向负极性。理解了这一点——以及理解事物是如何建立在组织层次较低的成分之间的关系之上的——使我们能够回答这样一个问题：水分子是如何变成我们通常认知中的水的。D. H. Lawrence（1972，p515）在他的诗 *The Third Thing* 中写道：

　　　　水是 H_2O，氢占两部分，氧占一部分，但还有第三样东西使它最终成为水，
　　　　没人知道那是什么。

这个"第三样东西"就是我们这里讨论的核心。这是亚里士多德在 2000 多年前所考虑的独立存在的整体，并于 20 世纪早期得到了 Smuts 和 Koffka 在他们各自领域中的呼应。这个"第三样东西"至关重要，但它不是一个单独的元素或对象：它是我们已知的、处于较低层级的事物之间的关系所创造的一个更高层级的独立事物，从而才产生了这样一个整体。我们再次引用 Lawrence 在另一个场合下所说的本质上相同的话。在 1915

---

1 专为感兴趣的人做的扩充：组成质子和中子的每一个夸克都带有电荷；这些电荷的总和就是质子所带的电荷，这里也能解释为什么中子是呈电中性的。因为在我们发现夸克之前，质子就已经被人为赋予了+1 的电荷，所以夸克不得不带上分数电荷：两个"上"夸克各有+2/3 电荷，"下"夸克则带有-1/3 电荷。2/3+2/3−1/3=1，这样才能凑齐质子的+1 电荷。同理，一个中子有 2 个"下"夸克和 1 个"上"夸克，可以得出 2/3−1/3−1/3=0，中子的电中性就是这么来的。

年的小说 *The Rainbow* 中，他写道：

> 两个人之间的爱，本身就是非常重要的东西，但那并不是你，也不是他，而是你们必须创造的第三样东西。

这种"第三样东西"所创造的、涌现自较低层次成分之间的关系，使得组成一切事物——原子、水、爱、交互、游戏、生活——都成为可能。以水来举例，当水分子形成了松散但又处于亚稳态的团簇时，这些团簇彼此间开始相互滑动。这种情况发生时，大量的分子和团簇就开始具有流体的性质，也就是我们能识别为是液态水的性质——这种特性在单独看分子或原子时并不具备，而是全新产生于其组成部分之间的关系。

当我们把目光从分子层面转移到我们身边能看到的东西时，会发现亚稳态结构简直是随处可见。继续以水作为例子，无论是在雨滴、水流还是波浪中，它都在更高的组织层级上创造了额外的亚稳态结构。请记住水分子是非常小的。它们比我们之前提到的质子大成千上万倍，但仍然小得难以想象。[1] 所以，从挂在你眼睫毛末端的一滴水珠，到最大规模的飓风，都是由水形成的亚稳态结构之一。

回到我们开始的地方

就目前而言，事实就是这样：你所知道的一切可以称之为"事物"的东西，都是由它们内部更小的组件之间的关系所构成的。每一种组件都是其子成分的亚稳态层次结构，一直到宇宙最基本的子级，在那里夸克/反夸克对不断地交替出现和消失，这个过程中又不断产生质子和中子（以及它们的质量——和你的质量）。

了解了这些之后，可以让我们回到开始的地方了。现在我们可以再看看忒修斯、海伦以及他们的船。正如质子、原子和分子都是亚稳态结构那样，船也是如此：一艘船并不仅仅是一堆木板；它是这些木板之间的协同关系，它们存在于彼此之间特定的亚稳态关系之中。因此，如果忒修斯移除一块木板并用一块新的替换，那么他不仅改变了这一

---

1 这里有一个思考练习，可以帮助你认识到在一滴水中有多少个水分子：想象地球上的人口数量，目前这个数字是略超过 70 亿。现在，动用你最大的想象空间，假设一下地球上的每一个人都拥有 10 份地球的副本，每一个副本都像前述那样具有略超过 70 亿的人口数量。理解了吗？现在地球上的每个人面前都摆了 10 个闪闪发光的地球，每个这样的地球上都有着自己庞大的人口数量。在这样的情况下，所有地球副本上（同时也包括最开始的那个）的人口总和，大约就相当于一滴水中的水分子数量。具体算来，地球上总共有约 7.2×10^9 人。对这个数字进行平方，就相当于给了每个人一份地球的副本，每个副本上仍然是 7.2×10^9 人。加起来，总共约为 5×10^{19} 人。而现在，我们给的是每个人 10 份副本，而不是 1 份。那么最终的数字是 5×10^{20} 人，而这个数字，只相当于 1 滴 3mm 宽、重 0.015 克的水滴中所包含的水分子数量。

物理组件，更重要的是，还改变了它与船上所有其他物理组件之间的关系。他将木板从船这样一个系统中移除了，但船本身仍然存在（只要船保留有足够的组件来维持其作为一艘船的亚稳态和功能）。而对海伦而言，她通过逐渐使用旧的部分建立新的关系，创造了一个新的亚稳态结构，一艘新的船。重要的是要记住，正如我们前面所说的，两个氢原子和一个氧原子并不是在水分子的"内部"，木板也不是在船的"内部"：它们是借助于相互之间关系的力量，将船创造成为一个事物的存在本身。

让我们暂时回到游戏设计的世界，这种对事物如何产生，尤其是对"在创造新的、更高层级系统（和事物）时关系与相互作用的重要性"的理解，将帮助我们设计更多系统化的、最终也更令人满意的游戏。

砖瓦与房屋、模式以及性质

哲学家、科学家亨利·庞加莱（Henri Poincaré，1901）曾说，"科学由事实构建，正如房屋由砖瓦构建那样；然而简单地堆砌事实也并不是科学，正如一堆砖瓦并不是房屋本身那样。"也可以回想一下亚里士多德的说法，"一切具有多个组成部分的事物不仅仅是各个部分单纯的堆砌，它之所以能成为一个整体，在各个部分之外还多了某些原因。"他所说的原因，就是事物之间的结构以及功能关系。在庞加莱所描述的房屋例子中，这些原因指代砖瓦以及它们之间的关系——它们的位置、物理性以及彼此之间的支撑。这就将它与"单纯的堆砌"区分了开来，并创建了我们称之为"房屋"的有组织系统，就像创造出有组织的理论和模型的众多事实一样，它们之间的结构与功能关系构成了我们称为"科学"的事物。没有这些超越元素本身的元素间的效应，就没有房屋，也就没有科学。

作为补足，还有来自建筑师克里斯托弗·亚历山大的两个想法。第一个出自他的书《建筑模式语言》。这是一本关于物理建筑的书——城镇、房屋、花园和角落。除此之外，这本书及其讲述的原理极大地影响了几代软件工程师和游戏设计师。在任何时候你只要听到有人在讨论设计模式，无论他们本人是否意识到或了解过，他们都会涉及这本开创性著作中的内容。亚历山大的方法是完全系统的。这里我们再次考虑前面关于水分子、夸克和船的讨论：

> 简而言之，没有一种模式是孤立的实体。世界上每种模式都只能在被其他模式支持的范围内存在：它所嵌入的更大的模式，它周围的同等大小的模式，以及嵌入其中的更小的模式。
>
> 这是看待世界的基本视角。它告诉我们，当你建立一个事物时，你并不能

仅仅孤立地建立它，而必须同时也复原它周围以及它内部的世界，以让它所在的更大世界变得更连贯、更一体化；你所创造的事物发生在自然错综复杂的网络中，正如你本身能创造它那样。（Alexander et al.，1977，p. xiii）

亚历山大所说的"模式"，我们更多地称之为"系统"。基本的整体元模式（即所谓"模式的模式"）是，这个系统化组织存在于现实世界中，小到夸克，大到飓风（且可继续扩展至宇宙中难以想象的巨大结构）；存在于创建住宅、厨房和城市的结构中；甚至也作为设计的体验存在于游戏中。

第二个想法来自亚历山大的另一本书《建筑的永恒之道》，《建筑模式语言》的更有哲学色彩的姊妹书。在这本书中，亚历山大介绍了他所谓的"未命名的性质"，他认为任何建筑结构，乃至任何设计中都必须融入这种性质。这种性质包括"合一"、动态和谐、力量之间的平衡以及由相互支持补足的嵌套模式产生的统一。总的说来，亚历山大主张：作为一个包含这些子模式的统一模式，它不能被一个单一名称所概括。正如亚历山大所说，

> 当一个系统自身保持一致时，它就拥有这种性质；当它分裂时就相应失去了这种性质。这种统一性的拥有与否，是任何事物的基本性质。无论是在一首诗、一个人、一栋装满人的建筑中、一片森林还是一座城市中，所有重要的事物都源起于它。它体现了一切。虽然目前来看这种性质仍旧不能以一个单一名称所概括。（Alexander，1979，p. 28）

亚历山大的"未命名性质"、亚里士多德的有组织系统中发现的未确认"原因"，以及 Lawrence 所指的使水有水的性质的"第三样东西"，这三者有异曲同工之妙。它们也许没有名字，因为对其命名将意味着使其在我们的脑海中扁平化，将我们的视角从一个复杂、动态的元模式观点移至一个稳定、惰性的还原主义观点。基于现在的理解，我们可以把其看作事物或过程系统化的性质。我们将在第 2 章中更加精确地定义这一点。

步入系统

系统化的观点至关重要：你必须学会在明显是静止状态的桌子上看到会动的龙卷风，在我们自己的设计中看出动态过程。在游戏设计这一领域，你必须学会看到游戏游玩的整体体验，并理解每个玩家在游玩过程中都将有自己独一无二的体验过程。同时，作为一名游戏设计师，你必须能够"放大"并具体化游戏的每一个单独部分，而不需要让游戏的状态空间缩至一个单一路径。

牢记这一切，不迁就于过度整体思维的模糊以及贪婪还原思维的线性，这可以让你

系统地看待世界。这样做，你将能理解并认识到这种未命名的、非扁平化的系统性、协同性、亚稳性和涌现性——然后将其应用到你的创意设计中。

考虑到这一点，你现在就可以研究系统的一个更加全面的定义，以及为什么说在设计游戏时，能识别、思考和有意识使用系统是很重要的。

总结

本章让你了解了看待世界的不同方式，以及将世界视为系统的重要性。你的思维已经开始将系统理解为相互关联的部分所组成的网络了，这些部分共同创建了亚稳态的整体。

这种系统观点对于理解世界如何运转、将身边平凡的事物视为充满活力的系统，以及创造引人入胜的游戏至关重要。有了这些对系统如何构成世界的方式的更深入理解，你现在可以更精确地定义系统了，这将使你能够将系统的术语和理解应用到游戏设计中。

第 2 章

定义系统

有了系统性思维的基础，你现在可以对"系统是什么"有一个更加正式和具体的定义了。在这里，我们会探讨系统是如何组织起来的，以及新事物和新体验是如何从系统的不同部分中产生的。

这样做将为你提供分析和设计系统化游戏所需的基本概念和词汇。

系统意味着什么

正如我们前面所了解到的，系统是一个熟悉的但往往只有模糊定义的概念。通过仔细探讨"事物"到底是什么，这种模糊的概念会变得更加清晰。正如我们在第 1 章中看到的，系统就是事物，事物就是系统。系统实际上在我们身边俯拾即是，它们组成了我们生存的物质世界以及我们协助创造的社交世界。

然而，重要的是要记住，系统（本质上是事物）是动态的，而非静态的：你不能通过将系统固定在特定位置来理解它；而必须通过体验其在具体实际环境中的运作来真正理解。由于系统象征着亚历山大"未命名的性质"（Alexander，1979，p.28），所以很难将它们定义在一个单一的、保险杠贴纸般的句子中。[1]系统具有（可能有些疯狂，但同时也非常神奇）这样的特性：它们必须被同时从以下两方面来理解，1. 组成部分；2. 系统如何动态结合形成更高级的事物。必须根据它们在具体环境下的运转方式来理解，而不是像静态快照那样。

换句话说，任何系统的定义本身都必须是系统化的。

简要定义

为了提供一个不敷衍的简短定义，系统可以被描述如下：

---

1 我最近看到的一句话是"这句话是一个系统"。字母和单词之间的相互作用在一个简短的陈述句中创造了涌现的、有组织的意义。感谢 Michael Chabin 给出的如此简约的定义。

　　　　一系列部分的组合，这些部分一起共同形成了它们之间的交互循环，以创建一个持久的"整体"。整体有它自身的属性和行为，这些属性和行为属于该组合，但并不属于其中的任何单个部分。

　　说好的简短呢？在本章中，我们将会将其拆解（之后再将其组装回来），以更加接近一个正式的定义和详细的诠释。如前所述，语言的线性在这里确实成为一个问题：你将会看到尚未给出解释的事物的相关参考，并且可能需要多次阅读（多个循环！）来构建你自己关于系统是什么的心智模型。

　　首先，下面是一个稍微扩展了上面语句的列表。我们将在本章中详细地研究它们：

- 系统由部分组成。部分具有内部状态和外部边界。它们通过行为与其他部分进行交互。这些行为发送信息（更常见的是各种资源）到其他部分，用来影响其他部分的内部状态。
- 部分之间通过行为进行交互，以创建循环。行为创建局部交互（A 到 B），循环则创建传递交互（A 到 B 到 C 再到 A）。
- 系统被组织到按照层次结构整合的一系列层级中，这些层级源自基于它们循环结构的涌现属性。在每个层级中，系统都会表现出有组织的状态和行为，意味着其也是下一个层级的更大系统中的一部分。
- 在每个层级，系统都表现出持久性和适应性。它不会很快分崩离析，会不断自我强化，并且能够容忍和适应存在于它的边界之外的不同条件。
- 系统呈现出有组织、分散但同时亦协调一致的行为。一个系统创建一个统一的整体——而这同时又是一个更大系统的一部分。

　　现在我们将更详细地研究系统的各个方面。

定义部分

　　每个系统都由不同的部分组成，系统本身也可以被拆分成不同的部分：部分，可以是分子中的原子，鸟群中的鸟，军队中的作战单位等。每个部分都独立于其他部分，每个部分都有自己的特征并各自行动。具体来说，每个部分都由其状态、边界和行为所定义，如接下来的内容所述。（你将在第 8 章中再次以游戏具体术语的方式看到这些内容。）

状态

　　每个部分都有自己的内部状态。它们由属性组合而成，每个属性在任一时间点都有其特定的值。因此，鸟群中的每只鸟都有各自的速度、方向、质量、健康情况等。鸟的速度和质量是属性，各自有一个值（在这里是一个数字）代表该属性的当前状态。部分的总体状态是所有当前属性值的集合。这在任何时间点都是静态的，但如果这个部分受到其他部分的影响，则会随时间发生变化。

在现实世界中，对象的状态并不是由一个简单的、拥有值的属性所定义的。（例如，人本身实际上并没有"生命值"具体数量的概念。）相反，状态涌现自各个子系统的聚合状态，这些子系统处于更低或者更细化的组织层级中。（可参看本章后面的"组织层级"一节。）这些子系统也由相互作用的部分组成。正如你已经看到的，在现实世界中，我们必须下行到夸克级别，才能最终停止寻找由更小的部分所组成的子系统。

在游戏中，一个部分的状态通常由更细节层次的各个部分所拥有的状态来决定：森林可能没有自己的"健康"属性，但可能使用定义在其中的每棵树的状态集合。然而，在某些时候你必须"触底"并创建拥有属性-值对的简单部分，这些属性-值具有简单、非系统的类型——整型、字符串等。例如，国际象棋的棋子具有"种类（兵、车等）"以及"在棋盘上的位置"这两项属性作为它们的状态。在电脑游戏中，一个怪物可能拥有 10 点生命值，同时还有一个名字叫 Steve。

这种特性为我们的设计提供了一个可行的平台，使得它们能得以实施。由于游戏中各个部分的默认状态或是初始状态通常保存在电子表格中，因此我们有时会将此层级的定义称为"电子表格特性"。这是游戏设计的一个重要性质，因为只有在弄清楚设计中所有模糊的部分，并将其落地到电子表格特性的层级（也就是具象化到能以电子表格来展现）后，你才能实际构建游戏。你会在本书中多次看到这一点，尤其是在第 8 章和第 10 章中。

然而，电子表格层级的特性并不是游戏设计能达到的系统性的上限。通过跳出"包含部分的子系统"这样的限制来构建系统，你可以创造出更有吸引力、更动态化的"二阶设计"（见第 3 章），它不用依靠那些建立在广阔而昂贵的内容创造之上来获得成功。你应该在你的设计中寻找机会，将较简单的部分放在一起，以创造更大的系统化整体。

边界

一个部分的边界是一种涌现属性（参看后面关于涌现的讨论），由它内部的子部分相互作用的局部领域所定义（见图 2.1）。紧密连接在一起的部分——相互之间的交互比其他部分更多——特别是那些创建了循环交互的部分，形成了一个局部子系统，它在更高的组织层级中创建了一个新的部分（当然在比其低的层级中还有更多的部分）。

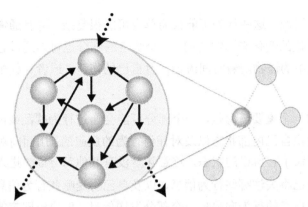

图 2.1　图示中的部分有自己的边界、互联的子部分，同时也展示了它在总体系统中的位置。
请注意边界是概念性的，由部分之间的互联所构成，而不是说边界内是孤立的单个部分

部分之间的边界并不是绝对的，因为一些局部部分同样需要与边界"之外"的部分互动。正如我们对原子和质子的讨论那样，重要的是记住一个部分通常是没有泾渭分明的外壳或包装的[1]；它的边界由构成它的紧密相连的子部分簇所定义。实际上，从更高层次的角度来说，边界可能看起来很好定义，但越靠近观察，它就会变得越模糊，越难以找到边界的具体位置。

定义事物是在某部分的"外部"还是"内部"，典型规则是该事物能否改变更高层级系统的行为。如果是，那么它就在边界内，是系统的一部分。而如果事物与系统内部的部分有交流，但并不能通过它的行为改变系统的整体行为，那么就认为它在部分或系统的边界之外。

实际上，边界以及它所提供的组织是一种模块化形式，在创建部分或系统时可能会涌现或被执行，就像软件一样。使用边界可以让系统的各个部分更易于理解和复用，同时也消除了依赖各种形式的集中控制所带来的诱惑。这与温伯格（Weinberger，2002）用来描述分布式万维网（World Wide Web）"小块松散连接"概念背后的想法相同：每个网页都是整体系统的一部分，没有什么在控制整个网络，如果其中一个消失了，其余的仍然会继续工作。

行为

部分之间通过行为来相互影响。每个部分都有它所做的事情——通常是在系统中创

---

[1] 在某些情况下，内部与外部之间确实有一层皮肤形成边界，就像细胞膜那样。不过即使形如细胞膜的结构，也有专门的渠道允许紧密相连的内部的部分通过边界带入或送出特定事物。

建、更改或者销毁资源。这些行为可能很简单也可能很复杂，并且通常会通过向其他部分传递一些资源或值的变化来影响它们。一个给定的部分也可以通过它自己的行为来影响自身，比如游戏中的怪物随着时间流逝治愈自己的伤势，或者存款账目通过计算复利自动增加结余等。

与行为相关的一个重要概念是，一个部分可能会通过行为扰乱或影响其他部分，但每个部分是自主决定自己内部状态以及对任何行为的反应的。用面向对象编程的术语来说，每个部分都封装了它自己的状态，这意味着没有其他部分能"进入"并改变它。每个部分自主决定自己将关注哪些行为信息，以及自己将受哪些行为信息影响。因此，某一个部分可能通过自身的行为向另外一个部分发送信息，但决定回应的是后者自身：它可能忽略该信息，也可能使用该信息来改变自身的内部状态，这取决于它自身的内部规则。

源、容器和汇

在讨论"部分"时，系统性思维的语言经常提及不同类型的"部分"，如源、容器和汇。它们之间交互的行为通常表现为连接体，其中最常见的类型是两个部分之间的流。部分与部分之间流动的可能是消息或其他类型的信息，但往往是某种类型的资源。（请注意，虽然这些名称及其符号在系统性思维、科学和工程中已被广泛使用，但实际上直到今天仍然没有一个权威的形式。我们将在这里使用那些通用的名称和符号，但目的是为了实用、方便叙述，并不是规定如此。）

源是一种"部分"，它能增大其他"部分"的状态。最简单的例子之一是一个水龙头，它将浴缸注满水（见图 2.2）。在现实世界中，水一定是来自某个地方，但在游戏中（以及一般的系统性思维中），我们经常认为源代表了某种资源（例如水）的无穷供应。

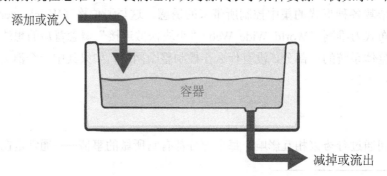

图 2.2　源、容器和汇，以及资源的流入、存储和流出

继续使用浴缸的例子，一定量的水（资源）从源流入容器。源的内部状态确定了产生新的单位数量资源的速率。因此，一个源可能会有一个值为 2 的内部变量，意味着每单位时间（例如每秒）产生 2 单位数量的水。源的行为就是传递这些水；这通常被称为流。源本身不保留任何水，它只是产生一定数量的水并在条件允许的时候传递它们。

资源代表从一个部分流向另一个部分（如从源到容器）的某样东西（在本例中即为水）的数量。一般来说，任何可数、可存储或是可交换的东西都可以当作一种资源，即便它不是严格意义上的实际存在的物质。在角色扮演游戏中，以 HP 值代表的健康可能就是一种资源，一个帝国能支配的省份也是如此。我们将在第 7 章和第 8 章中再次讨论到资源。

源产生的资源流向容器。在上面的例子中，容器就是浴缸。你也可以从一个拥有"库存"商品的商店，或者"蓄水池里有多少鱼"来考虑这一点。容器积累事物：例如，浴缸积水，银行账户积累资金。对任意容器来说，它的状态描述为在特定时刻的一个（资源的）数量。所以一个浴缸可能包含 10 单位的水，一个银行账户中可能有 100 美元。这些数量可能会随着时间变化，但在任意给定的时间，你都可以检查容器的状态，它会告诉你当前包含多少资源。容器也可能会有一个上限值，超过这个值就不再容纳资源了。你的银行账户可能没有上限，但你的浴缸肯定是不能无止境地装水的，超过容量自然就不能再装了。

然后是汇，即例子中的排水系统：它使得资源从容器中流出。正如容器的状态是当前包含"多少"资源，汇的行为是单位时间内能送出一定数量的资源。通过这种方式，你会感觉到它的功能非常类似于源，但关键的不同点在于，如果容器是空的，那么汇是不能传送任何东西的，而源通常是被假定成总是能够生成资源的。

尽管在系统中谈论"水龙头""排水系统"似乎有些奇怪，但它们实际上都是关键元素，尤其对游戏而言。在某些时候，你必须围绕你设计的内容画出界限，并且不考虑外界因素。例如，如果你正在为工厂创建一个系统模型，可能会假设水和电将从一个外部（且无限制的）源流入，而不会同时还对电厂和给水系统建模。特别是在游戏中，就像通过从非系统角度创建一个部分的细节来生成该部分的状态"电子表格特性"一样，你通常需要根据影响游戏的具体方式来确定各种不同的源和汇，即所谓的水龙头和排水系统。

例如，在大型多人在线游戏（MMO）的发展早期，这些游戏中的经济系统被称为"水龙头/排水"经济。图 2.3 描述了游戏《网络创世纪》（*Ultima Online*）中经济系统的示意图，并展示了如何以突出显示源、容器、流、资源和汇的方式对其进行图解。

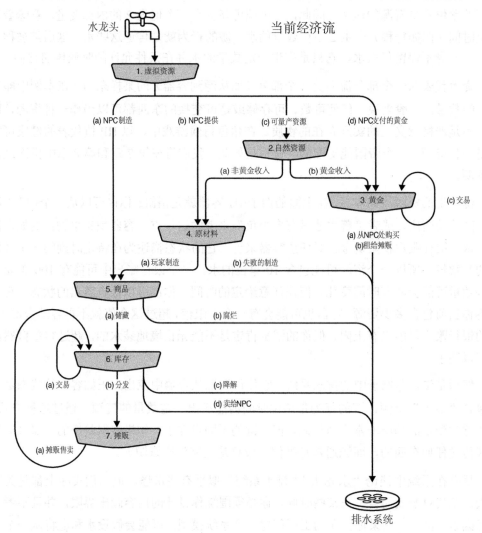

图 2.3　改编自《网络创世纪》的水龙头/排水经济。每个灰色方框都为一个容器，它们之间有"流"。"流"从一个永不停止的水龙头开始，终止于一个永不会被注满的排水系统。

　　在这个系统模型中，左上角有一个无限制的水龙头（实际上不止一个），代表了各种"虚拟资源"的无限制的源，这些虚拟资源包括非玩家角色（NPC）提供的商品，不知从哪儿突然冒出来的怪物，以及 NPC 支付给玩家的黄金等。这些资源流过各种容器，并且大部分都通过右下方的连通路径流出经济系统。

从这张图中可以看出，资源被保存在各种容器（灰色的盘状框）中，不过这里显示的分组比实际上的要更加简略。例如，一个玩家可能会"制造"商品并将其保存在道具库存中（方框 6），但不同玩家的库存是彼此独立的。这些容器的存储量通常也不受限制，而通过汇的流出量并没有保障：辛普森（n.d.）讲述了一个知名的故事，游戏中的一个玩家在自己的房子里存了超过 10 000 件制造的（虚拟）衬衫。这给游戏的经济系统带来了实际问题，因为这意味着每一个对象（在这个例子中就是衬衫）都必须被随时跟踪和记录。

另一个产生于这种经济系统中的类似问题，是无止境的通货膨胀。请注意，"黄金"（游戏中最主要的资源和流通货币之一）是从无限制的水龙头中无中生有地被创造出来的。每当游戏中的玩家杀死一只怪物或是售卖一个道具给 NPC 商贩时，新的黄金就被创造出来并加入经济系统。这样的黄金可能经由商品制造或其他方式回流出经济系统，但其中很大一部分仍然会留在经济系统中。随着可用黄金数量的增长，每单位数量的黄金对玩家的价值都会降低——这正是通货膨胀的定义。这个问题的解决方案通常很复杂，如果没有足够的对经济系统的系统性观点，就连问题本身都难以理解。你会在第 7 章看到更多游戏系统中的经济以及关于它们的问题（包括通货膨胀）。

转换器和判定器

除了源、容器和汇，我们在绘制系统图时还经常遇到其他特殊类型的部分，其中两种是转换器和判定器。图 2.4 展示了除源和汇之外还包含这些部分的系统图。

在这个系统中，存在一些资源从源流向转换器的过程，然后再流向汇。这本身并没什么特别之处（它甚至不是一个真实存在的系统），但却是帮助保持图表清晰的一个抽象。除此之外，作为过程的一部分，还存在一个衡量标准：过程进行得太快还是太慢？这就是整个系统变得系统化的原因，因为这些连接创建了一个回到源的循环。通过衡量判定器部分，转换过程被维持在需求的范围内。

细心的读者可能会注意到，这张图与图 1.7 中展现的更详细的离心调速器，本质上是一样的：引擎是源，它为一些过程（如将热转化为旋转运动）提供动力，汇则由排气装置充当。引擎运转得更快或是更慢，使得重物在离心力作用下向上或向下运动。重物扮演机械判定器的角色，使引擎保持在特定范围内。

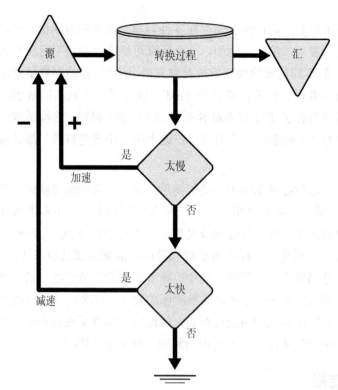

图 2.4   包含一个源、一个转换器、一个汇和两个判定器的抽象系统图

复杂与复合

彼此连接形成系统的部分总是以构成循环的方式来形成系统。正如你将看到的，循环系统往往会变得复合化（complex）。非循环系统可能会创建复杂（complicated）的过程，但最终它们往往不会创建复合的系统。这对系统设计整体（特别是游戏设计）有重要的影响。

简单的集合与复杂的过程

如果你手头有一堆彼此没有任何联系的部分，它们没有任何能影响彼此状态的行为，那么它们就构成了一个简单的集合，而不是一个系统；一堆砖块（正如庞加莱所说的那样）或者一碗水果就是一个集合。[1]这些集合中的物体彼此之间没有显著的联系或交互，所以它们彼此是孤立的。部分必须要有基于它们自身行为的重要且能改变状态的连接，才

---

1 这可以说是基本正确的。而实际上，碗里的水果在成熟和腐烂的过程中，会有很长一段时间的相互作用。但在大多数情况下，我们可以把每一个水果看作单独的东西，不会与周围的其他水果相互作用。

能以此创建系统。

一个复杂的过程具多个部分以及多个交互。然而，这些部分是按顺序相互连接的，彼此之间的影响也只是线性、一个接一个的（见图 2.5）。这样的过程通常是可预测和可重复的，你知道每一步之后会发生什么。但是，由于没有循环来创建反馈，这样的过程并不会形成一个系统。

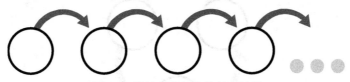

图 2.5　线性互联部分的复杂过程

一个复杂集合的例子是我们前面遇到过的单摆（参见图 1.2）。单摆上的重物与它所在的长杆相互作用，形成了一个高度可预测的（有时也是很复杂的）轨迹。但同时，也并没有明显的反馈循环来使它成为一个复合系统。

类似地，许多流水线工序都很复杂：在装配线上组装一辆汽车要涉及很多步骤，但对于同一类型的汽车来说，在工序上并不会有太多差异。更复杂的则是发射火箭到月球：有更多的事情要做，没有任何人敢说这很容易，但发射过程的不同阶段彼此之间的影响并不大。一旦经过了发射与推进阶段，它们并不会对后续其他阶段（例如进入月球轨道）产生什么不可预料的影响。更重要的是，在登月阶段发生的事情对初始发射阶段是没有任何影响的。而且由于各部分之间的连接是线性的，一旦将火箭发射到了月球，之后第二次发射的流程较之第一次就没什么变化了（至少在部分之间有实在的互动，以及当事情变得糟糕、即当发射过程进入较为复杂的领域之前均为如此）。

在游戏设计方面，向玩家展现出有序关卡的游戏更倾向于复杂而不是复合：通常关卡 10 以上发生的事情对关卡 2 时的状态或玩法不会有影响。一旦玩家通过了一个关卡，他们很可能再也不会玩第二次（因为关卡设计本身并不会发生变化）。这种有序的而不是系统化的游戏设计需要设计师创造出更多内容，因为一旦玩家通过了游戏的一部分，这部分内容的玩法的价值就会大幅降低。

这里的关键概念是：在一个复杂的过程中，各个部分之间存在相互作用，但这些相互作用本质上是线性的或者随机的：过程中没有反馈循环。这造成的一个结果是：当一个复杂过程中出现意想不到的问题时，它要么是完全随机的，要么更常见的是，可以将问题从结果追溯到某个单一的原因，然后修复或者替换导致问题的特定部分。因此，这种过程通常适用于线性的还原论思维，从某个特定的部分回溯，直到找到根本原因。

复合系统

当各个部分连接在一起形成一个循环，并以此相互影响时，事情就变得有趣多了。在这样的情况下，部分之间仍然相互作用，但现在它们是这样做的：部分的行为会产生循环并再次返回（见图 2.6）。这些循环创建了一个复合系统。

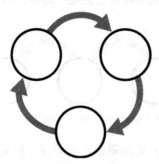

图 2.6　一个高度简化的复合反馈循环。系统中的每个部分都直接或间接地影响其他部分

正如单摆是复杂组合的一个例子一样，双摆（见图 1.2）是复合系统的一个相对简单的例子。双摆的各个部分——重物的质量、关节的位置，以及重物、关节与悬挂支点的空间位置，互相之间都有着互动和反馈。这就是为什么双摆的轨迹对它的初始条件如此敏感：当双摆移动时，每个部分的位置以及受力都会变化，同时也都会反馈给其他部分（当然包括自身），从而能在起始位置相似的情况下创造出截然不同的路径轨迹。

我们生活的方方面面都有着许多复合系统的例子，包括人体、全球经济、一段罗曼史、飓风、白蚁丘，当然还有很多游戏。甚至本书开头的图 1.1 都展示了本书所涉及的复合系统的抽象视图。

这些系统中的每一个都具有如下特性：拥有多个独立部分，每个部分有自己的内部状态，并通过它们的行为，以形成反馈循环的方式相互影响。正如你即将在这里看到的，它们还会对外部随时间发生的变化保持适应性和鲁棒性，并产生有组织的行为以及涌现属性。

部分形成循环的方式，意味着每个部分都会影响自己未来的状态和行为。A 部分影响 B，B 影响 C，然后 C 又影响 A。这些行为化的影响需要一定的时间，因此经过一次循环之后的"未来的 A"，会呈现出与"当前的 A"不同的状态，且会受到 C 的影响。这种循环连接会产生显著的效应。这意味着，尽管存在着还原论的宇宙观（由笛卡儿和牛顿所倡导），复合系统也不易被分解为纯粹的复杂系统："解除循环"会通过打破最后的连接（例如，从 C 返回到 A）破坏其本质。

我们之后将回到这一点，因为它涉及非线性，以及整体相比各个部分之和所具备的额外的特性——正如亚里士多德、心理学家 Koffka 和生态学家 Smuts 所理解的，以及 Lawrence 在他关于水的诗中称之为"第三样东西"、亚历山大称之为"没有命名的特性"那样。复杂与复合，还原的各个部分与它们如何创造出具有涌现性的整体，这些联系对于理解和创建系统至关重要。

循环

复合系统包含具有行为的部分，这些行为以形成循环的方式连接各个部分。而这些循环在很多方面都是系统和游戏中最重要的结构。认识并有效地构建它们是在系统中工作的关键。

作为最基本的性质，循环可能是建设性的，也可能是破坏性的。在系统性思维中，它们通常被称为强化循环或平衡循环（有时候也称为正向反馈或负向反馈循环）。强化循环加强循环中各个部分行为的影响，而平衡循环则相反。两者都很重要，但在绝大部分情况下，一个系统如果没有至少一个主要的强化循环，那么它很快就会消失并不复存在：如果循环让处在其中的部分的行为消失，那么这些部分很快会丧失对应的功能，彼此之间也再不会有任何联系。（例外的情况是，每个部分都形成了稳定的循环，防止其他部分对其产生作用，就好像被相反的支撑物支起来的墙一样，如果没有一边的支撑物，另一边的力势必将墙推倒。）

循环作为部分之间的相互作用而存在。每个部分都有影响其他部分的行为，正如图 2.7 中所示，这些行为以循环中的箭头表示。在这个例子中，文本部分（如"账户余额"以及"拥有的房产"）是容器的示例，如前所述：这里持有一定数量的金额或价值。箭头指代了对容器里库存数量的影响，由一个部分的行为所决定：如果箭头旁边带了个加号，那么第一个容器中的库存数量越多，加到第二个容器中的数量就越多。而如果箭头旁是减号，则第一个容器中增加的库存，就会减少第二个容器中的数量。

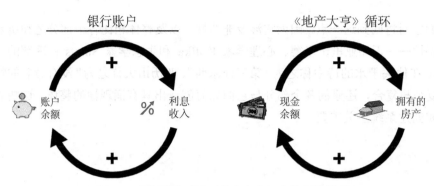

图 2.7　银行账户以及《地产大亨》中的强化循环

强化循环与平衡循环

　　强化循环包括两个或更多的部分，每个部分增加下一个容器中库存的资源数量，从而增加其行为输出。这种循环在生活和游戏中能找到很多示例。图 2.7 中展示了两个常见的示例。在银行账户中，账户余额会增加利息收入——而利息收入反过来又会增加账户余额。即，在容器（账户余额）中所拥有的资金越多，由于利息的存在其本身的数额也会越多。同样，在游戏《地产大亨》（Monopoly）中，你拥有的现金越多（你库存的现金现在作为一种资源），你能购买的房产就越多。而房产本身也是资源，你拥有的这种资源越多，能获得的现金资源就越多。

　　一般而言，强化循环会提升相关部分的价值或行为。在游戏中，它们倾向于奖励获胜者，放大游戏中的早期成功，以及打破游戏玩法的平衡。如果玩家能更好地利用游戏中的强化循环，哪怕起初只是比其他人好那么一点点，都会导致这种优势被放大得不可收拾。正因为有这样的特性，这种循环有时候也被称为"雪球"循环（就像滚雪球一样越滚越大）或者"富者更富"循环。你将在第 7 章中再次看到这些情形，在那里将详细讨论游戏中的强化循环是如何跑偏的。

　　平衡循环与强化循环相反：每个部分会减少或减弱循环中下一部分的价值和行为。图 2.8 展示了平衡循环的两个简单例子。第一个是对烤箱恒温器的抽象描述。基于烤箱设定的温度，其当前的温度与设定值之间有一个差值。差值越大，需要施加的热量就越多，差值就会变得更小（资源减少），导致施加的热量也变少。

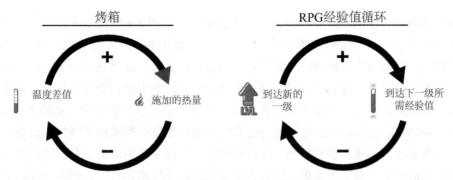

图 2.8 烤箱与 RPG 中的平衡循环

图 2.8 的右图显示了角色扮演游戏（RPG）中处理经验值（XP）的一个常用方案。在升级时，升到下一级所需的 XP 会（且通常是显著）超过到当前这一级所需的 XP 数量。这会减慢角色升级的速度。

平衡循环用于维持或恢复循环中各部分间的平衡或公平性。在游戏里，它们倾向于对落后的玩家更加宽容，稳定并延长游戏的进行时间，防止早期领先者把距离越拉越远。一个经典例子是《马里奥赛车》（*Mario Kart*）中的"蓝龟壳"（官方的正式名称为"带刺龟壳"）。在游戏中，除第一名之外的其他玩家都有可能随机获取这个道具。一旦使用这个道具，它会向前移动并击中沿途所有没来得及躲开的玩家，不过它本身的攻击目标只是当前的第一名。击中后会让目标赛车翻滚，减慢其速度。这样，它扮演了一个强大的平衡因素，为那些落后的玩家提供了追赶上去的机会。

组合、线性与非线性效应

每个系统都有强化循环与平衡循环。我们回到离心调速器（参看图 1.7 和图 2.4）例子中，可以看到它使用了这两种循环：如果引擎转速太慢，减慢的旋转会导致重物下降并打开阀门，从而增加引擎的转速（强化循环）。而如果发动机转速过快，重物会上升，阀门关闭，引擎的活动程度就会降低（平衡循环）。

在离心调速器的例子里，输出结果可能是线性的：也就是说，重物的上升和下降与引擎转速成正比。像这样的关系是很容易理解的。然而，大多数系统的输出与输入或基础变化呈非线性关系，这使得它们的行为更加有趣。

假设有两种动物，一种是掠食者，一种是猎物：猞猁和野兔。两者都会尝试繁殖和增加自己种群的数量，当然，猞猁会捕猎和吃掉野兔。（猞猁也可能有它自己的捕食者，但在这个模型中我们只会抽象地表示它们。）

你可以想象，猞猁和野兔形成了一个平衡循环，如图 2.9 中所示的大环。就现在而言，我们不用去关心图中的希腊字母，只需要关注循环本身。野兔繁殖，增加（强化）它们的数量，如右边的小环所示。然而，猞猁会吃掉野兔，这样将减少（平衡）野兔的数量。结果，当野兔的数量减少时，猞猁会难以生存，因为它们的食物少了。从这个复杂关系中涌现的，不是一个简单的线性平衡，而是一个非线性振荡图，如图 2.10 所示。这幅图上横轴表示时间，与之对应的是随着时间推移数量不断增加和减少的捕食者与猎物。这些线条显示了捕食者和猎物（猞猁和野兔）的数量是如何由于它们彼此间以及整体平衡关系的改变而发生改变的。捕食者的数量永远都比猎物少，它们的上升和下降是后者在时间上的一个偏移：一旦野兔开始消失，猞猁的繁殖（或者存活）就会变得更加艰难，因此它们的数量会开始减少。而这种情况一旦发生，野兔又会变得更加容易生存，因此它们的数量又会再次回升。这使得猞猁更容易生存并繁衍后代，导致更多的野兔被吃掉，如此循环。

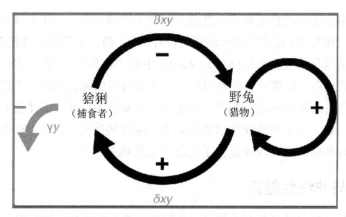

图 2.9　一个典型的捕食-猎物关系中的猞猁和野兔

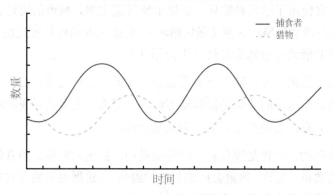

图 2.10　猞猁与野兔的数量随时间变化的模型（Iberg，2015）

理解这个系统中涌现出的非线性是很重要的。我们经常（天真地）期待正在增长的数量会无限制地增长：如果今天事情进展顺利，明天也会继续这样的顺利。而这忽略了任何潜在的非线性效应，就像任一数学或系统模型所展现的那样。如果考虑到系统中各个部分之间的关系，非线性和振荡关系的原因就会变得清晰：每当捕食者杀死了猎物，从猎物种群中实际被移除的，并不仅是被杀死的猎物本身，还包括所有它可能拥有的潜在子代。随着时间推移，这种效应会被放大。因此，两者之间的关系不是简单的相加，而是相乘。上述结论的解释如下：

- 当一只猞猁杀死了一只野兔，野兔的数量减 1。
- 但未来的整个野兔种群会损失这 1 只野兔可能拥有的所有子代数量。
- 下一代野兔的数量并不是单单减少了 1，而是减少了 "1 乘以 1 只野兔可能拥有的子代数量"。
- 接下来这一代的野兔减少的数量，又是它们各自可能拥有的子代数量的总和……如此循环。
- 总体结果就是，杀死 1 只野兔，与未来的野兔数量之间存在放大的乘法关系。
- 最后，由于猞猁种群需要野兔才能得以生存，当野兔数量很少时，猞猁的生存会变得很艰难，这使得野兔的数量能稍微反弹。

通过观察猞猁与野兔这样一个系统，可以发现它们的关系并不仅仅是线性的或者加性的，存在简单累加之上的更多东西。另一种系统层面的说法是，正如 Smuts（1927）所言，像这种在个体层面上的相互作用的结果，可产生一个非线性的整体，它 "不仅是各个部分的简单加和。"

然而，系统的非线性输出不一定是周期性的，也不是一定会像图 2.10 那样振荡；各种不同的结果都是有可能的。你已经看到过一个这样的例子，即 "双摆画出轨迹" 这种不可预测的行为（参见图 1.3），由一些稳定部分（重物以及由关节连接的两根杆）产生的行为是完全非线性和混沌的。

非线性效应的数学建模

为了更精确地描述捕食者与猎物之间的乘法关系，我们可以看看一直以来被称为捕食者-猎物，或者 Lotka–Volterra 的一组方程（Lotka，1910；Volterra，1926），如图 2.11 所示。这些等式看起来比它们实际应用起来更加令人生畏——我们通常不会在游戏设计中乃至一般的系统关系描述（如捕食者和猎物之间的关系）中使用它们。尽管如此，从系统的角度来理解这些方程如何工作，以及如何处理相同类型的问题，是很有用的。

$$\frac{dx}{dt} = \alpha x - \beta xy$$

x：猎物的数量

y：捕食者的数量

$\alpha, \beta, \gamma, \delta$：参数

$$\frac{dy}{dt} = \delta xy - \gamma y$$

t：时间

图 2.11　Lotka‐Volterra 或捕食者-猎物方程

图 2.11 中的等式和图 2.9 中的因果循环图都表明，猎物数量以 αx 的速率增长——即，猎物的数量 x，乘以它们繁衍后代的速度 α（alpha，在这里作为一个变量）。另一种说法是，这个模型中的每一只活的猎物个体都会产生 α 个后代。这些猎物以 βxy 的速率死亡，其中 y 表示有多少捕食者，β（beta）是一个参数，指代 x 和 y，即捕食者和猎物遭遇的频度，遭遇即意味着猎物的死亡。这等于第一个等式的左边部分，它表示了 x（即猎物的数量）"随时间的变化率"（dx/dt 用于微积分中，意思是"在一个非常短的时间周期内 x 的一个非常微小的变化量"，d 指代数量或时间尽可能趋近于 0，t 指代时间）。

基于此，我们再次声明一下第一个等式：野兔在任意给定时间的数量变化，是基于野兔的数量乘以它们的出生率，再减去被猞猁吃掉的野兔数量，后者取决于猞猁的数量、野兔的数量以及猞猁捕获野兔的频度。

而捕食者的方程也是类似的，但我们在这里先抽象出它们死亡的原因。因此，在任意给定的时间，猞猁（捕食者，y）的数量是基于它们有多少食物、它们的出生率（δxy）以及它们死亡的速度（γy），其中 δ（小写的希腊字母 delta）是它们如何将食物有效转化为小猞猁的修正因子，γ（gamma）则是每个个体死亡速度的修正因子。

为了表明这种非线性模型在现实世界中是有真实对应的，图 2.12 显示了 19 世纪末 20 世纪初收集的真实猞猁-野兔数量的振荡数据（MacLulich，1937）。当然，这些数据不如上面的模型规律性那样强，因为在我们的抽象系统中并未用到其他依赖项：猎物的食物来源，其他会抓捕捕食者或同样会捕食猎物的动物，以及天气影响等。即使如此，相关数量的非线性振荡仍然很明显。

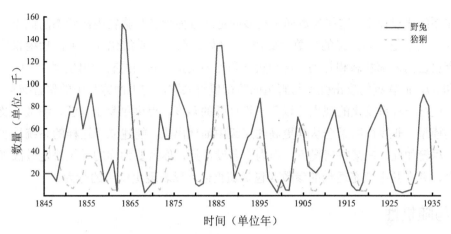

图 2.12　实际的捕食者-猎物数量的数据，改编自 MacLulich (1937)

数学与系统建模

上一节中使用到的 Lotka-Volterra 方程为一组系统化效应创建了一个简明的数学模型。它们很好地证明了捕食者-猎物关系中涌现出的非线性特征。另一方面，它们达成这种效果的方式，使得那些熟悉这种数学建模的人不仅能从中感受到简明，甚至还能发现美。然而，这样一套数学表述并不能帮助我们理解系统本身的内在运作。它把系统的各个部分，即猞猁与野兔个体，视为抽象的集合符号，而不是通过行为相互作用的实体。

我们可能需要花点时间讨论一下这种情况下模型的含义。上面对系统与数学的陈述都提供了真实世界过程的抽象近似。如图 2.12 所示，现实世界中猞猁与野兔之间的关系，比系统图或数学方程所提供的不精确的插图要更为杂乱一些。在游戏中，正如你所创建的大多数其他系统一样，你正在制作的是世界某些部分的模型。没有一个模型是真正完全精确的，就像一艘模型船永远都不会是真实比例的真船一样。尽管如此，我们制作的模型还是很有用的，因为它们可以帮助我们更好地理解更大规模的、更详细的过程——在我们的例子中当然是制作游戏。我们将在第 3 章和第 7 章详细讨论游戏的内部模型。

在图 2.11 里等式表示的数学模型中，诸如出生率、捕食率和死亡率这样的参数——上面提到的 α、δ、β 和 γ——是可以通过微调以改变整体行为的。在游戏中，这些参数通常被非正式地称为"旋钮"，与之对应，设计师们所采取的动作，也就是向上或向下"转动"这些"旋钮"以改变特定响应。在数学模型中，这些旋钮本质上处在黑盒的外面：它们通过给定的方程影响内部运作，但对观察者来说它们起作用的具体原理可能一点都不明显。

在系统化设计中，这些参数通常更多的是通过捕食者与猎物内部状态的低级交互来实现的，而不是作为高级的参数"旋钮"。例如，在一个系统化模型中，猞猁和野兔可能拥有自己的内部状态和行为，这些状态和行为决定了它们的有效出生率（上面方程中的 α 和 δ），而猞猁的攻击强度与野兔的防御值将共同决定上面方程中的聚合捕食（β）参数。这样一种系统化的观点可以基于设计师的角度，提供更易于理解、细微以及更加透明的模型。非线性结果会从其更高的层级中涌现出来，能建立像这样的系统是非常重要的。尽管如此，在某些情况下，作为一名设计师，你需要为你的系统决定最低级的详细信息，并在其中填充适当的参数（包括随机值）以表现更低级的行为。

混沌与随机性

在讨论循环系统中的数学和系统模型时，我们也应该涉及混沌与随机性之间的差异。你将在第 9 章中看到有关概率和随机性的另一些详细讨论。

随机效应

一个随机的系统是不可预测的，至少在某个范围内是不可预测的。例如，一个具有在 1 和 10 之间随机状态的系统可以取该区间内的任意值。也就是说，每当需要调用部分中的某个属性值时，比起简单地将其赋予单个值（例如 5），你会在它的范围内随机决定其取值。在最简单的情况下，如果范围从 1 到 10，那么该范围内的每个数字都具有相同的机会——1/10 或者 10%——即任何时候确定下一个值时它们出现的概率相同。也由于属性的状态是随机的，你无法根据其现在的状态来判断其未来的值。

在游戏中，像这样的系统可以用来模拟我们并未实际建模的低级系统的行为：与其让一个系统的输出总是相同的，不如让它在指定的范围内随机变化。这为更高级的系统提供了变化性，而这只是其中的一个部分，因此这里的结果不是可预测的，也不是无趣的。游戏中关于这方面的一个常见例子是"一次攻击造成了多少伤害"。虽然可能会考虑众多因素（所使用的武器，角色的技能，攻击类型，护甲或任何其他类型的防御等），但某些时候一个在特定范围内浮动的随机伤害，往往能取代单纯严格模拟超过 1000 种因素。后者很多时候是非常难以完成的，往往需要耗费大量时间，且很多时候这些因素本身是可以忽略的。

混沌效应

在现实世界中，我们遇到混沌系统的频率比体验随机系统的频率高得多：就像之前讨论的双摆一样，这些系统是确定性的，意味着原则上如果你知道系统在某个时刻的完整状态,你就能预测它的未来行为。然而,这些系统对条件的细微变化也是高度敏感的。因此,从两个略微不同的起始位置分别先后启动双摆或其他混沌系统,会导致两组完全不同的行动轨迹。

当然,事情并不总是这么简单。一个混沌但确定的、同时又非随机的系统并不适合前面讨论的还原论式"钟摆"分析。系统的、非线性的效应常常使我们无法通过拆开的方式来分析一个系统;这样的系统必须作为一个整体来分析,要么通过展现其子部分、子部分之间的关系以及它们相互作用产生的效应来进行,要么通过使用数学建模(如前面讨论的 Lotka–Volterra 方程)来进行。

此外,混沌系统有时又会表现出非混沌行为。当一个混沌系统本身可以非线性地运行时尤其明显。这种事件通常被称为"共振事件"。共振事件发生时,大量小的、混沌的事件合并成一个强化循环,产生一个非线性的结果,对系统本身会产生巨大影响。关于这点,可以从风,甚至人走过桥时的状态体会到。这种情形下会使得桥摇摆不定,有时甚至还会造成灾难性后果。

坍塌的桥梁

1940 年,华盛顿州塔科马海峡大桥因受到风的冲击而发生了著名的自毁事故。虽然风本身并不能导致大桥坍塌,但它确实"推动"了大桥并导致其摇晃——刚开始只是一点点。当风推动桥时,主跨的长度使其以特定频率摇摆。然后,这种摇摆本身增加了桥的受风程度,反过来又进一步增加了其摆动的强度。桥和风很快融入一个混沌系统,在这个混沌系统中有一个占主导地位的强化循环,就是这个循环带来了剧烈的、灾难性的结果(Eldridge,1940)。如图 2.13 所示。

风推动桥　　　　桥产生摇晃

图 2.13　塔科马海峡大桥的灾难性坍塌事故以及该事件的强化循环图。随着时间推移,桥梁的摇摆运动变得极为剧烈,以至于最终伴随着桥梁的坍塌,破坏了循环本身

另一个类似的案例发生在 19 世纪末的艾伯特大桥。在经历了其他桥梁由于大量踩脚所产生的共振而坍塌的类似事件后，当时的伦敦当局在桥上贴出了写有如下内容的标语：列队经过的军官们在通过这座桥时，必须便步行走。每一次踩脚本身与桥梁的强度相比是微不足道的，但它们共同创造了足够的强化循环，因此士兵们的踩脚可能导致悲惨的非线性共振后果（Cookson，2006）。

萤火虫

具有非线性共振混沌系统的另一个更接近我们生活的例子是萤火虫。这些小虫子在晚上为世界上很多地方提供了一场精彩的灯光秀，因为每只萤火虫都会发出闪光来吸引配偶。然而，在东亚的一些地区，以及美国南部的烟雾山，整个萤火虫群体会同时闪烁，全部保持同步（NPS.gov，2017）。

这种现象是虫子们自发进行的，没有什么萤火虫指挥者告诉它们应该什么时候闪烁。方法是通过一个简单的机制：每当一只萤火虫看到旁边的"灯"亮起来了，它就会比平时更快地闪烁。通过这个简单的机制，整个系统从混沌变为共振。

这里的每一只萤火虫都是系统的一个部分，且具有从腹部发出光线的行为。当另一只萤火虫（系统的另一个部分）看到这种行为时，它会改变自己的内部状态，使自己闪烁的速度比平时快——当然，这一切也是尽收其他萤火虫眼底的。结果就是，在短时间内，同时闪烁的萤火虫越来越多，最终实现整个群体同时闪烁。这个系统是混沌的，因为它对起始条件高度敏感，并且没有办法可以准确判断任意一只萤火虫究竟会在何时亮起来。然而，由于它们这种局部交互形式，使得整个萤火虫群体很快开始共振：先是一小片，然后是一波一波的大浪，最终是整个群体，因为每一只萤火虫都会根据它所看到的情况微调自己下一次闪光的时间。

类似的共振效应还能在哺乳动物心脏的神经细胞、大脑中以及自然界的其他许多地方找到。它们是非线性系统很好的例子，可以基于系统中各个部分的分布式动作创建谐振、同步顺序。

循环结构的例子

有许多系统循环的例子都能说明这样的结构是如何创造各种（通常是非线性的）效应的。我们在这里讨论其中的一些。

一种很普遍的类型通常被称为"饮鸩止渴"，第 1 章中讨论的"眼镜蛇效应"（Siebert，2001）就是一个例证。在这个例子中，问题是"眼镜蛇太多了！"，解决方案是"奖励捕杀眼镜蛇"，如图 2.14 所示。这形成了一个很好的平衡循环：当人们拿着眼镜蛇的头去获取奖励时，周围的眼镜蛇数量便减少了（而且繁殖下一代的数量也减少了），因此，问题的严重程度将会降低。

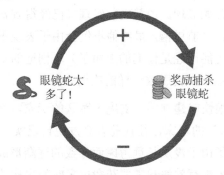

图 2.14　"眼镜蛇过多"的平衡循环

　　然而，除此之外还有一个外部循环，如图 2.15 所示。这通常被称为意外后果循环，因为它创建了一个强化循环，这个循环先隐藏了一段时间，并以报复的方式返回到一开始的问题上（或其他相关情况）。值得注意的是，这个循环中有一个延迟，在图中以弧线上的两条斜线（\\）作为标注，意味着这个外部循环比内部循环要慢一步发生。最终结果通常是使得问题比一开始更糟糕了——花了大量时间和精力在虚无缥缈的"解决方案"上。

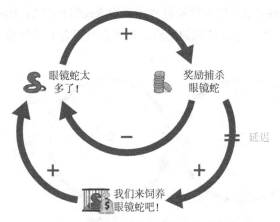

图 2.15　表现出饮鸩止渴的外部强化循环

　　现实生活中存在很多属于这种结构的例子：你需要节约钱，所以你不对你的车做定期保养。这种做法在短时间内的确管用，直到具有延迟的外部循环追了上来，现在你需要花费更多的钱来修复本来以更低成本即可防止的重大故障。或者，公司的某个部门遇到了问题，因此新的部门经理制定了一系列快速解决方案。收益开始上升，一切看起来都在转好，使部门"化险为夷"的经理也得到了晋升。然而，长期性的意外后果（类比"被饲养的眼镜蛇"）很快开始显现。顶替之前经理（已经得到晋升的那位）的人慌忙开始应对，但现在的情况远比之前更糟，最终他不仅会由于表现不佳而被指责，还会被认为搞砸了前任经理（现在可能已经是他们的上司了）所创造的上好条件。忽视潜在的系统化原因和影响的短期视点常常会引致这样的饮鸩止渴。[1]

在策略游戏中，一个很快就建立了一支庞大军队的玩家，对比另一个把资源投入到"研究如何打造更好的部队"的玩家，往往前者会发现自己实际上处于劣势。第一种玩家走快速路线，但却忽略了由于没从长远考虑而导致的逐渐形成的赤字；他们的"解决方案"没有考虑到单独看来更有效率却需要花费更多时间来构建的部队的价值。但第二种玩家通过长远战略眼光下的资源投入，避免了快速解决方案（拥有一支庞大部队）。这种在"当场快速构建"与"投资未来"之间的决策是一个被称为引擎的循环结构示例，你将在第 7 章再次看到它。

增长的极限——以及随之而来的崩溃

另一种能很好展示非线性结果的循环结构，是表现出增长极限的一类例子（见图 2.16）。这个概念最早来源于一本同名书籍（Meadows et al.，1972），这本书的目的是对整个世界体系做前瞻性评论，以及讨论世界体系的增长能否在 21 世纪还得以维持。（作者本身对此并不乐观。）抛开这个特殊的用途，该概念所蕴含的整体模式也是值得研究和了解的。

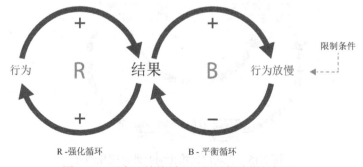

图 2.16   两个互锁的循环，用以描述增长极限

---

1 很遗憾，这种模式我在软件行业中曾多次观察到。

我们经常会假设，给定一些结果，做更多会导致这样结果的事情，会带来相同方向持续不断的线性增长。我们经常听到这样的说法，"如果我们的业务继续以这种速度增长……"或者"如果人口继续以这种速度增长"，当中隐含的假设是，事物在未来会继续像过去那样进行下去。这几乎是不可能的。原因在于，对于每一个由强化循环提供反馈的加速条件——增长的销量、作物产量或建造的作战单位数量——都有一个由限制条件提供的单独的平衡循环。这种条件通常是一些必要的资源，而且随着前者的增长会逐渐变弱（随着市场被不断渗透，潜在的新消费者会逐渐减少；土壤中被吸收且不再被补充的矿物质会越来越少；购买作战单位的能力会越来越弱等）。

整体的非线性结果是一条缓慢上升，然后迅速上升，再放慢速度直到再次趋于平稳的曲线。图 2.17 所示的是一个典型的例子，它展示了自 20 世纪 90 年代以来小麦产量是如何趋于稳定的（Bruins，2009）。像这样在全球条件下，放缓增长的因素无疑是复杂多样的，涉及物理、经济和政治资源，但总体效果是相同的：如果有人根据 20 世纪 70 年代或 80 年代的数据，用线性外推法来预测未来，10 年后他们将会非常失望。

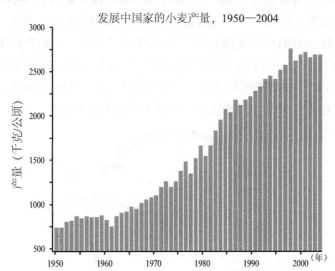

图 2.17　小麦产量的增长极限。注意，收益增长迅速加快，然后放慢，
以一条经典的 S 形态变平，而不是保持线性

即使是一些看起来简单且无休止的强化循环，也会有其增长的极限——而且，就像饮鸩止渴所带来的意外后果一样，这些极限有时会出现得让人猝不及防。1929 年的股市大崩盘就是一个典型例子。在崩盘前的几年里，经济得到了爆炸式增长，股票的价格似乎唯有上涨这一条路。对投资者来说，今天买明天再转身卖就能获得收益，这种赌博简直是只赢不输。因此，许多投资者以信贷方式购买股票。只要贷款成本低于卖出时的收

益就行，用俗话说就是"这钱来得太容易了"。一种被称为"保证金交易"的股票购买方式使投资者们更容易做到这一点。在这种方式下，投资者们只需要持有他们所购买股票的 10% 到 20% 的现金储备，假定他们总是可以出售一些股票（作为收益）以覆盖购买其他不同股票所需的费用。这实际上意味着，如果你将 100 美元存入股票账户，你可以购买价值高达 1000 美元的股票。由于股票价格一直在上涨，人们普遍认为自己总能卖出并盈利。很多人也的确通过这种方式变得富有，这吸引了更多的人涌入股市。

当然，增长总是会有极限的。在 1929 年，第一个不妙的迹象是，一些公司在 3 月份的业绩表现令人失望，导致股市下跌并让一些投资者暂停了他们的投资行为。然而，股市在夏天又反弹了。讽刺的是，这让人们更加确信他们的股票将无限制地继续上涨。然后到了 1929 年的 10 月，此时的股价高得让人难以置信，在这之外有一些公司业绩不佳。这让一些投资者认为，尽管经济形势仍然良好，但或许是时候套现并退出市场了。由于有如此多的人在保证金上投了资，他们必须为之前的交易买单，这意味着他们不得不卖掉更多的股票。随着股价在 10 月下旬开始下跌，投资者们不得不卖掉越来越多的股票来弥补之前的购买行为，一个新的强化滚雪球式循环开始显现效果（见图 2.18）。投资者们先前表现出来的"非理性繁荣"[1]现在变成了恐慌，他们都试图通过尽可能快地卖出股票来挽回损失。由于人人都在卖出而几乎无人买进，价格就进一步下跌，强化循环——在这个例子中驱动股价下跌——迅速加快。到 1929 年年底，股市上涨带来的价值和积累的财富有 90% 以上被抹去，引发了全球经济大萧条。

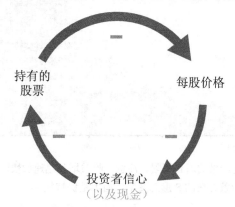

图 2.18   导致 1929 年股市走向崩盘的强化循环。随着投资者失去资本和对市场的信心，他们先后抛售股票。这导致股价下跌，而股价下跌又进一步削弱投资者的信心。请注意，虽然所有的效应都是负面的，但这是一个强化而不是平衡循环——有时也称其为恶性循环

---

1 美联储主席艾伦·格林斯潘（Alan Greenspan，1996）曾用这个词来描述当时市场的类似情况。

不幸的是，在 2017 年的财政状况中也可以看到类似的例子。根据 Turner（2016）的报告，次级贷款呈上升趋势，就像 2008 年金融危机前一样。然而这一次是在信用卡和汽车等方面，而不是按揭。"次贷"意味着贷款是有风险的，等于默认了许多贷款会因为借款人没有足够资金而无法还清。为了应对这种风险，借款人需要为贷款支付更多的利息。贷款风险越大——借款人越无力偿还贷款——违约越多（见图 2.19）。此外，这是在如下经济背景下发生的：在过去几十年（在 2008 年金融危机中也未得到缓解）里，美国以及全球社会中最富有人群的资金发生了集中增长。这意味着一些人想要用他们（已经增加）的财富赚更多的钱，而且还有更多的人需要以哪怕更高的成本借钱。根据 Turner 对瑞银集团（UBS Bank）数据的分析，他将这种情况描述为：

> 随着财富池变得越来越集中，富人与穷人之间的不对称程度也越来越高，富人通常想要投资并获取资金上的回报，穷人则通常是借款人。这降低了借款人的平均信誉度。再加上低利率的环境，投资人为寻找收益头疼，这时你就会有麻烦了。（Turner，2016）

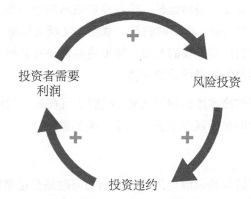

图 2.19　投资者寻找利润来抵消投资违约所造成的损失。这种增长的极限是什么？

也就是说，财富越集中，持有财富的人就越难通过投资找到增加财富的途径，因为没钱的人是如此之多，投资的风险自然也更高。这种困难促使投资人将目光投向更远的地方以寻找盈利途径，并越来越愿意从事风险更高的投资。这些风险更高的投资将增加贷款违约率，从而加强投资者明确看到利润的需要，这样又会推动他们寻找风险更高的领域（参见图 2.19）。更糟糕的是，这个循环还有另外一个组成部分，如图 2.20 所示：对于借贷一方（即所谓的"穷人"），他们消费的需求（包括必需品、食物和租金）促使他们办更多的贷款，从而使得债务增加。有时候，人们会不得不拿出高成本的贷款来偿还已有的其他贷款，但这只会让他们进一步负债。在额外的利息、费用和某些情况下无法偿还这些债务之间，循环变得更加紧密，同样一个人群需要更多的贷款用于进一步的消费。

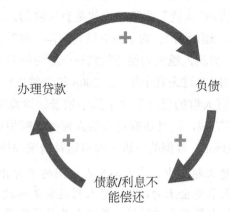

图 2.20　借款人寻求提前偿还债务。这种增长的极限又是什么？

这些强化循环都不会无止境地运转；随着借贷成本的增加和支付能力的降低，循环有着严格的边界限制。与 1929 年不同的是，截至本文撰写结束之时，我们还不知道这样一个有关金融的故事的结局。我们希望，如果能够认识并分析这样的系统性影响，我们就能避免接下来可能发生的最严重的崩溃。

除了这些增长极限的冷冰冰的例子之外，我们还将在第 7 章讨论游戏设计中循环的使用时，看到同样的原则对游戏中不公平竞争带来的影响。

公地悲剧

另一个从系统角度最容易理解也最广为人知的问题是公地悲剧。这是一个历史悠久的问题，在近现代最初由劳伊德（Lloyd，1833）描述，在今天仍然以很多形式出现。劳伊德描述了这样一种情况：个体独自行动且没有任何不妥的意图，但却在设法破坏共享资源——以及他们自己未来的收益。如图 2.21 所示，每个参与者都有自己的强化循环：他们采取一些行动并取得积极的结果。这可以是任何事情，但最初的描述是在村庄的一片对所有人都开放的地区——即"公地"——放牧动物。在那里放牧牛羊，个体增加了牧群的价值。由于公地对任何人都是开放的，某个牧民在那里放牧牛羊的数量越多，他自己获得的收益就越多，所以他们有这样做的动机。然而，牛羊吃的草是共享资源。因此，如果有过多的人在那里放牧过多的牛羊，草很快就会被耗尽，没有人能够再利用它。

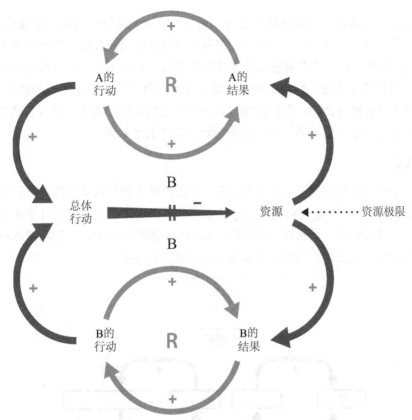

图 2.21　公地悲剧。个体为他自己最佳的短期利益行事，然而这样做
却会消耗公共资源并减少自己和他人的长期利益

　　从系统的角度来看，共享资源的使用形成了一个外部的平衡循环，这与饮鸩止渴所导致的意外后果类似。当然在公地悲剧中，没有一个人愿意让资源对每个人失效，而且在通常的情况下，没有人会使用那么多的资源，以至于他们不觉得会是自己的责任。另一个例子是，在街上丢一件垃圾本身似乎并未给社区带来多少负面影响，吸一口烟本身也不会对整体环境造成太大影响。但是，如果把所有人的行动放在一起，给环境整洁度或者空气质量带来的损失可能就是极其显著的——即使没有人会觉得是自己的责任。这是寻找还原论根源的另一个例子，在这里还原论可能会让你误入歧途：仅仅因为公地上太多的草被吃掉，或是地面上有太多垃圾，或是空气污染极其严重，并不意味着存在一个需要为此负责的幕后黑手。系统化的责任往往等同于分散的、去中心化的责任。认识到个体行为怎样能造成意外后果，是系统性思维的一个重要方面。

　　在游戏中，只要存在多个玩家都想使用的有限资源，特别是都想最大限度利用这些资源时，就会看到类似"公地悲剧"这样的系统性状况。该资源可能是游戏中的实物，如金矿或可当作食物的动物，也可能是具有有限可用性以及随着持续使用价值不断下降的任何东西。例如，在一个有着模拟生态环境的游戏中，如果每个玩家都杀掉几只兔子作为食物，那么将导致兔子数量的崩溃，这就令他们自己陷入公地悲剧的情形中。（此外，如果兔子是猞猁的食物，而猞猁同时也会有效限制其他种类的一些有害动物，失去了兔子意味着失去了猞猁，那么这同时会给玩家带来其他后果。）

营养级联

作为一个更加积极的例子，我们来回顾一下将狼群重新引入黄石国家公园的营养级联示例（见图 2.22）。这是一系列复合强化循环和平衡循环：狼群减少（平衡）了麋鹿和鹿的数量，相应地减少了鹿群对树木的平衡效应。因此实际上，狼群与树木存在强化的关系，同时也（间接地）与熊、鸟和鱼之间存在强化关系。

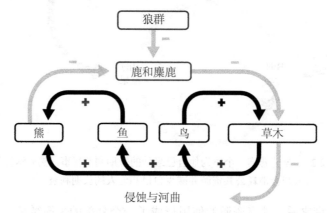

图 2.22　强化循环与平衡循环的系统图，展示了将狼群重新引入黄石公园导致的营养级联

之后你会发现以及创建的很多系统循环都将比上述的更加复杂、更令人困惑。不过，只要你记得寻找容器与资源（狼群数量、麋鹿数量等），并找出它们之间的行为关系（构成循环的箭头），就能理顺高度系统化和高度复杂化的状况。

涌现

当一个复合系统中的强化循环和平衡循环处在一种动态平衡中时，它们会产生一个亚稳态的、有组织的系统行为。也就是说，系统的每一个部分都在发生变化，用自身的行为影响其他部分，也被其他部分所影响，但整体结构仍然保持稳定（至少在一定时间内）。这种亚稳态产生了一系列在任何单个部分中都不曾被发现的有组织行为。例如，共同迁徙的每一只鸟的行为产生了一个亚稳态的鸟群，就像结合在一起的每个原子的行为产生了一个亚稳态分子一样。同样，之前讨论的萤火虫群体在同时闪烁时产生了一种涌现效应。这种效应是亚稳的和持续性的，创造了一种不可思议的、令人惊叹的视觉效果，而这种效果在任何单只萤火虫身上都不曾被发现（也不是由任何单只萤火虫所领导的）。

这样的整体亚稳态是一种涌现效应，是由多个部分的行为所产生的。涌现效应创造了与任何单个部分在性质上完全不同的新属性，并且不是由各个部分本身简单叠加所产生的。这样的亚稳态还能使系统中所有部分的行为产生其他的涌现效应。

又如，在一群鱼中，每个部分（每条鱼）都有其内部状态，如质量、速度和方向。一群这样的鱼，其总体重量并不是涌现属性，因为它只是这一群鱼的重量之和。然而，鱼群的形状可能是涌现的，比如它们可能会形成一个密集的形状（被称为球状鱼群），以躲避捕食者（见图 2.23）（Waters，2010）。虽然每条鱼都有各自的形状，但这种形状本身并不决定鱼群的形状。取而代之的，每条鱼的位置、速度和方向才决定鱼群的形状（当然并不是单条鱼就能决定的）。

图 2.23　形成一个紧密球状来抵御捕食者的鱼群。这样的形状是一个自然的涌现效应（Steve Dunleavy 拍摄）

鱼群的形状不能在任意一条鱼身上找到，鱼群的形状也并不是由任意单条鱼说了算；不存在一条负责中央控制的鱼喊出大家应该共同形成的形状，就像一支行进乐队一样。认识到没有"负责总体指挥的鱼"和"中央控制系统"（正如 Wiener 在他 1948 年出版的著作《控制论》中说的那样）是真正掌握涌现以及系统功能的一个重要方面。它可能是我们"中心化"文化（一个具有许多积极影响的方面）的一个产物，但在某些情况下，即使是科学家也很难摆脱它的束缚。举一个例子，Wilensky 和 Resnick（1999）指出，至少直到 20 世纪 80 年代，科学家们都认为，在某些特定的聚集在一起的霉菌中，必然有一个类似于"始作俑者""带头者"这样的细胞来开始和指导这一过程。这些霉菌起始于单细胞生物体，结束于大型细胞群体，甚至还分化成器官一样的结构。如果没有某种中央控制，会有可能发生这一切吗？许多年来，这甚至不是一个科学家该问的问题。他们必须首先学会看到分布式系统以及由此产生的组织性行为，而不是什么中央控制器。

当内部各个部分相互作用产生亚稳态结构时，该结构：

■ 不由其中任意一个部分所决定。

■ 不基于其所有部分属性的线性和。

■ 相比各个部分及它们之间的关系（"每条鱼的位置、速度和方向"这样冗长的叙述），更容易从"聚合"（一个球状鱼群）方面进行描述。

然后就涌现出了一个具有自己独特属性的新事物。正如在第 1 章中讨论的，一个水分子拥有电极性，这种特性比起从组成水分子的原子角度出发，更容易从一个统一的亚稳态结构（即作为一个单独的事物）"块状球体"方面来描述——就好像每个原子都有电性，这种性质与从质子和电子的相关性质出发，或是更进一步深入原子核中的夸克并从夸克的分数电荷数出发相比，更容易从原子本身出发来进行描述。

关于涌现，没有明确的分工和界限，就像质子或原子周围没有实体轮廓一样，但组成部分及关系的统一，构成了整体所拥有的新属性，而这就是涌现性、同一性、整体性——以及系统的标志。

向上与向下因果关系

在一个具有涌现性质的系统中，各个部分的相互作用导致了涌现的产生。这就是所谓的向上因果关系：一种新的行为或属性从更低层级结构的分布式行为中涌现。这方面的一个例子是股市。在股市中，每个个体都在做买入或抛出的决策。这些个体的聚合行为可以产生新的效应：例如，许多个体的"买入"决策可以引致整个股市上涨（以活度指数、交易量等指标来衡量），改变市场的特征和行为，就像鱼试图通过改变鱼群的形状来从捕食者口中逃脱一样。

同样，股市或者鱼群也可以在其内部的部分中呈现向下因果关系。当股市中所有人都开始迅速抛出时，市场本身会发生崩溃——而这种崩溃又会影响股市中的人做出抛出更多股票的决策，从而产生一个恶性循环。这就是为什么股市泡沫、崩溃以及其他类似现象会表现得如此极端和非理性：它们内部的个体正在（向上）导致市场的行为产生，而市场又相反地（向下）导致个体未来行为的产生。许多个体的买进形成了泡沫（来自他们的"非理性繁荣"）；而当少数人开始卖出时，他们可以迅速形成一个强化循环，影响其他也开始卖出股票的人的行为，市场迅速崩盘。

这种向下的因果关系有助于解释"系统缘何表现得令人困惑"这种现实状况。它同时也强调了为何还原论思想不足以解释复合系统的工作原理。通过分解一个复合的系统，你可以揭示出向上的因果关系——各个部分是如何结合在一起创造整体的。但这种还原论方法不会获取到只有在整个系统运行时才会出现并因此影响它底层部分的向下因果关系。

组织层级

到目前为止，像"组织层级"这样的短语在未定义的情况下已经数次出现在书中。我们已经讨论了这些层级以及向上与向下因果关系，但并未真正定义这些术语的含义。和涌现一样，组织层级是一个难以准确表述的概念，尽管你可能已经对其有了一个直观的认识。

这里再次提到基本思想，即一个正常运转的亚稳态系统会创造新的事物。这个事物的属性（它的状态、边界和行为）通常是在其内部各个部分彼此循环交互的过程中涌现出来的。一旦这样的新事物作为基础部分的集合涌现了出来，我们就把它描述为组织的"更高层级"。按照位次，从夸克，到质子，到原子，到分子，再到行星、太阳系、银河系乃至更大规模的事物，是很容易被认识到的。在亚稳态的每个层级上，都会涌现出新的可识别、持续性的事物。同样的，当我们从日常世界深入到分子、原子、质子乃至夸克层级时，我们能够认识到"低层级"系统。每个系统都包含并涌现自其中的子系统，且（与那些相同层级的系统一起）创造了下一个更高层级的系统。

正如之前援引的亚历山大等人（1977）所说的那样，"每个模式（或系统）都只能在被其他模式支撑的范围内存在：它被嵌入的更大的模式，它周围的同等大小的模式，以及嵌入其中的更小的模式。"每个系统都是另一个更高层级系统的一部分，与周围的系统交互，同时也在其中包含更低层级的系统（参看图2.24所示的抽象版本）。如前所述，在现实世界中，这些层级至少能下至夸克级别——同时我们并不知道最高的组织整体层级在何方。幸运的是，在游戏中，我们能够选择我们的组织与抽象层级，虽然正如你即将看到的，选择更困难的、把事情搞得更加深入的方式，相比把事情弄得更浅显，也会有相应的回报。

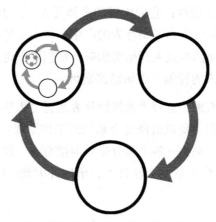

图 2.24　一个分层复合反馈循环的高度简化描述。在每个层级中，循环内各个部分本身都是由更低层级中相互作用的部分所组成的一个子系统

像边界一样，这些层级并不是绝对的或者外部定义的。它们是一种涌现属性，通过一些部分的状态、行为和循环一同工作而创造的新的可识别属性。这样，在某个层级上的系统就成为更高组织层级系统的一个部分。

无论在哪个层级，系统都同样表现出持续性和适应性。持续性特征可以认为是时间的边界。也就是说，持续存在的系统在它自己的边界内随时间的推移是自我强化的。这种持续性的一个关键部分，是系统能够（至少在某种程度上）适应来自不断变化环境的新信号或输入。在生物系统中，这种持续性和适应性被称作内稳态——即使外部发生了重大变化，也能在一个特定范围内维持内部状况（在生物体的边界内）。

结构耦合

这种层次组织——部分内部又存在更小的部分——是有组织系统的另一个标志。它也带来了 Maturana（1975）所称的结构耦合。这就是当"反复的交互（导致）两个（或更多）系统之间结构一致"（Maturana and Varela，1987）时发生的情况。这些系统，是紧密交互的更高级系统中的部分。每个部分都通过某种方式将自己塑造成其他系统，并从中获益。通过这种方式，它们彼此改变并创造了一个新的、紧密集成的更高级系统。这其中的例子包括马和骑手、汽车和司机，以及许多共同进化的关系，就像昆虫与花随时间相互影响，并成为它们之间相互关系的一个部分。

游戏与玩家也形成了结构耦合关系。如果游戏是被系统化地设计出来的，它将定义一个足够广泛和多样化的状态空间（如第 3 章所述，作为它的"二阶"设计的一个结果），当玩家适应它时，它也能适应玩家。正如你将在第 4 章中看到的，这种结构耦合对于构建参与感与乐趣来说非常重要：游戏与玩家间的密切交互可以使得互联的循环很难被打破。

系统深度与优雅

在讨论了涌现、组织层级之后，我们现在可以转向那些很难定义和讨论的领域：在系统中，尤其是游戏中的深度和优雅的概念。

当一个系统的各个部分存在于多个组织层级中——且这些部分本身又是由更低层级相互作用的部分组成的子系统时，就可以说这个系统具有深度。当考虑这样的系统时，你可以把它们看作在各个层级的统一事物，然后将你的视点上移或下移一个层级，就像我们之前在夸克与水滴之间经历的旅程那样。这些视点变化有时可能会让人眼花缭乱，但这样的体验往往有着一种普遍的吸引力，我们经常认为它是和谐而美丽的。这就是为什么分形自相似（每个部分都与整体相似，但同时又更加微小）的特征是如此吸引人：它是系统深度的视觉表现（见图 2.25）。

图 2.25　宝塔菜花，自然界中模拟分形自相似与系统深度的众多例子之一（Jacopo Werther 拍摄）

无论是在现实世界的系统中，还是在游戏中，建立"系统内系统"的心智模型都是一件很难的事情。一旦你能构建与这样的层次结构平行的模型，那么从不同层级的不同角度来理解系统，在脑海中上下观察这样一个组织层次结构，会是非常有趣的。在艺术、文学等领域的各个方面也是如此。在这些领域中，一句深思熟虑的赞美往往是说某样东西"无论从哪个层级的角度来看都是出色的"。这既是对我们内部模型构建过程的认可与反映，也是我们从不同角度看待系统的魅力所在。

有深度的游戏

设计游戏系统，使得其每个子系统都包含自己的子空间，玩家可以在这些子空间中进行探索：这样的方法将带来很多好处。深度本身是有吸引力的，在没有其他诱因的情况下可令玩家建立起多层次的心智模型：玩家在学习每个新的子系统时都会获得回报，就像打开一个礼物来发现里面的另一个礼物一样。此外，一个系统有深度的游戏可以为玩家探索玩法创造巨大的可变性，因为设计师使用系统化设计为游戏设置了一个广阔空间，而不是创造自定义内容的一条永不改变的狭窄路径。

在某些情况下，深度游戏可能只有很少的规则。简捷而又系统化的设计能让玩家更快掌握其结构，并从多个层次和角度观察它——尽管对我们大多数人来说，这在认知上仍然很费力！

一个典型例子是古老的游戏围棋，如图 2.26 所示。千百年来它一直以其简单、有深度和巧妙让人们着迷。围棋仅由一块方形棋盘和一些黑白棋子组成，其中棋盘上通常标有 19×19 条相交线，一个玩家控制一种颜色的棋子。玩家轮流将一枚自己颜色的棋子放在棋盘的一个空位上。每个玩家都试图包围并捕获另一个玩家的棋子。当棋盘被填满或是双方均放弃行动时游戏结束，占据棋盘上最大范围领地的玩家获胜。根据这个非常简短的描述，你也就获得了系统所有的状态、边界和行为：你所掌握的内容，已经足以进行这个游戏并看到它在各个层次下的涌现。当然，游戏远不止这些——人们花费了大量时间来研究其中的奥妙，同时还出现了大量关于如何更充分理解游戏决策空间的书籍——然而这就是深度、涌现性游戏的运作方式。

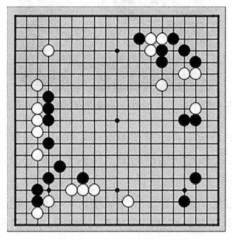

图 2.26　一盘正在进行中的围棋棋局（Noda，2008）

这类游戏通常被描述为"易于上手，难于精通"（在 Atari 创始人 Nolan Bushnell 之后被称为 Bushnell 定律，见参考文献中 Bogost 在 2009 年出版的书）。这样的游戏给玩家呈现的只是少量的状态和规则，每个状态和规则都能展开成层次化的子系统，使得玩家在上手过程中能揭露出更多详细的内部机制。内部系统的深度及其多重视角都需要强大的技巧才能理解。

最后，当游戏的多个特征与玩法体验结合在一起时，我们可以看到"优雅"的特性：

- 整个系统存在亚稳态而不是静态一致性，这在认知和情感上能给人带来满足感。每一次游玩，游戏都在发生变化，但它所提供的体验仍然保持有一种熟悉的感觉。玩家可在不感到主题或整体体验本身发生变化的同时，通过重复游玩探索不断变化的玩法空间，进而持续收获满足感。
- 高层级的系统被简单定义，但同时拥有强大的层次深度。因此，玩家能够逐渐发现这种深度，并在此过程中建立起游戏的心智模型。这种多层次的组织会产生复杂的行为和玩法，可进一步令玩家兴奋并揭示游戏的系统和主题。
- 深度系统表现出一定程度的对称性或自相似性：每个低层次系统作为高层次系统的一部分，都反映了后者的整体结构（例如图 2.24 所示的循环形式，以及图 2.25 宝塔菜花所示的植物形式）。子系统不需要与其上的系统完全相同，只要它们足够相似，让更高级的系统能为学习更细节的子系统提供有效途径。这创造了一个不突出而又高度相关的助手，帮助玩家轻松加深对游戏的理解，以及构建游戏的心智模型。随着玩家更深入地探索游戏，他们会有一种正向的感觉，这种感觉使他们几乎已经将游戏中看到的一切东西了然于心，哪怕是第一次见到的。
- 几乎没有规则之外或特殊情况下的"遗留问题"。这样的例外会破坏自相似层次系统的心理对称性，增加玩家的精神负荷——要求玩家专注于对规则的记忆以及玩游戏的具体方法，而不是单纯玩游戏本身。
- 最后，随着玩家逐渐完全理解游戏的层次系统并能在思考中回溯（元认知的一个例子），他们会变得能够理解和欣赏游戏动态结构中的深度和对称特性。从这一点来看，不光是在玩游戏的时候，甚至在玩家思考其规则和系统的时候，游戏也能让人感到愉悦和满意。

这种程度的优雅是很难达到的。它要求设计师对游戏所有系统都做到娴熟理解，就好像它们被一字排开陈列出来了似的；同时还能像玩家体验到的那样，通过线性的方式来观察它们。

虽然精通这种级别的游戏设计是很难达到的一种顶峰，但我们在本书中将不时回顾涌现、深度和优雅的概念和表现，将它们作为系统化设计的理想目标。

整体

系统用相互作用的组成部分构成了更大的整体。整体本身又是系统组织下一个更高层级的一部分。

在设计游戏时，涌现出的终极整体不仅仅是游戏本身。相反，它是由游戏和玩家组成的系统。这样一个游戏+玩家的系统是游戏设计师的真正目标；而游戏本身，只是达到这一目标的手段。玩家所体验的游戏，以及在游戏中采取各种行动的玩家，共同创造了整个系统。当我们在第 3 章和第 6 章中讨论设计游戏的系统架构时，将回到这个观点上来。然后你将看到交互性、深度与系统性优雅在"让玩家能够创造出一个真正有意义的游戏体验"这方面的重要性。

总结

为了与系统的层次性保持一致，我们将系统中的所有部分和交互都过了一遍，现在可以回到本章开头所给出的初始描述了。

系统是由独立的、相互作用的部分所产生的统一整体。这些部分有着自己的内部状态、边界和行为，它们通过行为相互影响。这个整体随着时间推移会持续存在，能适应外部条件，并且有着自己的协调行为，这些行为是由其各个部分的相互作用所涌现出来的。系统既包含较低层级的系统，自身又是较高层级系统的一部分。

请注意，虽然本章开头给出的定义与此类似，但前者是自下而上，从部分开始到系统的，而这里则更倾向于自上而下，首先从系统开始。这两个角度是等价的。能够以这种方式切换对系统的看法是非常重要的——既作为理解和"在系统中思考"的一部分，也作为游戏设计过程的一部分。游戏设计师特别需要能够通过自下而上、自上而下或介于两者之间的任何方式来观察他们的游戏。这是一个非常特别的挑战，最好的解决方法是把游戏理解为系统，将游戏设计理解为系统设计。

后记：思考事物

为回到对事物、同一性和"事物性"的简要哲学讨论上，你现在可以根据系统的扩展定义来考虑前面的讨论，看看这将把你带往何处。你现在应该能看到原子和分子都是具有内部结构的系统以及统一的事物。这也意味着你对系统有了更全面的理解，而用别的方式是做不到这一点的。

例如，我们的大脑就是系统，而我们的思维似乎是作为统一的事物涌现自大脑的运转中的。也许，我们对"新事物是如何产生自关系之中"的理解，提供了对看似简单的古代佛教"金刚经"心印思考的答案："思维不知从何而来"（Seong, 2000）。正如 D. H. Lawrence 有关水的颇具诗意的思考那样，事实证明没有"第三件事物"，关于水为何是湿的或者思维为何会出现，没有一个可以确定的来源——但这些也并不是"不知从何而来"。就像鸟群、植物的分形图案、飓风或者由未加引导的白蚁所建造出来的巨大结构那样，复杂的系统就跟思维一样，涌现自组成部分之间的无穷关系，比根基成分包含更多内容，同时也完全不同于后者。

产生自组成部分的团体与文化也同样如此。我现在的大学校友没有谁存在于 100 年前，同时也没有人能持续存在于接下来的 100 年；然而大学本身，作为一件事物，一直在持续存在并适应不同情况；它就在那里，持续作为超越我们个体的一种存在。它是一个非常具有真实特征的亚稳态系统。家庭、谈话或经济也同样如此。有些可能会比其他事物更加持久，但每一个都是涌现过程的结果，也是复杂相互作用与创造前所未有新特性的较低层次部分之间关系的结果。

这就引出了我们已经触及的结论。这最初听起来是最为隐喻的，然而现在已经被我们所提出的各种系统实例所支持：原子、船只、鸟群、文化、大学甚至婚姻、友谊、对话、思想、龙卷风……这些都不仅仅是系统；它们在各个重要意义上来说都是一种事物。来看两个例子：在我们与配偶之间，随着时间的推移，以及我们很多人与大学之间，都存在着相同的亚稳态结构——无论是从持续性、同一性还是完整性，即所谓的事物性——来说都是如此。我们从虚拟夸克形成质子，质子与电子形成原子，以及氢原子与氧原子形成水的相互作用上都能观察到这一特征。回想一下，从根本上说，即使我们认为是存在实体的事物，本质上也是难以捉摸的。婚姻可能没有质量或形状，但它是一个真实的、非隐喻的事物，就像一张桌子、一台电脑和一滴水那样。

真正奇妙的一点是，当我们作为部分处在系统的组织层次结构中时，常常难以察觉系统所涌现出的属性，即在这样的事物中，我们均作为参与者：文化、经济、公司或者家庭——更不用说在生物群系、地球的生物圈或者我们当前所知晓的、难以想象的宇宙巨大结构中存在的涌现。至少就目前而言，我们似乎很难意识并考虑到系统性影响，即使这些跟我们的关系就和水跟鱼的关系一样。值得欣慰的是，这并不是我们个体的限制，相反是我们可以学习的技能。系统地看待游戏以及游戏设计可以帮助我们创造更吸引人、让人印象更深刻的游戏；同时通过这样做，我们也能更深入、更全面地理解周围的系统。

第 3 章

游戏与游戏设计基础

本章从哲学家和设计师的角度给出了一些游戏的定义。这些定义随后被用来从系统角度描述游戏的结构、功能、架构以及主题元素。这种系统化观点在后续章节中会作为游戏设计的基础。

在研究了游戏的基础之后，我们会从业余爱好者开始，一直谈到当前更有理论依据的方法，通过这样的流程简要回顾游戏设计的发展。

什么是游戏

从某种意义来说，定义游戏就像是在解释一个笑话：你可以这样做，但这样做同时也可能会失去其本质。然而由于咱们的主题就是游戏设计，因此你需要知道游戏这个词的意思。幸运的是，几十年来人们对游戏给出了广泛的定义。为了给接下来的讨论提供一些基础，本节将简要介绍这些定义。

Huizinga

荷兰历史学家 Johan Huizinga 在他 1938 年的著作（于 1955 年被翻译成英文）、已经成为学术性游戏研究支柱之一的 *Homo Ludens*，即《游戏的人》（有别于 *Homo sapiens*，即"智人"）（Huizinga，1955）中，研究了"玩"这一行为作为文化的一个重要组成部分所扮演的角色。在他看来，"玩游戏"和游戏本身是"吸引人的"且"非严肃的"，发生在"平常生活之外"（p.13）。此外，"玩"这项行为"没有物质回报，也不能通过其获得利益"（p.13）。最后，玩"按照其固定的规则和有序的方式发生在时间和空间的适当边界内"（p.13）。

Huizinga 最为人所知的，可能是他提出了这样一个观点，即"玩"是发生在一个单独空间中的：竞技场、牌桌、魔法阵、寺庙、舞台、屏幕……（p.10）。最近有人对魔法阵的想法进行了概括：无论一个游戏是否与魔法有关，它都发生在一个单独为它预留的时空之中，"在这里适用特殊的规则"（p.10）。这可能是玩家们围着重现冷战的一张桌子，就像《冷战热斗》（*Twilight Struggle*）那样；可能是一个想象中的宇宙，我的小飞船正逃离反叛组织，就像《超越光速》（*FTL*）那样；如此等等。如果一项活动很吸引人但并不与日常生活高度接轨，如果它有自己的规则并发生在自己单独的空间中，那么在 Huizinga 看来它就是一个游戏，其对应的行为就是"玩"。正如你将在第 4 章中看到的，关于交互性以及游戏"有趣"的意义，这种看上去似乎无关紧要的性质却是极其重要的。

Caillois

在 Huizinga 工作的基础上，法国哲学家、作家 Roger Caillois 写了 *Man, Play and Games*[1]（Caillois and Barash，1961）一书。Caillois 赞同 Huizinga 关于游戏定义的一些方面，包括：

- 它们与常规现实是分离的，因而包含了一些想象中的现实。
- 它们并不拥有营利性或义务性，即没有人是非得玩游戏不可的。
- 它们受游戏内部规则的约束。
- 它们受到不确定性的影响，因此游戏的进展方向取决于玩家的选择。

Caillois 紧接着明确指出了四种类型的游戏，在当今游戏设计领域已经广为人知。

- **Agon**：竞技游戏，通常只有一名获胜者。在古希腊语中，这个词指"竞赛、比赛"，在英文中也可以找到与之对应的词汇 *antagonist*。
- **Alea**：概率游戏，其中骰子或其他随机产生器在决定游戏走向上占主导地位，而不是玩家的策略或选择。这个词出自拉丁语，意思是"风险"或"不确定性"。最初，它来自"指关节骨头"这个词语，因为这些骨头被用来制作早期的骰子。
- **Mimicry**：角色扮演，玩家通过扮演另一个角色来模仿真实生活，例如海盗、尼禄大帝或者哈姆雷特（Caillois and Barash，1961，130）。
- **Ilinx**：在你的物理感知产生变化的方面进行游戏，例如旋转。Ilinx 在希腊语中代表"旋涡"，通过这样的游戏让人产生类似眩晕的感受。

此外，Caillois 还明确了一系列游戏的玩法，从包含结构化规则的游戏（*ludus*——一个有关运动类游戏的拉丁词语，包括训练与规则，同时也是一个用于群体的词）到非

---

1 法语写作 *Les Jeux et les Hommes*，大致意思为"游戏、游玩与人"，强调了在该门语言以及 Caillois 的观点中，游戏和游玩本质上是同义词（*jeu*，娱乐）。少其中任意一个，另一个都不会发生。

结构化、自发式的游戏（*paidia*——希腊语中代表"儿童的游戏"或"娱乐"）。上面列出的游戏与玩法都可以在 *ludus–paidia* 体系内找到。

这些对游戏与玩法的深入思考正持续为游戏设计师们以及关于游戏本质的讨论提供启示。除此之外，当代游戏设计师为游戏所做的一些定义也值得我们注意，在之后将游戏作为系统的探索中也会被引用到。

Crawford、Meier、Costikyan 与其他一些人

Chris Crawford 是最早的当代游戏设计师之一，他同时也将游戏作为一门艺术来记述（1984）。他写道，"这些游戏共同的基本要素是什么？我的理解是有以下四个共同因素：表现，交互，冲突和安全"（p.7）。他详细解释了这段话，首先呼应了 Huizinga 和 Caillois 的说法，即游戏"是一个封闭的正式系统，主观上代表了现实的一个子集"（p.7）。它有"明确的规则"，这些规则形成了一个系统，在这个系统中"各个部分通常以复杂的方式产生交互"（p.7），而这正是本书所聚焦的点。游戏具有交互性，"允许玩家通过做出选择来创造属于自己的故事"（p.9），并为玩家提供目标以及配套的各种障碍冲突，以"防止玩家轻易达成目标"（p.12）。最后，Crawford 指出，游戏必须"带有这样一种技巧：在排除玩家实体意识的同时，提供冲突与危险的心理体验"（p.12）。换句话说，游戏发生在 Huizinga 的"魔法阵"之中——一个无关现实的空间，有着用来进行游戏的单独规则。按照这样的思路，美国教育家 John Dewey 说，所有游戏都必须保持"与'服从由外部必然性强加的结果'这样一种情况保持一定距离的自由视点"（Dewey，1934，p.279）。当游戏与"外部必然性"之间的联系变得过于紧密时，它们就不能再被当作游戏来体验了。

资深游戏设计师 Sid Meier 曾表示"游戏是一系列有趣的选择"（Rollings and Morris，2000，p.38）。这是一个似乎有着很多假设的简练定义：生活中的许多事情都涉及"一系列有趣的选择"，如教育和人际关系，但这些通常都不被认为是游戏（可能是由于它们"有关现实"的本质）。尽管如此，Meier 的定义仍然是有用的，因为它强调了玩家有意义、知情的选择的必要性，这往往是游戏与其他媒体形式之间的关键区别（Alexander，2012）。

另一位思维缜密、成果丰硕的游戏设计师 Greg Costikyan（1994）给出了这样的定义："游戏是一种艺术形式，其中的参与者被称为玩家，在追求目标的过程中，为了管理作为游戏符号而存在的各种资源而做出决策。"在同一篇文章中，Costikyan 指出游戏并不是达到他定义的一条特定路径：游戏并不是谜题，因为谜题是静态的而游戏是互动

的。游戏并不是玩具，因为玩具虽然是互动的但没有被指定一个明确的目标，而游戏有目标。游戏并不是故事，因为故事是线性的，而游戏本质上是非线性的。游戏不同于其他的艺术形式，因为它们是给被动的观众玩的，而游戏需要积极参与。

作为最近的一个定义，游戏设计师、作家 Jane McGonigal 说："所有游戏都有四个定义特征：目标，规则，反馈系统和自愿参与"（McGonigal，2011，p. 21）。McGonigal 并没有像其他人那样将交互性明确提出来，但她所提出的"反馈系统"说明了这一关键点（第 4 章中包含有关反馈和交互性的更多细节）。根据类似的思路，游戏设计师 Katie Salen 与 Eric Zimmerman 提出了这样一个正式定义："游戏是这样一个系统：在其中玩家参与人为制造的冲突，该冲突由具体的规则所定义，且能导致一个可量化的结果。"（Salen 和 Zimmerman，2003，p. 80）

游戏框架

除了上面给出的定义，近年来也出现了一些用于理解和设计游戏的知名框架。

MDA 框架

第一个、同时也最出名的，是机制-动态-美学（Mechanics-Dynamics-Aesthetics，MDA）框架（Hunicke et al.，2004）。这些术语在此框架中都有特定的含义，原文中定义如下：

- 机制在数据表示与算法层面描述了组成游戏的具体元素。
- 动态描述了机制针对玩家输入所表现出的运行时行为，以及随时间推移各自的输出。
- 美学描述了玩家在与游戏系统交互时所唤起的期望情感反应。

此框架的一个关键点是，玩家通常是按照游戏的美学、动态和机制这样的顺序来理解游戏的。MDA 框架假定，与玩家相比，设计师们是通过机制、动态和美学的顺序来看待他们的游戏的。此模型的部分重点是试图让设计师首要考虑美学，而不是机制。然而，在实践中，不同的游戏设计师会根据他们自己的风格，以及他们面临的设计限制，来选择其中任何一个要素作为起点。

MDA 模型中的另一个固有要点是，只有游戏的机制完全受设计师的直接控制。设计师们使用机制，为游戏的动态设计场景，但不会直接创建动态本身。这对于系统地理解设计师在确定部分时要做的工作提出了要求，这些部分能创造出预期的整体所必需的循环。（我们将在本章后面详细讨论这一内容。）

撇开"玩家和设计师以何种方式观察游戏"这样的线性视点，尽管它是早期游戏设计理论的一个强有力的范例，正如其他设计师所指出的那样，机制、动态和美学，它们本身是存在疑问的。机制是游戏设计师经常用到的术语，用来指代玩法中经常重复出现的"块"（Lantz，2015），以及 Polanksy（2015）称为"好玩的手段"的东西，如一套52 张的卡牌，交替顺序，跳跃以及二段跳等。这个定义本身很模糊，一些设计师只将一些最具体的动作（如玩牌、左键跳跃）定义为机制，而另一些设计师则将一些更复杂的动作组合也包含在内，例如像《马里奥赛车》中蓝龟壳那样的平衡循环效果（Totilo，2011）。这里的不同取决于"块的大小"，因此可能有一定的灵活性。然而，在 MDA 框架中，机制包含的是其中的一些，但不是全部；机制包含了游戏片段和规则，但不包含它们的组合。这是一个很有用的区别，但遗憾的是，以这种方式使用术语机制会与之前存在的用法相冲突。

同样，MDA 将美学作为一种艺术术语，旨在考虑玩家的整个游戏体验。但不幸的是，这个词已经具有了与视觉美学相关的强烈含义。这两者很容易混淆，而且常常驱使游戏开发者将重点聚焦在游戏的视觉"观感"，而不是玩家的整体体验上。

尽管还存在种种困难（至少会有这样一些带缺憾的念头在脑海中萦绕），MDA 在游戏设计理论中仍然是一个长足的进步，有助于为更系统地理解游戏和游戏设计打下基础。

FBS 与 SBF 框架

与 MDA 框架类似的，是一个更早的、被称为功能-行为-结构（Function-Behavior-Structure，FBS）本体论的模型（Gero，1990）。FBS 通常并不为大部分游戏设计师所使用（或者甚至压根儿不为其所知），因此我们不会在这里为其花费过多时间。然而，它的确在"MDA 为更系统地理解游戏设计所提出的三层结构"以及"设计作为一种通用行为是如何在游戏领域之外被考虑的"这两者之间提供了某种桥梁。

此框架有一个类似于 MDA 的三部分结构，尽管最高或最面向用户的部分与最有技术含量的部分其顺序是反过来的。

- **功能**：对象的目的或目的论——为什么它要被设计或创建。功能总是有意设计的结果。
- **行为**：对象的属性以及特定领域的行动，它们派生于对象的结构，并允许对象实现自己的功能。行为可能随着时间发生改变，以实现对象被设计好的功能。

■ **结构**：对象的物理性质，物理部分以及构成对象的各种关系。虽然结构可能允许对象的行为发生变化，但结构本身并不会改变。这方面的例子包括可以用拓扑、几何或材料表达的任何东西。

FBS 最初来自人工智能领域，作为表示以设计为导向的知识和设计过程的一种总体方法。目的论在各种类型的实体对象设计中都很重要，但在游戏设计中却并非如此。当今这个框架在游戏设计领域几乎无人知晓，尽管它本身以及其他许多变体（Dinar et al., 2012）在设计以及设计研究的其他领域已经被广泛使用。与 MDA 一样，FBS 并没有明显系统化，但它为系统地理解游戏设计（和一般的设计）提供了有用的指导。

后来的一种通用设计建模语言将 FBS 转换为 SBF（Structure-Behavior-Function，结构-行为-功能）并添加了重要的设计/编程语言和系统化组件（Goel et al., 2009）。与自上而下的 FBS 相对，SBF 是更倾向于自下而上的一种框架。SBF 被设计对象与设计过程的层次结构所描述，它以建模语言的形式表示，从单个组件及其动作（即系统中的部分及其行为）开始，通过行为状态和转化进行工作，并定义这些行为的功能模式。在 SBF 表示法的每个层次上都有一个要素，这个要素包括结构、行为和功能因素，像这样一直往下直到整型以及其他基本表示方式所在的基础层次。

虽然 FBS 和 SBF 本身并不是游戏设计或游戏描述框架，或者说并不特别适用于游戏设计，但它们仍旧提供了从 MDA 以及类似流行框架到游戏与游戏设计的更加系统化视点之间的桥梁。

其他框架

不同的设计师和作者构建了许多其他框架，用来帮助阐明游戏设计师在创造游戏时做的是什么，以及是如何做的。其中一些已经被证明对于设计师是有用的，尽管可能是临时的、非系统性的。也就是说，它们更多的是基于实践（通过实践获知）的经验法则的积累，而非系统性的理论；它们更多的是描述性工具而非对覆盖到的领域的映射。

如果其他种类的框架或工具能帮助你创造更好的游戏，不要犹豫，一定要用起来！本书中使用到的系统性方法可能会包含其他种类的方法，也可能是对其他种类方法的补充，但并不意味着其他方法本身就是无用的。

游戏定义的总结

汇总到目前为止讨论过的想法、定义和框架，我们可以注意到一些共同的元素：

- 游戏是一种发生在其自身环境下的体验，与生活中的体验是隔离开来的（"魔法阵"）。
- 游戏有它自己的规则（可能是正式的，如 *ludus*；也可能是隐性和动态的，如 *paidia*）。
- 游戏需要自愿、非强制性的交互和参与（不仅仅是单纯的观看）。
- 游戏为玩家提供有趣、有意义的目标、抉择和冲突。
- 游戏结束于某种形式的可识别结果。正如 Juul（2003）所言，其中一个要素是 "结果的价值化"，即某些结果被认为是优于其他结果的，且这种思想通常会被纳入游戏的正式规则中。
- 游戏作为一个设计过程的产物，拥有被某种形式的技术（无论是数字的还是实体的）实现的具体部分；由这些部分的行为之间的相互作用所形成的循环；以及与玩家交互时，随着游玩过程产生的（动态的、戏剧性的）体验整体。

当然，凡事都会有争论和例外。如果你和朋友们玩扑克是为了真钱，那么就像 Huizinga 与 Caillois 所说的那样，这真的是一个独立的环境？或是说这是否揭示了所谓的魔法阵是能渗透的，与现实世界有多个接触点？所有游戏都需要冲突吗？每一个游戏都必须有结局吗？许多大型多人在线游戏（MMO）都有一个核心原则，那就是即使玩家停止游戏，游戏世界也仍然会继续进行下去。所以上面这些特征可能是典型的，但不一定是必需的规定。

为此，哲学家 Ludwig Wittgenstein（1958）写了一篇关于研究定义所有游戏共有特征的文章。文中，他劝读者不要试图找到一个能涵盖所有游戏的定义。他不赞同这样的想法："游戏之间必有共同的东西，否则它们就不应被称作'游戏'。"相反他指出，在寻找定义时，"你并不会看到完全共同的东西，而会看到相似点、相互关系以及以前两者为基础的一系列内容……研究的结果是，我们看到了一个重叠的、纵横交错的复杂相似性网络"（第 66 段）。

Wittgenstein 的"相似性网络"让人联想起亚里士多德的"原因"，如前面所述，这个原因在让事物不仅仅停留在"简单的堆砌"这方面起到了组织原则的作用。除此之外，也让人想到了 D.H. Lawrence 让水具有湿的特征的"第三样东西"，以及亚历山大"未命名的性质"。这些内容在第 1 章、第 2 章中都已讨论过。这些相互关系，即"相似性网络"的普遍重要性，并不是为了寻求快速定义特征或搭建临时框架，而是关于对游戏以及其他一切事物的系统性理解的一个巨大提示。

游戏的系统模型

将上述定义与对系统的理解结合起来考虑，可以创建一个新的、更具信息性的游戏模型作为系统。这里的模型是描述性的而不是规定性的：这个模型代表的是 Wittgenstein 在所有游戏中"复杂相似性网络"的元素，而不是游戏设计师们无法跨越的限制。这个框架在其结构上是系统化的，通过帮你创建一个定义明确的心智模型来阐述清楚游戏设计的实践。这个心智模型可以是关于一般游戏的，也可以是关于你想创造的特定游戏的。

设计师们经常苦于如何开始着手设计，也经常会在想要表达的想法中迷失方向。这里的系统化模型提供了重要的结构化和组织化引导，让你作为游戏设计师能专注于你想设计的游戏中。可以将其想象成构建游戏的脚手架，而不是阻碍你设计出自己想要的东西的束缚。

游戏的系统化组织

从最高的层级开始，游戏作为系统，拥有两个主要的子系统：游戏本身和一个（或多个）玩家，如图 3.1 所示。（与你在本书前面所看到的图有惊人的相似之处，这毫不奇怪。）

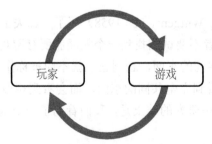

图 3.1 玩家以及游戏本身是"游戏+玩家"这整个系统的两个子系统

本章将详细探讨游戏子系统中要素的三个层次，以及它们是如何映射到游戏的系统化视图中的。

- **部分**：基本的、结构化的要素。
- **循环**：由结构驱动，并由部分所构建的功能性元素。
- **整体**：由功能性元素（即循环）所产生的结构和主题。

玩家作为游戏的子系统，在本章中只进行简要介绍；你将在第 4 章看到更多相关细节。

从系统的角度考虑，所有游戏共同的结构要素是游戏系统的"部分"，每个部分都有着自己的内部状态和行为，如第 2 章所述。游戏的功能性元素是由这些部分的行为之间相互关联的影响，以及它们共同构成游戏循环的方式所创造的。最后，结构和主题化元素是整体的不同侧面，它们涌现自部分之间的系统化循环交互。

游戏的总体目的和行为就是它的游戏玩法。这是作为一个组织、功能、结构和主题元素的涌现效果传达给玩家的。第 4 章将详细介绍这种传达行为所采用的形式。

玩家，系统中的部分

玩家是游戏不可或缺的伙伴：没有玩家，游戏本身仍然存在，但游戏玩法、好玩的游戏体验，只有当游戏与玩家有机结合时才会存在（因此这里用的术语是"游戏+玩家"）。

当然，游戏可以是为单个、两个或一小群玩家设计的，又甚至是同时为成千上万的玩家设计的。从传统上来讲，大多数游戏都是为多人设计的；只是随着"计算机扮演玩家"这种情况的出现，"单人游戏"（即单个人与数字游戏进行交互）才变得流行起来。

玩家通常在游戏中代表某种形象或身份，这可能是一个明确的角色，通常称为化身，它定义了玩家在游戏中可以使用的物理和功能属性。或者，玩家也可以由一个聚合的化身来代表，比如一艘海盗船，其中包括船长、船员和枪支；或者根本就看不见，如指引小村庄或帝国的"看不见的手"。

你将在第 4 章中更详细地了解"游戏+玩家"系统中玩家部分的子系统。就现在而言，重点如下：

- 玩家与游戏都是一个更大系统中的部分。
- 没有真人玩家，游戏就没有实用价值或明确目的；抛开能被感受到的体验，游戏不能被称为一款真正的游戏。
- 玩家在游戏中被表示为现实模型中的部分，就像玩家构建游戏的心智模型作为玩法的部分一样。（回想一下第 2 章中的讨论，模型必然比"真实的东西"更加抽象。这对于玩家和游戏来说均是如此，因为它们互相以彼此为对象构建模型。）

这种协同代表关系使得游戏与玩家之间的交互关系，以及在这过程中创造的有趣体验成为可能。

游戏的结构部分

和任何其他系统一样，每个游戏都有自己的特定部分。这些部分有代表性的符号以及操纵它们的规则。在后续的章节中，你将在一些单独的游戏中作为特定元素看到这一点。现在把它们当作游戏中常见的结构（游戏系统中的各个部分），它们在不同游戏中以不同的方式被表达。

符号

每个游戏都有指代游戏状态不同方面的代表性对象。这些符号本身通常没有特别的意义；它们具有象征性和代表性，是游戏结构的部分，但并不是游戏内部模型所模拟的世界的功能性部分。

符号被用来将当前状态及其变化从游戏传递到玩家，反之亦然。所有这些都是基于游戏具体环境中的含义来进行的。这些符号可以是以下任意一种：

- 高度概念化的表现形式，如围棋中的黑白子。
- 半具象化的，如国际象棋中描绘的中世纪皇室棋子。
- 在可识别的现实世界中，有与之对应的、具有详情的物体，如在许多角色扮演游戏中武器与盔甲的综合规格。

从某种程度上来说，符号在其表现中必然具有象征性含义，因为没有游戏能完全代表世界。一个具有 1:1 比例的完全保真的地图是没有用处的，一个在完全拟真的道路上走远了的游戏会离开所谓的魔法阵，不再是一个游戏。

游戏的符号定义了游戏中的"名词"——即所有可以作为玩法一部分进行操作的对象——包括以下内容：

- 玩家的代表，如上面所讨论的那样。
- 自己行动或者玩家会将其作为游戏玩法的一部分来使用的独立单元（如围棋、国际象棋以及战争游戏）。
- 游戏发生的世界，包括任何有自己状态的分割区域（从国际象棋中的黑白方格，到策略游戏中复杂的地形和地理环境，不一而足）。
- 游戏中使用到的任何资源，如《地产大亨》中的金钱，以及《卡坦岛》（*Settlers*

of Catan）中的小麦、羊毛和木材。

■ 游戏中的非物质对象，包括回合的概念（游戏中玩家的顺序以及采取行动的频率），什么能构成一手牌，玩家能携带的物品数量，玩家能掷多少个骰子等。

简而言之，游戏中具有状态和行为的任何东西都是游戏的一个符号，而在游戏中维持状态和拥有行为的任何东西都必须由一个符号，或是其他符号的集合来表示。

虽然游戏中的符号必定具有象征性含义，但它们在自己的状态和行为方面同样是高度精确的。国际象棋的棋子总有一个特定的位置——它在且仅在棋盘上的某一个方格中——并且具有完全确定的移动或攻击方式。除了规则，游戏的符号也是任何游戏所必需的精确规范，它们随时都具有明确的状态和行为。这无论对于代表玩家和世界的事物，还是游戏中任何其他对象，都是一样适用的。游戏中的玩家是否可以飞翔？越过山脉？游戏世界中有山脉吗？设计师想要在游戏中涉及的每一个概念都必须首先被详细地确定并包含在游戏的符号和规则中，这个过程将在第 8 章中详细说明。

规则

游戏的符号扮演游戏中的象征性对象，而规则则是过程的规范。在电脑游戏中，规则被玩家从认知的角度理解，并以代码的形式表达出来。规则通过指定符号的行为来决定游戏的运行方式。

指定合理的游戏内操作

规则基于玩家不同的行为，有助于创造出对应的可玩空间。撒谎、偷窃和杀人通常是不被社会所接受的，但在游戏中，这些行为可能是完全能被接受的，甚至是必需的。例如，在很流行的桌面游戏《抵抗组织》（The Resistance）中，玩家必须对他人彻头彻尾地说谎，以隐瞒自己是卧底并背叛了组织这一事实。类似地，在形如《星战前夜》（EVE Online）这样的游戏中，虽然并不要求玩家非得从他人那里偷取东西，但偷窃完全被允许作为游戏玩法的一部分，并在玩家派系与派系之间创造了一些惊人的玩法策略。

在游戏玩法中，另一个"表现不同"的部分是，游戏接受玩家并不总以可能的最有效率的方式行动。例如，在国际象棋中，玩家并不是简单地伸手抓住对手的国王棋然后宣称自己赢了，因为这是"违反规则"的。类似地，在纸牌游戏中，玩家不会直接在牌堆中搜寻自己想要的牌，尽管这比仅仅使用随机分配的牌要高效得多。游戏的体验源自我们在一个独立空间中的自愿参与行为，一些在其他时候不可接受的行为在这个空间中是可以被接受的，当然并不是所有可能的行为都如此。

指定游戏世界的运作方式

我们通常泛指的游戏规则，是关于如何玩游戏的规范。它们是游戏世界运作的种种条件。如果玩家和游戏符号是名词，那么规则就是动词：玩家与游戏内容是如何能够作为玩法的一部分产生行为并相互影响的。这种符号和规则（即名词和动词）之间的关系，是理解游戏系统如何由其各个部分构建的基础环节。

规则定义了游戏中任意给定时刻允许出现的状态，这些状态如何随时间变化，以及玩家如何推进游戏进程。它们描述了游戏的不同部分是如何相互联系，以及相互影响的。它们还详细描述了玩家在游戏中必须克服的障碍，冲突是如何解决的，以及玩家可能达到的所有可能的结局（特别是那些被游戏定义为"赢"或者"输"的结局）。

游戏世界的物理结构是由规则规定的：这包括玩家如何在游戏世界中移动，甚至世界本身的形状。游戏世界可能是一个像棋盘一样的网格，或者是一个球体，又或者是其他完全不同的东西。规则甚至会指定一个在现实中完全不存在的世界的拓扑结构，比如游戏《纪念碑谷》（*Monument Valley*）和《环绕走廊》（*Antichamber*）中令人费解的埃舍尔式世界。

规则涉及的不仅是游戏中的物理世界，还有游戏片段的结构和行为。这包括规定玩家可以在手中保留多少张牌，或者在游戏开始时每个玩家可以持有多少工人等。规则也可以改变世界约定俗成的环境，如"玩家可以从无限高的地方下落而仍然不会受到任何伤害"或者甚至"重力会每 30 秒改变一次方向"。

保留玩家自由度

规则使得不同的玩家轨迹——目标、策略和玩法风格——成为可能。规则不得过度限制玩家决定自己行动方向的能力，即玩家自由度。如果玩家的行动受到过度约束，他们的游戏决策空间就会缩减至很少的选择，乃至唯一路径。发生这种情况时，玩家就从参与者变为观察者，从而移除了使游戏成为游戏的一个基本要素。

作为游戏结构的一部分，游戏设计师在创造规则时的挑战之一是用尽可能少的规则构建一个定义明确的游戏空间；游戏世界及其中的一切都必须由游戏规则所确定。如果没有足够的规则，游戏会变得模棱两可，玩家无法建立或引领其心智模型。而如果有太多的规则，玩家自由度会受到过度限制，他们对游戏的参与感就会消失得无影无踪。

避免规则的异常情况

随意制定的，或是可能会产生异常的规则，会迅速降低玩家在头脑中维持游戏精准模型的能力，使得游戏更难以被理解，也更难从游戏中享受到乐趣。这与第 2 章中讨论到的"优雅"概念相反。

例如，许多桌上游戏使用六面骰子来决定战斗结果。我们假设全部掷到 6 点通常是"好结果"，但少数例外情况下其又是一个坏结果；这就造成了一个局面，即符号与规则（骰子及其投掷的结果）的相同组合有着不同的定义。这增加了玩家必须理解和记住的内容，而并未在同时增加他们的参与感及可采取的行动。同样的情况也会发生在按钮被随意设定为执行不同动作的电子游戏中：例如，鼠标左键单击为跳跃，然而双击则做出的是另一个完全不同的动作，如扔掉你身上的所有东西。由于这两个与鼠标相关的动作在认知和物理上是相似的，所以它们在游戏中产生的对应结果也应该是相似的。当随意的规则，或是拥有过多例外情况的规则被用在游戏中时，学习起来就变得更加困难，玩家的参与感也会受到影响。（你将在第 4 章中看到有关玩家参与感和精神负荷的更多内容。）

结构元素和游戏机制

游戏机制这个术语已经被游戏设计师，以及在游戏框架中以许多不同的方式使用（Sicart，2008）。在系统化设计的基础上，游戏机制可以被认为是语义上可行的（即有意义的）符号与规则的组合。这样的组合就像有意义的短语或短句可以通过名词与动词的组合来构成一样。机制通常很简单，比如"当你取得围棋游戏胜利时，将得到 200 美元"。那些更加复杂的机制通常是多个相对简单的机制的组合，就像一个复合句是几个短语的组合一样。

这里的重点不是为游戏机制创造一个精确的定义，而是从系统角度来落地这样一些说法。符号和规则可以以许多方式进行结合，所以机制可以有许多种形式。

游戏与元游戏

魔法阵的独立空间由游戏的结构元素——符号和规则所定义。除开少数例外情况，符号是没有意义的，规则也不在游戏玩法之外运行。例如，你在单次《地产大亨》游戏中拥有的财产并不会影响你下一次游戏时的财产。而偶尔也会有一些例外情况，在这些情况下，玩家们可能会相互达成一致的意见，如"上一局是我先走的，因此这局你先走"，在先后两局游戏之间搭起了一座规则运作的桥梁。类似的例外被称为"遗留"游戏，其中一次游戏的行为或事件会影响下一次游戏的条件或规则。这些都表明了游戏的结构部分的重要性，以及它们如何能被创造性地替代，以创造新的、更愉快的游玩体验。

这种跨游戏的符号或规则的应用被称为元游戏。在超越单次游戏规则的过程中，玩家穿过了魔法阵的屏障，将游戏的各个方面带入到现实世界，反过来也是如此。一些元游戏规则被认为是"自定规则"，如在《地产大亨》中走到"免费驻地"格子时可以获得金钱。而其他一些规则对没有经验的玩家来说可能会带来特殊的恩惠。在某些情况下，元游戏更多的是指玩家的行为，而不是游戏本身。例如，玩家之间有关游戏外情形的针锋相对的行为（"上一局你没有帮我，所以这一局我不会帮你"）并不被游戏所特别禁止，但这可能会被其他玩家视为不良行为，这种情况下他们的元游戏反应可能就是不再与持有这种行为的玩家继续游戏了。

顺带提一下，"针锋相对"的元游戏会导致博弈论中的重复博弈。（很奇怪的是，博弈论本身与游戏设计关系不大；它与经济学关系更密切，但仍然存在共性点。）重复博弈包括那些"元游戏是游戏有效的一部分"的情况；例如，如果你知道将要玩多次石头剪子布，那么这个信息可以帮助你，因为玩家在这类游戏中的行为并不像其看上去那样随机。存在一些基于具体情况的、有关如何重复博弈的预测性数学模型——在给定具体策略的前提下你获胜的频率是多少。在这种情况下，元游戏会被包含于游戏中；魔法阵是通过底层游戏的迭代来维持的。

游戏的功能元素

除了研究游戏中常见的结构元素以外，理解这些部分如何结合在一起创造游戏的功能组织，同样是很重要的。符号和规则是游戏系统的部分与行为——即名词和动词，功能元素则是产生自这些部分的循环集合。与由名词和动词组成的短语结构类似，功能元素是它们能构成的有意义的概念。这就是游戏得以表现得生动，以及成为玩家能与之交互的操作系统的原因所在。

游戏的功能元素包括围绕玩家形成目标的任何结构，或者心智模型的任何动态部分。举一个例子，经济出现自资源的消长，而在游戏中被看作资源的是经由规则交互的符号。类似地，玩家在角色扮演游戏中创建英雄角色，或是在策略游戏中构建庞大帝国时，都会用到游戏各部分的功能集合。我们没有办法列一个包含所有可能存在的功能组件的详细清单，但简而言之，游戏中支持声明"在这个游戏中，玩家是……"（海盗、飞行员、花农、皇帝等）的任何内容（或者本就属于玩家为完成目标的一个重要部分），这些显然都是游戏功能方面的内容之一。

这些通常也是游戏设计师花大量时间思考的概念类型。鉴于游戏中的所有概念都需要简化为符号和规则，游戏设计师会花费大量时间通过将这些部分组织成功能性的可操作子系统来创造游戏本身，以支持想要的体验。

创造玩法的可能性

就性质而言，具体的经济、角色、国家以及其他类似的功能结构并非一成不变的。理解这一点很重要；作为玩法的一部分，它们会随时间发生变化。它们也不是直接被编码至游戏结构中的——不过它们所带来的可能性则符合这一特征。也就是说，在具体的游戏里，尽管结构化的符号和规则可能不会决定经济、角色或国家的准确表现形式，但却能为这些内容在游戏中的出现设立具体条件和可能性。

因此，游戏必须被设计成能为这些变化的功能结构的出现提供空间。游戏必须定义一个由其内部结构所构建的世界模型，该模型提供了贯穿游戏过程中，这些结构成长和变化的支撑。如第 4 章中所述，这个模型必须符合并支持玩家心智模型中对于游戏世界的理解；它必须提供对抗、有意义的决策以及玩家用来发展的目标，以作为玩法的一部分。实现这些内容，并据此建立一个高效的心智模型，是创造高参与感与高可玩度体验的重要部分。

机器般的功能元素

游戏的功能组件是把游戏看作系统时的各个部分，人们经常把这些部分的复杂闭环式组合称为"游戏系统"。如果结构元素本身是"静态的"，那么由于它们的循环交互，系统在一般意义上（随时间变化）被视为是"动态的"。这里的"一般"，很大程度上是建立在使用 MDA 框架的前提下。

用类似的方式，游戏设计师 Geoff Ellenor 将他关于游戏这一部分的概念描述为"做某事的机器"（Ellenor，2014）。具体的含义如下面例子所示："我想要一台能在我的游戏中产生天气的机器"或者"我希望玩家在完成任务时收到来自任务发起人的邮件"。在 Ellenor 的考虑中，这些"机器"是嵌套的——简单的机器在更复杂机器的内部——而不是作为大型整体机器来构建的。这是对游戏功能元素的一个极好描述，其中复杂、持久的系统化"机器"由相对更简单的机器有层次地逐级构成，如此这般，直到结构化的符号和规则。

游戏的功能或动态部分——即 Ellenor 口中的"机器"——包括游戏的内部现实模型以及为玩家创造的行为空间。这个玩法"空间"，导致玩家为绘制一个贯穿空间的路线所做出的有意义决策的出现，以及玩家对游戏的目标和心智模型的涌现。这些，都是基于二阶设计的想法，以及游戏表现层面所包含的不确定性。下面将详细讨论这些问题。

游戏的内部现实模型

每个游戏都有它自己的内部现实模型。这源于设计师所创造的游戏符号和规则的交互作用，并由玩家探索和体验。Koster（2004）说，游戏"是抽象的和符号化的"，并且"排除了复杂现实世界中凌乱分散的额外细节"（p.36）。也就是说，游戏与现实是不同构的，但和其他设计性的系统一样，游戏本身就是某些更复杂对象的模型。

在很多情况下，每个游戏都是一个专有的世界，拥有自己的管理法则。这个小小的世界可能是抽象的，如由国际象棋或围棋的符号和规则所定义的世界；又或者是非常具体、高度拟真的，如策略或角色扮演游戏中创造的对真实世界的模拟。无论哪种情况，结构和功能元素都创造了 Costikyan（1994）所谓的游戏内生意义。这就是玩家附着在游戏中符号与规则上的意义。符号和规则之所以有意义，仅仅是因为它们在游戏中具有某种功能。Costikyan 使用《地产大亨》中的金钱作为例子：1000 美元在游戏之外是没有意义的，但在游戏内则意义非凡，可能会决定游戏的输赢。

值得注意的是，无论一个游戏的现实模型有多"真实"，它永远不会像真正的现实那样复杂或难以理解。即使有条件创造出具有如此级别的细节和复杂度的游戏，这样做也会违背游戏的本质：一种有趣的体验。让玩家享受游戏，一部分关键在于他们能够建立一个有效的心智模型，该模型是一个游戏所要表达的现实的简化版。如果游戏的现实模型过于复杂、多变或不可预测，以至于玩家无法建立有效的心智模型，那么它可能是一个有吸引力的、用来构建的仿真，但不会是一个有趣的、用来玩的游戏。有时候，游戏设计师会把创造一个"超级现实的世界"或一个"超级复杂的系统"，错误地当成是创造一款引人入胜的游戏。这两者是不一样的，倾注更多的现实主义或复杂度本质上并不能创造出更好的游戏。

创造作为玩法空间的游戏世界

在谈到游戏的内部现实模型时，Salen 和 Zimmerman（2003）指出，游戏设计是一种二阶设计。这当中有几个不同但相关的含义。首先，游戏通过其符号和规则所表现的设计，创造的规范是属于一个状态空间的，而不是一条单一路径的。也就是说，游戏的内部现实必须是：玩家能（在游戏规则允许的前提下）沿多条路径进行探索和穿越，而不仅仅是设计师脑海中预想的单条路径。如果设计中仅允许一条路径，那么游戏实际上就变成了书或者电影一样的单一叙事过程。在这种情况下，玩家被置身于一个不存在任何决策或有意义交互的被动角色中，游戏体验亦不复存在。（第 4 章中有交互的详细定义，但就现在而言，使用这个词的粗略意义就已经足够了。）定义符号和规则来允许玩家在游戏中选择多条不同的路径，能让玩家在初次或重复游玩时拥有不同的体验，同时也与其他玩家的体验区别开来。玩家每次在基于自身的行为选择一条路径时，他们都知道还有很多其他路径可供选择，即使并不是所有选择都一样可取。

与之形成对比的是电影或书籍，在这二者中观众或读者必经的路径是已经被确定的。作为观众或读者，你不能影响故事情节的发展；你仅仅是一个旁观者，而不是参与者，关于故事如何展开你并无选择权。这凸显了传统故事与游戏之间最为人知（而且仍然未得到解决）的矛盾：故事遵循单一的、事先写好的路径，重复体验时并不会发生改变[1]，而游戏提供了一个拥有多个可能路径的空间，这些路径可以分别提供不同的体验。游戏设计师的工作并不是创造单一的路径——对所有玩家来讲体验都相同的一阶设计——因为相比一种吸引人的、可供分享的体验，它很快就会变得枯燥乏味。相反，游戏设计师必须使用游戏符号和规则来创造一个多维度的空间，通过此空间，玩家能定义属于自己的特殊体验。

二阶设计的第二个相关意义是：设计用来形成动态系统（以及体验空间）的符号和规则，是以游戏特有的方式达成涌现的一个例子。正如在关于 MDA 框架的讨论中提到的，游戏的机制——符号和规则——是被直接设计出来的；但它的动态——功能元素——浮现自游戏过程中的符号和规则。游戏系统不提供单个的、预定义的路径，相反，它创造一个完整可探索的游戏空间，正如前面所描述的那样。

玩家的体验涌现自他们与设计空间的交互——源于设计空间，但并不能在设计的任何单个部分，或是其各个部分的简单总和之间找到对应的映射。玩家的体验往往以设计师未预料到的方式呈现。如果游戏空间足够大，玩家在游戏中拥有足够的自主权，那么这种体验可能是完全独特和具有涌现性的。（你将在第 8 章等其他地方看到关于二阶设计和涌现的更多信息。）

《矮人要塞》中猫系统性死亡的奇特案例

前面描述的涌现性游戏玩法，是制作系统化游戏的核心。它可以有无数种形式，不过这里有一个具体的、可能比较极端的例子，可用来展现游戏中创造涌现性情形的一种系统交互。《矮人要塞》（*Dwarf Fortress*）可能是到目前为止最系统化的游戏。游戏描述

---

1 有些人可能会将那些"选择属于自己的冒险"的书籍作为例外。它们提供了有限的抉择，读者可以选择走哪条路线，使得故事以不同的方式展开。这些书实际上起源于 20 世纪 70 年代末的"以书的形式呈现的角色扮演游戏"（《惊险岔路口》的历史，n.d.），并且代表了许多隶属于叙事性游戏体系的混合体。

了一群矮人（在玩家的引导下）创造属于他们自己的地下王国时，经历的成长和渡过的险境。《矮人要塞》是完全程序化的，意味着游戏世界及其中发生的一切都被定义成二阶设计，而不是手动描述一个特定场所或设置一组事件。（这款游戏除了 ASCII 画面外几乎什么都没有，被普遍认为是最难上手的游戏之一。这是一个独立于其系统性之外的问题；尽管存在这些障碍，玩家们仍然会努力尝试玩这款游戏，因为其系统性特征是如此引人注目。）

2015 年年底，一名玩家开始注意到游戏中导致猫死亡的一种流行病（Master，2015）。猫并不是游戏的主要元素，不过它是游戏呈现给玩家的丰富世界的一部分。猫的死亡与任何战斗或类似环境并不相关。在调查之后，该玩家发现，猫在死前经常会眩晕（一种可以附在游戏中生物身上的"综合征"）。而且令人不安的是，它们的死"总会在身边'留下'（原文如此）一堆呕吐物"——另一种游戏内的系统性效果。一开始，玩家以为这是游戏中的一个 bug，如果猫在酒馆里（事实上也的确经常在那里），酒馆老板就会给猫们提供酒。而实际上，真实原因更加离奇：猫经常光顾酒馆以捕捉老鼠——这是在不考虑可能带来的任何游戏内影响的前提下，程序所设计的猫行为的一部分。在酒馆中喝酒的矮人经常将酒洒在地板上，其中一些还会溅在猫身上。由于猫具有"自我清洁"行为，它们往往会舔掉溅在身上的酒，然后不久就会喝醉、眩晕，再由于它们的体重非常轻，往往最终就会导致死亡。

这整个情形是多个交互系统的结果。设计这款游戏的设计师从来没说过，"要确保酒能溅到猫身上，以至于让猫死于酒精中毒。"游戏中有很多系统，包括饮酒行为（这对于游戏中的矮人来说很重要）、酒能溅到物体上（例如，游戏日志事无巨细地记录了酒馆里的猫"第四个左后脚趾被矮人的酒溅到了"）、饮酒者的体型大小会左右酒精的效果，以及动物有清洁自身的能力（在游戏中，只有猫和小熊猫有这项能力）并因此摄取酒精等。

所有这些系统在更高层次的系统中作为功能部分相互作用，创建了一个庞大的游戏空间，其中包括"可怜的猫咪死于酒精中毒"这样一个效应。这并不是事先计划好的，而是作为一个好奇玩家的玩法元素而涌现出来的。这只是一个有关系统性玩法涌现的例子，同时也是一个有关游戏世界二阶设计的例子，尽管它很极端。

游戏世界中的不确定性和随机性

游戏世界中的一个常见功能元素是不确定性，通常以某种形式的随机性来实现。形式本身有很多种，从大家都很熟悉的掷骰子与抽牌，到数字游戏中使用的复杂随机数生成器（第 9 章中有更多相关内容）。并不是所有游戏都使用了随机性作为功能组件，但所有游戏都呈现给了玩家某种程度的不确定性。一些古老的游戏，如国际象棋和围棋，并没有将随机行为融入它们的规则中；这些游戏中的不确定性来自玩家事先不知道对方的行为。然而，现今的大多数游戏都或多或少地将随机性作为其规则的一部分。这通常被看作一种平衡要素，用于玩家不断增长的探索游戏世界的能力。

简而言之，游戏世界越具有确定性，它能让人提前知道的东西就越多。知道的东西越多，游戏空间就越被缩小至一条单一路径，从而剥夺了玩家做出决策的权力，这些决策有关玩家遨游游戏世界的具体方式。我们可以从国际象棋老手精妙、如舞蹈般但又完全确定的开局中看到这样的例子。当玩家设法以一种新颖的方式使用现有的功能性"信息块"（棋盘上棋子的各种组合——其实质是由棋子与棋子位置之间相互关系所定义的子系统）时，游戏就变得有趣起来。正如你将在本章后面看到的，玩家做出有意义决策的权力对于创造引人入胜的玩法是至关重要的。

玩家的心智模型

游戏定义了一个玩法空间，一个供玩家探索的世界。与此相对应的是，玩家在游玩过程中创造了属于自己的关于游戏世界的内在心智模型。虽然玩家的心智模型本身并不是游戏的一部分，但游戏的功能元素必须共同支持心智模型在玩家心中的产生。正如你将在第 4 章中看到的，这种心智模型的形成是玩家参与游戏并最终获取游戏有趣体验的一个重要部分。现在我们可以说，玩家是通过与符号和规则交互，以及通过符号和规则又进一步与游戏中呈现的功能元素进行交互，从而构建游戏世界的模型的。

这个模型越容易在玩家脑海中建立，玩家对游戏设计师所定义的世界模型的理解越一致，游戏就越有吸引力。相反，如果玩家很难辨别出藏于游戏模型中的规则，或者如果这些规则看起来不完整或不一致，游戏往往就丧失了吸引力，或至少需要玩家花费更多的时间和认知资源（而且，这样做会将游戏的受众限制在愿意投入大量时间和资源用来学习它的群体中）。

我们说玩家的心智模型必须容易被构建，并不意味着游戏或心智模型必须简单。形如井字棋（*Tic-Tac-Toe*）这样的游戏，所需建立的心智模型就很简单，因为游戏只有很少的符号和规则——但同时它也会让玩家很快就厌倦，因为很容易就能看到游戏的结果：游戏中没有随机性，没有系统深度，也几乎不会为玩家提供给彼此创造重大不确定性的机会。而形如围棋这样的复杂游戏，或是形如《群星》（*Stellaris*）这样的现代策略游戏，其心智模型需要花费大量的时间精力来创建。然而，这类游戏的系统化特征意味着在游玩过程中几乎没有混杂不一致的地方。因此，随着玩家心智模型的逐渐完善，他们对游戏掌握的能力在逐渐提高，这也鼓励了玩家对游戏模型的进一步探索——一个高度有效的强化循环。

有意义的决策

当玩家建立了游戏世界的心智模型（基于对游戏符号和规则的了解）时，他们会与游戏交互，并运用他们的理解尝试各种行动方案。要做到这一点，玩家必须能够做出有意义的决策。如上所述，要能做出有意义的决策，需要玩家心智模型中的不确定性，而且通常需要游戏世界模型中也存在这一要素；没有它，玩家就没有可做的决策。一些游戏创造不确定性是完全在玩家之间进行的，在游戏本身的表现中并无隐藏或随机元素。然而，绝大多数游戏都会包含一些玩家还不知道，或者还不能知道的信息，因为这些信息是随机确定，不能被事先了解的。[1]

不提供无效的决策，决策要能带来变化

如果游戏中玩家没有决策可做，那么玩家将被迫扮演被动的、而不是能交互的角色。他们只能跟随一条单一的路径行动而无法做任何探索行为，游戏体验也随之崩塌。（这种体验仍然可以是愉快的，就跟看电影或看书一样。但在这些情况下，所有的决策都被事先安排好了，也没有任何游戏体验可言。）同样，如果游戏提供的是虚无缥缈的选择——对玩家或世界没有任何影响的决策，比如两扇通向同一地点的门——很快这就相当于没有什么选择了。因为无论选择哪一个选项都不会产生不同的影响，所以这样的决策就变得很随意，就好像根本不存在一样。

相反，游戏必须为玩家提供能做出有意义决策的机会：能以可辨别的方式影响玩家或世界状态的决策，并能由此创造或阻碍沿特定路径进行进一步探索和决策的机会。

最后，构成"有意义"决策的内容可能因不同玩家而异。然而，如果玩家认为某个决策的结果要么让他更接近想要的结局，要么会反过来让他远离目的地，那么这个决策本身就有意义。现在这只是在游戏背景下对"意义"的粗略描述，但在第4章中，我们将深入讨论玩家目标和与之相关的主题元素，以及不同形式的交互。

对抗与冲突

游戏需要对抗，几乎所有的游戏中都包含某种形式的公开冲突。如果游戏中没有对

---

1 随机决策既包括完全随机的结果，如一个可以等概率取1～100之间任意值的数字；也包括加权性结果，即其中一些数字比其他数字更可能取到，如服从正态分布或钟形曲线分布。更多内容请参阅第9章。

抗，那么玩家可以不费吹灰之力就达到他们想要的结果。在国际象棋中能在第一步就抓住对手的国王说"我赢了"，或者在策略游戏中拥有你想要的所有金钱和能力，将很快耗尽游戏的所有参与感与乐趣。因此，为了让玩家能够充分运用心智模型做出有意义的决策，以此来实现他们的目标，除开不确定性之外，游戏中必须存在阻碍玩家前进的一股力量。

游戏中能找到的对抗可以分为以下几类。

- **规则**：玩家在游戏中面对的很大一部分对抗都来自规则本身。例如，在国际象棋中，规则不允许简单粗暴地宵过去直接拿下对手的国王。大部分游戏中的规则通过使用游戏中的符号来限制玩家的行为。这可以是对行动、基于资源的行为或者对世界内因素（例如，规则规定玩家不可逾越的地形）的限制。在玩家游玩的过程中，这些规则应该感觉与游戏世界很自然地融为一体，而不是强行突兀加入的限制。规则越是随意，玩家就越会考虑如何玩好游戏，而不仅仅是考虑玩游戏本身，这样玩家的参与感也就会越低。

- **积极的对手**：除了规则和游戏世界，许多游戏都会提供积极对抗玩家行动的智能体。粗略来说，这些可以被称之为"怪物"——任何对抗玩家且在自身行为中保持某种程度能动性的事物——尽管这既可能是试图阻碍玩家前进的无名小卒哥布林，也可能是精心设计的一心想置玩家于死地的复仇女神。

- **其他玩家**：游戏的功能元素可能定义玩家分别扮演互相敌对的角色。在任意玩家间相互竞争的游戏中，无论是直接的（"谁能赢"）还是间接的（例如，谁的得分更高），玩家都可以成为彼此前进道路上的绊脚石。很多游戏都是建立在"两名或以上的玩家试图在达到自己想要结果的同时挫败其他玩家"这样的想法之上的。

- **玩家自身**：在不同的预期结果之间权衡，展示了"玩家自己是自己的对手"这样一种情况。如果玩家的资源有限，他们会形成自己的经济，在其中他们不能将资源应用到想要的全部事物上。例如，玩家可能不得不做一个决策，是现在就把资源用在组建部队上，还是升级兵营以便在之后组建更为强大的部队。这种权衡是很常见的，它基于"玩家不能同时做所有事情"这样一个事实，给玩家提供了有意义的决策。

玩家目标

玩家所做出的决策，通常是对"游戏中玩家的目标"这样一个议题而言的。如果玩家在游戏的状态空间中没有目标、没有目的地，那么就不存在"更好"的决策一说，也就没有意图、意义或参与感可言。因此，目标是一盏指路的明灯，让玩家在游戏中选择自己的路线。如果没有目标，玩家只能在游戏中漫无目的地游荡，这是一种与高参与感、高可玩性的游戏体验截然相反的情况，就像无法做出任何决策而导致的被动反应一样。

也因此，在游戏中，玩家是渴求目标的。通常情况下，游戏中玩家的终极目标都与荣耀的结局（即"胜利"）有关。这样的目标通常由游戏设计师提供，作为游戏目的量化的功能元素的一部分。这些目标被叫作显性目标。如果有人问起，"游戏的目的是什么？"或者"我怎样才能赢？"他们所指的就是游戏的显性目标。

大多数游戏都有显性目标，要么覆盖整个游戏过程（"获胜条件"），要么至少帮助玩家了解游戏的基础内容并开始建立心智模型。在上述内容不是玩家能拥有的唯一可能目标的游戏中，它们可以被看作"辅助轮"。在某些游戏中，玩家建立了关于游戏世界足够详细的心智模型后，他们就可以自由创建属于自己的隐性目标，用来驱动自己的行动和决策。甚至是在游戏已提供显性目标的前提下（"完成此关"），玩家也可能仅仅为了自娱自乐而创造属于自己的目标（"我将在不杀死任何怪物的情况下完成此关"）。

隐性目标和显性目标可以结合在一起，比如有些游戏提供的可选成就或徽章本身就是目标（如，在不杀死任何东西的情况下完成一关，获得"和平主义者"标签）。这种成就可能会激励玩家开始创造自己的隐性目标，这样做就会增加玩家的参与感以及继续玩下去的可能性。

而另一方面，只包含显性目标的游戏往往具有更低的生命周期和重玩价值，因为玩家的潜在目标集合受到了游戏本身的限制。这与以下观点是一致的：当游戏的设计减少了玩家可以采取的行动时，状态空间变窄，玩家的目标集合更小，做出有意义决策的能力降低，整体参与感也变得短暂（直到他们看穿了游戏中自由度的本质）或更少。游戏本身可能仍然像书或电影那样有趣，但玩家不会再有从"创造属于他们自己的目标，以及在游戏世界中绘制属于他们自己的路径"中获得的代入感和意义。

目标类型

第 4 章探索了不同类型的交互，但在这之前，值得先就不同类型的玩家目标进行探讨。这些目标类型均来自游戏功能元素所创造的内在意义，以及玩家所创造的心智模型。如果游戏没有内在意义，或者如果玩家不能创造一个可行的心智模型，那么玩家就不能形成关于游戏的目标。在这种情况下，他们只能在游戏中漫无目的地游荡（在游戏世界和/或其玩法空间中），很快就会变得无聊。

玩家目标可以在几个维度上变化，包括持续时间和频率：一个目标需要多久来完成，玩家做出尝试的频率是怎样的？玩家目标也对应不同类型的心理动机，正如你将在第 4 章中看到的那样。显性目标和隐性目标可以是以下任何一种。

- **即时**：玩家想通过基于时间的有效动作立即完成的行为。例如，在正确的时机跳跃或抓住绳子，或快速反应阻止对手的攻击。
- **短期**：近期目标，如解决一个谜题，杀死一个怪物，使用一种特定战术，升一级等。这些目标本质是认知上的，需要制订计划和花费注意力，但总的来说并不会消耗太多时间。它们通常包括在完成总体目标过程中会满足的多个即时目标。
- **长期**：包括玩家在游戏中想要达到的战略、认知目标——例如，干掉一个强大的对手，获得一套完整的道具，建立一棵特定的技能树，创造一个帝国。这些目标需要花费大量的注意力和制订周密的计划，是玩家长时间参与游戏的支柱。长期目标包含多个短期目标，而短期目标又包含即时目标。这些目标的系统性层次结构应该是明显的，并且通常是玩家满意度的集中焦点。（关于目标的更深入讨论请参看第 4 章。）
- **社会**：主要涉及玩家与游戏中其他玩家之间关系的目标。这些目标可以轻易渗透到游戏之外的关系中，这也体现了魔法阵的多孔性。然而，这些目标主要与包容、地位、合作、直接竞争等有关。考虑到形成和调整社会关系所需的时间，这些目标通常包含多个即时目标、短期目标甚至长期目标。
- **情感**：游戏设计师通常不会明确考虑玩家的情感目标，尽管它应该是你在游戏设计中首先考虑的事情之一。实现情感上的解决方案是很多游戏的核心，如《归家》（*Gone Home*）、《未选之路》（*Road Not Taken*）、《传说之下》（*Undertale*）等。虽然玩家本身通过拥有更多认知成分的短期目标或长期目标，可能不会有意识地考虑满足情感目标，但这些对于享受游戏来说是更为重要的。

这些动态的、可操作的功能元素——为游玩、对抗和决策创造了空间的游戏现实模型——使玩家能够构建游戏的心智模型并与之交互，创造了对他们的参与感至关重要的目标。通过这些交互和目标实现的玩家体验，能引导我们达到游戏系统化描述的最高水准。

架构与主题元素

在功能元素之上的系统层面，以及在整个体验层面，每个游戏都有其架构和主题方面的内容。它们来自架构部分之间的基础功能交互。从系统角度看来，架构与主题是同一整体的两个面：架构元素更关注内部（开发者），而主题元素更注重外部（玩家）。游戏设计师必须时刻意识到架构与主题是如何相互联系，以及是如何从游戏更基础的结构和功能方面产生出来的，这样才能创造让人印象深刻的玩法。

游戏的架构元素，是基于结构与功能元素的高级构造——支撑面向玩家的游戏主题。架构元素包括以下内容：

- 游戏内容与系统的平衡。
- 游戏叙事结构的机制、技术元素。
- 游戏用户界面的组织——通常被称作"用户体验"开发，是玩家如何与游戏交互的更加技术性的方面。
- 使用的技术平台（是桌上游戏还是电子游戏）。

游戏的主题元素是为创造整体玩家体验而由游戏结构和功能产生的所有元素。如果游戏的主题是寻找爱，获得强大的力量，或者征服世界，那么这些内容必须在游戏设计架构的支持下，通过主题元素表达出来。主题元素包括以下内容：

- 游戏内容和系统支撑玩家交互和目标创建的方式——尤其是自发的目标（下文详述）。
- 游戏叙事的内容（如果有的话）。
- 游戏用户界面的外观和感觉——通常被称为它的"多汁度"，即源自单纯观看和操作界面的快乐（抛开玩家进行这些行为的具体原因）。

架构和主题元素一起，使得游戏能与玩家及玩家在游戏中的目标进行交互。这些将在这里作为游戏结构系统模型的最后一个部分进行讨论。

内容和系统

游戏的内容和系统是其架构和主题的核心。在架构组织方面，复杂与复合的部分有着本质区别（如第 2 章中讨论的那样）。复杂的部分之间有着有序的交互，第 1 部分影响第 2 部分，第 2 部分影响第 3 部分（参看图 2.5）。这些连接并未形成反馈循环；第 3 部分不会再回过头来影响第 1 部分。而在复合系统中，部分会形成到自身的反馈循环，这通常也是系统的标志（参看图 2.6）。

游戏可以分为以下两种类别：主要基于内容的游戏以及主要基于系统的游戏。要明确一点，所有游戏都多少会有一定数量的内容和系统；问题在于游戏设计中主要基于什么来为玩法服务。

内容驱动的游戏

不少游戏都是基于内容而不是系统的。从游戏开发的角度来说，内容包括设计师们必须开发和部署的所有场所、对象和事件，以此来创造他们想要的玩法。任何游戏都具有一些内容，但有些游戏的创造会依赖于特定的内容配置。这包括那些主要基于关卡或任务的游戏。在这类游戏中，设计师们精确列出了玩家将会遭遇的对象和障碍的位置和时间点。

在这种游戏里，玩法主要是线性的，玩家沿着设计师设定的路线前进，体验——以及消费——专为玩家打造的内容。玩家的主要目标是由游戏明确定义的，流程中面对的对抗形式也是清晰明了的，他们的决策也是由设计师预先确定的（包括机会与结果的所有可能性）。一旦玩家通过了某个关卡或者整个游戏，他们可能会再次重复游玩，但基本体验不会有太大的不同：他们可能会创造隐性目标（例如，"刷新我通关的最快时间记录"），但整体玩法和体验不会发生改变。换句话说，就是内容驱动的游戏几乎不呈现出涌现性。实际上，设计师们往往还会努力避免突发结果，因为它们天生不可预测，因此往往测试不出来，可能造成糟糕的游戏体验。

设计师可以通过创建新的关卡或其他对象，来为内容驱动的游戏添加更多的玩法，但游戏本质上还是受内容限制的，因为内容是由设计师直接创造的。内容产出本身成为开发人员的瓶颈，由于玩家消费内容的速度是可以快于开发者产出速度的，添加新内容成为一个越来越不划算的主张。这有时被称为游戏开发中的"内容跑步机"。在这样的跑步机上会使开发过程更加可预测（对游戏开发公司来说是一个重要因素），当然要以需要庞大团队来创造所有所需内容为代价——以及冒着被玩家批"不够创新"的风险。

在极端情况下，当新内容并未添加或更改基础符号和规则（游戏中可能出现的部分、状态和行为）时，玩家很快就会意识到新内容中并无新奇的东西，继而对游戏感到乏味。当玩家了解到一款游戏完全符合一个已有的心智模型时，一开始这种熟悉感是比较让人舒适的；然而一旦他们意识到没有什么新的东西需要学习，也没有什么新的技巧需要掌握，他们就会感到无聊并不再游玩下去。那些从其他游戏中"换皮"过来的、只有背景设定和美术风格做了改动、但基本玩法未变的游戏（例如，从中世纪变成科幻小说或者蒸汽朋克）就是这种情况。做过这种尝试的游戏开发公司，均已经认识到：玩家对这类游戏一开始是很有热情的，但很快就会因为没有新的东西可供学习或体验而离开游戏。

系统化的游戏

与内容驱动的游戏不同，系统化的游戏使用了部分之间的复合交互（即反馈循环）来创造游戏世界、对抗、决策以及目标。在这样的游戏中，设计师不需要创造玩家体验的细节。设计师并不创建一个路径（或一小组分支）让玩家跟着走，而是设置条件，引导玩家创造属于自己的路径——在一个广阔的游戏空间中可能存在的诸多路径之一，如在关于二阶设计中所讨论的那样。这条路径通常会在每次游玩的时候都发生变化，使得游戏即使在多次重复游玩之后，仍然保持新鲜感和吸引力。

游戏设计师 Daniel Cook 在他的博客 Lostgarden 上撰写了一篇精彩的文章，描述了在设计空战游戏《蒸汽战鹰：生存》（*Steambirds: Survival*）时，使用内容驱动的方法和使用系统性方法之间的区别：

> 当游戏不够吸引人时，我们着手添加了新的系统。更传统的方法可能是手动创造更详细的剧本，其中包含一些意外的情节点：当你与一个预先设定的触发器发生碰撞时，一组飞机会从云中飞出。然而，通过专注于新的通用系统，我们创造了一个充满着新奇战术可能性的世界。你是去拾取回复道具还是转向面对 6 点钟方向的 Dart 势力？这是一个由系统驱动的有意义的决策，而不是一种廉价的、事先写好的刺激。（Cook，2010）

即使系统化游戏为玩家设定了一个首要的显性目标，例如，《文明》（*Civilization*）中的"征服世界"或者《超越光速》中的"摧毁反抗军母舰"，玩家也会做出自己的决策，从而创造通往此目标的无数路径之一。游戏系统提供了足够的不确定性与不同的潜在组合，以确保游戏空间不会缩减为一个单一的最优路径。当然，这并不是完全随机的，但它本质上是系统性的。例如，一个系统化游戏可能会在每次游玩时都创造一个新的物理景观，这种由高效子系统构建的游戏可能会在酷热的沙漠中随机放置仙人掌，但绝不会让北极熊出现在那里。

在内容与系统间取得平衡

即使在高度系统化的游戏中，游戏开发者仍然需要创造用来支撑游戏的内容，游戏设计也通常会定义一组总体的显性目标。同样，在内容驱动的游戏中，有很多子系统在发挥作用（经济、战斗等），但它们主要存在于一个线性/复杂的，而不是系统/复合的环境中。因此，内容和系统并不是互斥的，而要在游戏设计中找到一个平衡点。

本书的重点在于设计系统化的游戏，同时在适当的时候利用好线性的玩法元素。最基本的观点是，随着时间的推移，游戏会变得更加系统化——更复合而不只是更复杂——而创造系统化的游戏会带来更有吸引力、更有趣、重玩性更高的体验。

自发体验

自发体验是一种自身具有目的的体验，而不会依赖于某种外部的目标或必要性。如果玩家从自身的动机中创造出属于自己的隐性目标，且能够在游戏中采取对自身有固有价值的行动，那么他们的目标和行动就是自发的。

如前面所讨论的，玩游戏的体验必然是独立的、无关现实的和自愿的，但体验本身也必须是能给人带来满足感的；记住 Dewey 所说的，游戏的玩法不应服从于其他结果，否则就失去了游戏的本质。这往往就是许多"游戏化"尝试搁浅的地方：你可以让事物看上去像游戏，但如果玩家的体验不能被看作仅仅对体验本身有价值，那么它很快会变得从属于"由外在必然性强加的一个结果"（Dewey，1934），这样就变成了游戏之外的其他东西。

游戏中的显性目标可以帮助玩家了解游戏并创建自己的心智模型。然而，最终以一个接一个的显性目标牵着玩家鼻子走会成为许多人声称的"苦差事"——一项又一项的任务或探索，但没有一个是玩家认为有其固有价值的。每项任务或探索的完成，都是为了一个显性的、外在的奖励。对于许多玩家来说，这更像是一份工作而不像是游戏。这种方法也倾向于更多地依赖为游戏创造不划算的、短暂的内容，而不是能常驻的系统。

与这些外在的、显性的目标形成鲜明对比的是，很多游戏——尤其是那些多年来一直经久不衰的游戏（国际象棋、围棋、《文明》等）——让玩家能够建立自己内在的、隐性的目标。前期，游戏可能会给玩家指定预先设定的目标，让玩家来完成；但最终，当玩家构建了一个关于游戏的足够高级的心智模型时，这些目标就会让位于玩家为自己能获得乐趣而创造的隐含的、自发的目标。这种自发玩法是基于游戏中的主题和系统元素并得到它们的支撑的，对玩家来说必然会更有吸引力、更有趣以及更有意义。

叙事

叙事的一个简短可用的定义，是以一种在读者或观众看来有意义的方式，讲述一个或多个个体经历的一系列有关联的事件。事件本身以及经历这些事件的个体都很重要。一系列的事件本身单独拿出来并不是一个故事；个体不发生任何有价值的事情，仅时间流逝也并不是一个故事。大多数游戏中都有叙事元素；似乎只有最抽象的事物才完全不受任何有意义且相关联的事件影响。

叙事的重要性在于它将架构与主题联系了起来：从"底层的功能元素如何组合在一起而形成故事本身"这个角度来看，它具有内在的、以开发者为中心的一面；而从"如何为玩家设置舞台，如何告知玩家游戏的主题"这一角度来看，它又具有面向玩家的主题性的一面。

在游戏中，叙事或故事可能是玩家体验的焦点，也可能只是游戏的一个前提而已。

无论游戏玩法中是否有附加的故事，前提都会告知玩家，为什么他们所在的世界是这个样子。而叙事本身则通常会让玩家知晓他们在游戏中的目标（例如，报仇、屠龙、发现一个秘密）。通过这种方式，藏于游戏背后或深处的故事可以帮助玩家定位自己，并开始创建游戏世界的心智模型。以同样的方式，叙事元素可以在游戏过程中被当作奖励，让玩家更进一步地了解世界（例如，使用叙事过场或类似的说明性/启示性的故事）。

　　将故事作为玩家持续性体验支柱的游戏被称为故事驱动的游戏。在这些游戏中，玩家扮演一个特定的角色，不断做出决策来通过故事中的各个危机点，并最终达成目标。在架构方面，这类游戏更倾向于内容驱动而不是系统化。（尽管故事源自底层系统的游戏也存在，但并不多见。）在基于故事的游戏中，玩家的对手、目标和决策点都是由设计师定义的，玩家很少有机会去改变它们。从主题上讲，这类游戏必须在"推动故事朝特定方向发展（从而将可能的游戏空间缩小至单一的、不可改变的路径）"与"给予玩家自主决策的能力"之间取得平衡。游戏越有指示性，玩家做出的决策就越少，他们扮演的角色也就越被动。但如果游戏没有指引玩家游玩的方向，玩家可能会完全错过故事（以及不菲的内容），而且游戏可能无法有效地传达其主题。

　　基于故事的游戏可以非常有趣，但往往不太有重复游玩的价值。在某些情况下，玩家有足够的选择来探索游戏空间的其他部分，以提供更多重复游玩体验。《旧共和国武士》（*Knights of the Old Republic*）就是这样一个例子：在这款游戏中，由玩家决定建立"光明面"或"黑暗面"的绝地，并根据不同的选择体验不同的内建故事。然而即使在这里，也只有少量几个可能的结局。这种叙事结构通常会导致路径的缩小，如果没有其他原因，那么为多结局分别创造内容就显得过于昂贵了。

　　系统化的游戏可以有一个前提，设定玩家向一个特定的方向前进，但随后的事情就交给玩家自己来完成了。在这样的游戏中，所有可能的对抗形式都是由设计师设定的，但玩家的选择（以及设计中包含的潜在随机性）决定了玩家如何以及何时面对它们。在这些情况下，玩家在做决策以及设定自身目标方面有很大的自由度。例如，《泰拉瑞亚》（*Terraria*）为程序生成的世界提供了一个基本前提，且一旦游戏开始，玩家可以决定他们在游戏中的几乎全部路线。同样地，在诸如《席德梅尔的海盗》（*Sid Meier's Pirates*）这样的经典系统化游戏中，玩家基本上每次都出现在同一个世界，拥有一个关于如何成为海盗的基本故事。一旦游戏开始，他们就可以按照自己选择的与故事相关的目标来制定自己的路线。在这些游戏中，叙事并未被明确写出，但玩家却可以体验到。

主题、体验和意义

游戏的主题是由其符号、规则和功能元素构建而成的，但之后又会将它们取代。主题说明了游戏是关于什么的，并与游戏设计师想要为玩家提供的体验类型有关。游戏可能是关于成为一个英勇的冒险家，一个偷摸的盗贼，一个精明的宝石商人，或是一个伟大的帝国建造者；游戏可能是关于找到真爱；在背叛中生存下来；或者是任何其他可以想象到的体验。

主题是游戏作为一个整体，面向玩家的一面。它为玩家提供了整体框架和方向，作为玩家心智模型、决策以及目标建立的背景。玩家必须根据主题来诠释游戏的符号和规则，以建立心智模型，做出有意义的决策，以及设立有效目标。如果玩家能够做到这一点——如果游戏的结构、功能、架构以及主题元素能有效地结合成一个系统——那么游戏和玩家就可以共同产生意义。这个"意义"，最终是整个"玩家+游戏"这样一个系统的结果，是这两个子系统通过游玩相结合所产生的效果。

这并不意味着主题需要特别深刻，它只需与游戏中的结构和功能元素保持一致，且有助于推动玩家前进就行了。即使在系统化的非故事性游戏中，游戏设计师也需要牢记自己想要创造的体验，以及体现这种体验所需的架构元素。几乎所有成功的游戏——即便是拥有最"开放世界"的游戏——都有一个被引导的体验和主题，尽管有时可能有点浅显。例如，在《我的世界》（*Minecraft*）中，首要的主题是开放式探索以及创造新事物。这在主题层面上并没有特别的深度，但对于许多玩家来说，已经足够开始建立心智模型以及掌控游戏世界了；再多，就只会对玩家造成阻碍了。

然而，当游戏设计师只收录了最基本的故事前提，或者压根就不将主题与游戏架构相关联时，游戏玩法就会受到影响。例如，《无人深空》（*No Man's Sky*）允许玩家探索几乎无穷无尽的行星——但由于游戏既不提供显性目标，也不允许玩家创建很多属于自己的隐性目标，因而这种几乎完全没有主题的体验最终会失败。游戏的世界模型从技术上讲是有深度的，但并不支持深层次的心智模型或连贯的主题。有意义决策点以及玩家固有目标的缺失，本质上是由于主题的缺失（设计中的向下因果关系），也因此会阻止涌现性主题的出现（向上因果关系）。

同样的，桌上游戏《璀璨宝石》（*Splendor*）在视觉表现上非常华丽，且在认知层面拥有吸引力十足的机制。然而，游戏的主题（成为一个宝石商人）只是在游戏高度抽象的符号和规则中表达出了与游戏玩法的微妙关系。因此，那些不喜欢游戏本身机制的人往往会发现：这款游戏并没有抓住他们的注意力。游戏设计并未为游戏架构与主题之间提供足够的连接，所以玩家可能很难从体验过程中建立内在的意义感。

随着游戏设计师对系统设计以及"如何在游戏系统中体现故事和主题"的深入了解，更多的设计师会创造出广阔、有深度的游戏空间，玩家可以在其中探索游戏主题的不同方面。这些游戏可能往往与强烈的叙事相结合，以避免过度引导玩家进入一些不同的选择，或者使得他们陷入主题空洞以及无趣的游戏空间中。

游戏设计的进化

在对游戏进行了广泛定义之后，我们将简要介绍游戏设计本身的发展，以理解在过去的几十年中，游戏设计是如何变化的。

几千年来，游戏一直是人类体验的一部分。已知的最古老的游戏《塞尼特》（*Senet*）发明自古埃及（Piccione，1980），距今已超过 5000 年了。关于此游戏的最古老的记录显示其已经有了复杂的符号和规则，表明在那之前就已经被人了解和发展了。从那时开始，在世界各地的文化中游戏一直被当作是一种消遣。然而，直到 20 世纪后期的技术革命，游戏设计才成为一种被认可的行为，而不是临时创造游戏时的副产物。

很难说游戏设计是从什么时候开始成为一个领域，而不是一小群设计师偶尔心血来潮进行的活动。然而可以肯定的是，至少从 20 世纪 80 年代初开始，它就已经是一个知名的实践领域。Chris Crawford 的 *The Art of Computer Game Design* 出版于 1984 年，被认为是对游戏设计作为一个领域的第一次严肃研究（Wolf and Perron，2003）。在这之后，Crawford 继续出版了 *the Journal of Computer Game Design*（1987—1996），并于 1988 年在他的起居室组织了第一次电脑游戏开发者大会（Computer Game Developer's Conference，Crawford，2010）——现已成为最为专业、每年吸引成千上万人关注的盛会。

当然，在 Crawford 的书出版之前就存在游戏设计师这样一个职业，但在 20 世纪 70 年代末 80 年代初，早期电脑/电子游戏以及成熟的纸上模拟/角色扮演游戏出现之前，几乎没有公认的、能用于分享的游戏设计技术。而经过了 20 世纪 80 年代到 90 年代，直到 21 世纪初，大多数后来成为游戏设计师的人都或多或少地有类似经历：在来到这一领域之前，他们混迹于戏剧、人类学、心理学或计算机科学等领域；许多人只是尝试过游戏设计、并发现自己是有这方面天赋的狂热玩家。就像现在一样，对很多人来说游戏设计最初只是一种爱好，然后又会有一些人认为可以将其变成一种职业。

自 21 世纪初开始，游戏设计在教育领域已经取得了一些进展。然而很多年来，至少到 2010 年左右，人们普遍认为大多数游戏设计学位并没有为游戏行业输送出色、专业的设计师。提供这些学位的绝大多数大学不仅不知道它们应该教什么（教授这些课程的老师中，很少有人本身是专业的游戏设计师），甚至游戏设计师本身也很难阐述这一职业究竟是干什么的。

因此，游戏设计仍然是一个很难教授的领域，因为它还在不断形成和完善中。即使是现在，大多数资深游戏设计师也是通过古老的学徒方法学到大部分技能的：你先做一款游戏，然后看看其是否好玩。如果你足够幸运，你会入职一家公司并在那里跟随一个更资深的游戏设计师，向他学习。而且，即使现在已经有了改良的游戏设计课程，人们学习游戏设计的首要方法都是直接去做。设计、开发、测试和发行游戏的过程，是仍然没有什么可以替代的。

走进游戏设计理论

游戏设计师们现在已经进入到一个跨越学徒与简单实践的阶段。数字（基于计算机的）和模拟（桌上或棋盘的）游戏的数量和类型都已有爆炸式的增长。这种情况带来的好处之一是，自 2010 年以来，现行游戏设计理论已开始以更清晰、更普遍适用的方式得以积累起来。（如前所述，游戏设计理论与博弈论不一样，它们之间也几乎没什么关系。后者是数学和经济学的领域，与抽象条件下高度受限的决策制定有关，很少与游戏设计有任何关联或影响。）

游戏设计还有很漫长的路要走，而且毫无疑问的是，在未来会有更多的游戏设计理论会被添加至这一领域。然而，从领域本身的角度来看，任何希望学习游戏设计的人都可以在他们的设计工作中将原理、理论、框架、示例与实践结合在一起，以此提升他们的学习速度。

现在设计和构建自己的游戏比以往任何时候都容易。游戏设计师有丰富的免费或低成本技术、工具和分发方法可以利用，这在十年前是完全不可想象的。工具与经过良好测试的原理和框架的结合，将让你更快地成为一名出色的游戏设计师。

总结

在本章中，你首先从各种哲学家与游戏设计师的观点出发，然后从系统化角度应用系统性思维，详细研究了游戏。本章为你展示了以下内容：

- 游戏发生在一个单独的、无关现实的、通过符号和规则表达的环境中（所谓"魔法阵"）。
- 玩游戏的行为必须是自发的，且需要参与，而不仅仅是观看。
- 游戏为玩家提供了已定义的世界、有意义的决策、对抗、互动以及不同类型的目标。

本章还从系统化角度对游戏进行了详细分析，重点如下。

- **结构**：游戏的组成部分——符号和规则，即任意游戏中的"名词和动词"。
- **功能元素**：循环可操作的部件，即动词和名词所创建的"短语"，使游戏的世界模型成为二阶的，并因此使玩家创建基于有意义的决策和目标的心智模型。
- **架构和主题结构**：游戏体验的整体，以及内容与系统、叙事和整体玩法体验的平衡。

从结构、功能方面理解游戏，以及将架构与主题相结合，是第 2 章中所讨论的系统性思维的第一次应用。

本章已经为下一个主题奠定了基础，即对整个游戏系统的另一部分进行详细探索：玩家交互、参与和乐趣。有了这些基础，你就可以开始应用这些概念，并学习关于游戏设计过程的更多细节。

第4章

交互与乐趣

　　游戏必须有交互性和乐趣，如果没有，就不会有人去玩游戏了。但是交互和乐趣这两个词究竟是什么意思呢？更全面、更详细地理解这些概念，对于有效地进行游戏设计至关重要。

　　在本章中，我们会构建一种对交互的系统化理解，以及了解作为游戏交互和参与的一部分——玩家头脑中发生了什么。有了这些理解，我们就能从系统化的、实用的方面来定义交互和参与创造乐趣的方式，以及我们如何将它们构建成游戏。

游戏系统中的玩家部分

　　在第 3 章中，我们定义了游戏以及整个"游戏+玩家"系统。正如在那里提到的，只有当游戏与玩家分别作为一个更大系统的部分而同时存在时，游戏体验才会存在（见图 4.1）。游戏用结构、功能和主题元素——定义游戏的部分、循环和整体——创造了自己的内部系统。

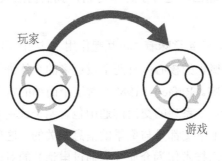

图 4.1　玩家与游戏都是子系统，它们共同创建了整个"游戏+玩家"系统。在这个多层级、层次化的"游戏+玩家"系统抽象视图中，每个系统都有自己的结构（部分）、功能（循环）和主题（整体）元素

在本章中，我们会研究玩家和游戏如何通过交互的涌现过程创造更大的"游戏+玩家"系统。理解交互使我们能够"向下一层"深入到玩家子系统的内部元素——玩家的心智模型——并认识到它是如何作为游戏体验的一部分被构建起来的。

玩家的心智模型对应游戏的内部模型，这在第 3 章中讨论过。为了建立这种心智模型，玩家和游戏各自以相互影响的方式做出行为，如本章中将详细讨论的那样。通过这种相互作用，玩家达到了测试和影响游戏内部状态的目的。而接下来，游戏又改变自身状态并逐步揭示自己的内部部分和循环。如第 2 章中讨论的那样，复合的系统在被创建时具有这种相互循环效果。正如你即将在这里看到的，这种相互循环是交互性、游戏玩法、参与性和乐趣背后的核心概念。

一种系统化交互方式

交互性（*interactivity*）这个词在整个游戏行业及许多相关领域都有使用。我们通常认为这个词与玩家在游戏中点击按钮或者图标时所发生的事情有关，但事实上远不止于此。交互性是玩游戏的核心体验，而且它前所未有地更接近人类自身的体验。虽然交互性被认为是游戏区别于其他媒体形式的所在（Grodal，2000），但由于地理和技术上的相互联系越来越多，我们今天的世界与过去相比更具有交互性。回想一下第 1 章，我们看到了互联的设备从 1984 年的仅 1000 台到当今的接近 500 亿台，每台都实现了技术上人与人之间的连接。这是人类历史上前所未有的变化。然而，尽管变化如此巨大，交互在我们的生活中无处不在，尽管在通信、人机交互（human–computer interaction，HCI）以及游戏设计领域对这个主题已经进行了许多讨论，我们仍然缺乏对这个核心概念清晰、实用的定义。

根据 Webster 的说法，交互意味着"相互起作用"。这个简明的定义触及了某物或某人"是交互的"这样一个概念的核心：有两个或更多的个体进行相互有关联的行为，并通过这些行为相互产生影响。Rafaeli（1988）对这个简单的定义做了扩展，他在原定义的基础上添加了如下概念：一系列的交流沟通中包含两个或更多的个体，而在这些交流中，任何给定的信息联系上下文都是与更早的信息相关的。这种交流可能发生在两个个体面对面时；可能发生在由技术作为介质（如通过电话）的对话中；或者发生在两个可能是人也可能非人的个体之间，如人与电脑游戏进行交互。相比之下，一些作者过去在基于"只有人类有超越自身规划的潜力"以及"机器只能根据其程序做出判断或决策"（Bretz，1983，139）这样的假设下，认为交互性只存在于个体内（Newhagen，2004），用于交流通信的技术或媒介中（Sundar，2004），甚至仅存在于人与人之间的交流通信中，因此人与电脑并不是真正的交互。

在游戏设计中，Chris Crawford 对交互性的定义与上面提到的 Rafaeli 的定义遥相呼应。Crawford 将交互性描述为"两个或多个活动个体之间循环的过程，其中每个个体交替地聆听、思考和诉说——一个姑且称之为对话的过程"（1984，28）。事实证明，这是一种非常有用的着眼于交互性的方法，我们将在这里进行归纳。特别地，Crawford 的定义提出了任意交互中存在的循环本质，其中不同的部分（参与者）通过其行为相互影响。听起来好像任何交互都形成了一个系统，因此同样可以以系统性视图的角度分析，包括部分、循环和整体。

部分：交互结构

任意交互系统的结构部分都是两个或更多的参与者或个体；在游戏以及任何其他交互环境中均是如此。在设计游戏时，我们假设至少有一个人会参与到交互循环中。一款游戏中有多个电脑驱动的玩家是可能的（并且通常也是可取的），但前提是游戏中至少有一个真人。在没有真人参与的情况下，"自己跟自己玩"的游戏可能对测试有用，但其他时候它就会失去游戏体验最本质、最有意义的一方面，即需要真人参与。

系统中的每个部分（在这里对应游戏中的玩家）都有自己的状态、边界和行为。交互式系统中的每一个部分都使用自身的行为来影响（但不会完全确定）其他部分的内部状态。游戏中的参与者都会有诸如健康度、财富、库存、速度之类的内部状态，同时也会有像说话、攻击、躲避之类的行为。每个个体都会基于自身的内部状态，使用自己的行为来影响其他个体，反过来也会被其他个体的行为所影响。

内部状态

由于玩家和游戏本身也是系统，因此他们的内部状态必然也很复杂。人类玩家的内部状态最终是他们当前心理以及情感处理的整体。就他们与游戏的互动而言，玩家的内部状态就是他们对游戏建立的心智模型。[1]这包括他们对以下内容的理解：

- 当前游戏中的变量，例如健康度、财富、国家人口、库存或游戏中能为他们所理解的其他相关内容。

---

1 更广泛地说，我们每个人都拥有我们参与过的所有互动的心智模型，无论是游戏、另一个人，甚至是我们自己。在这里，我们将重点放在玩游戏时形成的心智模型。

- 游戏状态，特别是：他们的理解是如何根据他们最近行动提供的反馈而改变的。
- 游戏中的即时、短期和长期目标，包括他们根据自身行动对游戏中即将发生什么的预测。
- 过去的决策带来的影响，以及他们从这些影响中了解到的内容。

我们将把这一章中的大部分内容都集中在这些元素以及玩家的整体心理状态上；毕竟我们创造游戏面向的对象是真人。

游戏的内部状态是游戏设计的工作体现，正如第 3 章中所描述的，以及贯穿整本书其他部分的详细探讨那样。它不仅包括与游戏相关的变量和规则，也包括在接受到来自玩家的输入时，决定游戏过程的整个事件循环等。在本章中，我们会将游戏的内部状态处理得更加抽象，以便专注于与玩家的交互。

行为

游戏中的动作是设计师创造的；玩家以及 NPC（或其他参与者）可以谈话、飞行、攻击或执行任何其他动作。这些行为必然是由游戏激活或调节的，因为它们只在游戏环境中发生。例如，如果游戏禁用一项能力（如在使用该项能力后借助"冷却"计数器达到禁用效果），参与者在它再次可用之前就一直不能使用它。特别的能力与限制规则均为游戏环境、即"魔法阵"中存在的一部分。

玩家行为与认知负荷

玩家在游戏中的行为始于心理目标，是玩家的游戏心智模型，以及蕴含其中的目的的一部分。这些行为必须在某个时候得以真正落地于物理实现：玩家必须移动棋盘上的棋子，点击图标，等等。从心理到物理的过渡，标志着从心智模型到行为的边界。

在游戏中采取行动时，玩家通常通过某种设备提供输入，如敲击键盘、移动或用特定动作与鼠标或其他控制器交互（如轻击），又或者在触摸设备上提供手势（如轻点或滑动）动作。在某些情况下，甚至将目光移至计算机屏幕的特定部分，也是能被游戏识别的有效行为。

在游戏中规划和采取行动需要有"玩家"这个部分的目的。在他们有限的认知资源中，一些资源必须用于他们想要做的事情，还有一些资源用于在游戏环境中为了实现目标所需的动作。执行动作所需的认知资源越少，所需的思维活动就越少，玩家的感觉就会越自然和直接。

用来描述认知资源占用的一般术语被称为认知负荷(cognitive load，Sweller，1988)。

在任何时候，你思考和关注的事情越多，你的认知负荷就越大。减少玩家关于如何玩游戏所需的思考可以减轻他们的认知负荷，让他们专注于自己想要做的事情。最终就会增加参与感和乐趣。（在本章后面会有更详细的介绍。）

在有关人机交互的文献中，用发音距离和语义距离的结合来称呼由思考如何做某事而引起的认知负荷（Norman and Draper，1986）。一个动作在认知上越直接——用手指指比用鼠标点击更直接，用鼠标又比手动输入坐标更直接——发音距离越短，完成这个动作所需的认知资源就越少。

当游戏为玩家的动作提供一个相对应的充足、及时的反馈，并呈现出该动作易于解释的结果时，该动作的语义距离就会缩短。反馈越匹配玩家的理解和意图，认识它所需的认知资源就越少。在游戏中，看一把剑的图标比看字母 *w*（指代 *weapon*，武器）或单词 *sword* 的语义距离更短。看一段建筑逐渐被建造起来的动画，比看一段进度条更容易理解，而后者又比看一个"已砌 563/989 块砖"的文本表示更容易理解。

这两种"距离"相结合，会增加或减少玩家的认知负荷——他们必须投入的用来理解游戏的精神资源。这些距离越短，玩家有关游戏必须进行的活跃思考就越少，他们剩下的、能投入到游戏世界玩法环境中的认知资源就越多。

同样地，在游戏规则方面，玩家需要记住的东西越少——游戏规则中的特殊情况就越少——他们就越能专注于游戏本身，游戏中他们的意图与实际动作之间的语义距离就越短。回想一下第 2 章中关于游戏优雅性的讨论：像围棋这样的游戏，规则如此少，以至于语义距离几乎为 0，玩家能够将全部认知都投入到游戏空间的精神填充中。

游戏行为与反馈

游戏的行为必须向玩家提供有关其状态的反馈。这是玩家理解游戏如何进行，并建立其心智模型的方式。在现代数字游戏中，这种反馈通常通过画面（图像、文本、动画）以及声音来传达。这可以让玩家及时知道游戏状态已发生改变，以便他们能更新心智模型。

虽然所提供的反馈必须是玩家可感知的——如果提供的是他们看不到的颜色，或是他们听不到的声音，那么跟完全未提供任何反馈没什么两样——但游戏的行为不需要提供有关其状态的完整信息。这种不完整性允许隐藏状态的存在（例如，游戏本来具有而玩家看不到的牌），这是很多游戏设计中的关键要素。Koster（2012）将此称为游戏中的"黑盒"部分——玩家在构建游戏的心智模型时必须推断出的部分，这样就提供了大量的游戏玩法体验。类似地，Ellenor（2014）将内部游戏系统称为"做某事的机器"，意思是：游戏的核心——即它的内部系统——是玩家只能通过其行为才能理解的这样一台机器。

作为游戏设计师你需要记住，玩家对于游戏的所有了解都来自游戏的行为和游戏对玩家行动的反馈。你可能想假设玩家是带着一些知识来到游戏中的——例如，如何操作鼠标或点触屏幕，如何扔骰子。不过，你必须格外注意这些假设，以避免由于游戏中所提供知识的缺失，而将玩家置于无法玩游戏的境地。

当玩家学习一款游戏时，会有这样一些游戏中的部分，是玩家相信自己已经知道且理解得很到位的；玩家关于这些内容的心智模型是可靠的。他们越能利用这些信息来扩展对新领域的理解，就越容易学会这样的新游戏。此外，他们对某些领域越确定，就越能对自己不确定的或者游戏隐藏了某些状态信息的领域做出预测。这就是许多游戏玩法所在的地方，因为玩家会根据预测的结果尝试不同的行为，并根据这些预测的准确与否来建立他们的心智模型。

做出有意图的选择

重要的是，一个参与者无论是真人还是计算机，都应该能够选择自己的行为，而不是胡乱随意地定义。行为的选择必须要么基于内部状态和逻辑，要么（在真人玩家的情况下）基于他们有意识地选择下一步行动的能力。玩家必须理解哪些行动可以实现以下目标：

- 在当前环境中可行
- 拥有他们做出选择所需要的信息
- 将帮助他们根据预测结果实现目标
- 可以在适当的时间内被决定和被选择

交互游戏循环

从系统性的角度来看，玩家与游戏的行为是各自内部状态的结果。基于他们各自的状态，每个个体选择要采取的行动都会影响和干扰对方的状态。这反过来又驱动了新的行为响应。玩家通过他们的行为为游戏提供输入，从而改变游戏的状态。游戏处理此过程，并为玩家提供对应的反馈响应，改变玩家的内部状态（见图4.2）。这创建了一个往复循环，它就是交互的本质。玩家和游戏之间的这种有来有往通常被认为是游戏的核心循环，我们将在本章后面更精确地定义这一术语，并在第7章中再次回顾。

我们在第2章中讨论了不同类型的系统化循环（例如强化循环和平衡循环）。所有系统都有交互循环；部分相互作用，形成创建系统的循环。在这种情况下，我们更关注作为整个系统的子系统而存在的玩家与游戏之间的交互。我们将在本章中研究这些"游戏+玩家"式交互循环（为方便起见，我们直接称之为"交互循环"），然后在第 7 章中从游戏的角度再次更为详细地对其进行观察。先前对于系统化循环的讨论（见第 2 章），以及这里的交互性系统化视图，为以后更详细的设计讨论提供了基础。

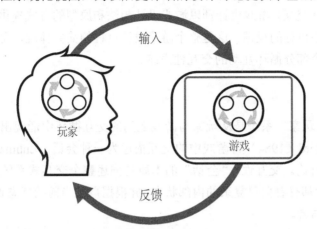

图 4.2　玩家向游戏提供输入，游戏向玩家提供反馈，形成一个通用的交互循环。
　　　　注意，玩家与游戏各自均有内部循环

还有另一种循环形式值得一提：设计师循环（见图 4.3）。你第一次看到这种循环是在本书的引言中，这幅图展示了本书真正的核心——你作为游戏设计师，与玩家、游戏以及你尝试创造的体验一起工作。你将在接下来的章节中再次看到关于这些内容的更详细描述。

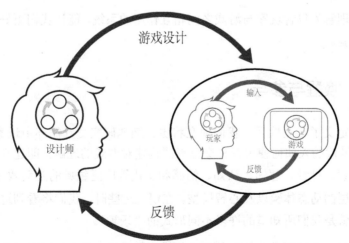

图 4.3　游戏设计师的循环使得设计师能迭代地进行设计，以及测试一个已有设计

到目前为止，你已经看到了有关玩家的内在心理循环、游戏本身的内部循环，以及玩家和游戏之间交互循环的简要讨论。第四个循环不同于其他循环，因为它跟游戏的玩法没有直接关系，但却是其设计的核心。在创造游戏时，设计师必须与"游戏+玩家"系统从其外部进行交互。游戏设计师以游戏设计想法和原型的方式提供输入，并接收关于哪些可行哪些不可行的反馈。这是整个游戏设计过程的简要体现，而这个过程本身就是一个基于其各个部分循环互动的交互性系统。

整体体验

整个"游戏+玩家"系统是从玩家与游戏之间的交互循环中涌现出来的。正如之前所提到的，Crawford（1984）将游戏中的交互描述为一种会话，Luhmann（1997）也就这一观点展开了讨论。交互性 "会话"的本质是描述整个交互式系统的一种更通俗的形式：每个参与者都有着自己复杂的内部状态，并根据自己当前的状态选择自己的行为，从而影响其他参与者。

整个这些就是玩家所体验到的游戏，也是游戏的意义产生的地方。无论游戏对玩家意味着什么，它的主题、教训、道德以及游戏通关后很长一段时间仍然保留在玩家身边的东西，都来自玩家与游戏交互的总和。这种意义是交互式系统的一种涌现效应，而不单独存在于玩家或游戏中。正如 Newhagen（2004）所说，"意义源自（子系统）交互所产生的输出中，而更高阶的象征意义在下一阶层中整体涌现"（p. 399）。正是这些象征意义，构成了玩家心智模型的基础，是游戏中交互的结果。

将交互性理解为包含玩家与游戏之间相互作用的系统，能让我们更好地理解参与和乐趣的心理体验。

心智模型、唤醒与参与

在系统地定义了交互性后，我们现在将更详细地研究交互循环中玩家方面的内容。这包括对"玩游戏的人如何使用各种交互形式构建对游戏的理解，即建立游戏的心智模型"的仔细观察。神经、感知、认知、情感和文化等广泛领域的互动效果汇集在一起，创造了游戏分层的动态体验以及心智模型。在研究这些时，我们将看到这种有趣的参与体验的总和，就是我们所知道的许多不同形式的"乐趣"。

玩家的游戏心智模型是他们对游戏内部模型的反映，而内部模型又是由游戏设计师定义并体现在游戏中的（如第 3 章所描述，另外在第 6 章到第 8 章中有更详细的内容）。

玩家必须通过与游戏交互来认识游戏世界。通过玩游戏，玩家可以学到重要的游戏概念。这些被玩家认为是值得的，也是可以实现的，玩家会根据行动测试自己对游戏的理解是否正确。如果游戏提供的反馈是正向的（玩家"做对了"），他们会有成就感，并且这些概念会被添加到心智模型中。相比之前，玩家现在在游戏中知道的东西会更多，操作也更加熟练。否则，他们可能会感到挫败，不得不重新思考和纠正他们的模型。因此，玩家的心智模型源于他们的注意力、计划、目标和情感的结合，这些都是"游戏+玩家"系统创建的一部分。正如第 3 章提到的，这个循环与创造自己认为有意义的目标的玩家有关，从而使得他们在游戏中的行为都充满了个人意义。

在玩游戏时，玩家会多次遍历其主要交互循环。如果通过这样做他们无法构建与设计师创造的游戏相匹配的一致模型，或者如果这样的交互是单调、乏味或让人无所适从的，他们就会停止玩下去。（在心理学术语中，这被称为行为消退；在游戏中，这通常被称为倦怠。）因此，游戏设计师的工作就是构建游戏吸引玩家的注意力，并随着时间推移还能让他们保持兴趣。

包含在玩家心智模型中的，是他们对游戏作为一个多层次系统的理解：游戏系统及其子系统中的部分、循环和整体。这包括任意明显的系统，如经济、生态或战斗系统，以及在游戏空间中寻路的能力，无论是地理上的还是逻辑上的。例如，如果《魔兽世界》中的玩家知道从灰谷到暴风城的最佳路径，他们就会有一个关于游戏世界的有效的心智模型（可能跟他们关于自己家乡的心智模型一样翔实）。类似地，如果一个玩《巫师 3》（*Witcher 3*）的人知道如何玩转游戏中高度详细且经常让人困惑的技能树（例如，你为什么选择"肌肉记忆"技能而不选择"闪电反射"），那么他就已经成功建立了该系统的心智模型。心智模型是玩家对于游戏世界的认识的总和，以及他们使用游戏中系统并预测游戏中行为产生效果的能力。它允许玩家形成有效的意图，预测他们在游戏中的行为将产生的影响，避免或克服游戏可能给他们制造的障碍，并最终在游戏环境中实现他们所期望的目标。

Bushnell 定律是雅达利创始人 Nolan Bushnell 的一句名言，说的是游戏应该"易于上手，难于精通"（Bogost，2009）。就心智模型而言，这意味着玩家应该能很容易地构建和验证模型，不受可能阻碍玩家的含糊与异常的影响。游戏必须以对新玩家也非常友好的方式展示其基本信息与交互，并鼓励他们进一步探索和学习，将新了解到的内容添加至他们关于游戏的知识库和模型中。

设计精良的游戏会提供由游戏涌现而来的足够的心智空间供玩家探索：玩家可以反复游玩，经常重新审视他们的心智模型，但却感觉不到他们会很快掌握游戏，哪怕实际上真的已经掌握了。一旦玩家了解到了游戏的所有内容，如果这些部分之间的行为和交互也得到了充分的挖掘，那么就没有什么可学习的，也就没有新的体验了，游戏就失去了吸引玩家的能力。围棋游戏提供了一个满足 Bushnell 定律的典型例子：游戏只有很少的一些规则，而且很容易学习。然而，要掌握它可能需要一辈子的时间，因为即使是最专业的玩家也会随着他们不断扩展对其系统深度的理解，重新评估并重新组合他们心智模型的各个部分。

交互循环：建立玩家的心智模型

图 4.4 所示的是图 4.2 中交互循环的更详细版本，展示了在玩家与游戏之间的循环中所产生的高级特征。这个循环始于有意开始游戏并于接下来采取行动的玩家。游戏开始时提供了一些初始形式的有吸引力的反馈，以及催促玩家动起来的行动号召（从启动画面以及介绍开始）。行动号召有时被称为钩子，促使玩家开始或继续进行游戏。这与用户界面设计中的一个术语承担特质（affordance）类似但又不完全相同。承担特质是关于事物如何操作的视觉或其他可感知的提示。正如 Norman（1988）所指出的那样，"板子是用来推动的。旋钮是用来转动的。插槽用于插入物品。球用来投掷或弹跳。当利用承担特质时，用户只需用眼睛看便能知道该做什么：不需要图片、标签或指令。"行动号召必须包括承担特质，以使玩家下一步需要做的动作明显化。此外，它还必须为玩家提供执行下一个动作的动力。行动号召不应仅仅是一个把手上写着"我能被拿起来"的杯子，还应该是一个装满了浓香四溢的可可的、诱惑十足的杯子，让你在寒冷的天气想要拿起来捧在手心里。游戏必须从一开始就吸引玩家，然后持续保持他们的注意力和参与感，正如本章中讨论的这样。

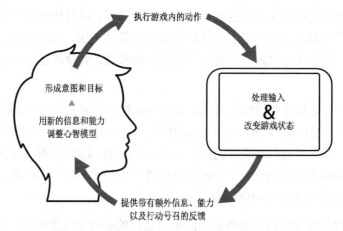

图 4.4   玩家与游戏间交互循环的一个更详细的视点

在对行动号召进行响应、开始交互循环时，玩家从游戏中获取视觉、听觉和符号信息，将其添加到（或稍后用来调整）他们的心智模型中，然后用获得的新信息来监控现有目标并联系游戏上下文环境创建新的目标。这些目标引发玩家在游戏中执行的操作，操作本身又改变了游戏的状态（同时游戏自身也根据设计与内部模型独立地改变了自己的状态）。

随后，游戏向玩家提供新的反馈，给出更多信息或能力（使玩家在游戏中可以做更多事情）。游戏通过"保持循环继续运转的同时引入更多的机会和行动号召"这样一种方式，鼓励玩家来继续构建他们的心智模型。如果这个过程让玩家的兴趣保持了下去，随着他们对游戏的理解（这通常体现在他们在游戏内的能力）不断加深，他们就会逐渐建立起游戏的心智模型。

获得并保持玩家注意力的过程，同时也是让玩家对游戏产生兴趣并参与其中的过程。为了更全面地理解这一点，我们首先要看一下唤醒与注意力的机制，以及几种不同的心理参与行为。随后，这将引导我们讨论"心流"的体验，以及所有这些因素如何促成有趣的游戏体验。

唤醒与注意力

对于要玩的游戏，玩家必须感兴趣且（在心理学角度）被唤醒——即产生注意并准备参与。如果玩家不感兴趣或感到无趣，又或者感到不知所措或者焦虑，他们将不愿意或不能投入精力参与游戏。

例如，如果一个人开始玩游戏，但看不到任何可用的控件，或者看不懂显示的内容，那么他们很快就会感到厌烦并停止游戏。回想一下，没有人是非玩游戏不可的，而游戏设计师的责任就是让游戏看起来足够有趣，吸引并抓住玩家的注意力。同样的道理，如果游戏中发生了太多的事情（尤其是视觉上的），以至于玩家根本不知道应该做什么，甚至不知道从何开始，那么他们的注意力就会被淹没，并因此停止游戏。

唤醒与表现

Yerkes 和 Dodson（1908）在心理学研究的早期首次探讨了心理唤醒与表现之间的关系。对游戏设计师来说，理解现在被称作"Yerkes-Dodson 定律"的含义是很重要的。Yerkes 和 Dodson 发现，当个体的唤醒度增强时，他们在某项任务上的表现也会增强到一定程度。如果个体的唤醒度太低，他们会感到无聊且不会有太出色的表现。但到了某种程度之上，随着个体的唤醒度继续增强（作为对额外刺激或压力的反应），他们会变得越来越焦虑，无法专注于手头的任务，对应的表现也会随之下降。

在这方面有一些不同的情况。例如，对于简单的任务，表现往往不会下降，即使在高唤醒水平；对于复杂的任务，我们每个人都能更快地达到最佳状态。同样地，你越熟练，或者你练习任务的次数越多，你就越能在不损失表现的前提下保持较高的唤醒水平。这就是所谓的"专家效应"，例如高度熟练的汽车司机、飞行员、外科医生或者程序员可以在一个能让缺乏经验的人完全惊慌失措以至于完全不能工作的环境下仍然保持冷静和有良好的表现。

图 4.5 展示了 Yerkes-Dodson 曲线的理想化版本。如你所见，如果个体没有足够的警觉，他们就不会专心于任务，也不会表现得很好。而刚好处在或刚好超过曲线顶端时，玩家会表现得很好，而且可能会感到温和但不会导致不愉快的压力。这就是学习发生的地方，当玩家在最佳表现的曲线边缘徘徊时，技能就会得到提高。然而，如果他们滑到曲线的右侧，就会有过多的事情发生，同时会有过多的知觉输入或认知负荷。这种情况发生时，个体的唤醒度就会过高，他们会经历压力、焦虑以至于最终的恐慌，同时表现也会随之下降。

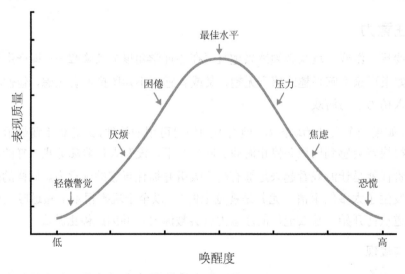

图 4.5　Yerkes-Dodson 曲线的理想化版本。唤醒度在较低水平时表现很差。
随着唤醒度的增强，表现会提升到某个临界点，超过此临界点就会再次降低

在这条曲线的中间某个地方，个体会对手头的任务保持警觉和专注，能够忽略无关的事件和输入，拥有良好表现（而且通常他们也会意识到自己当前表现良好），在这种情况下就称他们做到了心理参与。

参与

心理参与是交互与游戏玩法的重要组成部分；从很多角度考虑，这就是我们在设计游戏时所寻求的、想要提供给玩家的东西。这个词常用于描述各种体验（"玩家参与感"的高低通常是从商业上衡量游戏成功与否的一个标准），但通常又没有明确的定义。和与游戏设计相关并在此讨论过的其他概念一样，将此概念与其心理根源联系起来将帮助你更清楚地了解该术语的实际含义，以及如何有效地使用它。

参与感是对个体内部状态，以及他们如何回应周遭世界和其他人的描述（Gambetti and Graffigna，2010）。Schaufeli 等人（2002）将心理参与描述为一种持续的认知和情绪状态，具有"活力、奉献和专注"相结合的特征。其中

> 活力的特点是工作时精力旺盛、精神恢复能力强，愿意为自己的工作投入精力，即使有困难也能坚持不懈。奉献的特点是对意义、热情、灵感、自豪和挑战的意识，而专注的特点则是完全集中和全神贯注于工作中，在这个过程中会感觉到时间过得很快，且很难将自己与工作脱离开来。（pp. 74-75）

这些正是我们通常在那些描述"游戏的体验多么令人满意"的玩家身上看到的特征。当玩家专注于游戏并与之交互时，他们的心智模型会逐渐成长，并继续与游戏的内部模型相匹配。因此，他们能够与之成功进行交互：他们的目标（由游戏提供或由他们自己创建）使他们能够对行动的假设做出尝试，并得到满意的反馈，继而循环下去。

当人积极参与这样的活动——愉快、自发、单独且无关现实（再次与"魔法阵"联系上了）的活动——那么我们通常说他们"获得了乐趣"。这类活动通常被称为"游戏"。从游戏设计师（以及玩家）的角度来看，能够带来如此积极体验的游戏无疑是成功的。在本章的剩余部分，我们将更详细地探讨参与和乐趣。

获得并保持参与感

考虑到游戏中参与感的重要性，我们如何在实践中定义参与体验，适合交互的地方在哪里，以及这所有的一切如何引导我们以一种能有助于创造更好游戏的方式定义"乐趣"呢？

要研究参与，我们可以从神经化学的角度出发，到心理动机，再到额外的经验层面：动作/反馈、认知、社会、情感以及文化。我们将依此研究这其中的每一个，建立参与、交互与乐趣的模型。

神经化学角度的参与感

当创造游戏体验时，我们最终是在尝试创造能让人类大脑觉得有吸引力以及确切的体验，这将抓住玩家的注意力，并提供愉悦感或积极性。虽然我们不应试图让参与感和乐趣与我们大脑中流动的化学物质太过紧密地联系在一起，但了解这些内容如何对唤醒产生贡献，可以帮助我们认识如何以及为何玩家会被吸引，且持续游玩我们的游戏。

我们的大脑告诉我们，某个动作或情境值得重复的主要方式之一，是帮助我们感觉良好的一种主观而又普遍的体验。当我们的大脑中释放了某些特定化学物质时，就会发生这种情况。在我们的大脑皮层回路中同时也有很多事情发生，而这些化学物质在大脑中起到了广播信号的作用。基本来说这些信号就是，"我们当前正在做的事情都是对的——请继续保持下去！"然而，存在不止一种值得广播"请继续保持"信号的情境，所以在我们的脑中存在多种主要的回报性神经化学物质。这毫不奇怪，事实证明这些都能很好地反映有趣、迷人的体验。

以下是一些已被确定为与不同类型的参与体验相关的主要神经化学物质。

- **多巴胺**（dopamine）：通常被称为"回报性化学物质"。多巴胺有助于保持警觉和唤醒，可以帮助你集中精神以及更有动力展开行动。特别地，在让人感到新奇（但也不至于太过不寻常）、需要探索或是代表已达到目标的情境之下，多巴胺都能给我们带来一种积极的感觉。如果你有过"仅仅通过看到游戏中的点数不停地往上涨就能感到快乐"这样一种经历，那就是多巴胺在起作用。同样值得注意的是，如果回报在预期之内但却未拿到，则多巴胺的释放量会减少，导致行为或情境在未来被视为不太积极与愉快（Nieoullon，2002）。这突出了与多巴胺相关的参与感和习惯性的一个重要方面：我们重视新的回报，而不是已存在的、预期的回报。随着我们逐渐适应了现有的情境，它们就变得不再那么新奇，回报也就越来越少，我们对其的投入也越来越少，最终在寻求新回报的过程中变得无聊。为玩家提供新的回报以及保持参与感的新方式，通常是游戏设计的一个重要部分。

- **血清素**（serotonin）：血清素是与多巴胺产生平衡作用的伙伴。多巴胺的作用是保持警觉、寻求新奇以及期待回报，而血清素则会让人感到安全和有成就感。多巴胺会引致冲动和寻求新的东西，而血清素则会促使你不断将已知的东西装入大脑。你从得到安全感（用心理学术语来说叫"伤害避免"）、确保或获得社会地位、完成一项成就或获得一项技能的情境中所获得的积极感觉，都是由于大脑中血清素的释放（Raleigh et al.，1991）。玩家升级时能感受到的满足感部分就是来源于血清素。值得注意的是，许多游戏都以特定的视觉和听觉效果（"叮"这样的音效一直是许多 MMO 游戏中表示某人刚刚升级的听觉提示）来庆祝达成这样的成就。将特定声音或视觉效果与升级时的感觉相关联所起的调节效果是不应被低估的。

- 后叶催产素和后叶加压素（oxytocin and vasopressin）：这两种神经化学物质在社会关系与社会支持中非常重要。它们有许多功能，从增强性唤醒到鼓励学习不一而足，它们在形成社会关系方面尤其重要，从朋友/陌生人的关系到坠入爱河（Olff et al., 2013；Walum et al., 2008）。后叶催产素常被称为"拥抱荷尔蒙"，因为它在性或其他会产生更强社会关系的亲密接触中释放。[1]后叶加压素有着类似的作用，尤其对男性而言。它们都会帮助我们由于达成社会参与——成为夫妇、家庭、团队或社区的一部分——而感到快乐。

- 去甲肾上腺素和内啡肽（norepinephrine and endorphins）：这两种神经化学物质与集中力、注意力、精力和参与感有关。它们通常被称为"压力荷尔蒙"。去甲肾上腺素（在英国通常被称作 noradrenaline）有助于调节唤醒速度，特别是在短期的警觉中，让大脑准备对可能需要进行战斗或逃跑回应的刺激做出快速反应。在这样的情境下，它也有助于快速学习。内啡肽的作用方式不同，它能使疼痛感趋于柔和，给我们以拥有额外精力的感觉，尤其是在剧烈体力活动之后。这些神经化学物质与参与感之间的关系不如上面提到的其他物质直接，尤其是在通常久坐不动的游戏中。然而，它们似乎也有助于提高警觉性和集中注意力，尤其是在有压力的情境下。

这种神经化学的观点提供了认识参与感不同方面的一个重要窗口。如前所述，当我们专注于某事并为其积极花费时间和精力时，我们就完全参与到了其中。它成为我们关注的焦点，其他事情往往不再能引起我们的注意。基于神经化学，这种参与感的内在主观感觉，使我们可以体验到以下感受：

- 警觉、寻求新奇或期待回报

---

1 后叶催产素多在性行为之后释放，但同时也会产生于人类的相互凝视之后。实际上，如果你能与某人开诚布公地聊上半个小时，然后彼此凝视几分钟，你就有可能爱上对方（Kellerman et al., 1989）。后叶催产素甚至会通过人类与狗之间的相互凝视而释放，但不会在人与其他动物之间释放（Nagasawa et al., 2015）。因此，除了更多地了解社会参与之外，这对你这个游戏设计师究竟有什么帮助呢？不好说。但需要注意的是，这类广泛的信息是游戏设计师心态的重要组成部分。全怪多巴胺。

- 在获得回报或确立社会地位时的安全感
- 通过共享的社会关系与他人联系
- 面对压力时保持警惕
- 在努力的情况下我们成功得以"推进"

并非所有这些都在同一时间感受到，或是一直能感受到。有效操纵这些感觉是维持活动参与感的一部分。例如，游戏中的困难关卡，或者书、电影中的高潮段落之后往往跟着一个更安静、更轻松的时刻，在这里玩家或观众可以喘口气——即降低他们的警觉性，让身心都得到休息，以及巩固成就感和社会联系。

当这种参与发生在有关现实（如工作相关）的环境中时，它通常被认为是一种令人满足的活动。而当它发生在一个单独的、自发的、无关现实的空间（如游戏的"魔法阵"中）时，它通常就被认为是有趣的。

超越大脑

当然，不仅仅是大脑中的化学物质，我们的注意力和整体唤醒也是如此。当我们从纯粹的化学物质以及交互的神经层面脱离开来时，可以将后续的参与类型大致按心理而不是生理角度来划分。这些都是在不断提升的个体控制中进行的——从心理角度来说，从反射到执行再到反省——并且在越来越长的时间跨度上进行。

对于游戏设计师来说，认识到玩家心理的各个方面是很重要的，这当中包括玩家的动机。不同的动机将在第 6 章中进行详细讨论，因为这是选择游戏目标受众时的主要考虑因素。无论玩家的动机是什么，此处描述的不同类型的交互都是适用的。

请注意，这里概述的参与和交互类型与第 3 章中讨论的玩家目标类型是相对应的。每种类型的交互循环都为玩家提供了形成意图的机会，无论是对直觉的瞬时身体反应还是在未来某个时候要取得成果的长期目标。

交互循环

交互循环的概念在之前已经被提到过——而这里，我们又再次特别提到了玩家和游戏之间的交互循环。这些循环有些运转得非常快且只使用很少的认知（更少让人深思熟虑）资源，有些则发生在更长的时间跨度上且需要更多的思考。图 4.6 中展示的每个交互循环，都与图 4.4 中展示的循环类型相同。每个都在不同的时间跨度上运行，且需要不同的内部资源。在每种循环中，玩家产生一个意图，然后执行一个动作，引致游戏状态发生改变，游戏本身提供反馈，并由此准备好下一次循环迭代。这些交互循环种类仅有的区别，是需要精神（或计算）资源的数量，它们发生的时间跨度，以及玩家由此获得的体验。还需要注意的是，这些循环经常同时发生：许多快速动作/反馈的循环发生在一个战略性的长期认知循环之中，而其中一些又可能发生在社会或情感交互循环中。在本章后面关于组合式交互循环时间跨度的讨论中，你将再次看到这一点。

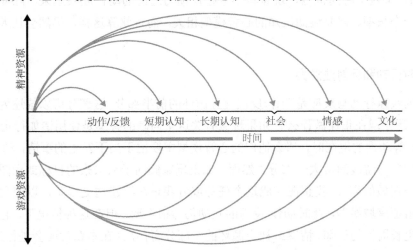

图 4.6　不同类型交互循环的示意图。时间跨度从亚秒到几周甚至更长。更长的循环通常需要更多的精
　　　　神或游戏（计算）资源。这些循环经常同时发生，以及相互嵌套，如正文中所述

下面列出的交互循环类型将在这里进行详细讨论，并会一直在本书其他部分中使用。以从最快/最少认知到最慢/最需要深思熟虑的顺序列出：

- 动作/反馈
- 短期认知
- 长期认知
- 社会
- 情感
- 文化

动作/反馈交互

从心理交互角度出发，最快速且在很多方面都最基本的形式，主要依赖从玩家到游戏的物理动作以及从游戏到玩家的基于感官的反馈，在这之间几乎没有思考的机会。在这个层次的交互式游戏玩法——从动作到反馈的循环——其发生是非常迅速的，大约从不满 1 秒到 2 至 3 秒不等。

对于主要由动作以及反馈驱动的游戏来说，需要做到"在玩家看来是即时的"。如果玩家动作与游戏反馈之间的间隔小于 100 毫秒，那么游戏的表现就被认为是即时的。为了维持实时连接的感觉，时间延迟不能超过 250 毫秒（即四分之一秒）（Card et al.，1983）。超过了这个时间范围，玩家将不会把反馈与之前的动作联系起来，除非反馈象征性地与一个长期、需要调动认知的心智模型相关。而且就算这样，仍然会让人感到迟缓和延后。

现在时行动和反射注意力

玩家的快速行动与反应是动作/反馈交互循环的前半部分。这部分可以描述为玩家的"现在时"。玩家现在正在做什么？如果玩家有关这个问题的答案是使用诸如行走、奔跑、射击、跳跃等动词的现在时，那么他们的心智模型主要忙于当下发生的事情，动作/反馈循环是他们参与游戏的很大一部分。然而，如果玩家倾向于从未来的目标或意图的角度来看当前正在做的事（"我正在完成这个任务或者我正在组建这支军队，以便我可以帮助朋友攻击那座城堡"），此时动作/反馈的互动仍然很重要，但在这种情况下，它们更多的是作为更长周期的认知、情感或社交循环的一部分而存在（在本章后面会进行描述）。

而在反馈方面，这属于反射注意力（reflexive attention）的领域，也被称为外生注意力（exogenous attention），或者说是由外部事件控制的注意力，而不是玩家有意识的目的（Mayer et al.，2004）。我们的大脑天生对可能重要的新鲜刺激保持警觉。这当然包括突然出现的威胁，但同时也是我们的眼球会被明亮、色彩斑斓、快速出现的物体所吸引的原因，尤其是那些在我们周边视觉中的物体（Yantis and Jonides，1990）。从《打地鼠》（*Whack-a-Mole*）到最新的 FPS（first-person shooter，第一人称射击游戏），许多游戏都使用了这种机制作为主要的玩法形式，而许多玩家在玩此类游戏时都会有一种兴奋和积极的紧张感（Yee，2016b）。大量使用快速、色彩丰富、动态、嘈杂反馈的游戏通常被称为"多汁"，指代这种愉快的多模式感官输入冲击的方式（Gabler et al.，2005；Juul and Begy，2016）。由于拥有这种层面的交互性的游戏，其注意力方面是如此强调反射，因而游戏玩法通常也不会、且往往也不需要特别强调思考：只要维持这个"多汁"的循环，玩家就会保持警觉、专注，并为可能会随时出现的任何事情做好准备，以及学会快速反应。这种快速循环产生了 Steve Swink（2009）所谓的"游戏感觉——操纵虚拟物体的触觉、动觉感。这就是在游戏中进行控制的直观感觉。"以这种方式与游戏对象进行交互本身就能立即让人感到愉悦。

快速动作的压力和回报

许多快节奏的游戏要求玩家能对（通常是视觉上的）刺激做出快速而准确的反应。这样做对人类的知觉和运动系统会施加压力，正如 Fitts 定律（Fitts and Peterson，1964）所描述的那样。该定律称，移动到特定目标所需的时间与目标的大小成反比：我们能够快速而轻松地指到（例如，用手指或是鼠标指针）大型目标中的一个区域。而随着目标变小，特别是如果事先不知道它的位置，那么我们要移动到目标处需要花更长时间。成功完成这样一种反射注意力任务是让人感觉非常良好的；它会在我们的脑中释放多巴胺以及去甲肾上腺素，鼓励我们再来一次。这种类型的快速运动也带有一点 Caillois 的 *Ilinx* 玩法，即使其仅限于玩家在鼠标上的指尖范围内：快速、精确而良好移动的感觉是这种交互令人愉快的一部分因素。

很多简单的电子游戏除了这样的动作/反馈循环就没有其他内容了。许多早期的街机游戏，其玩法都是确定的，这意味着每次游玩时，游戏中的对手都会以完全相同的方式移动和行动。《吃豆人》（*Pac-Man*）就是一个典型的例子，每次游玩时，游戏中的"鬼魂"（即敌人）都会以相同方式移动。这种决定论意味着玩家必须学习一种特定不变的反应模式，才能成功游戏。在充分练习后，还需要一个在非常紧凑但又没有明显认知的动作/反馈循环中的、死记硬背式的反应。通过程序性记忆（有时也叫"肌肉记忆"，即重复进行学习）足够准确地执行这些模式，能使玩家持续游戏，直到游戏速度超过他们的反应能力。

最近，典型如《神庙逃亡》（*Temple Run*）、被称为"无限跑酷"（*endless runner*）系列的游戏，就呈现出这样一种情况：玩家不断向前奔跑，需要反射性专注力，能快速感知应该走哪个方向，以及哪些障碍需要撞击或避开——这一切都发生在一个不断加快的游戏节奏之上。随着游戏的进行，动作/反馈循环的持续时间越来越短，游戏速度也越来越快。游戏本身能让人感到兴奋和愉快，直到速度快到人基本无法游玩。

然而，这种"逐渐的不可玩性"，会产生一种内在的行动号召——我们经常体验的"再试一次"现象。如果玩家处在一个短的、集中的循环中，他的大脑已经为下一次成绩做好了准备，那么他"想再试一次，看看自己能否做得更好、跑得更远"的欲望就会非常强烈。（这是主游戏的外部循环或元游戏形式。）玩家学习游戏时，他们的心智模型会得到改善，但在这种情形下，改善的内容主要是感性以及动作导向的，而不是基于重复运动神经学习的认知层面。当游戏的速度对玩家基于运动神经的技能水平来说太快时，游戏必然会结束，除非玩家想再来一把。

甚至于，那些具有在动作/反馈循环之上的其他认知玩法形式的游戏，也经常要求玩家在恰当的时刻移动、轻敲或点击，让游戏中的对象四处移动，或者让游戏中的化身在严格的允许范围内奔跑、跳跃、射击以及回避等，以此来充分使用我们的神经和低级感知结构。或者，即使游戏不要求快速反应，许多游戏提供的反馈也是如上面描述那样多汁的：色彩斑斓、动态十足，且运用了令人愉悦和兴奋的音效作为给玩家的反馈，让他们的感知系统作为唤醒和回报机制的一环参与到其中来。

关于此，近年来最具活力的例子之一是《幻幻球》（*Peggle*）。游戏玩法依赖于精细调整的物理输入与一些短期认知（本章后面会讨论）的结合，但真正的亮点在于它是如何提供显著有效的知觉反馈的，尤其是在作为游戏成功的奖励时。游戏的整体画面色彩鲜艳吸引人（引起玩家的注意），但在游戏的关键时刻，它呈现出了当今游戏中视觉和听觉反馈的一些顶级（当然是好的方面）范例。游戏玩法包括射出一个小球来消掉游戏盘面上的各种栓子。球飞向某些特定的栓子时是高潮时刻，此时镜头会放大，球的飞行会变为慢动作，同时会有一个激动人心的击鼓声——然后，当球击中栓子时，会有五彩缤纷的烟花突然出现并热烈绽放。与之同时出现的还有发光的字样"极限狂热"（EXTREME FEVER），情绪饱满的《欢乐颂》（*Ode to Joy*）合唱，万花筒般的光谱轨迹，带色彩缤纷的星星的许多烟花，巨大闪耀并横跨屏幕的彩虹，以及最后快速增长的分数显示，数字的量级也十分巨大。

所有这些，都是对玩家正确输入的积极强化反馈的精巧示例，它们有效地让感知和神经化学系统参与其中，并以此使得玩家保持唤醒与参与感。

即时游戏玩法

动作/反馈交互是大多数游戏设计中的一个重要考虑因素，甚至包括那些主要依赖于其他形式交互循环的游戏。这通常被描述为*即时游戏玩法*。游戏设计师必须能回答的关键问题之一是，"玩家在游戏中的*每一刻*都在做什么？"这与前面讨论的动作/反馈交互的"现在时"本质有关。游戏提供了什么反馈，这样的反馈如何帮助他们建立心智模型，基于此他们又可以采取什么行动？

游戏如果没有提供定期、及时的反馈和让玩家采取行动的机会，玩家就有可能变得无聊和心不在焉，除非还有其他形式的互动玩法来维持他们的兴趣。虽然并不是所有游戏都使用快节奏的动作/反馈交互循环，但所有游戏都在一定程度上为玩家感知提供了输出，以及为玩家改变游戏状态提供了输入方法。正是这种即时的交互循环，充当了后续其他形式交互的载体。

认知交互

让我们离开玩家的神经，进入他们的内心。作为离开通常的快节奏动作/反馈循环的第一步，我们可以先看看短期认知和长期认知交互循环。这些循环可以被考虑成谜题（短期）和目标（长期），或者，在游戏中以军事术语来描述，即为战术和战略。两者都涉及更高层次的内源，或者说执行注意力——非正式场合称为专注于规划未来行动的思维。

这里的短期和长期是相对灵活的：一个需要少许计划的快速谜题可能只会持续几秒（例如，在一个简单的数独游戏中为一个数字找到正确的位置），而战略计划可能需要几分钟乃至几小时专注、集中的认知。这里的关键组成部分包括理性思维和认知。玩家不仅是在行动/反馈交互中对环境做出反应；他们也在考虑接下来的行动，创造他们的目标，并最终为游戏提供执行这一切所需的输入。

认知交互的一个重要方面，是显性的、有意识的学习。每一种形式的交互都涉及一定程度的学习：动作/反馈交互通过身体和亚认知（不是真正有意识）的重复来创造学习，玩家在社会交互中也会学会调整自己的行为。但是，在认知交互中，技能与知识传统意义上的增长——有时被通称为熟练——是其主要的组成部分和收益。做填字游戏或数独的玩家会提高他们对应的技能，因此，他们有能力去玩相同谜题的加难版本。类似地，许多桌上和电子游戏有足够的认知交互，通过不断参与和建立更好的心智模型，玩家能在游戏中表现得更好。这种在学习和熟练方面的提高是许多玩家的主要动机（学习一项新技能会在脑中释放多巴胺以及其他一些东西），尤其是对那些坚持要把努力和成就作为个人动机的人来说。（玩家动机将在第 6 章中进一步讨论。）

创建认知交互

要创建认知交互循坏，游戏必须向坑家展示他们可以计划和实现的目标。这些目标一开始应该很简单（杀死这个怪物，建造这所建筑，移动到这一点），但随着时间推移——玩家建立了他们的心智模型——目标会变得更加复杂（更多步骤）、更加复合（更多循环，更多建立在过去行动的结果的基础上）。这些更复杂的长期计划要求更多的执行注意力。它们还要求玩家能够根据对游戏世界运作方式的了解，预测他们的行动结果，无论是短期的还是长期的。

游戏必须在其内部模型中拥有足够的深度，以支撑（并帮助玩家构建）拥有同样深度的心智模型。如果游戏的系统没有自己的层次深度，玩家就不能也没有理由形成自己的深层次目标。因此，在内容驱动的游戏中，玩家从某一级升到下一级，除了短期思维之外，玩家几乎没有必要做任何事情；没有重要的长期目标计划或其他认知互动。一些游戏通过包含诸如角色定制（如技能树）等长期行为（系统），来让玩家与更线性、等级驱动的游戏玩法并行地展开思考。这给了玩家不同的路径和选择以供考虑，但一旦这些都用尽，玩家就没有其他额外的选择了。

相比之下，在系统化游戏中，玩家能够提前计划并根据短期和长期效用选择不同的路径——例如，在哪里建造城堡能使防御价值最大化、能为未来将建造的市场留出空间——这样使得解决方案的数量能在游戏系统允许的范围内最大化。游戏空间仍然广阔，可供玩家探索，从而创造更好、更持久的参与感。

混合类型的交互

认知交互很少有独立存在的。最有思考性、最不依赖动作/反馈交互的往往是一些最为古老的游戏，如国际象棋和围棋。然而，即使是这些游戏，也不能完全脱离低层次的交互。围棋除了网格上的一堆黑子白子之外几乎什么都没有——在物理输入与感官反馈方面做到了游戏所能达到的极简主义——但即使在这里，玩家在玩游戏时也会操纵把玩棋子，而且可能会说：这是一个极好的游戏，尽管其在视觉上是如此朴素。

玩家在围棋棋盘上操纵棋子时，他们使用的是根深蒂固于其心智模型中的多层次交互：即使在玩游戏之前，他们也知道如何拿起、持有和放下棋子，在真正游玩的时候，他们会同时考虑短期战术以及长期战略。而随着玩家技能的提高，一些较低层次的战术认知会被整合进系统化层次。在这时，玩家关于游戏的知识很多都是心照不宣的，很多基本步数都跟从杯中拿出棋子一样不需要思考。这使得玩家可以投入更多的认知资源到长期战略中。随着他们将越来越多的战术元素整合在一起，他们的心智模型会变得越来越有深度，越来越有层次，同时他们对游戏的赏玩也越来越深入。

与围棋几近纯粹的认知交互相比，更常见的是将丰富的感官体验、短期谜题导向的认知（如《糖果粉碎传奇》（Candy Crush））和长期认知相结合的游戏。很多战略游戏都带有丰富、多汁的视觉效果，这些要素在玩法方面并不起作用，但却增加了游玩时的乐趣，尽管它们缺乏实用价值。

短期认知交互循环也是玩家在游戏中即时体验的一个重要部分，尤其是当玩家在追求长期目标中完成了一系列快速的短期目标时。举一个例子，一个幻想角色扮演游戏中的玩家可能会说他们正在点击鼠标（动作/反馈交互），这样他们的角色就会攻击怪物（短期认知），然后他们就可以升级（长期认知），而最终会加入一个首选的公会（社会交互——接下来会讨论）。

社会交互

与认知和情感交互在许多方面均密切相关的是社会交互。这也涉及玩家部分的规划和执行注意力，尽管它也开始引入了反思、情感的成分，因为它涉及玩家经常会体验的情感反应——包容、排斥、地位、尊重等，这些都是由于他们游戏外动机的存在而存在的。不同之处在于，这些是我们只有在社会背景下才拥有的体验，对于我们作为社会人来说是很重要的。在有神经化学基础（如大脑中血清素与后叶催产素的作用）存在的同时，社会交互和参与通常比认知参与需要更长时间来实现。虽然与他人的一次对话可能很简短，但通常需要在数小时、数天乃至数周的时间周期内进行许多此类互动，才能确立社会交互的输入以及响应循环。相对迅速地获取正向社会体验是可能的，但真正拥有包容和团体感可能需要很长时间。

就像长期认知策略交互一样，社会交互对大多数人来说都是一个强大的动力。一些单人游戏设法使社会交互成为游戏的一个重要部分，即使游戏中并没有其他真人。关于这方面，最近的一个例子是《看火人》（*Firewatch*），玩家在游戏中扮演一个森林火警瞭望员的角色。游戏中的大部分时间都花在与另一个角色黛利拉（Delilah）通过对讲机进行谈话上。虽然玩家与黛利拉自始至终都未曾谋面，但发展他们之间关系的社会交互——根据玩家在对话中的社交选择，可能会发生不同的变化——演变成了游戏的驱动部分。

以游戏为中介的社会交互

在许多网络游戏，尤其是大型多人在线游戏（MMO）里，玩家们共同生活在一个虚拟世界中，这类游戏的成功取决于如何让玩家进行社会交互，无论是互相帮助还是争斗。在多人游戏中，游戏（及其内部模型）是玩家之间的中介：每个玩家通过和游戏世界交互来与他人进行互动。如果我的角色朝你的角色挥剑，或者我的商人向你的店主出售毛皮，那么我们就在通过游戏世界进行交互。在这种情况下，每个玩家都有着自己与游戏的交互循环，玩家行为的效果不仅会改变游戏世界，而且通过扩展还会改变其他玩家及其心智模型乃至随后的交互。游戏不作为玩家间中介的唯一情况，是他们通过文字或语音聊天的方式对话、进行真实社交的时候。这种层次的社会交互有着自己的循环，这样的循环在这里是发生在个体之间的，且由玩法本身以游戏为中介的循环作为辅助。

在这些游戏的内容——探索世界、投身战斗等——富有吸引力的同时，也正是这些游戏社交方面的元素让玩家不断地回归。人们想要"感觉像群体的一分子"这样的体验，并且也往往想要"能看到可以认为是'他者'的群体"这样的体验。（尽管这看起来与其说是一种动力，不如说是一种包容和群体内认同）。容纳了成千上万人的网络游戏提供了社会交互来满足这种欲望。根据我自己运营 MMO 的经验，玩家通常会说，即使他们感觉已经看到并完成了游戏内所有可做的事情（内容驱动而非系统化方法），他们仍然会留下，只因社群感以及社会交互的缘故。

鼓励进行社会交互的技巧

游戏背景下的社会交互主要发生在玩家发现他们需要彼此，或者他们在游戏中能通过彼此交互获得利益时。有许多常见的游戏内机制可以鼓励玩家进行社会交互，而不仅仅是聊天。这里探讨一些能达到此目的的重要机制，分别能提供社会指示物、竞争、结群、角色互补以及社交互惠。

社会指示物

鼓励社会交互的最简单方法之一，就是简单地添加一个或多个对象，玩家可以用它们进行交互。这是从 20 世纪 90 年代的网络图形化聊天室中吸取的教训。在那里大家只能在一个 3D 空间中一起聊天，这很快就使人丧失了所有参与感。游戏世界中"能玩的"对象扮演了玩家发现有意义的社会交互的触媒。这些对象被正式称为外部社会指示物：两个或更多玩家能以一种社交方式涉及和交互的东西。

最简单的例子可能是一个球。在现实生活或者电子游戏中（附带有游戏内物理引擎），如果你给一些人一个球，他们就有了建立社会交互的基础；人们总会想到某种形式的即兴游戏玩法，这几乎是不可阻止的。因此，在游戏世界中提供能邀请多个玩家进行交互的对象，是促进社会交互的一种极好方式。

竞争

竞争是许多流行游戏中的一个常见要素。在这些游戏中，玩家可以单独或成群地相互对峙，看谁比对方更强，并往往能因此获得一些奖励。分出输赢，尤其如果是按照分数和/或排行榜排名，对很多人来说就是一种很吸引人的游戏动机。有些游戏类型，如 FPS 和 MOBA（Multiplayer Online Battle Arena，多人在线战术竞技游戏），是完全基于竞争玩法的，现在拥有完整的职业玩家联盟。（请注意，这些游戏中团队的存在会产生强大的群体/群体外效果，增强社会交互。）竞争对许多玩家来说是一种强烈的游戏外动力。而与此同时，对另一些玩家来说这又是非常让其丧失动力的，而且这种类型的动机会随着年龄的增长而迅速衰退（Yee，2016a）。

结群

给予玩家聚集在一起的方式有助于建立社会交互、包容感以及统一性。这是游戏中玩家几乎所有社区意识的基础。大多数游戏都会引入群体作为正式的游戏结构，其名称可以是联盟、行会或团体。玩家建立群体且进行管理，包括允许谁成为成员，不同玩家拥有什么样的组内特权（例如访问共享资源），以及在某些情况下建立者可以将领导权传给谁。其他一些游戏则是由玩家组建或临时或长期的群体。举个例子，在 MMO《狂神国度》（*Realm of the Mad God*）中，任何时候只要玩家彼此间靠得近，他们都会从对方所做的任何事情中获取经验值。这鼓励玩家以"低摩擦"的方式一起游戏，因为他们不必正式"组队"；游戏只会认为如果他们靠得近，就正在进行互相帮助。而与此同时，由于这个游戏没有为形成长期群体结构服务的游戏内机制，社会交互会停留在短期阶段，这样就不鼓励更长期的社会参与。在其他有正式行会或联盟（本质上就是玩家能加入的俱乐部）的游戏中，社会参与往往会持续更长的时间，有利于玩家和游戏整体。

角色互补

在存在角色互补的游戏中，单个玩家往往不是万能的。这在角色扮演游戏中可能是最常见的，其中玩家角色分为诸如坦克（吸收伤害）、DPS（每秒伤害——输出伤害的主力，通常在远处展开攻击）以及辅助（治疗和增强——对其他玩家产生增益效果）。这种能力的组合使得玩家能在游戏中进行社会交互，以便互相帮助。通过这样的方式，玩家们可以共同实现一些无法单独实现的目标。在游戏中使用角色互补也包含大量的神经化学参与，包括多巴胺、血清素和后叶催产素，除此之外还有行动/反馈以及短期认知。因此，角色互补是维持游戏中持续性参与的一种非常强大的机制。

社交互惠

社交互惠是一种游戏玩法形式，它建立在我们共同的人类愿望之上，通过你来我往为彼此做好事，来展现我们与群体之间的关系。很多畅销手机游戏，如《战争游戏：火力时代》（*Game of War: Fire Age*），之所以取得巨大成功，很大程度就是因为这种社会交互。例如，《战争游戏》让玩家可以很轻松地帮助同一联盟中的其他玩家（游戏中玩家同一阵营的队伍和社交群体）更快地建造或修复建筑物。当你看到其他玩家帮助你实现自己的目标时，你通常也会有帮助他们来做出回应的愿望。这对联盟中所有玩家，无论是作为个体还是群体都是有帮助的，同时它也是一种象征社会包容的强有力形式。

《战争游戏》还支持玩家之间互赠礼物，特别是当一个成员购买了一个重要道具时，联盟中的其他成员都会收到礼物。这建立了另一种形式的社交互惠互动：如果一个玩家收到了可能是其他玩家由于购买重要道具而送出的礼物，该玩家也有可能想要做同样的事——这有助于提升联盟的整体实力，增强社会关系，且必然能为游戏提供更多的收入。这里用数字来说明这种参与行为的价值。《战争游戏》的实际游戏玩法——建造据点、培养军队，然后派出去战斗——与其他很多游戏的玩法没有明显区别，还曾被批评平淡无奇乃至更糟糕。不过，纵然这款游戏能免费游玩，它仍然赚了数百万美元，连续几个月每日都有近 200 万美元的小额交易量。（Game of War—Fire Age，2017）

不那么社会化的交互

很多所谓的"社交游戏"都不是真正意义上的社交：诸如 *Farmville* 这样高度成功的社交游戏，几乎不涉及社会交互。玩家可以访问他人的农场并帮助他们（除草等），但这些都是异步的：玩家永远不会看到他人或与他人交互；可以说他们是存在于平行维度中的灵魂。虽然这看起来很有社交性，但它并不能满足玩家游戏外或游戏内的任何社交相关动机。玩家可能会因为让他人看到自己农场（或其他游戏中的城堡、城市等）的丰硕成果而感到骄傲，但这与他们从游戏中的实际社会交互中获得的感受相比，是那么苍白、无力。

情感交互

从执行注意力移步到反思注意力（严格地说，如果不是对个体的认知来讲的话，这对于他们来说仍然是内生的），我们进入情感交互和参与。这是其他非交互形式媒体（如书籍、电影）的主要内容，但除了少数例外，情感交互在游戏中还有大片领域未开发。更确切地说，许多游戏探索了围绕愤怒、恐惧、紧张、惊讶、成就感和喜悦相关的情感领域——那些与 Damasio（2003）和 Ekman（1992）所称的基本或主要情感相关的领域。这些情感更多是生物性的，而非认知性的，它们迅速产生且不受玩家内在机制的控制，它们是反射性的、外生的，而非反思性的、内生的。

直到最近几年，游戏设计师们才开始有意识探索包含这些主要情感以外内容的游戏，以提供更细腻的情感（诸如敬畏、内疚、失落、渴望、满足、爱、共谋、感激或荣誉）体验，以及建立在此基础上的交互能力。这些都是在交互环境中创造的微妙体验，通常要比行动/反馈或严格的认知交互花费更多的时间来产生并回味——通常大约是几分钟到几小时。在某些情况下，当玩家反思自己在游戏中的决定和感受时，情感交互的效果可能会持续更长时间。

在书籍中，作者可以完全控制角色的言行举止。作为读者，我们可能会赞扬他们的行为、感到理屈、眼看着他们被背叛、被救赎等，但自始至终，我们都被作者所预定好的路线牵着走——我们无法通过与之交互来做出改变。相比之下，在游戏中，我们拥有交互循环。如果我们就游戏的部分内容感到羞愧，那我们可能会采取行动改变环境，以避免或解决那样的感觉。如果我们就游戏的部分内容感受到了爱或者亲切，那么当游戏（或游戏中的 AI 角色）不再以支撑该体验的方式展开时，我们可能会感到惊讶。

像《请出示文件》（*Papers, Please*）这样的游戏，同时探索了道德与痛苦的情感状况，玩家必须决定（有时候是通过选择来起作用的）其他角色的命运。玩家扮演一个反乌托邦国家中的移民官，他必须决定哪些人能通过哪些人不能，这通常会带来个人和情感上的后果。同样带有让人不快倾向的，如《我的战争》（*This War of Mine*）和《步兵的恐惧》（*The Grizzled*）等游戏在情感上赤裸裸地展现了战争对现代背景下的平民（《我的战争》）以及一战士兵（《步兵的恐惧》）的影响。玩家必须在没有明显正确答案的情况下做出绝望的决定和权衡，在这里看似正确的事情都可能会带来破坏情感的长期后果。

而其他一些游戏，如《风之旅人》（*Journey*），在交互环境中给玩家提供了一种敬畏和惊奇的感觉。很多角色扮演游戏都探索了浪漫的主题——获得爱情，失去，以及失而复得的满足——如《旧共和国武士》中的经典互动浪漫桥段。即使像最近（2016 年）《盗贼兄弟》（*Burgle Bros*）和《神探缉凶》（*Fugitive*）这样的桌上游戏，也探索了情感领域作为玩法的一部分：《盗贼兄弟》巧妙地创造了犯罪喜剧的合作感，不断在灾难边缘徘徊；而《神探缉凶》则有关一个试图从执法者的追捕中逃脱的罪犯，基于此设定并创造了一个紧张而又吸引人的"来抓我啊""不要让他跑了"式的感受。在这些游戏中，情感都是游戏的关键部分，玩家与之交互，从而驱动玩家做出决定以及获得对游戏的整体体验。这种情感不是一种简单的后效应或者可有可无的附加效果。

构建情感交互

虽然越来越多的游戏能激发出玩家的情感，但如何在游戏玩法中加入情感仍然是一个有待解决的问题。实际上，对情感的理解总体来说是一个活跃的研究领域，有很多存在争议的模型和理论。在游戏设计中情况也类似，游戏中有多种深刻的情感模型，其中包括 Lazzaro（2004）、Bura（2008）、Cook（2011a）以及其他一些人的研究成果。

就像游戏设计理论中的很多内容一样，虽然这些通常都基于长期的经验、大量的思考，甚至特定情形下的一些玩家数据，但目前还没有一种全面的情感理论或模型以及将其在游戏中实现的方法受到广泛接受——这仅仅是因为围绕情感的基础科学仍在不断变化。把事情搞得更复杂的是，许多写过在游戏中创造情感相关内容的人，几乎都是从游戏叙事的角度来看待这一点的——把游戏当作小说或电影。这样做会把游戏空间压缩到一条单一路径。在这当中，设计师要求玩家在没有明显自由度的情况下，用预定义的各个点来展示情感状态。

有一些技巧能帮助你在游戏中创造情感交互，不过你需要为你的游戏以及你试图在玩家身上激发的情感来试验这些技巧。在你可以于游戏中创造情感交互之前，需要考虑究竟需要将何种情感作为游戏体验的一部分。

情感模型

在不过多涉及情感的神经学以及心理学定义的前提下，一种实用且常见的情感模型，同时也是为数不多的已得到验证的跨文化模型之一（Russell et al，1989）是将情感划分到两个轴上：沿水平轴是从消极到积极（从不愉快到愉快，通常称为效价），沿垂直轴是从低活力到高活力（通常称为唤醒度）。这就创造了四个象限：高活力且愉快；低活力且愉快；低活力且不愉快；高活力且不愉快。虽然这不是该模型的本意，但有趣的是，这些象限分别对应中世纪气质学说中的多血质、黏液质、抑郁质和胆汁质（见图 4.7）。这些象限中可以容纳各种各样的情感，从显而易见的愤怒、喜悦、恐惧和满足，到更微妙的贪婪、嫉妒、怜悯、欣喜和顺从（Sellers，2013）。

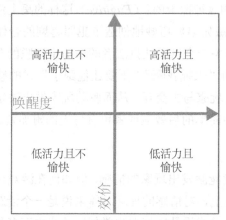

图 4.7　情感的双轴模型，以此为基础产生了包括罗素环路（Russell，1980）
和塞勒斯多层环路（Sellers，2013）在内的多个模型

这至少给了你一个粗略的指引，让你开始思考可能想要让游戏包含的不同情感。要将它们构建到情感交互中，你可以把情感视为玩家动机的伴侣：我们的情感实际上是我们对想要的（在负面情绪的情况下则为"不想要的"）东西的感受。

考虑这些动机的方法之一是，根据心理学家亚伯拉罕·马斯洛（Abraham Maslow）的需求层次（Maslow，1968）来进行。这些动机从"最低"、"最直接的"到"最高"、"最长期的"，如表 4.1 所示。（其中的时间跨度与这里描述的交互循环的时间跨度相对应。）

表 4.1 马斯洛动机与相关情感

马斯洛层次	动机示例	情感示例
贡献（自我实现）	超越自我、领导和服务于团体	怜悯、团结、愤怒、敬畏、喜悦、绝望、顺从、谦逊
技能和造诣（尊重）	技能、专业价值、成就	成功、荣耀、内疚、勇气、满足、骄傲、懊悔、可惜
社会（归属感）	朋友、家庭、包容、团体成员、身份	同情、羞耻、妒忌、友谊、敌意、蔑视、赞成
安全与目标（安全感）	获得、置备、遮蔽、保护	快乐、希望、嫉妒、失望、好玩、安定、不稳定
物理（生理）	食物、水、与人的接触、新奇、避免痛苦或伤害	魅力、愉快、厌恶、生气、恐惧、惊讶、疲乏

此表仅作为一个参考，并非完整的列表。这里的观点是，在你明确要将其作为游戏体验一部分的情感类型后，你可以考虑与它们相关的动机，然后再想如何在游戏中创建支撑这些动机的情境和系统。另一种方法是，观察一下你的游戏，看看哪种游戏内动机是最常见的，你就能预测玩家可能会体验到什么样的情感。（请注意，这些游戏内动机往往与玩家自身的游戏外动机是不一样的。更多的详细信息请参阅第 6 章。）

举一个例子，如果游戏中的角色时常处在亡灵大潮的危险之中，那么你的玩家所拥有的情感参与将来自对即时物理需求和安全的动机，从而产生诸如恐惧、厌恶、惊讶等感觉，可能还会有希望或失望。基于此，你的游戏不太可能产生友谊、怜悯或复仇的体验——如果加入一些社交元素（如需要得到救助的其他人）的话，你可能也会获得这些体验——或者如果玩家体验到了与熟练度相关的动机，那么玩家也会产生胜利或勇气的感觉。要脱离主要情感（愤怒、恐惧、愉悦等）并深入到更微妙的情感，你需要为玩家提供能营造与之匹配的动机的情境。

环境

创造情感交互的第一个技巧是创造环境——即创造一种氛围，让玩家在游玩过程中产生你想要的那种感觉。这对于玩家确实是有效的，因为如果你已经布置好了对应的舞台，那么他们将更容易感受到恐惧、成功、希望、神秘等。你可以通过精心设计游戏的表现来做到这一点：颜色、灯光、摄像机角度、音乐以及背景。同样是一个地点设在游乐园的游戏：阳光明媚的天气下，景点带着明亮闪光的颜色，且摄像机是从上而下的俯视视角，给人带来的感觉就完全不同于在暴雨交加的午夜，只能看到低亮度、低色度的昏暗身影，且摄像机是从下而上的仰视视角。仅仅通过这种方式创造气氛，你就已经告诉了玩家很多他们可以期待的体验，并引导他们将你期望他们感受到的情感作为游戏玩法的一部分。

情境与目标

除了环境以外，为了创造潜在的情感体验，作为设计师的你必须为玩家提供与动机相关的、对玩家来说有意义的目标，如上面所描述的那样。这通常是他们想要达到、保持或防止的目的或情形。创造一个机会，让玩家可以通过自己的选择，去获得与马斯洛动机层次（即物理价值、期望的目标、社会地位、技能或群体回报）相对应的东西，从而激发与每一个层次相对应的情感。同样地，通过将玩家的生命、财产、朋友、自尊或群体置于危险中，可以迅速产生与这些威胁相对应的情感——并且在各种情况下，获得或避免可能出现的后果也会产生情感（成功、失望、孤独、包容等）。

玩家必须真正关心你所设定的目标，至少在游戏环境中是这样。他们感受到的情感类型对应于他们所面对的情境类型，情感的剧烈程度也将与他们对情境的重视程度相匹配。在这里回想起魔法阵是很重要的：动机与情感发生在游戏中，而且与玩家自身实际玩游戏的动机可能没什么关联。例如，玩家可能不希望在游戏中他们的城市被摧毁，但如果这样的事情发生了，他们的情感将只会驻留在游戏剩余部分的魔法阵范围内。然而，游戏对他们来说越真实，这些情感就越会渗透到他们的生活中。就像当书中或电影中一个中意的角色死去时，即使他们是完全虚构的，也会对玩家在虚构世界魔法阵中度过的时间之外产生强烈的情感影响。

面临的挑战

在游戏设计方面，情感交互的挑战是构建系统，以此来创造特定的情境。在这些情境中，玩家能拥有你想要的、与动机相关的情感体验——但同时又不至于将游戏压缩至玩家非走不可的单一路径，也不会让作为游戏设计师的你将故事进行线性设计。与平常一样，玩家的情感和动机由于他们与游戏的交互而涌现自系统之中。你越能专注于创造这样的系统，而不是创造玩家别无选择的特定内容，游戏玩法的体验就越有效、越有生命力。

即便如此，我们看到的更多的非交互式过场会给玩家展示一种预设的"情感时刻"，而不是让他们通过系统化的玩法来发掘这些情感，原因是因为过场或单路径内容仍然是更为可靠的。如果你认为你的角色的作用是在故事的特定场所传达出特定情感，那么这样做就是有道理的。而另一方面，如果你认为角色的作用是为玩家设置特定情境，使得玩家能通过与游戏中元素互动、最终获取情感上的体验，以此来找到游戏的动机，那么你的情感精准度可能会降低，但你将为玩家创造更具互动性、更个性化、更真实的体验。

注意事项

创造情感交互并不是容易的、快速的，更不总是可预测的。有时候玩家会错过机会，或是不在目标中投入具体的意义，这样他们就会错过动机，从而错过预期的情感。在其他一些情况下，他们的反应可能比你预期的更激烈（参看本章后面"文化交互"一节中的更多相关内容）。而在某些情况下，玩家可能会体验到与你预期不同的动机，从而产生与预期不同的情感，这会改变游戏的整体体验。

此外，构建情感参与的系统和情境需要时间，玩家感知到、有动机地投入并最终消释因游戏玩法而产生的情感也需要时间。在某些情况下，玩家可能需要数小时、数天甚至数周的时间才能经历一个完整的情感周期。一般来说，动机及由此产生的情感的马斯洛层次越高，产生和消释所需的时间越长，但相应地，玩家保持这一情感的时间也越长。

作为游戏设计师，我们需要了解的关于如何使用情感作为交互循环的知识显然还有很多，但这也显然是一片能创造更有吸引力游戏的、值得探索的肥沃之地。

文化交互

在离反思注意力很远的地方，是关于我们的文化价值观与我们在文化中的个人地位的长期会话。这包括回顾历史，看看我们作为人究竟是什么样的身份，我们作为个体来自哪里，以及我们当前的文化背景。利用游戏，我们可以反思，过去和现在我们想要的价值观以及实际的价值观。这些会话可能需要数年时间才能完成，因为文化要与身份、成员资格、权利、繁荣等问题做斗争。游戏当然不会持续这么长的时间，但它们仍然能以一种交互的形式捕捉到这些潮流和会话，使玩家能从跨越生命周期的问题中反思并受益。

提供这种长期文化参与的游戏不多，但确实存在。Brenda Romero 的《列车》（*Train*）就是一个值得注意的例子。在这个看似简单的游戏中，玩家将许多黄色小人装入火车车厢，并试图将它们运到目的地。一开始玩家都不知道目的地究竟在何方，在后面才会揭晓。

很难描述这个启示性的游戏给玩游戏的人——甚至是那些观看别人玩的人——造成了多大的情感、社会和文化冲击。许多人因为发现了游戏的本质而表现出抵触和反感（应该注意的是，它是以微妙的方式展现出来的，例如在透明游戏面板下面的破碎玻璃，让人联想起某个夜晚）。一些人泪流满面，因为他们意识到只是通过玩耍，就已经参与了如此一个恐怖浩劫的模拟。一些人在将每个车厢的每个黄人都拿出来之前拒绝离开。一些人在意识到自己正在玩的游戏的真正含义之后试图推翻游戏的目标；还有一些人表现得异常厌恶，就好像碰到了什么有毒的东西一样。

作为一种具有交互性的、引人入胜的，最终却又让人厌恶的体验，《列车》展示了游戏如何能成为文化交互的载体。玩家可以基于自己所在的历史和文化背景，通过文化模型创建的游戏系统来与文化进行交互。在这个例子里，玩家不仅在重演着大屠杀的恐怖，也随时都在面对着一个相关的问题：游戏的规则有意包含了一些流程间隙，在这些间隙中玩家必须自己来决定如何进行下去，因此玩家也成为创造这个游戏的共谋，而不仅仅是游玩而已。规则也并未揭示游戏的结束。因此，玩家基于自身的行动，所必须面对的一个问题是：我们会在不问一句"到底是什么结果？"的情况下盲目"跟随规则"到什么样的地步。这是一个创造会话并将其添加到持续文化交互循环的一个主要例子。

这样的交互方式在其他媒体中是不可能出现的，但在游戏中却是可能的。通过与重要的文化会话进行交互和体验，玩家能够反思游戏中呈现的文化方向：你是否总是遵循权威和规则？虽然用于提出这类问题的机制建立在用于认知、社交和情感交互的机制之上，且前者与后者是很相似的，但探索文化会话的长线背景将这种交互类型明确区分了开来。

通过这种交互形式，玩家还能模糊游戏周围魔法阵的界限。当玩家在游戏之外继续谈论游戏时（如，一旦你了解了《列车》是关于什么的，那么从道德的角度来玩《列车》是否正确），他们还会就所提出的问题继续总体的文化会话。

玩家也可以通过其他游戏外的方式帮助创造文化交互，诸如粉丝圈活动、cosplay、游戏论坛以及深入评析等。举个例子，一些玩家通过《生化奇兵》（*Bioshock*）被带到了有关客观主义哲学问题的各个方面，这反过来又产生了许多与其他玩家的文化交互活动。这些活动与会话并不是偶然的：它们是游戏中设计的更大的交互循环，即使在实际的游戏玩法已经完成之后，仍然可以从游戏中分离出来。这是一个新兴的游戏设计领域，但同时也值得人们更多关注。

交互循环中的心流

如果不讨论由 Mihaly Csikszentmihalyi（1990）首先提出的心流理论，任何关于交互性与参与的讨论都是不完整的。心流用通俗的话说就是"无我境地"或"忘我状态"的感觉。

　　回想一下，心理参与的特点是对手头的任务保持警觉和注意力，能够忽略不相干的输入，而且通常表现良好（以及对表现良好的无干扰意识）。心流具有很多与心理参与相同的特征：当一个人处于心流状态时，他们投身于具有一定不确定性的挑战性活动（非死记硬背的、记忆性的任务），他们有可理解的目标，并得到明确的反馈。他们的注意力高度集中，但并不紧张。他们可能会忘记时间，但与心理参与的描述一样，他们通常不会失去对自己当前正表现良好的意识。在这种状态下，个体专注于工作而不自觉；他们可能会将此现象描述成自己与工作"合二为一"的感觉。（这种类型的话语在描述"心流"时通常很难避免。）最终，正在执行的任务本身就变得有意义。它可能是从明确的功利性目标开始的，但在某些时候，维持表现的心流状态本身就成为一个有意义的目标。

　　心流通常被描述为有一个"通道"。这是将玩家参与状态和心流可视化的一种很有用的方式。如图 4.8 所示，如果存在与个体熟练度相当的小挑战，那么心流状态会从有兴趣开始；如果既没有挑战也没有技巧性可言，个体就会觉得无趣并不再投入。随着任务挑战性与个体熟练度的提高，心流也会顺势提升。如果挑战性的增加程度比个体的舒适度稍高，个体就会被唤醒；然后，如果挑战性继续增加，个体会变得紧张和焦虑，因为他们从 Yerkes-Dodson 曲线的右侧掉了下来（参见图 4.5）。然而，如果他们的熟练度对于当前的挑战来说太高了，那么他们一开始就处于松弛状态，并很快就会感到无聊。当个体在唤醒和松弛之间循环时（用正弦曲线来抽象地表示），他们就维持在心流通道的黄金地带：他们投入、学习、建立他们关于手头任务的心智模型并表现良好。他们从心理上变得沉浸——仍然对他们的任务持唤醒和专注状态，但通常会忽略无关刺激——并且可能会忘记时间。

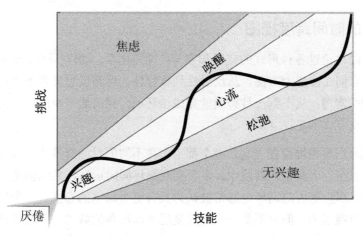

图 4.8　心流状态的可视化，当挑战与熟练度都在提高时，心流发生在焦虑感与厌倦感之间

心流通道的另一个特点是，它天然抓住了个体的进步欲望——学习更多东西，接受新的挑战。在任何有吸引力的任务中（放在游戏这个领域中，就是指任何成功的游戏），个体体验前述的神经化学回报作为各种类型交互的结果：由于多巴胺、血清素以及可能出现的后叶催产素与内啡肽的释放，交互与成就最终令人感到愉悦。然而，他们很快习惯了这种感觉（这个过程被称为适应），早些时候的快乐不再足以产生同样的感觉。在任何涉及注意力、交互和目标的任务中，这种天生的适应感会驱使个体继续向前学习更多，以及面对更大的挑战。这种唤醒学习就在 Yerkes-Dodson 曲线右上方，以及心流通道的顶部边缘徘徊的地方。作为不同持续时间的交互循环堆叠的一部分，个体可能会在未打破心流的情况下回落至松弛（见下文）。

除展现了一个清晰有用的人类参与的模型之外，心流概念的价值还在于它是如何突出一种体验使之成为自身终点的。这是 Csikszentmihalyi，以及本书第 3 章中均讨论到的一种自发体验。玩家首先使用游戏所提供的交互类型，包括为他们设定好的、经由短期和长期认知交互所表达的目标。然而，如果有趣的心流体验持续下去，那么在某些时候，玩家在熟练度和挑战方面已经取得了足够的进步，并开始设定他们自己的目标。此时，它们存在于图 4.8 所示的心流通道的右上部分；他们不会被外部力量驱使而朝着更大的挑战和熟练度前进，而会根据他们自己创造的目标和交互维持着参与感，并驱动自我。并非每个游戏都会或需要提供自发目标。许多玩家能在拥有相对简单的动作/反馈以及短期认知交互循环的游戏中进入心流状态——《俄罗斯方块》（*Tetris*）、三消（match-three）游戏等。一些游戏提供的内部模型有足够深度，可支持玩家建立用来产生属于自己的自发目标所需要的心智模型，这样的游戏通常很耐玩，最终也最为人喜爱。

交互循环的时间跨度视图

我们已经讨论过各种形式的交互和参与：神经化学、动作/反馈、认知、社会、情感以及文化。它们在注意力方面，从反射性到执行性、再到反思性都不一样。它们的范围从非常快到非常慢：从不到一秒钟就能完成循环的，到需要一小时、一天乃至一周才能完成的反思交互（参见图 4.6）。

这些循环同时也堆叠在一起，每个都工作在不同的时间跨度上，以提供更充分参与的交互体验。在一个典型的游戏中，多个交互循环同时运转，共同创造一个更具吸引力的整体体验。那些更快的循环也通常被认为具有更少深刻的意义；一个快节奏的射击游戏可以高度有吸引力，但它不是一个为深刻思考而准备的载体。要真正开始在游戏中产生深层次的意义，需要更长期的社会、情感以及文化交互反思。

例如，在一款轻度休闲的三消游戏中，玩家主要使用动作/反馈以及短期认知循环，同时在解决问题时也会出现持续时间更长的再现性短期认知循环。这样的游戏设计不适合长期的战略性思考，更不要说有任何情感、社会或文化交互，或者其他严肃的意义。在一款在线战争游戏中，玩家仍然会涉及动作/反馈交互循环，但他们也会（在更长的时间周期内）关注战术、战略以及社会交互。

结果就是，那些主要使用更快交互形式的游戏被认为是"更轻度"的体验——更容易拾起和放下，并且对玩家来讲具有更低的持久价值。而那些主要使用更长期、"更重度"交互形式（长期认知、社会、情感或文化）的游戏能在更长的时间周期内维持参与感，玩家对其的忠诚度也会维持更久。这在今天的手机游戏市场上表现得很明显，拥有快速、浅显游戏玩法的游戏占据了市场，而只有 38% 的玩家在开始游戏的一个月后还在坚持玩——剩下的人都流失了（Dmytryshyn，2014）。

过去，其他一些游戏设计师也曾注意到这个概念，即堆叠在不同时间跨度内的不同游戏玩法类型。《光环 2》（Halo 2）和《光环 3》（Halo 3）的首席游戏设计师 Jaime Griesemer 因在《光环》中提出"30 秒乐趣"的想法而闻名（Kietzmann，2011）。

这里是一篇较长的采访评论的一部分，其中 Griesemer 说，"《光环》战斗的秘密"是"你有一个 3 秒的循环，被嵌套在一个 30 秒的循环之内，而这个 30 秒循环又同时被嵌套在一个 3 分钟的循环之内，这样的循环总是不同的，所以你每次都会获得一种独特的体验。"不同类型的交互会在各种时间跨度上发生，即使是在快节奏的动作游戏中。在较短的周期内更关注的是即时的事件，比如"站在哪里，什么时候射击，什么时候躲开手榴弹"，而在较长的周期内则更关注战术方面（因此也更加偏向于认知）的问题。通过堆叠这些交互循环，在每个跨度上都建立参与，并改变每次提供的体验，游戏设计师就能提供一个真正吸引人的、难忘的游戏玩法体验集合。

核心循环

游戏设计师经常谈到游戏的核心循环，大致定义为"玩家大多数时间都在做什么"或"玩家在任一给定时间在做什么"。基于这里讨论的对不同交互循环的理解，我们可以让这个定义更加精确。与这里的任意参与循环一样，如图 4.4 中的高层次循环所示，游戏的核心循环像图 4.9 展现的那样执行。玩家形成意图并执行动作，为游戏提供输入，正如之前讨论的那样。这会导致游戏内部状态的改变，并向玩家提供有关他们动作成功与否或其他效果方面的反馈。通常，这种反馈也会向玩家提供有关他们在游戏中进展的信息，或者另一种奖励，又或者另一种形式的行动号召，以此来保持玩家对游戏的参与感。推进游戏或奖励提供的新能力又会鼓励玩家形成一个新的目标或意图，然后循环再次开始。

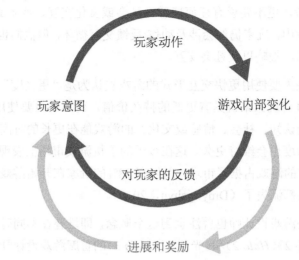

玩家动作

玩家意图   游戏内部变化

对玩家的反馈

进展和奖励

图 4.9   核心循环的抽象图。这被映射到玩家在游戏中的主要动作。请参阅第 7 章中的更多详细信息

正如我们在讨论交互循环时所看到的，这个循环可以发生在不同的注意力水平，以及跨越不同的时间尺度。游戏的核心循环是由游戏设计决定的，更具体说来，是由"对玩家参与感来说最为重要的交互形式"所决定的。这几乎必然包括低级的动作/反馈循环，因为这是玩家与游戏真正进行交互的地方：玩家通过诸如按键、移动鼠标或是轻敲屏幕的方式来执行一个动作，游戏认可该输入后执行反馈响应。

然而，该动作/反馈循环本身可能并不是"游戏+玩家"系统中最重要的循环。游戏设计先确定哪种类型的交互是玩家需要将注意力主要投入进去的，然后那些交互再形成核心循环。在游戏中四处移动可能是主要的核心点（通常还与跳跃、射击等要素一起），或者可能只是达到目的的手段而已。如果玩家主要聚焦于建造建筑物、发掘技术、管理国家或者建立关系，那么这些交互形式就将为游戏创造核心循环。（你将在第 7 章中看到有关此主题的更多信息。）

参与循环

堆砌具有不同持续时间的交互循环，会创造唤醒度或高或低的周期性固有循环。这对于参与感和学习非常重要，因为它能让玩家体验到周期性的"先挑战与紧张，然后松弛与巩固"。它也可以防止注意力疲劳，因为这种情况下玩家根本无法跟上出现的所有内容，因而他们的参与感和表现都会受到影响。

思考这一点的方法之一是，堆叠不同频率的波状循环。动作/反馈交互循环具有最短的持续时间，因此具有最短的"波长"和最高的频率。只要游玩还在继续，这些交互循环就会继续下去。而其他类型的交互具有更长的波长，因而产生更长的周期（见图 4.10）。结果，动作/反馈循环贯穿于整个游戏中，就像海洋里大浪顶部的小波一样，而紧张和释放的周期是通过有效堆叠游戏中的短期认知、长期认知以及潜在的社会、情感和文化循环来创造的。

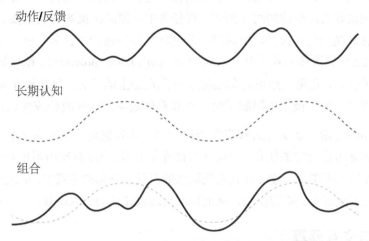

图 4.10　堆叠不同"波长"的交互以在游戏中创造高低紧张感的时刻

正如游戏设计师 Chelsea Howe（2017）所描述的那样，这些堆叠循环也创造了"节奏与例行"周期，为玩家提供游戏中时间流逝的信号。这些循环有助于指示可用的新内容（如每日任务或每日奖励）、游戏会话开始和停止的地方、战斗或恢复的次数、游戏中精彩时刻对神经造成的紧张或释放，或者诸如代表游戏中社交性和值得庆祝的阶段（无论是大规模赛季，还是仅仅只是升了一级）。

叙事和交互参与

正如第 3 章中所讨论的，叙事是很多游戏的重要组成部分。它充当玩家在游戏中交互的载体，设置具体背景，并往往会为玩家提供用来追求的目标。然而，它并不是交互式的。

Cook（2012）指出，游戏叙事形成的是弧形而不是循环。游戏向玩家提供反馈，无论是以文本、NPC 驱动的对话框、过场动画还是其他为玩家提供"预处理信息的有效负载"的形式，这些"有效负载"都可以高效地向玩家传递目标信息，但不允许交互。因此，玩家的参与感是有限的。在观看电影（或游戏中的过场动画）时，个体可能会全神贯注于情境和角色，但在叙事中玩家虽然有想要做的选择或想要采取的行动，但却没有实际行动的机会。在叙事期间，玩家被简化为了被动的观察者。

许多游戏使用非交互式叙事作为交互式游戏会话之间的桥接：游戏可以通过叙述向玩家介绍任务，允许玩家展开任务，再在任务完成后用叙事形式交代最终状态。这种形式对建立"表面看来似乎很像交互性叙事的体验"是很有效的，即使玩家能真正做出决策或以具有长期结果的方式互动的机会很有限。这种形式的风险在于，玩家会觉得开头和结尾都是预设好的，在这期间（例如，在任务中）做的决策都无关紧要。这可将玩家所做决策的意义抛到九霄云外，反而产生降低玩家参与感的"徒劳"感。在之前一家公司里，我们把这种情况称为盖里甘岛问题（Gilligan's Island problem）。在这部电视剧里，无论角色做了什么，在每集结束时都还处于被困在岛上的状态。这是作家确保角色回到起点的便捷方式，但它极大地限制了角色以及整体叙事的任何成长或变化。

将交互循环元素与非交互式叙事弧链接起来，可以创建一个引人入胜的整体体验，但这也有着缺乏可重玩性的缺点：一旦玩家看过了叙事，他没有理由再看一遍。然而，在有节制地使用叙事作为创建交互式系统玩法的背景和基础的游戏中，非交互式弧可以帮助玩家更快地创建游戏的心智模型，从而以此为跳板让他们进入游戏的交互循环部分。

精神负荷与交互预算

当玩家与用到了不同类型循环的游戏进行交互时，他们在不同时间跨度上提供输入并得到反馈，涉及不同数量的反射性、执行性以及反思性注意力的处理。然而，任何人在任一时候能做的事情都是有限的。我们的注意力与整体精神资源有限，玩家同时只能追踪有限数量的敌人、爆炸、对话或拼图碎片只有控制到有限数量，人的大脑才能在不堪重负、表现与参与感受到影响之前保持正确的跟进。这些限制被称为认知负荷，正如本章前面所讨论的。一般来说，这是个体在没有压力或未降低表现的情况下能执行的注意力和脑力工作的数量（Sweller, 1988）。由于我们在游戏的玩家交互里包含了注意力、知觉、认知、情感、社会和文化等方面的内容，因此我们将这些内容归为一个更广义的精神负荷。

玩家在进行游戏时，精神资源是有限的。在此情况下，将他们放于精神负荷之下的一个后果是玩家无法处理游戏丢给玩家的所有事情。那么优先顺序是怎样的呢？

似乎依赖于反射、非自愿、外生注意力的交互会排在第一，其次是要求执行注意力的任务，再然后是那些需要反思资源的内容。另一种看待此问题的方法是快速驱逐慢速：

如果玩家必须躲避快速移动的障碍物或对周边视野范围内出现的物体保持警觉，他们的战略甚至战术性思考的能力就会被抑制，更不要说用来反思自己情感状况的能力了。这在进化方面是有道理的，而且与经验一致：当更为紧急的交互出现时，它需要我们的注意。无论任务是迎击一枚来犯导弹还是在不熟悉的街道找地址都是如此；无论哪种情况，其他较慢、要求较低和/或需要更多反思内部资源的交互都被推到一边。当然也有例外，比如当一个人过于专注于一个问题时——使用了执行注意力和控制力——他们就会错过清晰的环境信号。尽管如此，在设计游戏以帮助玩家建立参与感和心智模型时，我们都需要考虑到他们的精神负荷以及他们参与不同形式交互的程度。

Quantic Foundry 的工作为这一想法提供了一些额外的证据，该公司调研了近 30 万名游戏玩家，建立了他们的动机和行为模型。Quantic Foundry 对此数据的可视化操作之一（见图 4.11）展现了玩家如何将游戏就"兴奋"（拥有许多操作、意外和刺激的快节奏游戏）这一角度从低到高归类，以及就"策略"（涉及提前思考、做出复杂决策的较慢节奏的游戏）这一角度从低到高分级。左上角（高兴奋/低策略）是像《反恐精英》（*Counter Strike*）和《英雄联盟》（*League of Legends*）这样的游戏，而右下角（低兴奋/高策略）是形如《欧陆风云》（*Europa Universalis*）这样的游戏。前者主要依赖快速行动以及短期计划（即动作/反馈和短期认知交互），而后者需要更为长远的认知，以及少许的动作/反馈交互，以防止玩家在创建跨越世代、建立帝国的计划时走神。最值得注意的是右上角的空白：没有一款游戏能得到玩家在兴奋和策略上的双重高评价。这样的游戏需要玩家具有太多东西，会产生太多精神负荷，从而压倒了一切参与的可能性。

此外，沿着两个轴走得更远的游戏通常被认为更"硬核"——需要更多的精神资源来学习游戏，并构建更详细的心智模型——而左下角的游戏则被认为更"休闲"，或者是 Quantic Foundry 所称的"简单乐趣"（见图 4.12）。同一个带状区域内的游戏玩法类型可能不同，但在游戏中学习和取得胜利的相对难度（与玩游戏时所需精神资源的数量一致）大致相同。

交互预算

理解了不同类型的游戏玩法和交互都会增加玩家的精神负荷之后，我们引出了交互预算的概念。如果玩家愿意将他自身以及拥有的精神资源都投入到游戏中，他可能会对图 4.11 和图 4.12 中沿任一轴方向更远距离的游戏感兴趣，或者可能是一个能提供大量情感交互的游戏（如《归家》或《请出示文件》）。而如果玩家想要更轻松的体验，他可能会选择一个总体只需要较少交互需求的游戏；例如，《糖果粉碎传奇》以及其他只需少量的短期认知交互的配对类游戏，配合一点让人有满足感（而且通常不是高压力的）的动作/反馈交互和多汁性。虽然游戏必须具有足够的交互性以保持吸引力，但那些要求更少注意力的游戏往往被认为是更"休闲"的，允许玩家在未构建一个复杂心智模型的情况下沉迷于他所喜爱的游戏中，这种游戏让玩家能够随时拿得起和放得下。

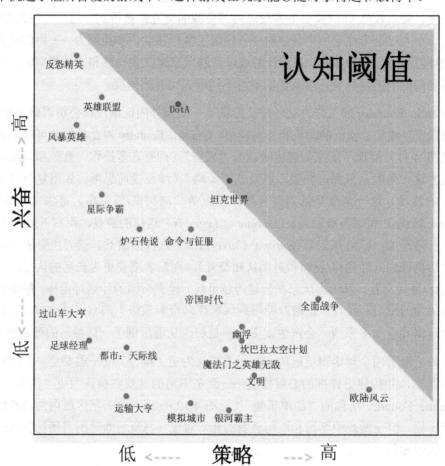

图 4.11　Quantic Foundry 关于"兴奋"类游戏与"策略"类游戏的图表，展示了一个清晰的认知阈值，
　　　　超过这个阈值后玩家无法有效地完成操作

　　更一般地说，游戏设计必须尊重玩家在"设计师想要创造的体验类型"这方面的交互预算。这包括理解如下内容：较短持续时间的交互循环（也依赖于用于建立参与感的反射性注意力）似乎会首先用掉玩家的精神资源，动作/反馈可以优先于短期认知，后者又可能占用长期认知的资源，如此往复。

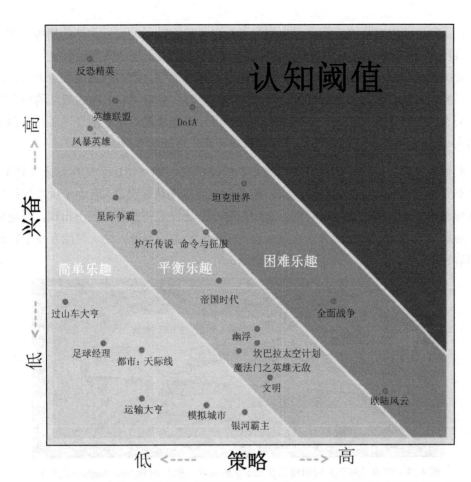

图 4.12　Quantic Foundry 的认知阈值图，展示了划分为简单乐趣、平衡乐趣与困难乐趣的带状区域

　　这意味着，如果你想开发一款拥有大量动作/反馈和短期认知交互的高动作性游戏，玩家将没有足够的精神资源进行长期认知、情感或社会交互。在游戏中是可以包含这些更长线的交互内容的，只要你不在游戏进行快节奏的流程同时要求玩家调动长期认知资源。许多角色扮演游戏在更战术的、短期的任务和战斗之间穿插了涉及角色定制的长期认知交互。类似地，像《英雄联盟》这样的游戏，通过将社会交互、玩家的动作/反馈以及短期认知循环同时包含进去，创造了更好的整体参与感。他们通过将社会交互与主要游戏玩法分离开来实现这一点：游戏基本上是分阶段进行的，高强度的片段穿插在更有社会交互性的大厅时间中。

　　同样，设计更长期、更有思考性的游戏必须避免过多的高动作/反馈或短期认知交互需求，否则这些内容将抢走玩家需要用来参与更长持续时间的交互循环的精神资源。例如，《群星》是一款跨星系的策略游戏，聚焦于长期认知交互，并为玩家提供了在构建庞大帝国时考虑众多选项所需的时间。游戏看起来很漂亮，拥有很高的注意力价值，同时不需要玩家以一种时间紧迫的动作/反馈方式来交互。宇宙飞船之间的战斗的确会发生，但它们不是由玩家来指挥的：如果玩家愿意，可以放大来观看一场战斗（而且看起来很激动人心），但他们不必花费任何注意力或交互来执行战斗本身。

类似地，如果游戏被设计成拥有强烈的情感冲击，如《请出示文件》或《列车》，那么不要求玩家投入过多的动作/反馈、短期认知或长期认知交互，有助于玩家保持精神和参与感聚焦于与情感交互循环的互动中。这并不是说那些循环压根不出现，而是说它们不会那么被强调。这两款游戏都具有看似简单、朴素的表现，使玩家能专注于它们带来的情感冲击。《列车》的整个设置如图 4.13 所示。

图 4.13   游戏《列车》简洁而又令人难忘的表现（照片由 Brenda Romero 提供）

交互预算的确切本质仍然是研究的一个主题。我们还不知道，除了像 Quantic Foundry 那样调研玩家以外，还能如何测量兴奋（动作/反馈与短期认知）、策略（长期认知）或其他形式参与的程度。对于特定玩家，我们也不知道需要多少感官反馈才能维持注意力和参与感，或者这是如何受到长周期交互循环影响的。经验已经展示了这些交互循环的实际状况及其总体关系，但要充分应用它们，仍然需要实践和未来的探索。

认识、定义和创造"乐趣"

如本章前面所述，交互性缺乏一般意义上的共识定义。而乐趣的定义就更加不明确。它似乎取决于各种因素，包括具体背景和个人偏好。一个人觉得有趣的，换一个人可能会觉得无聊或不堪重负；同一个活动在某些环境下，一些人会觉得有趣，但另一些人可能就会感到厌烦或痛苦。Caillois 与 Barash（1961）试图用 *agon*、*alea*、*ilinx* 和 *mimicry* 的游戏形式来捕捉不同类型的玩法，以及不同类型的乐趣。Koster（2004）说："乐趣只是换一个词来表示学习。"另外有些人甚至提出了 8 种（Hunicke et al.，2004）、14 种（Garneau，2001）乃至多达 21 种（Winter，2010）单独类型的乐趣！在各种可能的定义的推动下，我们将在这里考虑如何使用我们对交互性和参与感的理解来建立全面有用的乐趣理论。

乐趣的特征

在开始定义乐趣是什么，以及讨论它与游戏和玩法之间的关系之前，有必要回顾一下通常与乐趣相关的体验类型，以及它们所具有的共同特征。其中大部分特征都是我们在审视游戏本质及人们如何与之交互时已经遇到过的。

从最一般的角度来说，有趣的体验与愉快或情感上积极的体验是画等号的。相比平淡无奇的快速体验，这种体验能提供更多的内容，而且个体通常想要重复这样的体验。Schaufeli 与他的同事（2002）称，某种程度上说，有趣的体验是一种"普遍存在的情感-认知状态"，其持续时间比单纯的快感更长，并会涉及情感和认知。

产生乐趣的活动和背景是完全自愿的，且通常是无关现实的。这些属性符合魔法阵的概念：圈内发生的事情没有其他特别的意义，也没有人是被迫参与进来的。当离开活动（哪怕这个活动是令人愉快的）的能力被剥夺时，有趣的感觉也会随之消失。

有趣的体验是很具吸引力的——人们不会躲避它，同时它也不仅仅是提供信息而没有情感内容。它们带有积极的、而非消极或中性的情感效价。也就是说，即使在这个普遍的层面，也存在人类非一致性的表现：有时候表面看起来悲伤或可怕的体验（如剧情向的电影或鬼屋），仍然可以从中体会到乐趣——如果是自愿的，且无关现实的。知道你并未真正处于危险之中或悲剧并未真正发生，会让你作为一次有趣的体验，自由享受情感的冲击（从肾上腺素的释放开始）。

在这个大的范围内，有许多不同类型的乐趣体验。有些对感官造成刺激，无论是捕捉反射性注意力（如烟花）还是 *ilinx* 中的眩晕感，又或者它们会促进神经递质（如多巴胺、血清素、后叶催产素和内啡肽）的释放，如前面所讨论的那样。还有一些则提供物质奖励、社会包容、成就甚至完整性（与将一组东西拼合完成时的满足感同样）的感觉。

乐趣的体验可能包括学习，但这不是一个必需的组成部分；有时表现出一种学得很好的技能，或只是单纯参与一个体育或团体活动，都是能让人感到愉快和有趣的。乐趣也不需要合理性的存在。需要大量脑力工作的谜题可能会收获一种机智取胜的乐趣感，其他一些完全基于感官或由情感而非认知驱动的体验也可能被视为乐趣。

乐趣的特征还在于满足感和某种平衡感：如果某个情境或某项活动过于无聊或有压力（主观上对个体来说），过于混乱或随意，那么就不再有乐趣。乐趣，与前面讨论过的心流，看起来是密切相关的。

定义乐趣

从刚才的以及有关交互和参与的讨论中，我们可以看到，没有一个简单的乐趣定义可以适用于所有情况。然而显而易见的是，虽然乐趣有多种形式，但这些形式有一定的规律性。在乐趣的定义方面，与本章前面讨论的参与类型，以及第 3 章中讨论的游戏的结构、功能和主题元素非常吻合。

首先也是最重要的，乐趣必须是自愿的，有趣的活动通常是无关现实的。如果参与是被迫的（无论是通过胁迫、使之上瘾或者通过其他方式导致其他自由度的丧失），任何活动中的乐趣都将消失。同样地，在大多数情况下，如果附带了潜在的后果，特别是可能导致某种形式真实损失的后果，那乐趣也将荡然无存。当然，很多人花真金白银赌博并认为这是乐趣——但这是一种承担风险的自愿行为；正是风险与潜在的能获得奖励的机会（以及伴随着期待的多巴胺释放）使其保持在乐趣范围内。

乐趣诱发积极的感觉，它在情感上并不是中性的。它可能产生于感官或物理环境中，包括视觉、声音、味觉、触觉以及移动等刺激。这些感觉的例子包括纯粹的——并且是自愿的——*ilinx* 或过山车的眩晕感，或是灯光秀、音乐表演的感官享受。

当然，乐趣也可以在认知追求中得到体验，从简单的谜题到长期的策略，只要它们是自愿的，且（至少大部分）是无关现实的。这也是学习中体验到的乐趣起作用的地方：构建一个心智模型来更好地理解情境，即使环境是"严肃"的，也可能往往被视为乐趣。并不是所有的学习都一定是有趣的（尤其是压力太大的情况下死记硬背式的反复学习），也不是所有的乐趣都需要学习，但就乐趣的认知方面，学习是其重要特征之一。

当然，许多社会和情感活动都是有趣的体验。这些可以与其他方面的乐趣构建组合，如跳舞（社交和物理）或聚会游戏（社交与认知），或者可能更加非结构化（观看或参与一场轻松的对话）。这些至少与文化活动中的潜在乐趣相一致——有助于我们了解自己在社区和文化中的地位，如果它们仍然是自愿和无关现实的。这可以用来解释为何博物馆被视为有趣，至少对某些人来说如此。

除开这些之外，乐趣的另一个重要元素是，它必须将前面讨论过的交互预算维持在主观设定的范围内。有时候，个体可能会愿意接受挑战，但其他时候更简单、更轻松的追求才是更被渴望的。预算的具体数量因人因时而异，但预算的概念——个体愿意花费多少脑力（或体力）上的努力——是一致的。这里再次转回到关于心流的讨论：在特定时刻，如果某项活动对个体来说太无聊或压力太大，那么它就不是乐趣体验；至少在那个时刻，个体所处的位置在心流通道之外。

综合这些，我们可以说乐趣是一种复杂的人类体验，它包含具有如下属性的行为和环境：

- 自愿，以及（通常情况下）无关现实。
- 具有积极的情感效价（有时隐藏在消极的表面体验下），以及有一定的持续时间，而不仅仅是"瞬时快感"。
- 拥有感官、认知、社会、情感和文化参与中的一个或多个元素。
- 符合个体当前对交互的渴望层次——他们的交互预算——这可能因人因时而异。

简单来讲，我们可以说虽然并非所有吸引人的体验都是乐趣，但所有有趣的体验都是吸引人的。它们在不同的形式和时间跨度上保持着积极、有吸引力和引人入胜的因素——无论个体在此时此刻从交互中获取到的快乐程度如何。

从实操角度来看——在游戏设计方面——这意味着要想成功，游戏需要是：

- 玩家能自行选择参与的自愿性活动。
- 感知上具有吸引力，有明显的行动号召来启动交互循环。
- 以本章中描述的一种或多种方式进行交互参与——在广阔的游戏空间中为玩家做决策提供机会，并激发玩家的"活力、奉献和专注"（Schaufeli 等，2002）。
- 不过度地对玩家的精神容量或交互预算施压。

你不能简单地将这些性质"设计进去"然后再来清点，它们必然是你的设计创造的整体体验的涌现结果。作为一名设计师，无论你做什么，都需要考虑几个问题：你是在添加这些性质还是在减少它们？游戏设计是否提供了足够的参与机会，包括某种形式的有意义的决策？它是否会以不压垮玩家精神预算的方式来做到这些？在设计、构建和测试游戏时，你需要多次问自己这些问题。

游戏一定要有趣吗

游戏是被设计成有交互性和参与感的系统。由于许多引人入胜的活动也很有乐趣——自愿，无关现实，有吸引力，正面效价，以及有交互性——我们通常就会认为游戏自然而然也属于这一类。大部分游戏也的确如此。

但这并不是绝对必要的。就像示例《列车》展示的那样，完全有可能以一种颠覆性的方式来利用游戏吸引人、有交互性和有参与感的性质，来引导玩家体验有价值但他们永远不会想去寻求的体验。

在一个关于游戏玩法中积极与消极影响的研讨会上，Birk 及其同事（2015）指出：

> 大多数时候游戏使我们开心，但有时它们也会让我们感到沮丧或难过。它们让我们体验到快乐、成功与愉快，但它们也会因为较阴暗的主题而让我们产生沮丧、挫败或悲伤的感觉。在游戏中，我们可以体验到各种各样的情感——无论是积极的还是消极的。

他们接着指出，很多游戏都是建立在非常令人沮丧的体验（例如，《超级食肉男孩》（*Super Meat Boy*）、《黑暗之魂》（*Dark Souls*）、《矮人要塞》）或难解且往往是负面的情感环境（例如，《最后生还者》（*The Last of Us*）、《癌症似龙》（*That Dragon Cancer*））之上的。尽管如此，这些游戏仍然非常符合本章中所讨论的游戏所具有的性质，因为它们是引人入胜、自愿的体验，且拥有（如这里所列出的例子）能倾注足够吸引力的情感交互，即使它们不一定有趣，但仍然极其吸引人以及扣人心弦。

回顾深度与优雅

在交互、参与和乐趣的背景下，我们可再次回顾第 2 章中所介绍的游戏的深度和优雅的概念。你可能还记得，系统深度来自"系统嵌套系统"这样的层次结构，其中某个层次的部分在组织上是下一层次的整体系统，而同时它在组织上又只是更高层次的一部分。当游戏的设计有足够多的层次、玩家可以在这些层次中上下游走以作为他们心智模型的一部分、并找到与每个层次系统进行交互的方法时，这会大大增加整体参与感，甚至有一种迷人的认知奇迹的感觉——一种理性与情感参与的结合，在（非交互式）分形与动态自相似系统结构中也能发现。

同样，当一款游戏的系统不仅拥有深度，而且通常没有能破坏其对称性和亚稳态规律性的例外、特殊情况或系统结构中的其他异常之处时，那么就说游戏拥有优雅这个性质。拥有这一性质的游戏直接适用于 Bushnell 定律，它们易于学习且难以精通，因为玩家能够相对容易地构建仅具有少量交互的心智模型，在接近一个新领域时重复利用在前一个领域学到的结构，从而简化了学习过程——但又并不会将玩法空间缩减至一条狭窄的路径。

当游戏要求玩家记住具有例外的规则或是两个以相互矛盾的方式运作的不同系统时，这种精神资源的分配会减少玩家的交互预算，从而降低他们的参与感。玩家必须更加努力才能达到脑海中所理解的游戏内部模型的程度；要想达到能更少操心如何玩游戏、只是单纯享受游戏的程度就更加困难了。越容易达到这些——游戏的规则、特别是例外就越少，与此同时还要保持更大的游戏空间——游戏也就越优雅，最终也更加引人入胜和令人愉快。

总结

本章提供了进行游戏设计所需的最后一部分基础知识。你已经看到，前面介绍的系统性思维方法是如何理清对设计游戏至关重要、本身又相当模糊的交互性问题的。这种对交互的系统化理解，为讨论玩家如何建立与游戏内部模型配合存在的心智模型奠定了基础，并辅以玩家与游戏之间产生的各种交互循环类型。而这些又反过来以多种形式阐明了参与体验。

在此基础上，你也看到了如何定义看似简单却又极其难以捉摸的乐趣概念。本章中有点矛盾的结论是，尽管大多数游戏都是有趣的体验，但并非一定要如此——只要它们能保持高度的交互性和参与感即可。

从下一章开始，我们将在此基础上，运用对系统性思维、游戏结构、交互性以及玩家心智模型的理解，向上逐步构建设计游戏的过程。

第 II 部分

原理

第 5 章

做一个系统化的游戏设计师

本章，我们将会把讨论的焦点从基本理论转移到游戏设计实践中来。在这里我们会着眼于游戏设计过程中的方方面面，以及作为一个系统化的游戏设计师，每一个方面又该如何开始着手。

本章是一个总览，在第 6、7、8 章中还会对本章介绍的内容进行补充和完善。在后续章节中，我们将会先更加深入地着力于设计游戏的统一整体，然后是游戏循环，最后是游戏的各个部分。

你应该如何开始

很多人都想设计游戏。他们对设计游戏有着无限梦想，言谈也三句不离其宗，但不知为何却从未着手开始。这种现象很普遍，很多声称"自己对设计游戏有着强烈诉求"的人都从未实际做过。很少有人能鼓起勇气进入游戏设计这充满未知的旅程中。那些走得更远的、把自己各种原始想法通过游戏活灵活现表现出来的人就更稀有了。（这可能看上去有点像庸人自扰，但当你完成你的第一个游戏后，可能就不会再这么认为了。）

当把游戏设计不仅当成一个单纯的个人爱好、不仅看成一个"如果做到了岂不是很酷"的活动认真而全面地考虑的时候，人们往往会先问这样一个问题："我该从何开始？"没有易上手的操作，没有明显的方法途径，设计游戏似乎是一个"不可能完成的任务"。纯粹的复杂性以及隔行如隔山的陌生，让你能做的看上去只是"看自己跳得了多高"式的尝试。而这实际上正是到目前为止一代又一代游戏设计师所做的。在某种程度上，那些几十年如一日致力于游戏设计的人们也仅仅是迈开了第一步。对很多人来说，最初的数次尝试都是完全的失败。Rovio 在经历了 51 次尝试后终于推出了风靡全球的《愤怒的小鸟》（*Angry Birds*）——虽然这款作品一开始看上去也满是失败的面相（Cheshire，2011）。

失败本身并不是一件坏事，只要你是在尝试新东西（大部分与游戏设计相关），那么就会面临很多次失败。然而，使用系统、成体系的途径和方法进行游戏设计，可以减少失败的次数和持续时间。将游戏看作一个系统（包含其他更小的子系统）是解决"从何开始"的一个很好的方法。

从整体到部分，还是从部分到整体

认识到如何开始的一个关键，在于弄清是从你的设计的部分、循环开始还是从整体开始。关于这一点是观念碰撞的要冲地带。很多设计师都会坚定不移地固守某一个特定的阵营。一些设计师宣称任何游戏设计都必须从"名词和动词"——即构成系统的各个部分开始，而另外一些人则倾向于从他们想要构造的更为直观的体验类型开始。有时候一些人甚至还会遵循 Ellenor（2014）"一台做某事的机器"的思路，从而得出哪些部分能行之有效，以及基于该思路能涌现出什么样的游戏玩法体验。关于设计游戏的"正确"方法，不同观点可谓各执一词。[1]

除开部分观念根深蒂固的设计师以外，在游戏设计领域实际上并不存在绝对"正确"的方法。要想把握系统的观点，应该明确：在设计游戏时，需要抓住最关键的那一点，在这一点中已经完全定义了你设计中的部分、循环以及整体。作为一名游戏设计师，你需要能自如地在组织层面上下移动，根据需要将关注点在部分、循环以及整体之间切换。作为一个结果，你可以以任意一个最有意义的部分为起点开始你的设计过程，并能根据需要在不同的组织层级间跳转。

了解自己的长处，克服自己的短处

当你开始考虑做一款游戏时，你的思维会将你引导至何处？你是否在考虑一款玩家是鲨鱼或超级英雄的游戏？或者每个玩家都只是天空中的一只风筝？还是说你更倾向于像仿真或是对问题建模一样制作游戏？如果这是一款关于单细胞生物的游戏，你是否会以"列出该细胞的所有部分"作为开始？或者，你是否会通过平时积累的买卖行为规律，考虑一款玩家扮演"一个远程交易站的管理人"的游戏？

游戏设计师通常各有专长，开始设计时也往往都会从自己擅长的领域开始入手。当设计难度越来越大，即超出自己擅长领域之时，往往也会下意识地撤退至自己的避风港中。你需要做的就是认清自己有关游戏设计的避风港在什么位置，并设法让自己尽量脱

---

1 关于这点，我在与 Will Wright（其代表作是《模拟城市》）合作的过程中有过亲身体会，他是一个坚定的"名词和动词"派，而我更倾向于从整体体验的观点来实现设计。我们为相互了解彼此的观点花了不少时间。

离避风港；你还需要学会与不同风格的游戏设计师进行合作的方法。

实际着手做是让你清楚游戏设计过程中哪一个部分是最贴近于你自己的最好办法。当然，哪一部分对你来说更适合作为切入点，这也是值得考虑的。

故事作者

倾向从整体体验入手的游戏设计师，经常会为玩家的整个游戏旅程绘制一幅生动的画卷：玩家的感受如何，玩家会遇到什么，玩家会经历哪些变化。这样的游戏设计师有时很像一个专业的故事作者。他们能给你一个全新世界的概念，但他们同时也容易陷入困境。游戏毕竟不同于故事。像故事一样"讲"游戏有助于在初期快速构建玩家头脑内的世界观，但最终游戏要提供的远不止这些。

故事作者类型的设计师需要充分发挥他们绘制情感体验蓝图的才能，但决不应该拘泥于此。如果你是一个故事作者，从现在起你就需要注意培养"创造可用系统"的才能，这个系统拥有自己的符号、规则以及动态元素。你可以把与主题相关的部分掌控在自己手中，但同时也需要用底层游戏本身的架构——以及与能帮助你做这一切的人展开合作——来支撑这些主题部分。

创造者

很多游戏设计师热衷于创造复杂的机制或装置——例如拥有大量齿轮的时钟，或是滚珠架构等。这些东西可以通过直观的动态效果展现该系统的魅力。类似地，一些游戏设计师会想出基于新颖的生态或经济机制的各种点子，并为之乐此不疲。比如，《孢子》（*Spore*）的早期原型包含许多不同类型的仿真机制，其中包括从气体和尘埃组成的星际云开始，（在玩家的帮助下）形成完整恒星系统的仿真过程。

然而，无论这些创造发明是多么引人着迷，它们终归不是游戏。就如同讲述一个游戏中的故事那样，设计师有时会建立一个偏向于"观赏其运行流程"的机制，而忽略了真实玩家的核心需要是什么。在观赏的过程中设计师可能不时会丢给玩家一些零星的可做的事，但很明显，该机制或仿真本身始终处于焦点之中。如果你是一个创造者，你可以花大量精力建立有吸引力的动态系统——但不要忘了，游戏必须拥有高度集成于核心系统中的让玩家参与的部分，同时玩家也需要有长期目标和理由来玩游戏（游戏的全部整体），否则就完全吸引不了他们。

玩具制造者

最后，一些游戏设计师的身份倾向于玩具制造者。他们喜欢创造一些小而精的片段或机制，这些机制没什么实际作用，但仍然具有十足的吸引力，至少在首次接触的 1 分钟之内是如此。又或者，它们可能属于某个高度专精化的领域——像双翼战斗机的爬升率和备弹量，也可能是中世纪（或者至少是奇幻小说中的）战斗中所使用的不同种类刀剑的相对优点，或者可能是一个典型的暗礁中珊瑚虫的种类——或只是单纯爱挖掘和研究这样的信息。

很多可以归类为玩具制造者的游戏设计师习惯于从设计的"名词和动词"入手制作。可能你想设计这样一款游戏：免疫系统中的细胞为抵抗入侵的病毒展开了攻击。因此你从你所知道的（或是你能通过各种手段获取到的）"T 细胞的工作原理"开始入手。玩家在当中做什么？为什么这样设计就会吸引人和有趣？这些问题并不是你当前首要考虑的东西，或者寻找这些问题的答案本来就不容易。拥有将游戏设计落地到具体部分和行为的能力——符号和规则，即所谓的"名词和动词"——能帮助你快速搭建出原型。然而，要想将其变成一款真正的游戏，你还需要设法建立交互系统，以及提供能让玩家追求和体验的目标。

共同发现乐趣

关于这些不同的游戏设计观点，有一个好消息是：作为设计师，一旦找到了起点，你便可以把自己的能力扩展至其他领域。就任意领域而言，只要你不"起于这里、止于这里"，该领域就是一个很棒的起点。更好的消息是，你可以找到拥有不同游戏设计才能的人，并与之合作。对游戏设计师来说，与不同设计风格的设计师合作可能是一件困难甚至令人沮丧的事情，但对于玩家来讲，结果几乎总是更好，也更有吸引力。

无论你更偏爱游戏设计过程中的哪个环节，你都需要将自己扩展到其他领域，学会倾听持有不同设计过程的设计师的观点，并与之合作。很多游戏设计的灵感及过程都源自与他人主动交流自己的想法，倾听他人的想法，以及与那些和自己有着不同擅长领域的人的合作。将游戏设计理解为一种系统化设计，能让你将游戏的不同视点理解为不同的系统，将游戏设计师理解为系统设计师。这样的理解有助于你提高技能，以及寻找能帮你弥补自身短板的其他人。

做游戏设计的很大一部分内容，在于一句经常被重复的话"寻找乐趣"。你可以从一个很酷的玩具、一个有趣的机制，或是一段扣人心弦的体验出发——分别代表一款游戏的部分、循环和整体——但最终需要将这全部三个元素加上有吸引力的交互，组成一款真正有趣的游戏。要做到这一点，需要运用你的系统知识来系统地创造游戏系统，以及游戏。

设计系统化的游戏

作为一种将游戏看作系统的设计方法，我们可以着眼于游戏中有效系统的性质，以及它们是如何对游戏设计过程产生影响的。

游戏系统的性质

Achterman（2011）提出了建立游戏系统的一套有用准则。在他的观点里，有效游戏系统的标志可归纳为以下五类性质。

- **易理解性**：作为设计师，你必须将你的游戏理解为一个由多个子系统组合成的系统。自然地，你的玩家也需要能明白这一点。这也是"（为你自身准备的）设计文档"和"能让玩家建立心智模型的游戏表现形式"这两点都如此重要的原因。

- **一致性**：Achterman 指出了"规则和内容在游戏中任一部分都保持统一"这一点的重要性。很多时候通过添加一个额外的特例来解决特定问题确实比较方便，但这样做会降低系统的适应能力（可能会把游戏带入陷阱，引入后续的其他问题），让其更加不容易学习。（类似于第 3 章中有关优雅性的讨论。）

- **可预测性**：游戏系统对于给定的输入，应具有可预测的输出。而这一点，在能帮助玩家建立游戏心智模型的同时，会在某种程度上与设计系统的涌现产生冲突。需要注意的是，游戏可预测并不意味着将游戏系统设计成明显无趣味的机械重复化。然而，对于相似的输入，你的系统不应产生大相径庭的结果，更不能由于未预见的情况而变得脆弱甚至崩溃。你至少应该考虑到任何可能的特殊情况，这些特殊情况有可能会损害到玩家的体验，也有可能会让玩家利用到系统漏洞。

- **可扩展性**：系统化地构建游戏通常会使其具有高度可扩展性。比起依赖于完全定制的内容（如成本高昂的全手动搭建的关卡），你所创建的游戏系统，应让内容被尽量多地以新的方式重复利用，或是能被程序化地量产。你肯定希望自己所创建的部分和循环能被复用在不同的地方，而不是用在复杂而非复合关系的一次性设计（称为弧形设计）中。在循环中，各部分周期性地互相产生影响，正如资深游戏设计师 Daniel Cook 所说，"弧形设计就好比是能让你立刻跳出循环的断点"（Cook，2012）。基于循环而不是弧形来进行设计，也使得你在将一个特定系统添加进一款新游戏，或是将其作为更大系统的一部分放进一个新的环境中时能更加容易。举一个例子，你可能决定要为玩家添加一整类全新的可建造的建筑，如果游戏中有一个通用的"建造建筑"系统，这比你不得不再手动添加另一个建筑要容易得多。通过仔细设计游戏系统，只要有需要的部分以及它们之间足够的循环，你就可以在内部扩展系统，或者在外部扩展这些系统的应用，比在游戏中依赖更静态的内容或断裂、分离的系统要容易得多。

■ **优雅性**：正如前面章节所讨论的，优雅往往是系统的标志。这一特性对上面的几个特性做了一个概括。它凌驾于上面讨论的一致性之上，但又与其相关。下面是一些优雅的例子：

- 为玩家创造一个多样化的空间，让玩家仅基于少量规则进行探索（我们不能不再一次提到围棋，因为它是这方面的典型例子）。
- 拥有几乎无例外的系统化规则，易于学习，且可以实现可预测行为以及涌现行为。
- 允许系统在多个环境中使用，或在该系统中添加新的部分。

桌上游戏与数字游戏

本书使用了桌上游戏（也称为模拟游戏、棋盘游戏、实体游戏等）和数字游戏（在电脑、家用游戏机、平板电脑或手机上玩的游戏）中的示例。从游戏设计的角度来看，这两种游戏之间存在很多共性，无论它们的游戏类型或其他差异属性如何。

即使你从未考虑过设计桌上游戏，也可以从研究桌上游戏中学到很多东西。桌上游戏中唯一有"计算能力"的只有玩家的大脑，所有交互必须在大脑中使用玩家能实际进行物理操控的"符号"来进行。在这种情境下进行设计，无疑是一项重大的挑战。它限制了你作为游戏设计师为了将游戏理念变为现实所能做的事，并突出了游戏符号、规则、循环以及整体体验之间的关系。数字游戏可以用华丽的画面以及叙事过场动画弥补设计师在各方面的不足，桌上游戏则没有这么奢侈。

演员 Terrence Mann 在一次演讲中对大学戏剧系的学生说，"电影让你们出名，电视让你们富有；但剧院会让你们变得更优秀"（Gilbert，2017）。这里有一个与游戏设计的类比（当然并不是说任何特定类型的游戏设计都一定让你变得富有或出名）：设计桌上游戏和设计数字游戏之间的关系，与在剧院里表演和在电影里表演之间的关系类型相同。跟剧院一样，桌上游戏更靠近观众；你作为游戏设计师会隐藏得更少，并且必须为这样的环境磨炼设计能力。

这并不是说所有游戏设计师都非得设计棋盘或桌上游戏不可，尽管这确实是很好的实践。但如果有时你好奇为什么当在电脑上玩典型的"现代"游戏时会有如此多桌上游戏作为例子，这就是原因。桌上游戏在 21 世纪初经历了与数字游戏一样的复兴。作为一名系统化的游戏设计师，你可以从这两者中学习，然后就会发现桌上游戏的设计从某些方面挑战了你的技能，而这是设计电脑游戏所不能提供的。

设计游戏系统的过程

将希望在游戏系统中找到的抽象特征稍微具体化一点，我们可以看看系统化游戏设计的一般整体设计过程（无论是桌上游戏还是数字游戏）。

这必然是一个在设计部分、循环以及整体之间的迭代过程。首先，这个过程可能在你的大脑、白板、小纸片、文档和电子表格中迭代进行。一旦游戏初具规模，下面简要讨论（在第 12 章中有更详细的说明）的原型设计和游戏测试的迭代循环就变得很重要：快速设计原型以及尽早进行游戏测试，比期望你头脑中的想法能像雅典娜从宙斯的头骨中出现（这本身也是无稽之谈）那样以完全形态自己蹦出来要好得多。这个过程是游戏设计师的循环，如图 5.1 所示（与图 4.3 相同）。

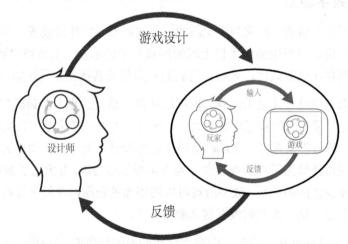

图 5.1　游戏设计师的循环能让你完成迭代设计，以及对你的设计进行测试

如前所述，我们可以从系统化结构中的任意一点开始：部分、循环或是整体体验——只要从其中一点开始了，你就能移动到其他点，以让它们能相互支撑。有了这个前提条件，为方便起见，我们将从整体架构和主题元素开始，然后移动到功能循环方面，最后是部分。

整体体验：主题架构

如第 3 章所讨论的，游戏的高层次设计必须与玩家的整体体验有关。我们可以将整体体验分为架构和主题元素——用户体验（游戏看起来和感觉起来是怎样的）的技术特征以及定义游戏是关于什么的更缥缈，有时甚至是隐性的特征。理解游戏整体的含义，就回答了"游戏（或游戏中的系统）的意义是什么"这样一个问题。

例如，在最近的一次谈话中，《荣耀战魂》（*For Honor*）的创意总监 Jason VandenBerghe 说，"我相信战斗是一种艺术形式。本游戏就来源于这个信念"（私人沟通，2016 年 12 月）。他的愿望是让玩家以一种致命的、舞蹈般的艺术形式体验白刃战。虽然这种愿望本身并不足以支撑游戏设计，但它是一个引人注目的愿景，能为游戏开发者指引方向，并且游戏的所有交互与细节最终都将源于此。

很多时候，游戏设计师或整个开发团队，都会在未完全明确游戏中他们想要的"整体体验"究竟是什么的情况下，直接投身于游戏开发过程。有关主题和愿景的问题似乎毫无意义：团队想制作游戏，仅此而已！但是，正如你将在第 11 章中看到的那样，对团队正在制作的游戏有一个共同的、一致的愿景，是迈向成功最重要的指标。

任何总体愿景都有多个因素，如下面各节所述。这些因素代表并指出了"为了认清游戏会是什么样"而必须被阐明的更详细的元素。

游戏中的世界和历史

首先，游戏中的世界是什么，玩家在其中的视点又是什么样的？你可能会想到一个直白、冷酷的有关间谍与尔虞我诈的世界——但玩家是在这个世界中步步前行的一个间谍，还是在幕后监控与操纵一个有时会不受控制的间谍团队的间谍首脑？或者可能是一位即将退役但为了最后一次复仇任务而出场的老间谍？每一个想法都会描绘一幅完全不同的画面，并将你的游戏设计带入不同的方向。

为了在某种程度上填充这个世界，它的历史中的重大事件——那些适用于玩家的事件是什么？如果你是一个故事作者，你可能不得不克制住自己想写一个 100 页的世界背景故事的冲动。而如果你不愁时间和经费，特别是有经验知道什么是有用的、什么不是，那么你可以纵容一下自己；你可能会在游戏世界中添加一些重要的细节，让其更加生动。但如果你有时间或预算上的限制，或者你在这个职业上刚起步，则应该避免陷入太深的背景故事的诱惑之中。你需要知道游戏世界是什么，关于什么，但首先你可以在一两页的文本中做到这一点。除了支撑其余的设计所必需的之外，你不应该写任何过多的内容。在这之后，随着游戏逐渐浮现全貌，你可以充实整个城市深刻而又悲惨的历史，其中的大街小巷充斥着不计其数的秘密。

叙事、发展以及关键时刻

游戏世界的历史就是它的过去。而游戏世界的现在和未来则包含在游戏叙事中。你的游戏是否有一个预定义的故事，玩家所做的事必须在这个故事中进行吗？围绕玩家是否会产生源自游戏整体历史中的重要事件，但同时这些事件又为玩家做出自己的决策留了足够空间？或者游戏的历史即为玩家的起点，过去只是序幕，且几乎没有持续的叙事来引导玩家的行为？

理解你的游戏世界以及它的（一些）历史也将帮助你开始着手定义游戏中发生的重大事件、玩家的目标及其发展，以及"关键时刻"——有助于给玩家传达有意义高潮点的短暂时刻或故事。

美术、商业化以及其他整体体验的关注对象

在游戏整体体验的层面上，有各种各样的问题需要解决：游戏的美术风格是 2D 还是 3D？手绘、卡通渲染还是超现实风格？你的选择如何将游戏的核心和主题反映给玩家？与此紧密相关的是玩家与游戏的交互方式——用户界面与用户体验，通常被称为 UI/UX。甚至商业化设计——你的游戏如何盈利——也是你在这个阶段必须考虑的事情。

在第 6 章中，我们将更详细地介绍游戏整体体验的设计与记录过程。就现在而言，需要记住，无论你是从一个高层次的、蓝天式（后面会提到）的创意愿景开始，然后用底层的循环和部分去支撑它；还是首先敲定那些动态的、具体的元素后再推回到理念愿景，都没有太大关系。无论哪种方式，在你完善你的想法时都会在这些步骤之间来回迭代。重要的是，在开发游戏之前——在确定这个游戏是什么样的之前——你将这样的主题、愿景以及玩家的整体体验，给团队做了清晰的表达和分享。

系统化循环以及创建游戏空间

第 3 章和第 4 章讨论了游戏循环：游戏世界的动态模型，玩家关于游戏的心智模型，以及玩家与游戏之间发生的交互。设计、构建这些循环以及支撑它们的结构，是通常所说的"系统设计师"的核心。除了这里的概述以外，我们还将在第 7 章详细探讨这一主题。

在为玩家创建一个能探索的空间（而不是让他们跟随贯穿游戏的一条单一路径）时，你需要定义游戏的系统。这些系统需要能支撑主题以及你所期望的玩家体验，它们必须在玩家与游戏之间交互地发挥作用。你需要确定和创建（通过迭代的原型设计与游戏测

试）玩家的核心循环、显性目标以及他们在游戏中推进的方式。

创建这样的系统可能是游戏设计中最困难的部分，它要求你能想象：系统使用游戏的符号和规则创建了一种体验，而这种体验是很难能提前清晰认识到的。当然，你不需要同时做所有的事情——这就是为什么原型设计与游戏测试如此重要的原因——但能够足够全面地想象多个循环系统，以便记录它们的设计并实现它们，这仍然是一项艰巨的任务。例如，在许多游戏中，控制资源生产、制造、财富生产以及战斗的系统都有自己的内部工作方式，所有这一切彼此之间，以及与玩家之间进行交互，才创造了玩家的体验。要让所有这些都自行发挥作用并为系统整体做出贡献，需要技巧、耐心和韧性，这样才能在事情不那么顺利时从容面对并反复尝试。

平衡游戏系统

制作游戏系统的一环，是确保游戏定义的所有部分都被用上、相互之间保持平衡，且游戏中的每个系统都有其明确的目的。如果你在游戏中添加了一个任务系统而玩家忽视了它，你需要认识到为什么它对玩家的体验没有帮助，并决定是移除还是修复它。第 9 章和第 10 章详细介绍了这一过程。

结构部分：符号、值与规则

在着手游戏设计时，你可能是带着一个有趣的循环机制或交互的想法的。或者你可能是从你想要玩家拥有的体验和感觉类型开始的，因而你要定义游戏和交互循环。或者在某些情况下，你可能想从构建游戏的基础部分开始。无论如何，在游戏真正完成之前，你需要将游戏的功能循环置于整体环境——游戏体验——中，并且还要创建游戏系统的结构部分。

我们已于第 3 章首次阅读了游戏中的符号、值以及规则。而在第 8 章中你将再次看到关于它们的详细介绍。就当前而言，从系统设计师的角度来说，你应当理解：准确敲定游戏中发生了什么的过程本身——越过各种徒手比画的描述阶段并能够真正实现游戏——才是至关重要的。没有这个过程，就没有游戏。

这有时被称为"详细设计"，它是游戏设计变得完全具体的地方。那把剑的重量是 3 还是 4？成本是 10 还是 12？游戏中有多少种类型的部队、马匹或花瓣？这些数字对整体玩法会产生哪些不同？跟踪和确定游戏的这些结构部分被称为游戏设计的"电子表格专用部分"。这是系统化设计的关键部分；这就是从各个角度看来，游戏真正变为现实的地方。需要这样的具体设计来使不同的符号化部分彼此平衡，以让游戏成为一个紧密结合的整体，而不是让它成为可以分开的独立系统。

在这里你需要考虑的问题是，如何确定游戏中表示各种对象的符号——玩家、其他人、国家、生物、宇宙飞船或游戏中任何可操作的作战单位——并给予它们足够的属性、值和行为，以此来定义它们。关于这部分内容，一种思考方式是回答这样一个问题：要支撑游戏系统，以及提供你所想象的游戏整体体验，需要的最少数量的属性、状态和行为是什么？

与此相关的问题是，如何让玩家明白游戏中的符号是什么，它们是做什么的，以及玩家如何影响它们。这反过来又将反馈到游戏的 UI/UX 中——如何布置棋盘或屏幕以向玩家展示有关游戏的必要信息。只有在你真正了解必要信息是什么之后，这些内容才可以被确定。与此同时，通过问自己"玩家为了玩游戏需要了解哪些信息"来解决这个问题，这个过程本身就可以帮助理清符号化过程。

第 8 章更详细地讨论了这个过程，包括如何使用少量互相交互的通用属性在较大的游戏系统中创建属于它们自己的子系统，以此来创建复杂的对象、游戏片段或符号。第 8 章还将讨论对象间行为的重要性，以及如何在游戏中避免出现"轻松获胜"或其他扼杀游戏性的符号。

回顾系统化设计过程

作为一个系统化的游戏设计师，你的循环——设计师循环——会将游戏看作整体、系统或个体部分之间的循环（见图 5.2）。你需要在了解它们的同时，认清它们是如何相互影响的。你还需要能够详细地深入到任意一个循环节点之中，具体取决于游戏设计所需的内容。重要的是，你不要把注意力集中在任意一个特定层面而排除其他层面；你也不应该低效地与其中任何一个层面较真儿。当你发现自己在某个层面上推进而没有任何实际效果时，通常可以转换至其他层面的角度来进行工作，以帮助揭示你在之前那一个层面上究竟还需要做什么。如果你不能很好地将这些体验落实，那么可以去研究各符号是如何工作的，看看它们如何传递体验。或者，如果你头脑中的体验很清晰，但不能很好地确定符号，那么可以看看系统是怎样告诉你这些符号是如何发挥作用的。同时，不要逃避将系统符号化，确保其中有有趣的交互，或者确保有一个连贯的主题，因为作为游戏设计师，这个过程中必然会有一个或更多是不在你的舒适区的。所有这些，对于任何合格的游戏都是必需的，且都是系统游戏设计师的必要实践。

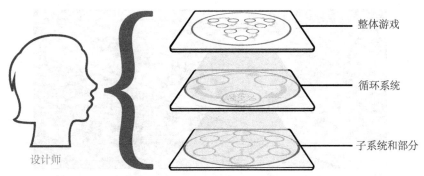

图 5.2　作为游戏设计师，你需要能同时看清部分、循环和游戏的整体体验，并根据需要放大其中任意一个

从系统角度分析游戏

作为游戏设计师不仅要设计自己的游戏，还要游玩和分析很多其他人的游戏。重要的是理解究竟是什么因素让游戏在特定领域行得通，或是行不通。

你可以遵循与设计相同的系统化结构进行分析。它涉及对整个体验进行观察，包括如何建立你的游戏心智模型、游戏的内部和交互循环以及构成它们的规则和符号。通过仔细识别和分离这些内容，你可以深入了解设计师做出的决策，从而改善你自己的设计。

当你首次开始玩一款游戏时，先观察你自己是如何构建心智模型的：你理解游戏的设定和主题吗？有什么内容能让你惊讶？在你了解这款游戏的过程中，你发现游戏的哪些概念是重要的、不完整的或难以理解的？游戏是如何在早期激发你的参与感的？

在游戏中与游戏后，想想这个过程中你的整体体验。你认为游戏设计师试图在玩家身上引发什么样的体验和感受？是否有游戏的特定因素支撑或削弱了你的体验？

游戏中的哪些视觉和交互元素支撑了游戏主题和预期的玩家体验？根据艺术风格和交互元素，你能推断出游戏设计师对游戏的设计意图是什么吗？

你可以在游戏中识别出哪些特定的游戏系统？是否存在独立于玩家运作的系统，还是说它们万事都会依赖于玩家先做些什么？桌上游戏《发电厂》（*Power Grid*）是非数字游戏的一个很好例子，其系统主要在玩家的控制之外运转。举一个例子，在这个游戏中有一个简单而高效的供需经济描述：当玩家购买更多的任意一种燃料时，该燃料的价格会上涨，直到下一回合供给重新装满为止（见图 5.3）。

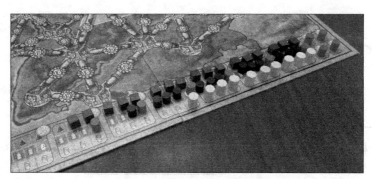

图 5.3　桌上游戏《发电厂》，轨道代表煤、石油、废料和核燃料资源的价格。玩家每进行一次购买操作，对应的资源供给就减少，其价格就上涨。每回合供给都会得到补充，驱使资源价格降低（如果燃料未被使用的话）

继续咱们的分析概览，作为游戏中的玩家，你该如何推进游戏，你能识别出哪些强化循环？哪些平衡循环会阻碍玩家前进，或者会阻止一个在前期取得优势的玩家取得胜利？

游戏中的主要交互形式是什么？游戏如何分配其交互预算？这是策略游戏还是社交游戏，又或者是需要快速思考、快速行动的游戏？作为玩家，你与游戏交互的方式是有助于确定游戏的主题，还是起相反的作用？

最后，具体的符号和规则——游戏的各种微小部分，以及它们的值和行为分别是什么？它们是能支撑预期的游戏玩法体验还是起反作用？在游戏中了解了一个系统之后，你是否能将其运作的方法平推至游戏的其他部分，还是说游戏中有许多规则要学习，每一个都有自己特有的例外，因此你必须花很多时间思考如何玩这个游戏？

通常，游戏的美术风格是由其单独的符号来表现的，有时其表现的方式还会令人特别惊讶。例如，桌上游戏《璀璨宝石》主要描写你作为一个宝石商人如何建立你的商业帝国，以独立经营采矿事业为开始，以获得各种贵族青睐为结束。游戏的实体棋子有点像打扑克牌用的筹码。它们分别代表宝石个体，每一个分量都不一样。它们的重量微妙地增加了游戏中的预期体验，尽管与其他美术风格（以及与大部分游戏中的美术风格）一样，它是无功能的。

当你通过研究部分、循环和整体来分析游戏时，你将看到各个游戏之间的共性，以及它们各自的独到之处。了解这些相似和不同将有助于你改进自己的设计——避免他人的错误，提取他人的好点子，并保持设计的新鲜感和吸引力。

原型设计与游戏测试

作为系统化的游戏设计师，其工作的最后一个重要部分是迭代地获得反馈。游戏设计必然是一个反复测试并提炼游戏设计理念的过程，并服务于游戏的整体愿景。如果没有经历很多改变，游戏理念就不会从你的脑海中蜕变为最终能展现在玩家面前的形式。在开发过程中多次发生改变，这种现象在游戏中对于几乎所有内容都是很常见的（除了贯穿始终的统一愿景以外）。

作为相关创意领域——制作电影中的一个例子，皮克斯（Pixar）总裁 Ed Catmull 公开谈论过他旗下工作室在制作电影时的多次反转。"我们的所有电影在一开始时都很糟糕"，他在与那些有抱负的电影动画师们交谈时说道。在之后阐明观点时他又补充道，"当我这么说时很多人都不相信我。他们认为我是谦虚，但我说的是真的。那些电影一开始真的很烂。"他继续谈论《飞屋环游记》（*Up*）在制作过程中经历的许多故事和变化，"它最早是关于一个空中王国的故事，有两个相互敌视的王子坠落到地上并最终遇到了一只叫 Kevin 的巨鸟。这个版本先后经历了大量的改动。等到电影最终完成时，电影中还保留的只有那只鸟和电影名字本身了"（Lane，2015）。

同样的事情也经常发生在游戏中。虽然你的游戏可能不会像《飞屋环游记》那样改动得那么彻底，但你必须做好多次迭代的准备——在创作过程中经历多次迭代循环周期。这意味着你必须接受一遍又一遍地测试你的想法，随时学习和改变它们。这也意味着你必须能足够谦逊，以对想法做出改动，或者如果想法行不通就果断扔掉。迭代以及"寻找乐趣"必然意味着摒弃大量工作成果——图纸、动画、程序、设计文档等。你不能仅仅因为投入了大量时间就执着于你做过的事情。否则，你就会满足于一个看上去还凑合（换种说法就是平庸）的想法，而如果再多做一些工作和打磨就可以使作品变得更棒。

要有效地迭代游戏设计，你需要实现它们。要做到这一点唯一的方法是制作早期版本——即原型——并测试它们。你可以从在白板或纸上绘图，或者在桌上摆硬币开始——任何能将你的想法拿来实际游玩的方式。大多数原型都有不同程度的粗糙感或低完成度，最终都会朝着完整、高完成度以及充分打磨的产品看齐。关键是要将你的游戏设计从想法领域拿出来，放入可被游玩和测试的实际实现中，并尽量迅速、频繁地重复这样的过程。

游戏测试就是你验证原型的方式——或者更常见的，是找出游戏设计哪里出了问题。培养游戏设计师对"什么行得通，什么行不通"的直觉是很重要的，但即使对于经验丰富的设计师来说，这种直觉也绝不能替代形如"让从未玩过的玩家来测试游戏玩法"这样的传统验证方法。正如 Daniel Cook 所说，没有实现和游戏测试，游戏设计就只会停留在"无效的纸上谈兵"（Cook，2011b）上。你需要尽早地与他人一同测试你的设计理念，并时常让你的游戏开发保持在正轨上。

我们将在后续的章节中回顾原型设计与游戏测试的主题，特别是在第 12 章。现在需要明白的是，作为游戏设计师，工作的一个核心方面是要有谦逊的态度和创造的灵活性，以基于他人对你游戏设计理念的想法来进行测试和完善。你需要制作出快速且通常很简陋的原型，并且需要在设计和开发过程中，与潜在的玩家反复进行测试。没有改变（且很可能是巨大改变），你头脑中的闪光点将永远不能从与现实的碰撞中生存下来。

总结

这个简短的章节概述了系统化游戏设计师的工作方式。虽然开始一个新的游戏设计可能真的令人却步，但通过将游戏分解为部分、循环以及整体——不一定按这个顺序——你可以着手在每个层次掌握定义游戏的方法。

接下来的章节将会为这里讨论的主题添加更多细节。第 6 章更为详细地研究了游戏的整体体验——如何发现、记录和设置它，以创建底层系统。第 7 章回顾了游戏的功能循环，这次将使用系统性思维与游戏循环的知识来确定游戏的具体循环。然后在第 8 章再次着眼于游戏的各个部分，以及如何创建这些"电子表格专用"的符号、值和规则。

第 6 章

设计整体体验

本章着眼于如何确定游戏的大局，以及如何在概念文档中记录这样的高层次愿景。这样的文档会将整体玩家体验、游戏中独一无二的内容以及诸如"如何盈利"和"游戏中包含哪些系统"这样更实际的问题汇总在一起。

概念文档是整体设计的简要概述，它代表了游戏的统一整体，并将成为你开发游戏时的标准。

什么是核心想法

每款游戏都有一个核心的驱动想法。这通常被称为游戏的理念或愿景。在设计过程的早期就弄清并阐明游戏的愿景是很重要的，你需要能够简洁地跟他人讲解你的游戏。如果拖得太久，你将会在一个又一个可能性之间徘徊，而不能抓住游戏的核心——其他人不会明白你想做什么或为什么这值得去做。正如你将在第 11 章中看到的那样，对你的游戏有清晰、引人注目的共同愿景，是有关创造成功的游戏最重要的一项实践。

尽管被称为愿景（vision）这样的字眼，但游戏的想法并不是一定要宏大而全面的；事实上大多数时候，想法越小、越集中越好。《愤怒的小鸟》背后的想法算不上史诗，但游戏给数以百万计的玩家带来了巨大的快乐。正如第 5 章中提到的，育碧（Ubisoft）推出的更有英雄主义色彩的游戏《荣耀战魂》有一个清晰且看上去很简洁的愿景"像舞蹈般地战斗"。虽然一个游戏往往有更多内容能供他人了解，但像这样简单且能让人回味的短语是非常有用的：它可以帮助你快速、清晰地传达游戏背后关键的驱动性理念，激发人们的兴趣并鼓励他们去了解更多。

蓝天设计

如何确定游戏的核心想法——即所谓的愿景？在很多情况下，尤其是如果你正开始设计一款全新的游戏，你可能有机会参与到所谓的构思中来，这是"提出并与他人交流新想法"的一种激动人心的方式。关于这一点，有一种特别的、开放式方法，被称为蓝天设计——设计不受规则、商业现实性或其他任何会束缚你创作风格的恼人约束所限制，在这里你可以在蓝天中翱翔，能够去到任何你想去的方向。这会是一种令人兴奋的体验，也是很多游戏设计师渴望的，特别是在他们的职业生涯早期。

方法

进行蓝天设计的方法，可能与游戏设计师的数量一样多。你当然可以单独在自己的头脑中完成这样的构思，但和别人一起做会更有效。获取他人对自己想法的看法，并从他们的创造力中获益，可以推进整个进程以及增强最终的游戏理念。

当你进行蓝天设计的时候，大部分时间都会在一个包含其他设计师的小团队中——这意味着你可能会坐在一间只有纸张和白板的空房间内，所有人都在相互望着对方……你们必须想出一些新的核心想法。就像是在说，"OK，呃，咱们要有创造性，开始吧！"

头脑风暴式

许多设计团队都像头脑风暴练习一样进行蓝天设计。这是一个很好的起点，同时我们会加入一些小心谨慎的改进。与许多其他的头脑风暴技巧一样，你首先关注的应该是数量而不必担心质量：大胆将想法提出来。你可以从一个灵感、一个笑话或任何有助于产生点子的东西开始。游戏设计师 Ron Gilbert 曾在文章中说道，"每次良好的头脑风暴会议都会以 15 分钟的《星际迷航》（*Star Trek*）讨论作为开始"（Todd，2007，34）。文化上的参考资料可能会随时期而发生改变，但重要的是要让每个人的思维放松下来，形成一种良好、有趣、投入、创造性的心境。

一旦开始头脑风暴，你就需要保持想法的流动性，但需尽可能地轻松：过于紧张往往会影响创造力的流动。可以采取轮流的形式，确保每个人都能贡献想法。甚至可以把它当成一个游戏来玩，你说的点子的第一个字必须是上一个人点子的最后一个字。方式不重要，只要保持想法的流动性就行，直到提出了许多可能的方向为止。

越过简单的想法

让想法流动起来之所以如此重要，最大的原因是你最初的想法很可能比较糟糕，它们可能是浅显的固定套路或陈词滥调，对最近看到的游戏、电视节目或电影的简易翻版。

大多数设计师都会遇到这种情况。这些想法是你思维表面存在的东西，所以当你开始提出想法时，这些内容是最容易拿出来的。

你不可能真正避免固定套路和陈词滥调，但可以且应该避免止步于那里。首先出现的那几个想法会很诱人，因为你很快就想到了（证明了你很聪明）。你可能想要停在那里，但实际上你需要将那些能冲昏自我头脑的想法放在一边，并继续前进。你需要探索并拓展你的创意边界。如果你正在与其他游戏设计师一同工作，那么需要看看你能基于他们所说的内容提出什么想法。如果这个过程进展得很顺利，你们将从彼此的想法中跳出来，并到达你们从未思考过的地方。

将想法颠覆

第二个重要的步骤，是将一个已存在的想法颠覆。假设已经被陈述的想法是：你是一个必须杀死龙来拯救村庄的勇士。很无聊是吧？不是很有原创性。但与其否决这个想法、否定提出该想法的人，不如反转它：如果你正在尝试拯救这条龙呢？这么做的原因是什么？如果你正想要说服村民与龙结盟呢？如果你，即玩家，本身就是龙呢？仅仅通过几个快速的步骤，就可以从一个陈词滥调移步至仍可被识别且可能有更多价值和探索空间的想法中去。

另一种处理这类问题的方式通常被称为"是的，而且……"式思考。这是即兴喜剧和其他一些领域中的一种常见技巧，在这些领域中，你试图以他人的想法为基础与他人展开合作。一个人在对话中抛出了一个想法，另一个人会说类似"是的，而且……"然后加上自己在第一个想法之上的想法，而不是用"不"这个令人扫兴的词来打击对方。然后其他人也会对第二个人的想法做同样的事情。这个过程，随着想法的不断添加、改变而继续。这个方法最值得称道的地方是，没有人试图坚持自己的想法；重要的是想法本身，而不是想法由谁提出。这是一个很好的方法，可以将自我从过程中移除，并专注于获得可行、创新的想法本身。

策展

即使是在蓝天思维中，创意的产生也是有限制的。在许多头脑风暴的过程中，总会有这样一个普遍的观念："不存在完全没用的点子"，或者你可能会对任何点子都采取"是的，而且……"的策略来让其变得可行。的确，你一开始确实是想要让想法流动起来，想要越过所有容易出现的固定套路和陈词滥调，你也想要越过"我真的很想让自己的点子脱颖而出！"这种不牢靠的、以自我为中心的时刻，但在某些时间点，你需要开始转换策略，聚焦于某些特定的想法上。

当团队产生了一堆想法且把它们写在了纸、白板或其他类似东西上之后，退后一步，仔细看看它们。事情通常就变得很明朗了：哪些想法背后拥有最强的激情和最大的创造力——让大家兴奋且能让整个团队研究一整天的；以及哪些是相对创意枯竭的，即提出者开始自说自话的那些想法。与此同时，并不是所有有人气的想法都足以让你们构建一个完整的游戏：有些会超出你们的能力，或需要并不存在的技术，或只是朝着一个不符合你们预期的整体方向一条路走到黑。

从众多想法中做出选择，是一个困难的过程，需要大量的经验和合理的判断。这种选择就像一个博物馆馆长决定展出哪些有价值的物品一样；在策展过程中，主办者并不会认为某些作品没有价值，但并非所有作品都可以成为关注的焦点。同样地，虽然任何人都可以有很棒的想法，但需要经验来识别出哪些想法是值得跟进的，尤其是当有一大堆好想法在争夺大家眼球的时候。

这项工作通常会落在一个高级创意人——在大型组织中可能是创意总监、首席设计师，或者有时候是执行制作人——将蓝天团队的努力集中于可以深入挖掘的少数想法上。这可以很简单，例如在白板上圈出想法并指导团队朝着该想法努力；也可以很正式，例如在众多已提交的成果中选取少量进行简短批注，给出进一步的工作指示。无论如何，这个层面的想法策展意味着将其他未被采纳的想法抛开，这并不是一件轻松的事。从产生的所有想法中找出适合当前状况的少数想法是集中团队的创造性努力的关键部分，记住这一点很有用；你不能把注意力集中在全部所有想法上。用斯蒂夫·乔布斯（Steve Jobs）的话说[1]就是，重要的是要记住，专注就是对 1000 个好想法说"不"。

蓝天设计的限制

蓝天设计可以在完全无方向和无聚焦的情况下开始，它能产生很多你之前未曾获得的想法。然而事实证明，这种无边界的设计往往不会导致任何结果——或者会把人带往许多相反的方向，没有一个方向能明显脱颖而出。当有机会实际设计想要的内容时，许多设计师会发现自己陷入了瘫痪，完全无法提出任何有条理的设计方向。

由于创意没有限制，许多设计师发现他们会转回到那些概念更保险、他们已经很了解的游戏上，而不是在一个全新的方向上创新。头脑风暴和"是的，并且……"策略对这个过程有所帮助，但前提是那些参与其中的人能在心理上跨越到未知领域。同样地，

---

1 1997 年乔布斯谈道，"人们认为专注意味着对你必须关注的事情说'是'。但事情根本不是这样。它实际上意味着对存在的其他 100 个好想法说'不'。你必须仔细挑选。我对做过的事情感到自豪，但实际上我对没做过的事情同样感到自豪。创新是对 1000 件事情说'不'"（Jobs，1997）。

在没有时间限制的情况下，许多设计师发现他们在无止境地对设计进行修修补补，却从未下决心去完成这个游戏。

这并不是说蓝天设计毫无价值。有合适的人员参与其中，这会是一次极好的体验，可以带来高度有创造性的全新游戏。但重要的是要明白，这种无限的设计空间并不是看上去那样令人向往，而且带来的新游戏经常并不是你想象中那样令人惊叹。

约束是你的朋友

幸运的是，真正无限制地进行设计的机会很少。几乎可以肯定的是，你对你的设计理念已经有了一些约束：你只有这么多时间或资金，游戏上架的平台将被限制，你可能也会受到编程和美术能力上的限制。

在游戏设计中的一个重要经验是，约束可以帮助你。这些约束可能是你为自己设置的限制，或者也可能来自外部。通常在职业游戏开发中，你会有诸如时间、资金和技术上的现实限制。在要制作的游戏种类、必须遵循的版权许可等方面也可能有很大的约束。这些都限制了你能做的蓝天思维的数量，但绝不会限制你在各种约束下能发挥的创造力。

你可能还会希望根据想要的游戏玩法种类（也称为游戏类型）以及你想要的玩家整体体验来自行设置设计中的限制（如果没有的话）。即使在早期的蓝天设计会议中，团队成员也可以创建自己的约束，作为为构思设定基本规则的一种方式："不做虚拟现实游戏"或"不做涉及杀戮的游戏"这样的约束必然会从思维中直接移除掉大量的想法，但正如前面史蒂夫·乔布斯所提到的，这才是重点。

注意事项

在头脑风暴或构思的过程中，一定要记住一些注意事项。虽然有些人对头脑风暴的自由发挥天性赞不绝口，但这个过程也有一些需要竭力避免的重大潜在弊端。

最常见的一种情况是，那些最先或最常发言的人往往控制着会议的发展趋势。最响的声音有时会排挤掉那些小声说出来的重要评论或更有创意的想法。不幸的是，这既有性格也有性别方面的因素：男性和善于控制会议走向的外向的人往往最终会驾驭构思本身——即使他们不是有意的。女性，以及那些性格使然较为安静的或是觉得不需要控制会议的人，往往会感觉没被大家所注意。也因此，群体失去了潜在的重要观点。

一个类似且相关的问题是群体思维：一个普遍的想法是，如果房间内的每个人都同意某个特定的想法或行动方案，那它一定是好的。但如果房间内代表的是一个很窄的范围的声音——都是男性、都是特定游戏类型的粉丝，如此等等——那么被考虑的想法范围可能实际上非常小（同时这个群体也是最难判断出这一点的，因为我们往往都不能看到自己的盲点）。考虑那些你可能会带进构思会议以提供更广阔视角的人：包括不同性别、种族、生活经历、兴趣甚至经验层次的人。并非每个头脑风暴会议都必须充分代表最广泛的人类频谱，但通过在这方面做出努力，你们将更有创造力。通过将多样化的声音引入到构思中并倾听它们，可以更快地越过浅层、衍生性的想法，更有可能获得更好的想法。

头脑风暴的另一个潜在问题是，可能会在单次会议中提出并确定游戏愿景或功能想法——有时可以坐上一整天。这是一种糟糕的鼓励创造力的方式。很多人拥有很棒的想法，但并不愿意在一个大的群体中讲出来。即使每个人确实都愿意，如果大家都坐在一起，你们也会迅速消耗掉自己的创造力。当你看到想法的流动放缓时，不要强迫大家输出自己的想法，先休息一下。每个人都带上一些想法（被分配的，自己选的，或本就在自己脑袋中的）回自己的位置待一个小时或更长时间。然后在同一天的晚些时候，大家再重新聚起来，看看每个人的思考有何进展。你不需要重新开始，也不需要接续离开时的讨论阶段。只要让大家有机会通过自己的头脑仔细分析那些讨论中的想法，你就会惊奇地发现新的理念归来了。

想要的体验

最初的构思过程旨在帮助你发现并阐明游戏的理念和愿景。在这一点上，你需要回答的最重要的问题是，你希望玩家拥有什么样的体验？也就是说，你希望玩家做什么，你希望他们如何推进游戏，最重要的是，你希望他们有什么样的感觉？

让人惊讶的是这可能很难确定，尤其是你从一个创造者或玩具制造者的角度来设计。它甚至可能让人觉得这是一个次要问题：你可能会认为先找出游戏符号和规则会更好。你当然可以从这个方向来着手游戏设计——但到了某个阶段（理论上是迟早的事），你将需要解决"你希望玩家在游戏中拥有什么样的体验"这个问题。这并不是一件在作为设计师的你没有关注的情况下能自行得到很好解决的事情。在"并非有意识地设计玩家体验"的情况下设计游戏，会产生更加混乱的心智模型，更难以学习和参与。

如果你更像是一个故事作者式的设计师，那么你可能很快就会触及玩家体验抽象的情感本质——但你可能需要他人来帮助你将其落地并变为现实。如果你有一个合适的叙事结构，你可能对希望玩家拥有的体验类型已经有了很好的认识。不过在这种情况下，你需要确保你是在设计一个游戏，而不是在写一部电影（剧本）。你想要的体验类型是否支持二阶设计，以确保拥有一个玩家可探索的游戏空间，而不仅仅是让玩家以旁观者的身份经历的一个故事？

从这些一般性的想法和方向出发，我们前往"想要的体验"当中你必须决定的更具体的因素，包括以下内容：

- 你的玩家都是些什么人？他们（玩游戏）的动机是什么？
- 游戏类型——即游戏中最常用到的玩法种类是什么？
- 结合这两者，玩家能体验的故事是什么样的？玩家在游戏中扮演的是一个什么样的角色，游戏能为他们提供探索的理由和空间吗？他们是英雄、海盗、皇帝、蜥蜴、小孩子还是其他完全不同的事物？
- 玩家在游戏中会做出的选择类型是什么？他们如何推进游戏？
- 在游戏中你最依赖什么样的交互？你是如何消耗玩家的交互预算的？这主要是一个快速反应的游戏，一个依赖于仔细规划的游戏，还是一个首先被用来唤起玩家情感反应的游戏？游戏的视觉和听觉审美标准是什么样的？

上述内容以及与之相关的项目，我们将在本章后面更详细地进行讨论。

概念文档

仅仅提出整体理念以及想要给予玩家的体验是不够的，你还必须足够清晰地表达出自己的愿景，以便将其清楚地传达给其他人。跳过这一步可能会很有诱惑力，尤其如果你是在一个小团队工作的话。但通过这个过程，你将会阐明你的想法，确保你的团队都在朝着相同的愿景努力，并能帮助你将你的设计展示给其他人——新团队成员、潜在投资方及游戏公司高管等。

通常，游戏理念会形成在一个简短的概念文档中。这是一份内容丰富且有说服力的文件：在其中，你尽可能迅速且清晰地传达你的想法，同时也展示了你的想法值得实现的原因。在准备一份为获取投资或类似批准（这个过程被称为"推介"）的设计时，你会经常展示一幅类似于概念文档中结构图的东西（尽管概念文档与推介文档基于其具体受众会有显著不同）。（有关推介的更详细信息，请参阅第 12 章。）每个人的风格都不一样，你可能会形成你自己的概念文档形式。本书的在线资源（www.informit.com/title/9780134667607）中包含了遵循本章内容的概念文档模板。

概念文档可以在纸上创建，更常见的是作为在线文档或网页创建。在线维护概念文档有显著的优势：首先，比起逐渐过时和被遗忘（产品文档的共同命运），它可以保持常时最新。此外，随着时间的推移你可以以一种有组织的方式往设计里添加更多的细节，而不会让文档变得繁杂。

概念文档应当始终保持对游戏的高层次视点。随着项目进行，这个概念可以而且应该充当所有游戏设计文档的中心，成为冰山一角。总体设计与概念文档本身在开发过程中可能会发生变化，因此保持文档的更新是很重要的。

概念文档应保持简短和清晰，且应突出游戏的愿景。使用的图片和图表越多越好。但除了提供有关游戏美术风格、游戏世界的历史和玩家推进游戏方式等（下面会讨论这里列出的所有内容）简短、高层次的概念描述外，概念文档还可以提供指向其他更具体文档的链接，这些文档会更加详细地定义游戏的各个部分。这种结构使得多个设计师能工作于游戏的不同部分，并允许设计师随着游戏开发的进行不断添加不同的文档，同时保留概念文档作为设计的总体表达。在开发的阵痛中，将概念文档作为商定的游戏愿景的标准以及设计的有效组织原则是非常宝贵的。

概念文档有三个主要部分：

- 高层次概念
- 产品描述
- 详细设计

接下来将详细介绍这些部分。

抓住概念

概念文档的第一部分有助于快速、简明地传达有关游戏的高层次信息。通常本部分分为几个小节：

- 暂定名称
- 概念描述
- 类型
- 目标受众
- 独有卖点

暂定名称

暂定名称就是单纯指"你是如何称呼你的游戏的"。它应该能唤起对游戏的整体印象，并且应该是一个能方便随时挂在嘴边的对象。一些团队在这个阶段花了相当大的精力来想合适的标题，甚至在网上搜索可用的域名，查看竞品游戏的名称等。另外一些团队则正相反，选择一个与游戏玩法完全无关的名字（通常是使用代号来方便保密）。

经验表明，这两种方法都是可行的，而且可能无关紧要：在早期无论你怎样称呼你的游戏，都不太可能成为最终商业产品的名称。就这个阶段而言，你最好找到一个能如你所想的那样抓住游戏要点的名字，而且这只是一个为方便而取的临时名字。后面有的是时间进行广泛的名称探求工作。

概念描述

为了体现你真正理解了自己游戏的理念，同时也为了帮助他人快速理解，你需要创建并完善你的概念描述。这是一个或两个简短的句子，抓住游戏的所有重要方面，尤其是玩家体验。当有人问："你的游戏是关于什么的？"概念描述就是你的答案——所以你应该将其准备好。这是他人对游戏产生的第一印象。写一个概念描述看似很容易，但实际上很难做好。由于这是对游戏愿景的提炼，因此是值得花时间来推敲的。概念描述应是简明扼要和可理解的，且应该让首次听到或读到的人对游戏设计的要点有一个准确的（哪怕并不详细的）概念，为什么它与市面上成千上万的其他游戏不一样，以及为什么这样就能有趣。

思考游戏概念描述的一个好方法是在推特（Twitter）的推文字数限制内做出表达：在不超过 140 字符的前提下，描述有关游戏的一切重要内容，使得一个对你的游戏或你本人一无所知的人产生极大兴趣。如果你稍微超过了字符限制也不用太担心，但要记住，这个指导原则将有助于你创建描述语句，并小心仔细地挑选用词，以便可以在概念描述中装下最多的内容。

单个问题

另一个与概念描述密切相关的有用概念是一些游戏设计师口中的单个问题（Booth，2011）。严格地说，这并不是概念文档的一部分，但它可能出现在概念描述中，或者本就来自概念描述。这里的思路就是，就你的游戏而言，通过对什么样的单个问题来进行回答，可以解决这款游戏的设计问题？例如，如果你在做一个详细的历史模拟游戏，你可能会问各个特色设计"它是否有据可考"；而如果你正在制作一个关于忍者的游戏，你可能会问"它是否是潜入式的"。无论是从字面上还是比喻意义上，这都适用于游戏从小特性到用户界面的方方面面。

　　Jason Booth，《吉他英雄》（*Guitar Hero*）及其后继者《摇滚乐队》（*Rock Band*）的游戏设计师，曾提到有关《吉他英雄》特性的单个问题是"它够摇滚吗"，如果一个特性并不对游戏的这项基本特征做出直接贡献，那么团队就会忽略它。如果他们必须在两个特性中选一个，那么他们会选择更摇滚的那个。例如，当在"玩家可以创建属于他们自己的定制角色"与"玩家只能在预制角色中选择"之间做决策时，"它够摇滚吗"会被应用到"这会让玩家觉得该角色更像那些疯狂演奏摇滚乐的人吗"这样一个方面。创造属于你自己的外形——连眼线都可以自定义——当然是幻想成为摇滚明星的重要组成部分。

　　Booth 表示，当团队开始转向制作《摇滚乐队》时，他们很难确定游戏的愿景，因为他们都非常喜欢制作《吉他英雄》，但又"不得不从一个非常不同的角度来重新设想产品"。结果他们得出了所谓的单个问题"这是作为一支摇滚乐队真实可信的体验吗？"他说，"一旦我们确定了这样的单个问题，很多关于特性方向的潜在争论就消失了，因为每个人基本都能看到两个项目之间泾渭分明的界线"（Booth，2011）。

　　这种将问题阐明（或陈述）的方法可以为你找到游戏的一个简明扼要的愿景，还可以作为后续想法和功能的一个评估标准，以确定它们是否应该被添加到游戏中。

类型

　　游戏类型是基于用到的游戏玩法惯例，呈现给玩家的挑战和决策的种类，以及设计的美学、风格或技术因素来描述游戏的一种速记式方式。游戏类型并没有正式的指定名称，随时代发展还会发生变化或衍生出之后会自行分裂的子类型。因此，游戏类型是一种启发式标签，通常表示游戏中普遍存在的交互类型：它是一个快节奏的动作游戏，一个更具思考性的策略游戏，一个情感和叙事驱动的游戏，一个强调与他人社交的游戏，还是上述类型的某些组合？

　　例如，射击游戏是一种长期存在的动作游戏子类型，在游戏中玩家通常会花大量的时间来进行射击。这些游戏通常依赖于在暴力、杀或被杀的环境中使用动作/反馈以及短期认知交互的快速行动，通常是尽可能迅速地主动展开射击。但也有很多射击游戏的子类型，拥有几近无限的修饰语：一款游戏可能是"2D 顶视角的太空射击游戏"（如《无厘头太空战役》）或是"大型多人弹幕合作射击游戏"（如《狂神国度》），以及很多其他可能的类型。作为一种成熟的游戏类型，有些游戏甚至会重新考虑其默认的前提假设。《传送门》（*Portal*）就是这方面一个很好的例子：它是一款射击游戏，你可以把所有时间都用在射击上——但与其他射击游戏不同的是，在《传送门》中你不会杀死任何东西，你使用射击来解开谜题，而不单纯是尽可能快地摧毁东西。

《传送门》的例子突出了讨论游戏类型的一个重要方面：虽然该作品是一款射击游戏，但它与任何其他射击游戏都不一样，仅仅用一个宽泛的游戏类型来概括它可能会遗漏很多东西。设计师有时会将游戏轻易归纳到一个类型名中去，比如射击或策略，而没有真正考虑游戏中更细化、甚至完全独特的具体要素。使用类型名是有用的，但如果你不小心，也会导致偷懒的设计：如果你说你的作品是一款策略游戏，那么是否意味着它有一个顶视角或等距视角（isometric，常见的等距视角游戏有《星际争霸》《暗黑破坏神》等）的镜头，或者你会对许多作战单位发出指令，或是其他什么？这些都是策略游戏的共同特性，但除此之外你的游戏可能与同类型的其他游戏就不再有什么共同之处了。

为了更具体地说明你的设计，当你谈论游戏类型时，不要只是简单罗列出一个或几个标签，应说明一下所指的是特定类型的哪些方面。例如，你可能会说，"这款游戏兼具策略游戏的多作战单位控制与动作游戏的快节奏，并且还将这些内容与休闲游戏多汁交互和易于上手的要素相结合。"以这种方式谈论游戏，不仅可以告诉别人你正在做什么游戏，还能帮助你确定你是否在试图同时跨越过多的类型。

所有可能类型的完整列表过于宽泛，而且变迁往往太快，在这里无法详细列出。不过下面展示了通用类型的部分高层次列表。

- **动作**：动作游戏依赖于快速的动作/反馈循环。它们可能有故事背景，但通常不会把叙事或故事作为游戏玩法的一部分。
- **冒险**：这些游戏有许多快速的动作/反馈循环元素，但这是建立在整体冒险故事的背景之下的，这样的背景同时也为玩家提供了长期目标。
- **休闲**：这是一个有争议的类型，因为很多这类游戏的玩家玩的不仅仅是"休闲"。这类游戏的典型特点是易于学习，更依赖于一些短期循环和目标，而且倾向于短时间的游戏会话。这些游戏依赖于动作/反馈交互循环，但不同于快节奏的、激起肾上腺素的动作要素，这类游戏关注的是"多汁"的交互（如第 4 章中所描述的那样），使用明亮的画面，清晰简单的动作（例如，巨大的彩色按钮），以及丰富的视觉和听觉反馈。"休闲"这个词也经常用来指代为那些不认为自己是"玩家"的用户设计的游戏。这类玩家可能会花费数小时玩这些游戏，但他们通常更倾向于把游戏当作休闲消遣，而不是兴趣爱好。
- **放置**：这是一种相对较新且经常被嘲笑的类型，但毫无疑问，它在商业上是成功的，且为许多人所喜爱。在放置类游戏中，玩家只需要做出少量决定，其余时间游戏会有效地"自己玩"。交互性在这类游戏中并不像在大多数其他游戏中那么重要，但这类游戏往往侧重于动作/反馈交互——特别是在各种"点击"方面，玩家只需尽可能快地点击，作为主要的游戏内动作——以及少量用于解决谜题的短期认知交互和用于规划策略的长期认知交互。浅交互性是这类游戏的主要特征，通过缩减的认知负荷将玩家从必须专注于游戏中解放了出来。玩家的输入即使没有或非常少，游戏也会进行下去（通常是在玩家不在线的情况下），且每当玩家重新进入游戏时，游戏还会向玩家提供积极的反馈：他们已经推进到多远了（例如，获得了更多的金钱或得分）。Michael Townsend，早期放置类游戏（带叙事元素）《小黑屋》（*A Dark Room*）的创作者，曾提到他的目标人群是"喜欢看数字噌噌上涨的人和喜欢探索未知的人的交集"（Alexander，2014）。看"数字上涨"是放置类游戏的主要吸引力，可能会由于预期的回报而为玩家提供持续的多巴胺，至少在期望消退、玩家认识到除了看数字上涨没有真正的游玩点之前是这样的。

- **MMO**：简称大型多人在线（游戏）。在这种类型的游戏里，玩家与（成百上千的）其他玩家以化身（通常但不总是一个单独的个体）的形式存在于游戏世界中，且即使玩家并未实际在线，这个世界仍然继续存在。这类游戏有许多种交互形式，其中动作/反馈交互最为常见（例如在战斗中，这是这类游戏的一个普遍特征），以及关于规划角色成长的短期和长期认知。社会交互对于 MMO 来说极其重要，因为这类游戏的兴衰，取决于该游戏有关游戏内群体以及创建非正式社群的能力。

- **平台**：在这类游戏中，玩家的化身会通过从一个平台跳向另一个平台的方式推动游戏前进。玩家的主要交互是快速的动作/反馈类型，尤其是认识到何时以及怎样跳才能避免摔死。这是动作游戏的一种，但它又是如此普遍存在，以至于通常被描述为是一个单独的类型。平台游戏至少可以追溯到 20 世纪 80 年代的街机游戏。它们直截了当的动作/反馈玩法直到现在还很受欢迎，部分原因是因为玩家在这类游戏中能很容易地上手、享受、持续学习乃至取得胜利。

- **节奏**：这是以音乐为主题的一类游戏，其中游戏玩法依赖于玩家对节奏、音乐以及舞蹈等内容的感觉。这些游戏可能会涉及重复的复杂舞蹈或音符序列，主要使用在歌曲或其他有韵律序列的环境下的快速动作/反馈交互。

- **Roguelike**：这种命名奇怪的类型大都应用在那些程序化创建地图的游戏中。这类游戏通常（但不总是）也具有"永久性死亡"的特征，意味着当你在游戏中死亡时，你就完全输掉且只能重新开始一轮全新的游戏。在这类游戏中，玩家往往会预期到经常性的死亡，刺激感与"极端的不安全感"（Pearson，2013）是其魅力的一部分。这种类型以文本游戏 *Rogue* 命名，*Rogue* 是最早的自动创建地下城关卡的冒险/角色扮演游戏之一。在游戏中，一旦你的角色死亡你就必须完全重新开始。关卡每次都不一样，所以游戏可以反复游玩而不会有重复感。在今天，这种设计也被应用在太空探索、模拟以及其他一些游戏中。这类游戏通常依赖于动作/反馈交互（尤其是在实时战斗中）以及长期认知的混合，后者主要是通过技能和装备来有策略地提高化身（角色、飞船等）的能力，以便能面对更困难的挑战。

- **角色扮演**：在这类游戏中，玩家扮演特定角色，通常是追求英雄式冒险的个体。根据具体游戏不同，玩家可以以战士、巫师、海盗、商人或其他可能角色的身份来体验游戏世界。战斗、技能提升以及部分游戏中存在的制作等系统，是这类游戏的主要玩法内容，分别依靠动作/反馈、短期认知以及长期认知交互。

- **体育和模拟**：这两种不同的类型有着共同的基础。两者都以不同程度的逼真度来模拟外部或现实世界的活动。模拟主流运动（足球、篮球、高尔夫等）的游戏通常使用动作/反馈、短期认知以及长期认知交互来尽可能地复制运动的各个方面。其他一些游戏则主要依赖于短期和长期认知交互来重现经营农场、驾驶飞机或建造城市的体验。

- **策略**：与模拟类游戏非常相似，策略游戏几乎只关注短期和（尤其是）长期交互，来为玩家提供"指挥一支庞大的军队，运营一个团体或通过其他方式进行战略和战术规划"的体验，并以此达成一系列目标。虽然也存在动作/反馈交互，但这不是策略游戏的主要关注点：游戏的视觉效果可能看上去不显眼，但这是为了将尽可能多的玩家认知资源与交互预算用在长期认知交互上。

- **塔防**：此类型与动作和策略游戏有关，但已经进化出了一种特定的、那些喜欢这类游戏的玩家都非常熟悉的形式。在塔防游戏中，玩家从对手的波状攻击中保护基地或特定物体（如"生命水晶"）。随着游戏的进行，敌人的攻势规模会变得越来越大，也越来越凶猛，而玩家的防御——即类型名中的"塔"，可能会有许多不同的形式——也会变得越来越复杂。在许多游戏中，玩家能够在游戏区域的任何位置构建防御设施，从而将敌人引入玩家选择的特定路径中。通常会有一个反馈循环，玩家可以根据对手被杀死的数量获取更多的积分/货币，来修建新塔或升级现有的塔。这类游戏使用短期和长期认知的有效组合以及一些动作/反馈交互。

当然，还有很多其他类型，以及基于这些基础类型的无数组合。例如，有许多动作策略 MMO 游戏（如《坦克世界》，*World of Tanks*），以及休闲节奏模拟角色扮演游戏等。

你应该能够找到与你的游戏类似的现有游戏，以帮助你定义其类型。在这样做的过程中，要注意避免将游戏设计得与单一游戏类型过于匹配：制作一个与成千上万其他 2D 动作平台游戏基本相同的游戏，会让你的游戏从一开始就不那么有趣。另外，这也可能导致偷懒的设计，因为你不太可能去推动和找到能让你的游戏真正独特的东西，而是倾向于让所指定的类型自身帮你思考设计。与此同时，还要避免创建难以理解或看似花哨的混搭类型。你可能真的能创造一个叙事驱动的弹幕策略射击游戏，但让其他人理解其意思将会很困难。

目标受众

作为定义游戏的一部分，你需要知道你预期的玩家是什么样的。游戏是为哪种类型的玩家制作的？你的目标受众描述应该包括他们的心理特征、人群特征以及技术/环境背景。

心理特征与动机

思考目标受众的一个重要方式是从他们的动机、态度和愿望角度来进行。要开始做这个，一个简单的方法是描述那些喜欢玩其他类似玩法游戏的人：如果有人喜欢"XX 游戏"，那么他们也会喜欢你的游戏。

更复杂的方法是根据与游戏玩法相关的主要动机来描述你的目标受众。当今有很多玩家动机模型；最好的同时也是最基于经验数据的模型之一是，由 Quantic Foundry（Matsalla，2016）所创建的模型。根据对全球近 30 万玩家的调研，Quantic Foundry 找到了如下 6 个主要动机。

- **动作**：破坏与快节奏、令人兴奋的游戏玩法。
- **社交**：社群与竞争（这两者并不互斥）。
- **精通**：困难的挑战与长期策略。
- **成就**：完成所有任务并变得强大。
- **沉浸**：代入到他人的身份中，并体验精心制作的故事。
- **创造力**：通过制作、自定义，以及改进和探索来表达自己

这些动机又可以被划分在如下 3 个主要领域。

- **动作-社交**：包括兴奋、竞争和破坏，并最终希望成为社群的一部分。

- **精通-成就**：包括完成、策略和挑战，最终落在获得力量的动机之中。
- **沉浸-创造力**：包括故事、自定义、设计和幻想，最终诉求是发现。

这些族群划分如图 6.1 所示，包括属于（或存在于）两个族群的力量与发现之间的"桥梁"动机。根据 Quantic Foundry 的说法，这些族群可以被进一步抽象，被认为是更具思考性还是动作导向（"大脑"或"运动"），更专注在作用于"游戏世界"还是"其他玩家"。这样的坐标轴让人想起 Bartle 的玩家分类模型，于 1996 年首次提出，他根据"对什么行动"与"与什么互动"，以及"玩家"与"游戏世界"来制定轴线，并以此来对玩家分类，从而产生分别代表成就者（作用于游戏世界）、探索者（与游戏世界互动）、社交者（与玩家互动）和杀戮者（对玩家行动）的象限（Bartle，1996）。虽然 Bartle 的模型并未经受住量化的检验，但对很多玩家和设计师来说仍然有一定的直观作用。[1]

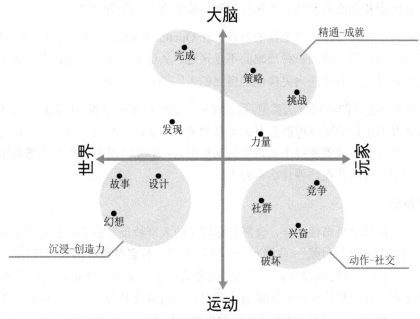

图 6.1　三个动机族群，改编自 Quantic Foundry

图 6.1 中展示的族群存在于跨文化和游戏的玩家群体中，并与现有的人格特征研究相关联，如广泛运用的人格五因素模型（也称为"大五"）所表达的那样（McCrae and John，1992）。这个模型包含每个人在某种程度上都具有的五个特征。

---

1 回想统计学家 George Box 的名言"所有模型都是错误的，但有些模型又是有用的"（Box and Draper，1987）。

- ■ **神经质**：情绪稳定性以及个体对体验消极情绪的倾向程度。
- ■ **外倾性**：个体寻求其他人有效陪伴的程度，以及他们"活出自我"和"更矜持、保留"的程度分别是怎样的。
- ■ **宜人性**：一个人有多友好和合作，又有多敌对、不信任和强势。
- ■ **认真性**：一个人有条理、可靠以及强烈自我约束的程度，以及无意识、易被说服或反复无常的程度。
- ■ **对体验的开放性**：一个人好奇和有创造力的程度、对新奇体验的接受度，以及持有多大程度的实用主义或对世界的教条主义的观点。

那些受动作-社交动机驱动的人往往更倾向于外倾性，或者渴望与社会接触。以精通和成就为动机的玩家往往更具有认真性（包括追求以及完成任务的愿望）。最后，那些倾向于被沉浸和创造力驱动的人往往对新体验拥有很高的开放性。

玩家倾向于选择符合自己个性的游戏。在 Quantic Foundry 的分析中说道："我们玩的游戏是对我们自己身份的一种反映而不是逃避。从这个意义上来说，人们玩游戏并不是假装成不是自己，而是成为更像他们自己的人"（Yee，2016b）。

通过理解你创造的游戏玩法类型，以及在第 4 章中描述的游戏所提供的交互类型——你可以认清并列出你的玩家可能会有的动机种类。注意，与交互预算一样，你可以使用此信息来确保你并未设置那些不太可能的动机组合：想要沉浸在优雅的情感故事中的玩家可能也不想把时间花在炸毁什么东西上。

人群特征

与心理特征和动机画像一样，理解目标玩家的人群特征数据有时也是很重要的：他们的年龄、性别和生活环境。一些游戏设计师创造了一整套角色故事来描述他们的玩家："Lisa 是一个四十多岁的离异女人，有两个深爱的孩子以及自己喜欢的职业。"描述人群特征有助于把关注点从你自己和团队身上移开，转而放在其他人身上（可能并不拥有和你一样的态度和动机），但它也可能会分散你考虑玩家实际动机时的注意力。除非玩家的孩子数量或职业类型对你的游戏很重要，否则最好不要花太多时间在这样的细节上。

然而，与心理特征一样，有一些人群特征趋势也同样重要。例如，前面提到的兴奋动机会随着年龄呈线性下降趋势，甚至成为五十岁及以上年龄段的"反动机"。这可能也有助于解释为什么像《英雄联盟》这样的游戏，在年龄较小的玩家群体中更受欢迎。

同样地，竞争的动机下降得甚至更快，从十几岁以很高的状态开始，到四十岁左右触底。在此期间，男性往往比女性更容易被竞争驱动，但到了四十五岁，这种差异就消失了——也就是说，在这个时候，它并不是男性或女性的主要动机。

完成——完成所有任务或收集所有物品的愿望——在不同年龄层都相当稳定，事实上它始终是任何年龄段的男性和女性的三大动机之一（Yee，2017）。

环境背景

由于与心理特征和人群特征都有一定相关性，根据环境因素定义你的目标受众也是很有用的，例如如下几点。

- 他们玩游戏可能的技术平台：专用游戏机、笔记本电脑或台式电脑、移动设备等。
- 他们可用的时间以及潜在的环境因素，如"需要花10分钟乘坐公交车的通勤者"或"寻求全天沉浸式体验的专注玩家"。
- 他们的技术或游戏老练程度。
- 其他可能与你的特定游戏相关的因素。

总结

在定义目标受众时，你应该根据需要使用心理特征、人群特征以及环境等其他因素。这一点值得你认真思考，因为这样你对目标受众的概念才是清晰的，且不会随时间发生变化。通过努力你对受众有了一个清晰的了解，在这之后你应该能创建一个简洁的描述性声明，如"本游戏的目标玩家是那些寻求具有显著竞争要素的高动作体验的人，这样的体验由一些预实现的任务所支撑（满足他们对"完成"的诉求）。这些玩家在玩游戏时经常会被生活中其他事情所打断，更倾向于碎片化的玩法片段、简单的学习曲线，并乐于炫耀自己的熟练度以及游戏进度。"当然，还有很多其他可能的描述，这基于具体的游戏设计。关于这一点，最终目的是创造一个明确但又不受限制的视点，它可以用来指导你的设计，而不会依赖于过于广泛或过于狭窄的目标受众。

请注意，如果你对问题"你的目标玩家是什么样的人？"的回答是"所有人"。那么你并没有对游戏的理念或吸引力投入足够的思考。没有什么游戏是拥有如此普遍的吸引力的，你这样做只会通过撒一张宽无边际的网来使得你的任务变得更困难。你的理念可能具有普遍吸引力，但在其中仍然存在靶心受众。弄清楚你的受众究竟是什么样的人，有助于你在前进的路上做好有关游戏的决策。

独有卖点

高层次理念的最后一个组成部分，是一张独有卖点（unique selling point，USP）的简短列表。在一个越来越拥挤的市场中，你的游戏如何脱颖而出至关重要。你不需要有巨大数量的 USP，少量（三到五个）有意义的、说明你的游戏如何具有独特吸引力的简短描述，将有助于你创造一个更高质量、更具吸引力的游戏。当然，如果你在提出有意义 USP 的时候遇到了困难，那么可能意味着你需要重新设计整体理念。

　　思考游戏 USP 的方式之一是：不管你认为你的游戏有多棒，但凭什么玩家会丢下他们已经了解且喜欢的游戏，转而投向你的游戏呢？不幸的是，一开始许多游戏设计师会落入这样的陷阱中：他们认为自己的游戏非常出色，然后觉得其他人也会很自然地这么认为。或者更糟糕的是，他们认为由于设计和构建游戏真的不是一件容易的事，所以它必然很棒，人们会自然而然地意识到团队投入到游戏中的热情。从来就没有这回事。吸引玩家的第一步，是在视觉和游戏玩法上抓住他们的注意力。玩家并不关心你对游戏的喜爱程度，也不关心你投入了多少努力；他们只关心游戏是否有趣、是否有吸引力。

　　为了确保你的游戏能够抓住玩家的眼球，你需要仔细考虑什么让你的游戏与众不同，且有希望是独一无二的。你往往可能会接受"新鲜感"——即你的设计因素可能并不是全新的，但至少没有被用滥，而且你正以一种新的变种方式来呈现它们。例如，你仍然可以制作一款有趣、有吸引力的丧尸题材游戏，但如果你真打算做，鉴于市面上已经有大量丧尸相关的游戏，那么最好有一些真正独特的地方。一个关于拯救丧尸并反向感染让其恢复至原状的游戏可能会是不错的方案。但是诸如"这些丧尸移动很迅速"或"这些丧尸是紫色的"这样不痛不痒的表面变化并不会让你的游戏脱颖而出。

　　也可以以一种全新的方式颠覆现有的游戏类型，就像《传送门》之于射击游戏，以及《传说之下》之于角色扮演游戏那样。在这些例子中，你从一个特定游戏类型中摘取主要的游戏玩法——像"在射击游戏中，一切都是关于摧毁东西的"，然后将其变为别的东西，如"但在这个游戏里，你通过射击来寻路以及解决谜题"。这比使用可用类型的某些现有要素并将游戏带入新方向更困难——但如果你能让其实现的话，这可以是一款带有动作元素的叙事游戏，或者是一款通过某些途径脱离令人麻木的"点点点"式操作的放置类游戏。

　　尽管如此，一般来说你还是希望找到能使你的游戏真正与众不同的设计元素。你的游戏越新、越独特，就越容易将其与其他游戏区分开来。与此同时，正如那些组合类型一样，游戏仍然必须为玩家所识别，否则玩家会因为过于费解而放弃它，就像玩家会因为游戏过于传统而判它死刑一样。

　　为你的游戏找到 USP 简短列表的必要性，是为什么花时间设计游戏理念如此重要的另一个原因。如果你在想到第一个想法的时候就停了下来，它往往不可能是独有的，从任何意义上说都如此。根据 USP 来考虑你的游戏理念可能是一种很有效的方式，它可以确认你是否能够明确阐述这款游戏值得你花时间和精力来开发的原因。创造游戏并不容易，为了证明这件事情存在的意义，你需要的不仅仅是"对我来说这听起来很酷。"

X 语句

一些设计师喜欢用来考虑 USP 的另一种方法是使用 x 语句。它们有两个常用的定义，服务于相同的目的。第一个是定义游戏的"x 因子"是什么——是什么让游戏变得特别、与众不同和有独特吸引力？这个问题的答案通常就是一张 USP 的简短列表。

第二个是，一些设计师喜欢使用"A x B"结构的语句（"A 与 B 交叉"——有时也称为"A 遇上 B"）来创造一个新的、独特的想法，与已有的游戏区别开来。比如，你可以说"这个游戏就像《全境封锁》（*The Division*）x《守望先锋》（*Overwatch*）"或者"*GTA* 遇上《传说之下》。"像这样将两个游戏匹配起来，可以在看似很熟悉的创意领域之上创造全新的体验。

注意事项

尽管独有卖点对你的设计至关重要，但无论是列表还是 x 语句形式，都需要谨慎处理。USP 有时被用来作为偷懒设计的支撑。与 x 语句一样，如果你把其他现有游戏的 USP 组合起来——A 游戏中的少量 USP，以及 B 游戏中的少量 USP——你将创造一个奇特的混合体。这几乎必然会出问题。USP 必须支撑一致的游戏愿景，而不是形成一个不相关要素的畸形集合。

此外，尽管在 USP 中有"卖"（selling）这个词，但这主要是让你能更全面、更清晰地理解和传达你的游戏设计理念。重点需要放在游戏设计中以新的方式体现出吸引力和参与感的因素——而不是"什么会让游戏畅销"。它们之间的确有关系，但如果你过快地考虑商业上的要素，设计将会受到影响。记住，设计一款出色的游戏可能有望畅销，但不要试图设计一款畅销的游戏，而你还希望其仍然出色。

产品描述

前几节中简述的游戏高层次概念需要有概念文档中面向产品的描述作为支撑。此描述提供了玩家在游戏中的体验以及支撑整体愿景的游戏系统的概述。这些通常分为以下几部分：

■ 玩家体验

- 视觉和音效风格
- 游戏世界的架空背景故事
- 商业化
- 技术、工具和平台
- 规模

从整体概念文档指向更具体、特定模块的设定文档，这样的指针（基于网页的链接，或至少是文档引用）是很有用的。正如本章前面所提到的那样，概念文档就像冰山一角，通过链接提供详细设计文档中额外可用的细节信息给需要的人。这些文档以及其中的内容将在第 7 章和第 8 章中介绍。

玩家体验

认识到你想要玩家拥有的体验，是整体游戏理念的关键部分。这应是蓝天/头脑风暴过程的主要输出内容之一。在概念文档中，会留出单独的部分来描述玩家体验，通常限制在几个简短的段落中。这些信息包括玩家在游戏中能体验的幻想的描述、作为玩法例子展现的关键时刻以及游戏对玩家意义所在的简短讨论。

玩家在游戏中的幻想是什么

概念文档会清楚地阐述玩家在游戏中的视点是怎样的，以及游戏提供的幻想是什么。也就是说，在游戏中，玩家是英勇的骑士、潜伏的盗贼、飞船船长、试图让家人团聚的单身母亲，还是完全不同的其他事物——小型单细胞有机体，或者银河帝国的无实体领袖？每一个都提供了不同类型的玩家体验和不同幻想的实现。

典型的游戏幻想是令人向往的：玩家可能喜欢，但在实际中不太可能体验的身份或情境，比如成为船长、市长、勇敢的战士或博识的巫师。有时候，幻想是处于困境并试图做出最大的努力——例如在《最后生还者》中。而有时候幻想只是简单地站在他人的角度进行体验：《归家》里调查房屋发生什么事的女孩，或者《模拟人生》中你自己设计的一个家庭。每个游戏都有自己的魔法阵，让玩家在其范围内获得新颖、独立、无关现实的体验。

游戏幻想的另一个有用的方面是 Spry Fox 公司的游戏设计师 Daniel Cook 口中的游戏入口。玩家在开始游戏时，应当能立即了解到他们正在做什么，以及为什么这样会很有趣。Cook 的建议是，使用其作为一种工具，来形成你自己对玩家如何开始游戏以及在游戏中做什么的思考，并通过与潜在的玩家交流来验证游戏理念和幻想。在这种情况下，你给玩家提供游戏的概念描述，然后让他们告诉你有关游戏的事：他们期望自己能做什么，他们将会从哪里开始，如何结束以及他们是否发现这样做有价值？如果潜在玩家无法开始构建与你相关的游戏心智模型，或者他们所说的内容并不符合你的游戏理念，那么你还会有一些重要的工作要做。另一方面，如果玩家很快就理解了游戏的幻想并且在很大程度上与你的设计方向相同，那么你就有了一个良好的开端。需要记住的是，虽然这个技巧很有用，但你应该保持非正式的态度，而不要陷入试图让玩家帮你设计游戏的陷阱。这是对你的理念的测试，而不是摆脱设计游戏这项辛苦差事的方法。

就自己作为设计师的优势而言，要理解玩家的视点和幻想，你可能会从故事作者的优势出发，通过首先考虑游戏整体体验来着手；也可能是从玩具制造者的角度出发，通过弄清如何使用一套游戏机制并将它们统一在一个整体体验中来切入。无论你用哪种方式，作为设计游戏理念和产品愿景的一部分，你必须创建一个关于玩家体验的统一描述。这也应反映游戏的整体概念描述以及它的 USP（同时也要被它们所反映）。

关键时刻

传达玩家体验的一个重要而有用的方式，是讲述游戏中有关关键时刻的一些简短轶事——当事情发生时，它们是如何让玩家保持参与感的，以及让玩家体验到了怎样的感觉。（你可以从玩家为你提供的有关游戏幻想的内容中获得一些关键时刻。）这些关键时刻描绘了玩家在不同游戏阶段时的体验——他们首次了解时，他们已经习惯时，以及他们已精通游戏时——并把体验与具有不同动机的玩家所拥有的视点联系起来。

要体验这些关键时刻，需要创建一些不同的玩家角色，代表具有不同动机和情境的典型玩家：经验丰富的玩家，匆忙的玩家，不确定的玩家，等等。哪些角色有意义取决于游戏的理念和设计。对上述每一种玩家，确定游戏中代表重要事件的情境：他们的第一次真正胜利和第一次失败；当他们到达 50 级时，或建造第二座城堡时，或获得第一辆小型摩托车时，游戏如何向他们开启新的内容；当他们第一次与其他玩家联机玩时会发生什么，等等。与 Cook 的入口测试方法一样，不要忽视游戏的开头；许多游戏设计师相信前 300 秒——游戏的前 5 分钟——会决定玩家是否能沉迷其中。你可能不需要筹划出整个 5 分钟的游戏玩法，但在这里找到你认为（后面也会进行测试）的关键时刻，会吸引玩家并鼓励他们继续前进。

你的设计文档应当以文本或草图的方式讲述关键时刻的故事。这些内容会帮助你从不同玩家的角度更全面地理解你的游戏理念，且随着开发的进行，它们会帮你记住为什么你做了这样一些设计决策——或者你可以测试针对这些角色和关键时刻的新选项。

你可能还需要创建比概念文档中描述的更多的关键时刻，并为这些被放置在单独文档中的额外关键时刻做好指针。在概念文档中包含一些精选出来的时刻可以帮助阅读者更好地理解游戏，并为那些想要进一步探索的人提供指针。

情感和意义

玩家关于游戏的体验总和，就是游戏提供给玩家的感受。如果你的游戏没有引起任何情感反应，它就不可能吸引玩家。这并不意味着你的游戏必须拉住玩家的心弦或者让他们以一种全新的方式看待世界，但你必须能够从整体的角度确定游戏中某些形式的情感因素：玩家体会到了成就感，上气不接下气地逃脱灾难，甚至（在很多动作益智游戏中，如《俄罗斯方块》）虽然这次的命运仍然是失败但做得比上次更好（或者更糟，但玩家确定下次会做得更好）。

当然，一些游戏会有意识地让玩家体会到各种更微妙的情感：失落、希望、感激、包容、反感，这样的列表几乎是无穷无尽的——正如第 4 章中讨论的那样，我们作为游戏设计师几乎没怎么探索这一领域。如果你的游戏特别依赖于情感交互，那么你需要仔细设计玩家体验、关键时刻以及支撑这些内容的系统，以实现你想让玩家体验到的情感体验和响应。这不会自行发生；与游戏中的任何其他内容一样，你需要创造一个空间，如果玩家选择了对应的路径，之后他就可能会获得你所设置的体验。

与"玩家在游戏时感觉到了什么"这个问题密切相关的是"意义"这个棘手的问题。你的游戏是否为玩家创造了持续下去的意义？考虑一下，即使像《地产大亨》这样的游戏也充满了意义：它传授了致富的一个特定模式以及成功的意义。与《我的战争》（*This War of Mine*）这样的游戏相比，一个射击游戏能传授玩家有关战争的什么内容？像《看火人》《归家》《模拟人生》这样的游戏传达了什么与人际关系相关的意义？[1]

你可以选择创造一个着重于"意义"的游戏，也可以单纯创造一种有趣的娱乐方式。（《糖果粉碎传奇》除了直接感官以及解谜的乐趣外似乎没有其他意义，它当然也不会为糖果的消费提供什么建设性意见。）你有机会决定游戏中是否存在你想要玩家获得的意

---

1 Will Wright，开创性游戏《模拟城市》（*SimCity*）以及《模拟人生》的设计师，于 2001 年曾对我说，《模拟人生》一开始的"意义"，部分在于"时间是我们唯一不可再生的资源"。我们总能获得更多的钱，但我们永远无法获得更多的时间。在那个游戏中，当你购买了更多的东西时，你的模拟人物更有可能花时间在修理东西而不是其他事上——非常实际的效果，他们会被自己拥有的东西所支配，而不是反过来。这无疑是许多人没有获得的微妙信息，尽管它的其他诠释确实传达到了许多玩家的脑子中。

义。这与你的整体理念、USP 以及玩家其他体验一样值得仔细考虑。

视觉和音效风格

理解和解释游戏理念的一个重要部分，是能够传达出它将表现的外观和感觉。在概念文档中，描述美术风格的含义，以及它如何支撑整体理念和想要的游戏体验，是很有裨益的。这可以用文字定性地完成——例如，"游戏具有明亮而不过于饱和的颜色，给人以轻松明快的感觉"或"游戏的视觉色调整体偏黑暗阴冷，灰暗而光秃秃的阴影占满了低多边形的场景"——再附带一些概念或参考美术资源。

如果存在原始概念画，它们应该被直接包含在内，或者引用在外部文档之中。参考美术资源作品图也可以这样处理。这是对其他来源的美术资源——游戏、电影、杂志、书籍封面等——的一种礼貌做法，你不会将其用在游戏中，但这在早期定义游戏外观的过程中很有用。这种用法通常属于对他人的受版权保护材料的"合理使用"：未经明确许可，你不得在游戏中包含任何他人所拥有的内容，但从其他来源"收集"参考美术资源是完全可以接受的。除了概念文档中使用或引用的美术资源之外，许多项目还将所谓的"情绪板"——参考美术资源与概念图的大型公共展示（在公告板或类似的物体上）放在一起，以便团队中的每个人都对游戏的基调和情绪有一个概念。

游戏中的声音，包括音乐和音效，拥有至少和视觉效果同等重要的地位。对音乐和音效的有效使用，可以大大增强玩家的体验，对视觉美术风格进行补充并保持统一化。虽然很难将声音采样包含在概念文档中（尽管音频链接可以且应该被用于在线文档），不过与视觉美术一样，可以用定性的语言来描述声音风格："游戏的主题音乐很简单但令人回味，使用小提琴独奏或类似效果"或者"游戏中的声音始终有电声失真的主题，适合黑暗的视觉色调并创造出一种不祥的氛围"。与视觉美术一样，声音的参考资源也可以且应该用来给团队（以及团队之外的其他利益相关者）更好地理解声音风格以及期望的整体游戏体验。

这些视觉和声音元素，每一个都应该在游戏的风格导读中详细介绍。导读不应成为概念文档的一部分，但应由后者引用（并完美构建指针）。风格导读本身可能要等到游戏进入制作阶段时才能完成（有关制作阶段的描述请参阅第 12 章），但仍应在此处引用。

游戏世界的架空背景故事

在概念文档的层面，对游戏背景故事以及玩家自身所处的游戏世界有一个简短的描述，这是相当有用的。这并不意味着你要把游戏世界的各种细节连篇累牍地包含在文档中，但你应给阅读者提供关于游戏设计中世界的一个概念。例如，背景故事可能如"玩家是试图寻找回家的路的变形虫"或"玩家是一个明星飞行员，迫降在一个魔法有效但技术无效的世界中。"用几句话来勾勒游戏的背景故事——发生了什么让玩家来到了游戏中开始的地点——和一张可能的游戏世界领土地图，以及主要 NPC 角色的简短描写，有助于增强对游戏作为一个产品的描述。这也为开发过程中进行更详细的设计提供了一个起点。

商业化

所有商业游戏都必须能赚钱。在过去，游戏设计师不必关心这一点，但在现在这个拥有许多畅销游戏商业模型的时代，情况已不再如此：游戏作为产品，其描述必须包含关于游戏如何收回成本以及创造额外利润的思考。

作为一款产品，在定义游戏时，你需要在文档中包含一个有关如何用游戏盈利的简短定义和讨论。游戏的商业模式在不断发展，但至少你应考虑下述商业化方法中的一种（或多种）。

- **高价策略：** 这包括那些拥有单一价格、玩家购买时只需要一次性付费的游戏。这种模式古老而又典型，但没有保障：在当今的市场中，玩家甚至不愿意为一款游戏支付 1 美元（美国市场），更别说以前游戏通常需要支付 20 或 60 美元了。除那些大体量的、开发营销预算高达数千万美元的大作之外，很少有依赖于高价策略的游戏能赚回开发成本成为"爆款"。
- **免费游戏（F2P）：** 当今游戏的主要商业化模式（尤其是在移动设备上）是 F2P模式。这些游戏可以完全免费游玩——永远如此。玩家无须支付任何费用。然而，这些游戏通常被设计成鼓励玩家消费——有些甚至相当激进。一些游戏也允许玩家观看广告视频（来同样获取消费行为产生的收益）而不是直接消费。如果你的游戏将是 F2P，你需要考虑如何一开始就将其与设计相结合；这并不是你可以在最后一刻再来添加的东西。
- **限制游玩策略：** 高价策略模式的一个变体，允许玩家在一定程度上免费玩游戏。在一些游戏中，玩家可以玩前几个关卡（或类似的其他限定范围），之后就必须购买完整的游戏才能继续游玩。这曾经是让人们"先试后买"的一种常用方法，但自从 F2P 问世之后，这种模式变得不多见了。
- **可下载内容（DLC）：** 与限制游玩策略类似，一些游戏具有额外的 DLC，可以在游戏本体之外单独购买，用于提升游戏体验。对许多开发者来说，问题在于他们提供的 DLC 能否合理地添加到原始游戏中，或者玩家是否会察觉到它是为了之后额外的收益而有意预先隐藏的。

- **广告支持**：有些游戏是免费的，但会向玩家展示广告。这种模式通常对游戏开发者很有吸引力，因为这使得他们能免费提供游戏而不需要设计 F2P 功能。不幸的是，游戏中的广告收入通常微不足道；这意味着除非有数百万人定期玩你的游戏，否则你不太可能从这种类型的商业化模式中获取可观的收入。

当然，还存在其他种类的商业化模式，包括还未被发明的模式！你也可能是为客户制作游戏，或者通过赠款资助，或者你还可能处于某种其他形式的情况，在其中商业化并不是你产品设计或游戏体验中的要素。在概念文档中记录这一点，可以防止未来出现任何问题，并有助于完成游戏的愿景。

技术、工具和平台

作为游戏产品规划的一部分，你需要确定开发游戏并令其运行所需的技术。假设你正在制作数字而非模拟/桌上游戏，你将需要各种技术、工具以及平台规范来开发游戏。下面的列表并非详尽无遗，但它将为你定义游戏产品的技术需求提供一个良好的起点。

- **硬件和操作系统**：你的游戏必须能在计算机上运行（一般来说是运行 Windows 或 macOS 的设备；Linux 也是一种可选方案，但当作主力用在商业上是不可行的）。或者你可以瞄准智能手机或平板电脑（iOS 或 Android 操作系统），或是需要虚拟现实或增强/混合现实硬件的设备。你的决定将对游戏的开发产生重大影响，所以需要从一开始就明确这一点。

- **开发工具**：你会使用诸如 Unity、虚幻或其他游戏开发环境吗？工具可以为你节省大量的时间和精力，但你必须了解如何使用它们。它们也有自己的成本和缺点，在选择工具的时候你应该考虑到这一点。

- **服务器与网络**：很多游戏都是严格的单人游戏，所以并没有任何服务器或网络需求。不过，这是你应该从一开始就定义、并在开发过程中纳入考虑范围的事情。

- **商业化和广告**：如果你要在游戏中投放广告或支持游戏内购，则需要与广告和支付服务集成。在概念阶段你可能并不需要具体了解该如何操作，但你应该知道是否会计划将此作为你产品的一部分。

- **本地化**：跟商业化类似，你应该从一开始就考虑游戏是仅使用一种语言还是计划将其投入全球市场。如果你有任何将游戏为不同的语言市场进行本地化的打算，应该在一开始就做好决策并定义它；一旦开始开发，很难对其进行本地化相关的改造。

在产品规划的概念阶段，你可能还不知道这些问题的全部答案，但你应该能解答出大部分——并将剩余的部分添加至你的问题列表中，以便快速找出答案。

规模

通过审视概念文档的理念和产品设计部分，你应该开始形成游戏规模的概念：需要多少人，需要多少种不同的技能，以及需要多少时间进行开发。游戏需要的美术风格创作和内容越多，必须创造和协调的系统就越多，同时商业化和本地化所需要开发的内容也越多，项目的规模就越大。

通常来说，你应该限制你所在的任意项目的规模，尤其如果这是你的第一个游戏项目的话。即使是拥有数百人团队的执行制作人也在努力并试图限制游戏规模——如果你在时间和预算方面都有限制，那么需要对这两方面的优先顺序，以及对游戏内包含的内容做出艰难的抉择。

详细设计

在概念和产品部分描述了游戏的高层次规划的同时，详细设计部分则预示了游戏设计的一些更具体的方面。这些必然都还未构建好，所以这里所说的是预测未来——因此可能在一定程度上是不对的。尽管如此，这仍是了解你的游戏是什么，以及你将如何构建它的重要部分。

核心循环

有关核心循环的概念我们已经讨论过多次，在第 7 章中还将进行详细介绍。就你的概念文档而言，你对于玩家将在游戏中进行的各种活动应该有一些概念，特别是那些一次又一次、每时每刻都要做的事：主要是战斗、建造建筑物、收集花瓣或者其他完全不同的事情。你还应当能够讨论为什么这组核心循环具有吸引力，并能支撑玩家在游戏中的目标。

目标与进步

与游戏的核心循环紧密相关的是玩家在游戏中的目标以及他们如何推进游戏。这包括玩家从新手引导阶段到完全精通，以及跨越任何空间范围（如果有的话。例如，遍历地图）的旅程。为玩家勾勒出主要的进步方向也是很有用的：他们是否会在金钱、技能、声誉、魔法力、拥有的行政区、船员规模或者其他维度上有提升？

为了支撑这些进步维度，你需要为玩家构建即时、短期和长期目标。这些必须得到其他详细设计的支撑，尤其是核心循环、叙事以及主要游戏系统。

这些目标又需要反过来支撑玩家幻想以及你在概念部分中勾勒的体验：如果游戏是关于刺客的，那么养刺猬对实现游戏目标来说可能就不太适合。或者，如果游戏是关于建立一个庞大帝国的，那么你需要简要描述玩家每时每刻都在做什么，以让玩家能保持参与感。

最后，如果游戏支持玩家自己的隐性目标（而不仅仅是游戏本身创建的显性目标），请注意这是如何做到的。如果玩家可以在一款关于战斗的游戏中成为一名熟练的工匠，请将此作为整体潜在目标与进步的一部分。

叙事与主系统

如果有一个能驱动游戏的叙事内容，请在概念文档中简要描述它。你可能会想要参考前面概述的背景故事。游戏的历史或背景故事是回顾式的，但游戏叙事则是关于游戏过程中发生的事情，尤其是在玩家会参与（或发生在他们身上）的事件方面。这里并不是完成整个叙事内容的地方，但你应当对这个简要概述备注引用或指向可以找到详细内容的文档。

同样地，你应当简要描述主游戏系统，这通常与游戏的核心循环相关：物理或魔法战斗、经济、生态、政治系统，等等。还要注意哪些是玩家直接与之交互的，哪些只存在于游戏的世界模型中；例如，游戏背景中可能会发生政治阴谋，但如果玩家并不能直接对其产生影响，那么请注意这个情况。

交互

如前所述，作为游戏视觉和声音风格的一个更精确的部分，概念文档应简要讨论游戏将使用的主要交互形式。尤其是，玩家是仅通过鼠标，还是通过键盘和鼠标、游戏控制器、触摸界面、视线检测，或是其他方式来进行交互。

关于游戏如何消耗其交互预算，准备一份简短说明也是欢迎的：游戏主要是关于快节奏（或更加休闲和多汁的）的动作/反馈，短期或长期认知（谜题、战术和战略），情感，社会，还是文化的交互？无论想要将这些交互形式怎样组合，游戏如何在视觉和声音方面实现它？虽然这里并不是进行详细用户界面描述的地方，但你也应该提供有关游戏主要交互方法的一些描述。同时，还应包括这些方法如何支撑想要的玩法体验，以及这些交互如何为玩家的行为提供足够的"动词"和反馈以影响游戏系统（参见第 7 章和第 8 章）。

在这个阶段，整体用户界面可能并不完整。尽管如此，本部分至少提供了一个屏幕模型，以及一个在屏幕上看不到的交互清单（基于键入、手势或鼠标操作），以丰满对游戏理念和交互的理解。

设计"游戏+玩家"系统

提出、阐明和细化你的游戏设计理念的过程，是开发你想要看到并想要他人体验到的游戏的关键一步。最终，这是一个设计系统的实践，就该系统而言，游戏与玩家都是它的一部分。通过交互，他们形成了更大的"游戏+玩家"系统。只有当玩家持续游戏的时候才会发生这种情况，这意味着游戏既易于理解又令人愉快，玩家体验也有吸引力、有趣。

在这个设计的概念阶段，必须确保你们的整体游戏想法是清晰且一致的。如果其他人无法理解这个愿景，那么玩家也会感到困惑——如果你成功以该愿景做成了一款游戏的话。

不偏离主题

为你的游戏创造一个可行的、可理解的愿景和理念，既是游戏设计的重要框架和约束，也是某种意义上的根基或结缔组织。游戏的主题元素——游戏体验的"整体"——应该触及游戏中的一切。如果有一个系统或符号没有从主题中获得意义或不支持该主题，那么它要么需要被移除，要么需要被修改以适应游戏。相反，通过确保你的主题在整个游戏中保持一致，部分、循环和整体将全部达成统一，所有工作共同为玩家提供所需的引人入胜的体验，以形成高层次的"游戏+玩家"系统。

优雅、深度和广度

现在你已经了解了游戏理念与愿景的必要性，让我们重新来审视一下游戏中优雅、深度和广度的概念。一款游戏，如果其清晰一致的愿景贯穿了系统、符号和规则——从整体到循环和部分——并且能够防止出现规则中的特殊情况和例外，那么它对玩家来说就是优雅的。它将满足 Bushnell 定律，即易于上手难于精通，因为玩家能在早期形成一个心智模型，在他们继续学习和掌握游戏的过程中，不需要进行重大调整就能很好地服务于他们。学习这样的游戏在主观上几乎毫不费力，学到的每个方面都会推动玩家在游戏中的进步以及加强玩家掌握游戏的感觉，并且玩家不必在心理层面跳出游戏以思考如何记住例外或看似矛盾的规则。

真正掌握一款游戏需要的时间，取决于该游戏的系统深度和功能广度。如果游戏具有一定程度的优雅性，它通常会以"系统套系统"来作为其设计的支柱。这些内容会被组织得很巧妙，使得早期学习到的东西在后期掌握之时仍然可用（而不会被解开重组）。甚至在一些相对简单的系统上，游戏设计所建立的玩法可操作的空间——以及玩家产生的心智模型的复杂度——也可能是巨大的。游戏中这样的空间被视为具有巨大、通常深不可测的深度。只要玩家能在他们的认知、情感和交互的心理预算内继续扩展心智模型，那么被探索规则和最终对游戏的掌握所激励的玩家将很乐意继续参与其中。

很多游戏都通过添加更多功能来提供巨大的广度——更多与相同内容或底层系统互动的方式。这有时可以替代系统深度，特别是当游戏添加了大量内容以保持对玩家的吸引力、而非创建不需要太多内容填充的系统和深度的时候。在其他一些情况下，游戏的规模要求有广泛的功能并能从中获益。这些可以是玩家能尝试的多个角色职业，要掌握的载具或战斗系统，或者能相互作用的资源、经济、政治和战斗系统。许多"大型战略"游戏都使用这种方法。

高广度的游戏也可能具有系统深度。其中最好的甚至还能保留一定程度的优雅，虽然在游戏中加入广度和深度几乎不可避免地会增加例外和特殊情况规则，加大学习的难度，玩家必须涉及的功能数量会增加构建心智模型的难度。这两个因素都限制了大型以及具有广度和深度的游戏的优雅性。然而，想要那种体验的玩家并不一定会去寻求轻松的优雅性，所以这不一定是游戏设计的失败，一切都取决于目标受众想要的体验。

关于设计愿景的问题

在回顾游戏理念的时候，你可以考虑一些问题，以确保你有足够清晰完整的理解，来为游戏的循环和部分创造背景环境。不同游戏关于这些问题的答案会各不相同，不过考虑清楚有关自己游戏的这一切，将有助于阐明你的概念设计。在开发游戏时经常回顾这些问题，对于确保"你的设计始终保持在你想要的范围内，而不会越做越偏离初心"是很有用的。

- 你的概念描述（只用一两句话）是什么？此描述是否抓住了游戏的所有重要元素？对基于游戏理念的特征你是否进行了"单个问题"测试？
- 你的游戏是为哪些人制作的？受众有哪些动机（来玩你的游戏）？玩你的游戏的人还喜欢哪些游戏？是否存在会影响某人玩你的游戏的重要外部或环境因素（例如，他们是在通勤的时候玩，还是需要为其预留一整天时间）？

■ 游戏玩法的哪些关键特性或因素让你的游戏与众不同？为什么你的目标玩家——已经喜欢这类游戏的玩家——会丢下已存在的游戏而来玩你的游戏？什么要素会在最初勾起玩家的兴趣？游戏设计的哪些方面会逐渐吸引玩家？

■ 玩家玩你的游戏，其游戏体验的标志是什么？你如何从动机和情感的角度来描述这一点？

■ 对玩家来说，游戏体验是否感觉是经过策划的？游戏是一个有凝聚力的整体，还是一个不同理念和系统的并不协调的拼凑物？

■ 玩家是否会有一种掌握或至少提高了玩游戏能力的感觉？他们是如何知道自己取得了这些方面的进步的？

■ 你的游戏的美术风格（无论视觉还是声音上的）是如何支撑游戏理念和玩法的？美术资源是否将你的游戏与其他类似作品区分开来？

■ 游戏中的哪些系统直接支撑了游戏理念和玩家体验？

■ 游戏使用什么形式的交互来支撑玩家体验？是否存在会消耗玩家认知资源的无关或含糊的交互？

■ 游戏对玩家有什么样的意义？游戏是否有一个核心——它是否会在玩家心中产生某种情感？并非所有游戏都具有深刻的意义，但考虑这一点是有用的——在游戏测试时就这一点询问玩家，看看他们口中的意义是否符合你的预期愿景。

总结

本章开始了系统化游戏设计的实践方面：创造游戏理念，构思有意图、一致和清晰的整体。这包括以下过程：通过蓝天设计提出游戏理念，然后将该想法完善为你希望为玩家提供的游戏体验的一致愿景。

这个过程之后是概念文档的详细编撰，包括游戏的高层次理念、产品以及详细设计部分。创建这个简短的文档，作为指向游戏设计更详细内容的指针，有助于将整个设计整合在一起，并在整个开发过程中对设计起到统一化的影响。

没有必要一定从理念阶段和整体愿景开始，但没有它们，你并不能真正设计或开发一款游戏。在认清你要构建的框架之前，你将会在设计与开发工作之间徘徊。因此，很多游戏设计师会首先拿理念开刀。但如果你认为自己更像是一个创造者或是玩具制造者，而不是故事作者，那么这对你来说可能并不是一个自然的起点。没关系，只要确保在真正着手开发你的游戏之前已经完成了本章的步骤，创建并明确了你的愿景，就可以了。

第 7 章

创建游戏循环

各个部分之间的循环交互构成了系统，这是产生交互式游戏体验的主要手段。在本章中，我们将重新讨论循环（于第 2 章中首次引入），包括对游戏设计中 4 个主要循环（于第 4 章中引入）进行的全新审视。

本章也定义了游戏系统循环的主要类型，并讨论了一些示例。此外，还讨论了目标、工具和有关系统化游戏循环的一些问题，以及如何创建你的游戏系统并将之记录归档。

不仅是"部分"的总和

在第 1 章中，我们讨论了不同类型的思维，以及"一个统一的整体并不是，或者说并不仅仅是其各个部分的总和"这样的概念。这是系统性思维和系统化设计背后的核心概念之一：通过将部分连接在一起形成循环，我们可以创建涌现性整体，这样的整体并不单纯是各部分所叠加的产物，而具有全新、最终有吸引力的特性，这种特性在任何单独的部分身上都不曾找到。

在本章中，我们将详细探讨如何用不同的方式将部分连接起来，通过各个部分的行为创造出它们所支持的循环并实际创建出第 6 章中所讨论的整体。在第 8 章中，我们将介绍如何构建部分才能建立这些循环。本章处于系统化设计过程的中间部分，就像循环位于各个部分与所创建的整体之间一样。因此，尽管本书的内容是线性的，但本章、第 6 章和第 8 章（分别涵盖整体和部分）的内容应当配合着阅读，就像系统必须循环运作以发挥作用一样。

在相互作用的各个部分之间创建有效循环，以构造想要的整体体验，这在游戏开发周期中通常被称为"系统设计"。虽然有意识地创建系统不仅包括单纯地创建"战斗系统"或"制作系统"本身，但正是这些具体的系统类型带来了游戏设计以及玩家体验。通过从有意识的、系统化的角度来进行游戏设计，你可以创造出更好的系统以及更具吸引力的游戏。

关于循环的简要回顾

回忆第 2 章，部分的集合可以是简单的、复杂的或者复合的：那些彼此间没有真正相互影响的部分就像一个碗里的水果，挨个放着却没有碰撞出明显的"火花"。那些线性相连的部分组成的过程可能是复杂的（参看图 2.5），但仅有这些是不够的，你还需要那些环状的交互，以此来组成复合系统（参看图 2.6）。这种"部分构成循环"的特性能创造涌现性效果，而从本书的目的出发，那就是创造有趣的游戏玩法。

强化循环和平衡循环

循环结构分为两大类：在第一类中，交互会强化环内各部分的状态，例如获得银行账户余额的利息（参见图 2.7）——但也有看起来是负面的东西，如人口疾病的传播。也就是说，强化循环有时被称为"正向反馈"循环，但重要的是记住，这些循环所做的，是"强化由部分的状态所代表的特性"，强化的结果可能是积极的，也可能是消极的。

第二类循环是平衡循环。在这类循环中，一个部分对另一个部分的影响最终会导致所有部分接近一个平衡点。恒温器或烤箱就是一个常见的例子：随着烤箱因其当前温度和预期温度之间的差值而升温，所需施加的热量会逐渐减少。最终差距会接近于零，几乎不再需要施加额外的热量（参看图 2.8）。其他的例子包括捕食者和猎物在生态系统中的平衡，以及许多 RPG 中存在的、如何增加升级所需的点数来平衡升级所需的时间。

大多数平衡循环，尤其是在游戏中的循环，会导致动态而不是静态平衡。第 1 章（参见图 1.7）和第 2 章（参见图 2.4）中展示的机械旋转调速器就是动态平衡循环的一个良好物理示例：阀门打开时，引擎旋转得更快，导致重锤向外侧飞，这又反过来使阀门关闭——导致引擎旋转得更慢，从而让重锤下降，而这又再次使得阀门打开。引擎运转时，阀门持续打开和关闭，重锤也随之上升和下降，使引擎保持在可接受范围内的一个动态平衡之中（既不过快，也不过慢）。

在游戏设计中使用循环

强化循环和平衡循环具有可用于游戏设计的不同种类的整体效果。强化循环通过创造失控或"富者更富"的情况来奖励领先者。在《地产大亨》中，拥有更多资金可以让你购买更多房产，而购买更多房产又会让你获得更多资金。这会在玩家之间制造差距，这样做也许有用，但也可能会破坏领先者与落后者的参与感：对那些领先者来说，随着差距的拉大，他们可以越来越不走心，但却依然能高奏凯歌。而对于落后者来说，他们所拥有的能让自己反败为胜的选项越来越少。这时，无论对于哪一方，游戏玩法空间都坍缩到了玩家只能做极少决策的点（会显著影响游戏状态的选择变得更少了），而游戏不再具有对玩家的心理吸引力，也就不再有趣了。

平衡循环缩短了玩家之间的差距：它们可以援助落后的玩家或惩罚领先的玩家，又或者采取的行动是这两者的某种组合，以维持双方都在竞争状态。很多游戏都有一个轮流机制，当一方得分时，另一方会被给予一个优势——球的控制权，就像美式橄榄球以及篮球一样。在《发电厂》中，最有优势的玩家最后行动，这样创造一个持续的动态平衡循环，并借此抵消那些形如"获得更多资金、购买更好的发电厂和城市"的强化循环。

"部分"作为循环组件

如第 2 章讨论的那样，循环中的部分会扮演不同的角色，并与那些通过各部分的行为在其间传递的对象相伴而生。理解这一切以及它们创建功能循环的方式是非常重要的，这就是构建游戏系统的基础。

一般来说，资源就是循环中各个部分之间传递的对象。它们是游戏中的符号，正如在第 3 章中讨论的那样——是游戏中的那些"名词"所代表的事物。资源可以是给小贩的金币、购买地产所使用的金钱、用于施法的魔力值，也可以是浴缸里的水。通常来讲，游戏中可数的任何东西都是资源（尤其是在游戏中创建、销毁、存储或交换的那些对象）。我们将在第 8 章中更为详细地讨论资源。

资源可以是简单的，也可以是复杂的。简单的资源如金币、木材和魔法，其本质上是元素化和商品化的：一枚金币不能再分解为不同类型的更小的部分，而金币与金币之间是没有区别的。复杂资源由较简单的资源组合而成，可能具有不同的属性（通常由游戏分配，而不是自己涌现）。一把剑可以由简单的木材和金属资源组合而成，然后这把剑可使用、出售、存储等，并且相比于另一把同样是组合而成的剑，它可能拥有不同的属性。

建立资源的生产链也是可能的，比如将木材和金属做成剑和盔甲，而将这些物资武装应征者会让你拥有一支军队——一种新的复杂资源。许多有制作系统的游戏（如《泰拉瑞亚》（Terraria）和《放逐之城》（Banished））通过配备不同资源组合的长链让系统深度变得深不可测，从而可以创建功能更加丰富且更加强大的对象。

货币是一种经常在循环的各个部分之间传递的资源。绝大部分资源与货币之间的关键区别在于，任何转换或交易都会消耗非货币资源：你可以在制造系统中使用木材和金属资源制造武器，这样做会消耗木材和资源（或被转换）。而货币资源则会被交换而非被消耗：当玩家为武器支付金币时，金币并不会变成武器；卖给玩家武器的人可能会把金币用作自己的其他需要。在许多游戏的经济中，金币只是单纯从汇中消失了，如图 2.3 所示。本章后面也会讨论这一点，但就模拟真实情况的角度来说，它被假定花在了其他方面。

源是资源产生的地方。这可能是一些具体的位置或部分，如金矿是金币的源；或者也可能是某些概念性质的，如杀死怪物这种行为是经验值的源。在许多游戏中，源无中生有地创造了资源。纵然你可以详细模拟出地里蕴藏着多少黄金以及拿走它需要多少时间，但除非这是游戏的重点，否则这只会增加玩家对游戏的认知负荷，而不会让它变得更有趣。

容器用来承载资源。[1]资源从它的源（或另一个容器）以特定速率流向容器，直到达到某种限制（参见图 2.2）。容器的状态是任意给定时刻它所包含的资源量，其行为则是它到系统中另一部分的流率。容器中的资源可能是银行账户中的钱、角色的 hp（hit points，生命值）及城镇的人口等。一些容器有最大限额（如浴缸里的水），而另一些容器则没有限额（如银行账户中你可以拥有的金钱数量）。

转换器是游戏中的对象或过程，它将一种资源转变（或转换）成另一种资源或另一种不同类型的对象。请注意，原始资源在转换过程中会消失，同时新的资源被创造出来。转换器是游戏结构中动词的常见基本类型：事物是如何从一种类型变为另一种类型的。

转换器可以像魔术盒一样抽象和简单，从一侧塞入铁块，从另一侧拿出钢制品（一种简单的资源）或剑（一种复杂的资源）。或者，这个过程可能更复杂，有多个输入和输出；制造一把剑可能需要金属、木材、工具、对应技能以及时间——都是游戏中可能的资源——这些资源既能生产剑，又会产生废料（矿渣、热量等）。更详细的转换过程可能会提供更多游戏玩法（玩家如何处理钢制品周围产生的堆积废物？）；这也可能是一个不必要的细节，只会增加玩家的精神负担，而不会提供任何真正意义上的玩法价值。

---

1 在这里的上下文背景下，一些人可能不太熟悉使用词“容器”（stock）作为装载资源的对象。这来自系统性思维的早期阶段，并一直存在于该领域。就我们想要表达的内容而言，可以用养有鱼的“储水池”（stock pond）或养有动物的“料场”（stock yard），抑或商场货架上库存（stock）的数量来进行类比考虑。有一些游戏开发者使用术语“池”（pool）来表达这个概念。

这是在设计系统和游戏的时候你需要做出决策的一点。

判定器，或者叫决策点，是系统中逻辑分支的表现，在其中流可以走向一端，也可以走向其他端，这取决于内部逻辑、给定资源的量或其他外部条件。你会希望保持判定器的条件尽可能与部分靠近——即尽可能地靠近组织层次。有时决策点会取决于系统层次结构中较高或较低级别的条件，但应避免比此更远的层级距离，以防整个系统更加脆弱，本章后面会解释这一点。

汇（sink）是源的相反面：资源流向它们。在某些场合，源被称作"水龙头"，而汇被称作"排水系统"——但我们并不关心资源（如水）来自哪里，只要它是从水龙头出来的即可。而一旦资源经由排水系统流出，我们就不再会在乎它的去向。[1]

图解

如图 7.1 所示，循环系统中的组件——源、容器、转换器、判定器以及汇通常会以一种特定的图像来表示：正三角形代表源，圆圈代表容器，有一条贯穿直线的三角形代表转换器，菱形代表判定器，倒三角形代表汇。容器中的资源量可以用阴影填满图形的程度，或是其他一些方法来表示。这样的一幅特殊图像来自在线系统绘图工具 *Machinations* 的作者 Joris Dormans（Adams and Dormans，2012）。该工具中的图解和功能比此处展示的更为详细，但为了在创建系统以及系统图时使用这些概念，并没有必要了解其中的所有内容。这些图像并不是通用或规定性的（注意图 2.4 中"转换器"用到的图标就与这里用到的不一样），但在很多情况下却还是有用的。

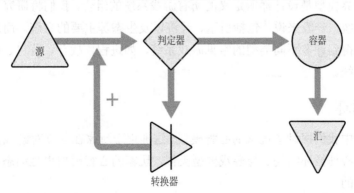

图 7.1　表示了源、容器、转换器、汇以及之间的流的常用图解。本章会探讨这类图像的功能意义

---

1 这在现实世界中并不是一种特别负责任的观点，但在创建游戏系统时，将源或汇之外的任何事物视为在系统之外，且不去关注任何更大系统环境的动态情况，这样做是非常有用的。

4 种主要循环

在强化循环和平衡循环概念的基础上，有必要记住 4 种概念层次上的主要循环类型：

- 游戏模型循环
- 玩家心理循环
- 交互循环
- 设计师循环

这些内容在早先的章节中已经讨论过，我们将在这里再一次引用它们，作为在游戏设计中引入有关循环更具体的讨论方式。

游戏模型循环

正如在第 3 章中已讨论——以及本章将会讨论的那样，游戏有自己的内部世界模型。这个模型必然是动态且循环的，以便玩家可以与之进行交互；如果模型是静态的或线性连接的，那么就没有交互性，也就没有游戏玩法可言了。游戏的动态模型创造了玩家所体验的游戏世界，也创造了游戏的玩法空间。如果游戏世界中只有少量可行的路径，则游戏的可能性空间就很窄；玩家几乎无法做出任何有意义的决策。当这种情况出现时，会导致最终没有游戏玩法，没有参与感，也没有乐趣。通过二阶设计来开发游戏模型，会为玩家的探索创造空间，从而建立参与感与乐趣。

游戏的世界模型是设计师所定义的所有游戏系统的组合。我们将研究创建此模型的不同种类的系统。一般来说，包括引擎、经济以及生态等主要的系统。而从这些系统出发，我们可以得到许多不同类型的常见游戏系统，如进程、战斗、背包、技能、任务以及其他一些系统。

玩家心理循环

在第 4 章中我们探讨了玩家的心智模型。这涌现于玩家在建立对游戏内部模型的理解时所创建的心理循环结构。与游戏模型类似，玩家的心智模型也是动态且循环的，而非静态或线性的。

这个模型必须在玩家体验游戏（同时让他们仍然保持参与感）时创建，并且需要与游戏的内部模型紧密匹配。如果玩家在游戏中的行为具有预料之外的——或者更糟糕的、随机的——效果，则玩家将无法建立或验证他们的心智模型。在这种情况下，他们的体验会变得没有意义，且没有吸引力。

除了游戏的内部系统外，玩家的心智模型还包括游戏提前设置的显性目标，以及玩家为自己创建的隐性目标。玩家在达成这些目标时在游戏中的推进感通常由一个或更多进步系统来实现。这是玩家心智模型及其参与感和成就感的重要部分。

交互循环

在第 4 章中，我们也介绍了游戏与玩家之间存在的交互循环。这种你来我往是玩家在游戏中行动，并根据游戏的反馈认识它的方式。该循环涉及并包含游戏的内部模型与玩家的心智模型：它们都是交互循环系统（的一部分）的子系统。玩家的行动是游戏循环的输入，游戏模型中随后的状态变化被传递回玩家，作为玩家自己的模型和状态的输入。

在实现这个循环之前，是不存在真正意义上的游戏的，注意到这一点很重要。游戏系统本身并不创造游戏体验；玩家首先必须能成功地与游戏进行交互。在开发一款游戏时，"创建闭环"，以便玩家可以与你的游戏世界进行完全的交互，这对设计师来说是一种令人高度满意甚至神奇的体验。当这个循环存在时，玩家能够做出决策，采取行动，并根据游戏的内部模型体验来自游戏的反馈，这样玩家便能改善自己的心智模型。这种情况出现时，是首次有迹象表明，你正尝试构建的游戏体验可能已经作为游戏与玩家创建的整体系统而实际存在了（请参阅本章后面的"设计师循环"部分）。

虽然此交互循环被描述为仅存在于玩家与游戏之间（例如，参见图 4.2 和图 4.4），但它可以被很容易地扩展至包括所有与游戏进行交互的多个玩家以及（直接或间接地）玩家彼此之间。玩家使用游戏作为这片假想世界中的规则，并使用它（以及他们自己的个人论述）来传达他们在游戏中的当前状态和未来目标。

在游戏中，玩家使用符号和规则以彼此交互。从任何一个玩家的角度来看，完整的游戏包含游戏的内部模型，以及涉及的所有其他玩家心智模型的组合（正如游戏自身所表达的那样）。游戏并不包括每个玩家的计划和目的，但确实展现了它们是如何通过游戏结构所表达出来的。每个玩家都会建立一个预测模型，这个模型不仅包括游戏本身会做什么，而且还包括其他玩家在追求自身目标时会做什么。

核心循环

正如第 4 章所介绍的，游戏的核心循环是游戏与玩家间的交互，这形成了玩家的主要焦点——玩家核心注意力所在的活动（参见图 4.4 与图 4.11）。与任意交互循环中一样，在核心循环中，玩家产生一个意向并在游戏中执行它，这导致游戏的内部模型发生一些变化。此变化以反馈的形式呈现给玩家，通常会附带一些能力的提升或者信息。这样的信息让玩家能修改其心智模型，包括某些方面的学习（对游戏内容加深了理解，或是加强了在游戏中的某些技能）。这为玩家产生下一个意图奠定了基础，并重新开始循环。

　　游戏必须至少存在一个核心循环，以建立与玩家之间的交互。游戏可能有发生在不同时间或空间尺度的多个核心循环，如第4章探讨的不同交互类型所表示的那样（如图7.2所示，在前面的图4.6也有展示）。例如，一款角色扮演游戏可能会将快节奏战斗作为主要的核心循环，将更具策略性与更加长线的技能获取作为外循环。在战斗中，玩家使用动作/反馈与短期认知交互循环来决定最佳攻击方式。游戏根据玩家对手的当前状态，以及对手做出的、玩家必须应对的行为来提供反馈。如果玩家胜利了，这个核心战斗循环的结果可能是游戏内资源的增加，如金钱、战利品或技能，以及对如何更好地玩这款游戏的认知，后者会为玩家提供一种成就感和掌控感。这使得玩家能够面对更大的挑战，例如与更难缠的敌人进行更多的战斗。当玩家注意力的焦点由快变慢（例如从战斗到技能选择）时，游戏的核心循环也会发生变化。

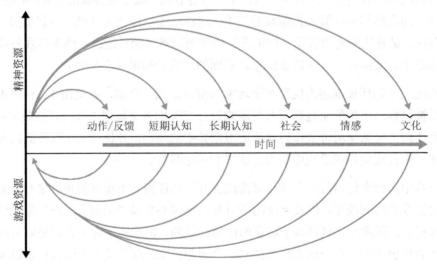

图7.2　对不同种类交互循环的回顾（参见第4章），每个循环都有自己的时间尺度

　　同样地，在许多策略游戏中，玩家会游走于"修建建筑物""生产战斗兵种""使用各兵种出战""研究新建筑物以及兵种"之间。这个核心循环本身是由较小的、较短期的核心循环所构建成的。这些通常被称为"内部"（更短期、更快）循环与"外部"（更长期）循环。所谓"核心"，并不一定是最快或最内层的那个循环，而是对玩家当

时的体验最重要的那个循环。[1]

核心循环示例

作为一个现实世界中的例子，我们可以看看《部落冲突》（*Clash of Clans*），这是一款非常成功的动作/策略游戏。图 7.3 为这款游戏的核心循环。游戏玩法包括收集资源，建造（以及之后的升级）基地/堡垒中的建筑物以训练兵种，然后将这些兵种派出去与其他基地（通常属于其他玩家）进行战斗。这些玩家的行为共同构成了游戏的核心循环。其他还有一些重要的外部循环，例如那些涉及帮助盟友以及提升等级的循环。后者对游戏的总体成功与经久不衰非常重要，不过玩家行为的"收集资源""战斗"以及"建造和训练"才是这款游戏的核心。（请注意，这些名词在这里使用是为了方便起见，但在实际游戏中并未显示或引用。）

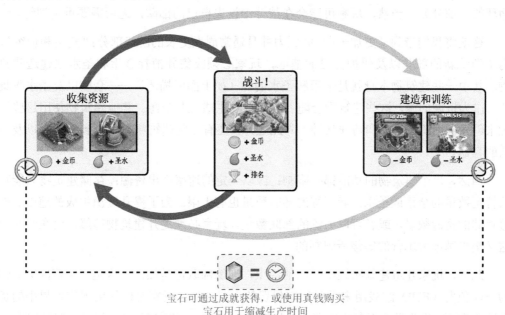

图 7.3　《部落冲突》的核心循环。玩家在收集、战斗与建造这三项游戏中的主要活动之间循环游走。他们可以花更多的时间在收集和建造上，或者通过付费来加快前述内容的进程。相同的核心循环图可以被更抽象地绘制为仅涉及战斗和建造的循环；或者更具体一些，显示每项活动中的具体循环行为。细节层面并非完全随意，应当反映对读者最有用的信息——无论是开发者、商业利益相关者，还是玩家，均应如此。

---

1 在某些情况下，核心也可能是玩家花费大部分时间的地方，或者是游戏为玩家提供最多可玩价值的部分。核心循环作为一个艺术术语，其用法仍然是不完全一致的。

在由这些行为形成的两个循环中，任意一个都可被视为最内层或"最核心"，因为玩家花费了大量时间专注于这两个循环。图 7.3 将"收集"和"战斗"循环作为最内层，因为它们进行一次循环交互所花的时间最短。

玩家点击源来"收集"资源，并将它们放入存储建筑（容器）中，供当场使用或存储起来（直到达到上限）供以后使用。游戏的战斗部分并没有太多的实际交互（就跟这种类型的很多移动平台游戏一样），但玩家需要确定何时何地部署部队展开攻击，这使用了快速动作/反馈以及短期认知交互的组合。（当进行防守时，玩家能做的只是目睹并祈祷自己的防御势力能坚持住；玩家的基地被攻击时，玩家本人甚至可以不在线。）

战斗循环是游戏中更活跃和高压力的部分。在这个循环中，玩家用他们的部队攻击其他基地，并带回金币和圣水，即游戏中的主要资源。玩家也可以提升他们的排名（外循环的一部分）。当然，玩家可能会在战斗中损失自己的部队，之后需要重新训练。

这就将我们带到了更加平和、低压力并且通常周期更长的游戏部分："建造和训练"。为了训练新的部队以及保护自己的基地，玩家必须收集并消耗金币和圣水来建造建筑物。其中一些建筑物本身就是金币和圣水的源（如上面所描述）——金矿以及圣水收集器。作为资源的源，这些建筑物会随着时间自动生成这些资源。其他建筑物使用这些资源来创建（训练）进攻和防守兵种。除此之外，还有一些建筑物是收集到的资源以及部队的容器。

当然，每个建筑物的功能都有限制：源以一定的速率产出资源；存储建筑物只能存放特定数量的金币或圣水；能训练的部队数量也有上限。为了提升资源生成的速度、能够存储的资源数量，或者可以训练的部队数量，玩家必须提升建筑物等级，而在游戏中这又是受基地大本营的等级所限制的。

此外，玩家建造建筑物还受时间的约束，训练部队也是如此。这是《部落冲突》作为一款免费（F2P）游戏用来吸引玩家付费的主要杠杆：玩家可以使用现实世界中的货币购买宝石，作为游戏里的中间货币。如图 7.3 所示，这些宝石可用于加速建造或训练，或购买额外的金币或圣水。事实上，玩家可以用金钱换取时间，加快游戏进程（如果他们愿意为此付费的话）。这是 F2P 游戏中常见的权衡之法。

在层次特性的这一层级，游戏核心循环的描述暗示了其中更低级（或更具体）的交互循环。在主要的"建造和训练"核心循环中，玩家必须使用收集到的资源来对建筑物或部队进行升级。在"战斗"循环中，玩家必须选择对哪些作战单位进行训练、升级，以及将哪些作战单位投入战斗。每个决策都是强化循环（创建更多或更好的作战单位）

以及平衡循环（资源被使用后阻止其他决策）的一部分。这种强化循环与平衡循环的组合在许多游戏的核心循环中都很常见，为玩家提供了多个有意义的决策，以作为玩法的关键部分。

这些循环加起来，使得玩家能够创建一个有关基地结构以及玩家自身目标的健壮、分层的心智模型。玩家可能会有嵌套的目标，如"我需要升级自己的储金罐，这样才能升级大本营，从而升级训练营……"这些互锁的结构（部分）和功能（行为）创造了一个动态的心智模型，它支撑着动作/反馈、短期认知以及长期认知类型的交互。"加入并成为部落的一分子（这样玩家可以互相帮助）"这样的外部循环为游戏增添了一层社会交互。所有这些加起来，创造了一个极具吸引力的交互环境，这便有助于解释这款游戏为何有着如此持久的吸引力。

还有很多其他游戏使用类似的核心循环集合，通常会将高强度、高动作性的战斗、解谜等循环，与低强度的建造、制作、交易等循环相结合。前者倾向于使用更迅速的动作/反馈与短期认知交互，后者则倾向于使用更慢的长期认知、情感和社会交互。[1]

作为另一个例子，我们可以看看《漫威英雄战争》（*Marvel War of Heroes*）这款基于移动端的卡牌战斗游戏，了解一下它的核心循环是什么样的。在这款游戏中，玩家创建漫威宇宙英雄的虚拟卡牌组来与他人战斗。如图 7.4 所示，玩家可以选择进行与游戏内组织（如"邪恶大师"）对抗的新任务，也可以直接与其他玩家进行对战（这通常更具有挑战性）。无论哪种情况，玩家都可以获得奖励，能用来增强其继续玩的能力（如经验值、新卡牌、财宝等），而具有制动功能的体力或攻击力系统则能限制他们无休止地玩该游戏的能力（至少在没有消费真钱快速补充这些资源的情况下）。

就像大部分同种类型的游戏一样，这款游戏有一个重要的外部循环，玩家可以融合并提升英雄的能力。这些交互通常使用动作/反馈与长期认知交互的一个有趣组合：伴随着令人愉快的动画、特效和音效（作为对玩家动作的直接有效反馈），玩家通过增强或组合两个英雄（合成为一个更强大的英雄）获得了回报。而与此同时，玩家还必须进行长期的策略性权衡取舍，包括增强哪个英雄，以及使用哪些英雄进行战斗等。这为游戏玩法提供了一个更长的时间尺度；游戏本身主要就是有关此时此刻的战斗，以及计划长

---

1 这种循环划分方式如此普遍，可能是因为它与我们自己的生理特征沿袭很吻合：在人类以及其他哺乳动物体内，神经系统中以快速反应为导向的交感神经部分涵盖了"战斗或逃跑"式反应，而较慢、面向较长期的副交感神经部分则控制着所谓的"休息与消化"功能。前者带领我们完成战斗，而后者帮助我们维持和恢复身体系统的平衡。

期内如何进行最有效率的战斗。

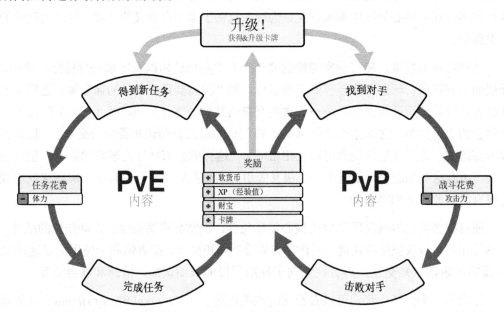

图 7.4 《漫威英雄战争》的核心循环。玩家在两个强化循环中选择：PvE（玩家对环境，或玩家与游戏之间的对抗）和PvP（玩家对玩家，或与其他人类玩家对战）。循环与前面讨论的类似，但有不同的内部部分（任务和对手）以及不同的内部平衡元素（体力和攻击力）。后者限制了玩家在没有休息（或花钱充体力）的情况下能经历循环的次数。通常玩家在早期只会选择 PvE，之后逐渐过渡至 PvP。除此之外，游戏还有未展示在此图中的其他重要外部循环

　　这个外部循环驱使玩家产生在该循环自身的强化循环中继续战斗的愿望：增强英雄意味着更好的战斗表现，更好的战斗表现会带来更多的奖励，其中一些又能用来进一步增强他们的英雄。虽然这个外部循环并不是玩家第一时间体验的核心，但对于玩家持续参与游戏是至关重要的，同时也是游戏获得商业成功的主要机会。

核心循环总结

　　核心循环是游戏主要的交互系统。如果核心循环支持交互的不同时间长度（如这里以及第 4 章所述），那么它们会有助于创造"能立刻吸引人并长时间保持这种状态"的游戏。通过核心循环，玩家可以创建游戏的心智模型，包括他们的当前行为和长期目标，并逐渐加深对游戏的理解，逐渐熟练掌握游戏。简单的游戏可能只有一个交互核心循环，但这些游戏更倾向于周期较短的整体体验。例如，在游戏 Boomshine 中，玩家的核心循环是每关点击一次（且仅仅这一次），然后见证他们这个动作的结果。这款游戏最多持续几分钟（尽管经过每次迭代，玩家都会对自己的心智模型再进行磨炼，且往往因此而

提高游戏技巧）。结果，玩家一遍又一遍地回到游戏来测试和提高他们的技巧，这实际上创建的是他们重玩游戏的外部循环。

游戏机制

对交互式游戏循环的理解，为定义游戏机制提供了基础。这个词在游戏设计中经常被用来模糊指代游戏玩法中反复出现的模式和片段：平台跳跃是一种常见的游戏机制，资源管理、碰运气与掷骰子也同理。这些游戏机制从简单（抽一张牌）到长线复杂（建立一个帝国）。因此，很难确定游戏机制的本质特征；通常情况下它们最终会成为"游戏玩法的模糊片段"，而没有进一步的定义。

这些机制的共同之处在于它们的系统化本质：每个游戏机制在玩家和游戏之间形成一个交互循环。该循环是可识别的，且作为自身的系统，通常不受限于任何特定的游戏环境；如许多游戏都使用"抽卡"或"控制势力范围"作为游戏机制。游戏机制可能快速而简单，不包括任何子系统；也可能含有许多子系统，且需要很长时间才能跑完一个循环。

玩家在贯穿整个游戏过程中反复遇到的游戏机制有时被称作核心游戏玩法或核心机制，其包含在特定机制中获得的有意义游戏片段，以及核心循环的概念。当这样的机制在许多游戏中以各种略显不同的形式得以展现时，通常会导致游戏类型的形成。例如，在平台类游戏中，跳跃是一种核心机制，通常伴随着二段跳、在移动平台之间跳、踢墙跳等变化。而在角色扮演游戏中，战斗是典型的核心机制，除此之外，还有收集战利品，以及使自己变得更强大，等等。在每个类型中，游戏共享可识别的机制，这些机制会告知玩家他们在游戏中将会遇到的交互类型。同一类型的游戏彼此之间不同，但由其机制创建的系统化交互循环中所蕴含的相似性却造就了一种熟悉感，能帮助玩家更轻松地创建自己的游戏心智模型。

本章未列出常见的游戏机制，而是更系统地介绍了 3 种主要的游戏玩法循环类型（引擎、经济和生态），以及如何将它们结合成为不同的机制。

设计师循环

正如本书一直提到的，从很多角度来看，最外层的循环都是设计师循环（参见图 7.5，在图 1.3 和图 4.3 中也曾展示）。设计师必须从外部将"游戏+玩家"系统视为一个统一的整体，其中游戏和玩家均为必要的子系统。设计师通过观察玩家体验游戏、调整游戏模型，以便为玩家提供更好的参与感，从而与这个总体系统进行交互。你可以将游戏设计过程视为一个平衡循环，在此期间设计师创建的设计由玩家体验，后者又向设计师提供反馈。此反馈表现了设计师的意图与玩家实际体验之间的差异。然后设计师会改变设计，（希望能）减少这种差异，之后循环再次开始。

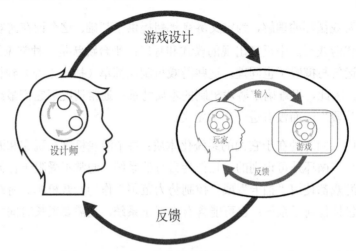

图 7.5　设计师循环。作为游戏设计师，你必须通过制作"游戏+玩家"系统来构建玩家体验

　　创造、测试和调整游戏的内部模型与系统，是游戏设计的本质。在你能够真正看到与游戏互动的玩家并与其产生交互之前，从很多方面来讲游戏都还不存在。光一堆规则并不能成为一款游戏。即使是模拟器（独立运行的游戏模型）也不能被称为游戏。使游戏真正成为"现实"需要让其具有交互式的"游戏+玩家"系统。到了这个阶段，设计师循环开始有其用武之地，同时这儿也是你在整个游戏设计环节中取得最佳、最有实质性进展的地方。我们将在第 12 章中讨论原型设计和游戏测试的细节时，看到更多这样的循环。

层级和层次结构

　　正如前面所展示的游戏中各个主要循环的简要叙述那样，系统必然涉及组织的层次级别（层级）。交互循环有自己的各个部分，即游戏和玩家循环；而交互循环本身又是设计师循环的一部分（与设计师自身的计划和目标一同发挥作用）。

　　在我们讨论游戏循环和系统时，以下原则非常重要，需要牢记：系统通常会包含其他系统，每个系统都是组成更高级别系统的循环的一部分。能够构建系统的系统，即循环中的循环，以及能在看清整体体验的同时跟踪层次系统中你当前正处在的层级，是游戏设计师的一个关键技能（参见图 5.2）。这就是系统性思维对任何游戏设计师都至关重要的原因所在。

　　作为一个例子，考虑第 2 章中曾介绍的狼与鹿的生态。如图 7.6 所示，鹿构成了自己的小系统，主要是强化循环。除外部事件之外，只要现有的鹿拥有足够的食物，鹿的数量就会增加。然而，鹿越多，可用的食物就越少。如果食物的消耗量超过了来自源的食物量，那么新生鹿的数量就会减少。为清楚起见，这里没有明确展示成年鹿由于饥饿（食物耗尽）所带来的影响；相反，鹿的另一种行为（死亡）有时会将它们带出循环。该系统的边界如图 7.6 中的虚线圈所示。食物作为一个简单的源从外界进入鹿的系统中，而死亡则是一个汇，将鹿带出系统。

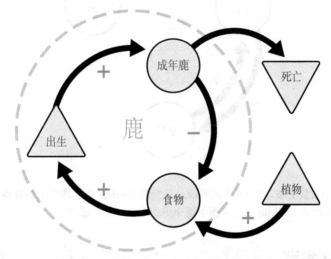

图 7.6　鹿群数量主要强化循环（带有平衡的组成部分）的系统图

　　尽管狼的食物来源是鹿（但从某种意义上来说，植物的养料来源也是鹿），但我们也可以为狼和植物绘制类似的图像，如图 7.7 所示。图 7.7 在组织上比图 7.6 要高一个层级（抽象程度也高一级）。图 7.7 中标有"鹿"的圆圈（容器）包含图 7.6 灰色圆圈中的整个系统。后者在图 7.7 中显示为较大系统中的一部分。

　　在图 7.7 中我们看到，鹿越多，狼群的数量就越庞大——以减少鹿的数量为代价（双箭头）。这是它自己的小型平衡循环，以及从较小的、以鹿为中心的系统角度来看的外部影响（除拥有"死亡"行为的鹿之外，而这可能是狼强迫其产生的行为）。鹿与植物（即其食物）具有类似的平衡关系，后者现在是系统的一部分，而不是外部的简单源。而无论是鹿还是狼，当它们死亡时，都会为植物的生长提供肥料。

　　注意，植物、鹿和狼各自不同的增长率使这个系统达成了一种平衡状态。除了上面提到的平衡循环之外，这里还有一个鹿、肥料和植物之间的强化循环。它可以表明，除了鹿吃掉植物（这样新的植物就不能生长出来了）以及狼吃掉鹿能带来的平衡之外，鹿和植物的数量都处于失控的状态。另外，同样值得注意的是，这个小型生态也受到虚线圈的限制，表明它可能也是更高级别系统的一部分。

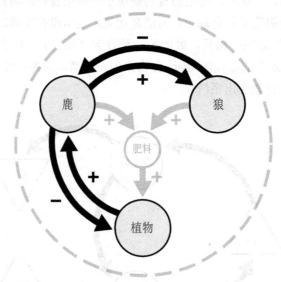

图 7.7　更高层级的鹿/狼生态。图 7.6 中的系统是这里的子系统，外部源和汇被容器替换——这些容器本身可能是系统，但同时也是本图中这个更大系统中的一部分

3 种玩法循环类型

如前面的鹿/狼系统所示，游戏系统是复合的循环结构（游戏系统还包括玩家的交互，但鹿/狼系统中并没有这种交互）。这些循环结构使游戏能够运行起来：它们构成了游戏内部世界模型的结构基础；并且在运行时，它们创建了游戏功能方面的内容——复合的动态模型，玩家与之交互以产生游戏玩法。

正如第 3 章中所讨论的那样，你可以把这些功能性系统元素中的每一个都想象成"做某事的机器"——例如，"我想要一台能产生鹿的机器"或"我想要鹿和狼之间的生态"。每个游戏系统通过让其"部分"（如上所示，通常是在其自身内部的系统）作为系统化（复合的，且通常是分层的）循环结构的一部分进行交互，以便"做某事"。

这些系统是强化循环与平衡循环的混合体，具体构成比例取决于系统的整体目的。在大多数游戏中，强化循环占据总体主导地位。这使得玩家能在游戏中进步，玩家的游戏内化身会随着游戏进程变得越发强大。

　　每个系统都使用前述资源进行工作：各部分的行为通常涉及部分之间资源的增加、减少、流动和/或转化或交换；这就创造了系统化循环。循环可以在内部使用相同的资源进行工作；也可以将一种资源转化或交换成另一种资源，作为循环的一部分。在强化系统中，这些资源随时间增加；而在平衡系统中，它们会减少至一个预定水准或达到动态平衡。出于这样的原因，强化循环有时也被认为是"获取"一种或一组特定资源，而平衡循环则被认为是"维持"这些资源。

　　这两组条件——强化或平衡，以及相同或被交换的资源——向我们提供了 3 种游戏玩法循环以供研究。每种循环都从不同角度对游戏设计起着非常重要的作用，接下来将详细讨论：

- **引擎**：使用相同资源进行强化或平衡。
- **经济**：通过交换资源进行强化。
- **生态**：通过交换资源进行平衡。

引擎

　　我们要考虑的第一种系统化"机器"类型通常被称为引擎。当然，这个词本身拥有多种意思，仅在游戏领域就有不止一种含义——例如，开发引擎通过处理一些烦琐的底层任务，使构建游戏的过程变得更容易。

　　在游戏设计术语中，引擎可以是"推进"（强化）或"制动"（平衡）。前者向游戏添加资源，后者则将资源排出。

推进引擎

　　推进引擎是一种向游戏内添加资源的系统，令玩家能够使用它们在"当前就在游戏中做出行动"或"投资它们以在未来获得更多的资源流"之间做出选择（这就是 Adams 和 Dormans [2012]所说的动态引擎，与简单的源扮演的静态引擎相对）。推进引擎有一个主要的强化循环，从一个会产生并流出资源的源开始：这个资源可能是铁、行动点、作战单位、魔法力或其他一些对象（见图 7.8）。玩家必须决定是立即就使用这些资源在游戏中做出行动，还是为未来投资更大的能力（更大的资源流）。

　　被称作引擎构建游戏的一类游戏使用该系统（或更复杂的变体）作为玩家获得力量和能力的主要方式：通过构建引擎，玩家能提升他们在游戏中的能力，或者他们也可以使用资源在游戏中做出行动。游戏中的行动通常会消耗资源并给自己带来短期奖励，而构建引擎投资的则是未来（以及补全强化循环）。权衡何时投资与何时行动是这些游戏中的主要决策点。因此，当被用来作为游戏的核心循环时，引擎构建游戏倾向于长期认知（策略性）交互。如果玩家并未带着策略进行游玩，那么他们就会失败——但如果过于策略化地游玩（投资大于实际行动），则同样会失败。

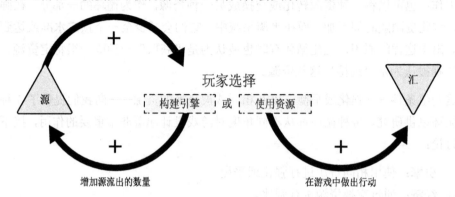

图 7.8　推进引擎系统的主要强化循环。值得注意的是，图 7.1 中的示例图解在功能上等同于这里的循环（虽然在本图中，玩家的选择作为决策点被明确标出）

示例

许多桌上游戏使用推进引擎作为游戏玩法的主要驱动力。这里是来自《地产大亨》的一个早期例子。开局时玩家拥有 1500 美元，每次在棋盘上走过一圈就会从银行（源）中获得 200 美元。玩家可以利用这些钱投资地产，其他人每次走到某地产上时会为该地产拥有者提供更多的钱。另外还存在一个二级引擎构建循环，在这个循环中，拥有特定颜色的全部地产的玩家可以投资房屋和酒店，从而提高该地产的赚钱能力。在游戏中，玩家不想投资地产的主要原因，是他们想等待购买更好的地产，以及这样他们可以有足够的钱来支付自己在其他玩家地产上时产生的租金或者其他游戏内费用，以此来避免破产。

更近的例子包括《皇舆争霸》（Dominion）、《发电厂》、《璀璨宝石》。有些游戏，例如《璀璨宝石》，将资源流的收益与行动结合起来：作为玩家，你使用宝石购买一张卡牌，这张卡牌又反过来增加了你每回合所能使用的"免费"宝石数量（增加了从源流出的资源数量）。此外，这个游戏还设置了一个单独的资源：胜利点数。在这样的情形下，玩家的决策会稍微改变：他们会通过任意行动获得能力（额外可用的资源宝石），然而他们又必须做出抉择：是一味提升未来的能力，还是花费更多资源，以便同时也提升胜利点数。这产生了与上述类型相同的平衡行为，玩家以胜利点数的形式在即时的能力增益与未来的潜在增益中做出选择。

许多基于计算机的策略游戏也使用了引擎构建系统：你可以选择花费资源来建造作战单位，也可以将这些资源投入建造设施当中，这些设施能够建造更好的作战单位。作为在主引擎系统之上构建的外部强化循环的一种形式，在许多此类游戏中，你也可以派出这些作战单位让其带回需要的资源（尽管在这个过程中可能会损失一些作战单位）。

引擎的问题

引擎构建可以是游戏中一个很棒的核心循环，但推进引擎也容易出现特定问题。首先，因为它们是基于强化循环的，所以它们在"富者更富"的情况下可能会失控，除非有平衡循环来防止这种情况的发生。一个古老的例子是 1990 年推出的街机游戏 *Rampart*。在这个游戏中，玩家建造城堡，然后向对方互射炮弹。每轮结束后，玩家将重建他们的城堡，根据上一轮各自的表现添加更多的城墙与火力。这创造了一个强大的强化引擎构建循环，同时也带来了如下问题：一旦一个玩家开始取得优势，其他玩家就很难或根本不可能赶上他。该游戏中没有为"追赶"而设置相关机制，主要的平衡循环就是，玩家要想继续玩游戏，就得不断投更多的币。（当游戏移植到家用游戏机上，且不再需要投币时，这个缺陷就变得更加明显了。）

另外，如果玩家没有足够的资源支撑持续游玩，则基于推进引擎的游戏可能会停滞。想象一下，如果在《地产大亨》中开局只有 500 美元而不是 1500 美元，那么玩家只能购买少量地产，而且还有可能因为破产而被迅速淘汰出局。或者，在幻想类游戏中，如果购买魔法武器需要金钱，而金钱只能通过杀死某种怪物获取，但这种怪物又只能用魔法武器杀死，那么在这种情况下玩家就会陷入无法前进的境地。后一种情况有时被称为死锁，即循环在开始前就结束了，因为通过循环得到的资源同时也是启动该循环所需要的。

总的来说，推进引擎需要仔细平衡强化循环与平衡循环：生产了多少资源、流量可以增加多少，以及其他抵消因素（比如，游戏中的玩家需要花费多少资源来行动而不是一味地投资未来）。举个例子，如果在策略游戏中，生产作战单位很便宜，且作战单位永远不会死亡，那么玩家可以快速生产足够的作战单位，这样就没有了"后续还要不断补充造兵"这样的后顾之忧。然后，他们就可以将所有资源放到具体投资上，从而能生产更高级的兵种。这可能会导致失控情况的出现，例如，某个玩家占据了绝对优势，或者至少会出现"所有玩家都通过不断扩大的投资快速提升兵种数量和类型"这样的情形。在后一种状况下，如果玩家之间能相互平衡彼此的进程，那么可以形成令人兴奋的、逐步扩大的游戏玩法；这是移动平台上许多策略游戏的主要内容。然而，当玩家造出所有兵种且不能再有所提升时，他们最终会变得极其渴求新内容。通过成本指数增长的平衡循环来纠正这一点，可以推迟，但不能最终防止内容耗尽的问题。（我们将在第 10 章中详细讨论使用指数曲线来平衡进程。）

推进引擎的最后一个问题可能来自平衡游戏的行为本身。玩家会努力寻找一种有效的策略，尽可能快地创造出最强大的引擎，以便取得胜利。当然，这与他们在游戏中行动所需的内容是对立的，后者至少会部分地平衡（和推迟）他们在游戏中投资以及获得额外力量的能力。然而，如果过于谨慎地平衡这组循环，那么游戏设计师可能会无意中使游戏空间的其他潜在路径崩塌，而只留下一个有意义的策略。在博弈论中，这被称为**占优策略**：一个总是更优选的策略，且对于选择它的玩家来说产生获胜条件的概率最高。

例如，在一个幻想类游戏中，如果有一种武器和盔甲组合能击败所有其他的组合，或者在一个策略游戏中，如果有一个兵种能打败所有其他兵种，那么玩家就会急于利用它们迅速积蓄力量。然而，在这种情况下，设计师几乎没有为玩家留下任何选择的空间：玩家要么在知道其存在的情况下蜂拥而上选择优先的占优策略；要么在知道其存在之前会自行探索，然后会很沮丧地发现其他人已经比自己抢先知道这条秘密的最优路径了。无论哪种情况，有意义决策的缺失都将导致玩家的参与感和游戏中的乐趣感迅速消失。

制动引擎

与推进引擎相反，制动引擎拥有占据主导地位的平衡循环。因此，制动引擎在很多方面与推进引擎都是相反的：循环中的源生成资源，但循环的行为是用于减少资源的数量的，且在某些情况下还会减少未来能获得的该资源的数量（或频率）。这种结构的一个真实例子是汽车的制动器：当其被使用时，它们将车轮的转速降低至某个水平或使其完全停止。另一个物理示例是我们在图 1.7 中看到的机械调速器，其中旋转重锤的运动调节它所连接的引擎的速度。这些循环有时也被称为摩擦结构（Adams and Dormans，2012），因为它们减缓了游戏玩法中行为或资源的增益。

对游戏设计的部分来说，这似乎是一个奇怪的结构，而且与其他循环结构不同，这些结构往往被视为其他循环内部的部分，而不是自身独立的循环。然而我们回顾前面的例子（参看图 7.3 和图 7.4），则可以看到将调节器或制动器放于玩家的游戏进程之上是如何成为游戏的重要组成部分的。在像《漫威英雄战争》这样的卡牌战斗游戏中，玩家的能力如果没有调节或减少，那么他们可以无限制地持续游玩。在这款游戏中，体力与攻击力都是为这个目的服务的。而在其他一些游戏中，类似的调节或制动条件包括各种形式的摩擦，或者包括玩家必须参与的、将资源从他们的整体进程中转移出去的情形。

《地产大亨》中的"修理"机会卡，在这里玩家必须支付与他们所拥有的房屋和酒店数量成比例的金额，就是这样一个例子：一种通过减少玩家资源来作为调节方式的随机事件。这张卡也呈现了前面提到的"橡皮筋"效果，与处于优势且拥有很多地产的玩家相比，它几乎不会影响落后的玩家。

慢慢停下来

制动引擎在游戏环境中必须小心使用，这毫不奇怪。如果对玩家资源的调节过于严苛，以至于它克服了推进引擎或经济系统中的主要强化循环，那么玩家很快就会由于没有足够的资源而在游戏中难以行动。与停止不前的经济一样，游戏也将慢慢陷入停滞。例如，如果《地产大亨》中要求玩家支付维修所有地产费用的机会卡在游戏中出现得更频繁，或者是所需的费用更高，则会过度限制玩家的行为，使得他们在游戏中无法以其他方式行动。就好像一辆汽车的刹车提供了过多的摩擦一样，这会导致从游戏系统中移除过多的能量，游戏就会慢慢停下来。

经济

第二种系统机器类型是经济。与引擎系统相似，这是一个具有不同含义的常用词。在游戏设计领域中，经济是由强化循环（或循环组）主导的任何系统，其中资源或价值的增加并非来自资源的内部投入（如推进引擎），而是来自价值上具有非线性增益的交换或转化资源。正如游戏设计师 Brian Giaime（2015）所说，"游戏经济是多个系统与实体之间资源、时间、力量的动态交换"。它们被交换，"是因为玩家认为交换能带来价值上的提升"。

我们将经济拆开来分析。如前所述，在推进引擎中，玩家可以选择是"直接使用资源"还是"进行投资以增加未来该资源的流量"。在经济中，玩家可以使用资源执行游戏中所需的动作——例如，使用木材作为资源建造建筑物。或者玩家可以将木材换成面包来提供给工人——然后他们可以去砍伐更多的木材。在这种情况下，玩家通过将一种资源换成另一种资源来获得能力，使得他们甚至能获取更多最初的资源。这通常发生在一个延迟之后，该延迟能防止玩家创建失控的强化循环。

在木材换面包的例子中，玩家可以选择将木材转化为木料，以此交换更多的面包。假设由玩家控制的工人需要一份面包来砍伐一棵树，并生产一份木材。如果玩家可以用一份木材交换两份面包，那么他们就能再生产两份木材，这样就提升了能力（虽然这发生在一个延迟之后，如经过一回合之后）。这就是经济强化循环的核心（见图 7.9）。

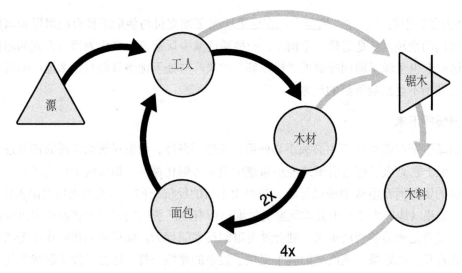

图 7.9　一种经济系统，内部循环时，会用木材交换面包，以此加工出更多的木材；外部投资循环时，
会建造锯木厂，将木材转化为木料，以实现更有价值的交易

　　进一步假设，如果玩家有锯木厂，工人可以将一份木材转化为一份木料——一份木料可以交换 4 份面包。这会在能力以及经济价值方面产生强烈的非线性增长。在这样的场景下，从用木材换面包转到用木料换面包，玩家需要进行如下步骤：

  ▣　积累足够多的木材来建造锯木厂（推进引擎投资）。
  ▣　将一名工人（一种潜在的稀缺资源）分配到锯木厂来将木材转化为木料。因此，砍伐的木材数量减少。
  ▣　花额外的时间将木材转化为木料。
  ▣　偿还建造锯木厂需要的时间和木材投资，以及它们原本可直接用于面包交易的成本。

　　这些场景、成本和收益为玩家提供了一系列有趣的时机与投资决策，而这些就是经济游戏玩法的核心。玩家通过交换和/或转化一种资源到另一种资源，以试图在游戏环境中获得能力和力量。

逐渐展开的复杂度

　　这种经济玩法的另一个方面，是随着游戏的进行能够引入新的对象和能力，以及新的资源和货币。在上面的示例中，游戏前期玩家可能只知道面包和木材。一旦他们掌握了这种有限的经济，游戏就会引入锯木厂作为一种新的对象，引入木料作为一种新的资源。这将融入一个新的循环,扩展玩家的心智模型以及他们在游戏中能做的决策数量(何时建造锯木厂,将多少工人分配到锯木厂而不是让他们砍伐树木,等等),因为每种对象和资源都开辟了新的可能性。

许多具有经济循环的游戏通过随时间引入生产链的方式来使用这一概念。将木材转化为木料是一个短链。在同一个游戏中,玩家可能需要让其他工人采矿,将其转化为铁,再转化为钢制品,之后转化为工具或武器。每一步都需要一个新的建筑物,以及工人与可能需要的知识或技能——所以,你可能需要创立一个学院来培训铁匠(从无差别的工人转化而来),然后才能用钢制品制造武器(见图 7.10)。

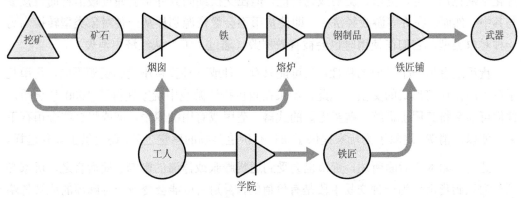

图 7.10 一个涉及资源和工人多重转化的生产链

对于那些能享受"建立与管理这些链条的认知挑战"的玩家来说,这会创造出引人入胜的游戏玩法。虽然这些步骤都可以由同一个玩家来完成,不过经济玩法之所以如此有趣的原因之一,就是玩家也能扮演专门的角色,创造一些资源并与他人交易:如果没有现成的矿石供应,也许玩家并不会自己制造武器;或者,他们需要购买石头建造炼铁厂,以把矿石精炼成铁。这项购买行为可能来自其他玩家,或游戏中的 NPC(非玩家角色)。无论哪种方式,它都是资源与货币转化和交换的另一个例子,也是经济系统玩法的核心。

经济系统游戏可以简单地开始并添加新的步骤和循环,并随着玩家的推进逐渐展现出越来越多的系统复杂性。玩家可以从简单开始,比如先挖矿并出售矿石。将矿石精炼成铁后,玩家发现能卖一个更好的价钱,这足以证明之前额外的开销和步骤是合理的。以此类推,一直发展到拥有多条资源路径,可以生产武器、盔甲以及许多其他商品。

这种逐渐展开的附加系统为玩家提供了一种探索、掌握和获得成就的感觉,因为随着他们心智模型的成长,可以在游戏中做更多的事情。而随着游戏展现出越来越多的复杂性，这为玩家提供了多个互锁系统循环的体验，创造了一个广阔的玩法空间，玩家可以在其中做出无数的决策。这就在游戏中为玩家提供了长期的参与感和无限的乐趣。

货币

如前所述，经济通常将货币作为一种催化资源。严格来说，货币被用来交换，但并非像资源一样被消耗，因而它们可以被再次交换。如果上一个例子中的伐木工玩家可以使用白银代替木材来获得面包，且如果面包师玩家可以使用相同的白银来购买小麦以制作面包，那么白银就是一种可以用在这两处的货币，而不仅仅是在交易中被转化的资源。像化学催化剂一样，货币让交易成为可能，但在交换期间其并不会通过被消耗而直接参与其中。然而，在许多游戏经济中，即使货币不会像资源那样从一种对象类型转换为另一种对象类型，它们在使用时也会被有效摧毁（通过"汇"从经济中消失）。

货币还有另一个重要的特性：与可能只有一种或几种直接用途的资源不同，货币几乎可以用作任何形式的交换。因此，如果在角色扮演游戏中玩家获得了 1000 枚金币，他们可能会将其用于训练，购买更好的武器、盔甲或有用的情报，抑或将这些金币存下来以便以后消费。这除了为玩家提供了获得有价值奖励的感觉之外，还提供了多种选择。

然而，如本章后面所述，货币也会受到通货膨胀或停滞的影响。简而言之，玩家必须要意识到货币作为一种交易手段是有价值的，否则它可能会变成一种麻烦的或被忽略的东西。保持游戏内货币的平衡，以便让其维持一定价值的同时而又不会变得过于珍贵，这可能是一个很棘手的设计问题。这个问题必须在系统的整个经济层面来观察，而不是只看其中的一部分。通常需要相当多的迭代设计和微调经济价值（资源创造率、价格等）才能创造稳定而又充满活力的经济。

带引擎的经济

对经济来说，将引擎内建作为辅助系统循环是很常见的。在上面的例子中，伐木工玩家可能必须决定：是为获得面包而售出木材，还是将木材投资到修建锯木厂上以获得更多的面包，如图 7.9 所示。资源可以被用于内部投资或有利可图的交易，而拥有能产生这些资源的源是许多有吸引力的游戏的核心：玩家必须做出经济权衡决策，平衡短期需求和长期预期收益。

经济示例

经济有许多不同的形式，其中一些在一开始看起来并不特别"经济"。例如，在一款典型的角色扮演游戏中，玩家的核心循环可能就是一种经济。这个循环可被直截了当地描述为"杀死怪物，获取战利品，买东西"。当然这里还会有更多内容，但体验可以大体归结为如此。特别是，玩家用来交换"战利品"的资源是他们的时间以及角色的生命值（有时也会有"武器盔甲的损坏度"之类的东西，用得越久，武器盔甲就越不好使）。从经济角度来说，玩家基本会这样考虑："作为一名玩家，我会把自己的部分时间和自身角色的一些生命值与怪物将会提供给我的战利品做交换。"（但值得注意的是，战斗本身是一种生态，并作为整体经济的一个子系统而存在，本章后面会讨论这一点。）

在用时间和生命值与战利品做交换的过程中，玩家是在赌他们的角色将在交换中获得新的能力——可能是经验值（或新技能）、获得更好武器与盔甲的潜在可能，以及可能出现的金币（可用来购买新武器、盔甲或修理已有的装备）的形式。与怪物遭遇时这些奖励并不一定会得到保证。在这方面，每次遭遇都基于可变程序表来提供奖励，是一种鼓励持续游戏的有效方法。可变程序表是一个来自心理学的术语，用于当某人在不同时间因特定行为而获得奖励但又不知道下一个奖励何时出现时。你可能认为定期获得奖励会产生最多的参与感以及最佳的表现，但事实并非如此。可变程序表奖励会创造强烈的参与感（持久、集中的行为）并能伴随每次奖励于大脑中产生多巴胺峰值——这对于快速动作/反馈交互特别有用（Zald et al., 2004）。这种奖励以及由此产生的参与感是大家坚持玩游戏、购买股票以及其他类似行为的重要因素。

传统的贸易经济也存在于很多游戏内。其中，一种类型的资源会被交换成其他类型（通过直接的物物交易或以货币作为中介的方式）。每种资源都必须对购买者有价值（如木材换面包的例子）。在任何可行的经济中，购买者要么用他们购买的东西满足基本需求（食物、住所等），要么用它们来实现价值的提升——就像用时间和技能将金属锭转化为武器、盔甲或装饰物的铁匠一样。正是这种价值的提升最终为任一经济提供了动力，使整体循坏自身得以强化。

从单一资源的经济跨越到使用多种资源的经济，系统会变得更加动态和不可预测。如果市场上有多个买方和卖方（无论是人类玩家还是 NPC），根据各自的需求和预算限制，资源对不同的参与者将具有不同的相对价值。虽然价格仍然是动态的，但随着时间的推移以及众多交易的进行，特定资源的价格往往会进入相当狭窄的范围之中（假设无外部变化）。另外，如果特定资源的交易数量并不多，则其价格可能会大幅波动，因为在任何给定时间内相对价值都是存在的，且缺乏前置的、可作为参考的特定价格先例。（从这一角度说，我们的一只脚已经踏入了微观经济学领域。这本身是一个完整的主题，也能为这里所讨论的创造系统提供很好的分析工具。然而，这超出了本书的范围。）

一般来说，如果更多的人对特定资源感兴趣，那么其价格就会上涨。如果可用的资源数量在减少，假设潜在购买者仍然对其有兴趣，那么情况也是如此。这是经典的供求经济法则：如果市场上很容易获得某些东西，那么人们愿意为其支付的价格会下降；但如果它变得稀缺且人们仍然需要它，那么大家会尝试出高价以获得该资源，它的价格会因此上涨。如果卖方和买方能够达成一致，两者都有意愿进行交易，那么就产生了经济。

这里包含了一个论点，该论点与许多游戏中常见的一些实践是相反的。设计师们通常希望在他们的游戏中设定资源或商品的价格，而不是让它们根据供求关系浮动。从某种程度上说这是有道理的：玩家需要一致的体验，并且他们也不想看到自己刚从荒野拖回来的蜥蜴皮突然之间变得毫无价值。而与此同时，将所有变数——所有"浮动"——从市场（其中的所有买卖行为作为一个整体设定了价格）中排除，也意味着经济失去了活力和生命力。除此之外，这也意味着玩家必须做的决策更少了，因为他们不必再寻找最适合卖出的地点。例如，他们知道蜥蜴皮在任何地点的卖价都相同，因为这已经由游戏本身集中设定好了。这的确好使，但它会让经济退化至机械化运作。这对你正在制作的游戏来讲，也许并不是最好的。如果你希望玩家有机会做出经济上的决策，则需要留一点价格上的变化空间。然而，如果对玩家体验更重要的是"他们只要能出售商品就行"，而不是"他们获得了最优的价格"，那么引入定价可变性可能只会徒增玩家的精神负荷并消耗他们的交互预算。

与集中定价设定类似，很多游戏提供了拥有无限现金（或交易用资源）、无限库存以及对玩家售卖的东西有无限需求的商人。如果 NPC 摊贩购买 10 张蜥蜴皮，每张 1 枚金币，那么他购买接下来的 10 张——乃至接下来的 100 张、1000 张蜥蜴皮——都是同样的单价。与固定价格一样，这为玩家创造了一致的体验，但也是一个相对没有生命力的体验，并且对玩家来说没有呈现出任何挑战或有意义的决策。

玩家与玩家之间的经济更具有活力，很大程度上是因为玩家自己设定了他们用来交换的所有资源的价格。这可以产生大量的经济玩法，但也会带来重大问题，我们会在接下来的部分讨论这一点。

经济问题

经济可能会遇到一些同样困扰着推进引擎的问题。首先是这个问题：玩家能够将强化循环变作自己的优势，且将其他人排除在外。这样做，玩家能在一个富者更富的游戏场景中迅速取得极大的优势。如果不加以控制，这可能会让一个玩家（或少量玩家）在游戏中得到打破平衡的收益——也就是说，基于强迫他人失败而获胜。这通常以其他人能获得的乐趣为代价，或者甚至以其他人在游戏中的存在为代价。像《地产大亨》和《战国风云》（*Risk*）这样的经典桌游，基于的理念都是"随着游戏进程的推进不断消灭玩家，直到只剩下一个玩家"。这是一个经典的零和视图（"我赢了，你输了"），用经济的观点来说，这时，所有价值都集中在一个玩家身上。除非你想制作一个超越竞争的游戏，否则大部分玩家最终都不会停留在自得其乐的层面（除非他发现潜在损失的快感很有吸引力）。因此，允许这种失控的经济场景出现，将不会创造出一个健康、引人入胜的游戏设计。

有多种方法可以防止或减轻失控的强化循环症状。正如本章前面所讨论的那样（以及本章后面有关生态的讨论），平衡循环可用于帮助落后的玩家，或用于减缓过于领先的玩家的前进速度。总的来说，这些技巧有时被形象地称为"橡皮筋"，这来自强制拉回领先玩家或推一把落后玩家的印象，好像他们是通过一个已经到极限的弹性带子连接起来的一样。（有时这也被称为"宽待输家和惩罚赢家"以保持游戏的进行。）

通常，一个猛烈的、一次性的平衡效应就足以作为一个纠正措施，就像《马里奥赛车》中一样，落后的玩家能朝走在最前面的玩家掷出一个带刺龟壳（通常被称为"蓝龟壳"），从而让其停止几秒，这期间其他人赶了上来。另一个类似的手段是《卡坦岛》中的盗贼。他并不会自动被用于对抗领先的玩家，但玩家通常会尝试将其放在一个或多个领先玩家使用的土地上，以阻止他们从该区域获得有价值的资源，直到盗贼被移开。最后，内建效果（如《发电厂》中用到的决定行动顺序的平衡循环）有助于防止在一局游戏中由于拥有显著经济优势的玩家失控，从而帮助维持所有玩家的参与感和乐趣。

通货膨胀

还有另外两种主要方式会使得游戏经济遭受问题并最终导致失败。第一种，是正如前面讨论的，有一个主强化循环，但它过于强大了。这也类似于引擎中常见的一个问题：如果交换或转化太容易或太有利可图，玩家最终会获得过多的特定资源，却没有足够有意义的方式去花掉它。在现实世界中，这是经济通货膨胀的经典配方，游戏中也是如此。这个问题有时被称为"水龙头比排水系统更多"，因为资源涌入了游戏，却没有太多的方式可以排出它。

然而，如果处理得当，这种通货膨胀可以用来增加玩家的参与感——至少在一段时间内会如此：如果玩家能够获得他们曾经认为无法获得的货币数量，然后用该货币去购买游戏中有意义的物品，他们会感到自己很强大。如果一个卑微的、最初几乎一文不名的角色获得了大量的财富，则可以让他们购买城堡或者额外的生活，他们可以体会到巨大的成就感。但只有该数量仍然有意义、玩家在游戏中可以以某种方式使用它们时才会如此。在放置类游戏《冒险资本家》（*Adventure Capitalist*）中，玩家一开始只是经营着一天能赚几美元（游戏内货币）的柠檬汽水摊的个体户。而如果玩家坚持下去，最终他们会发现自己购买和升级了电影制片厂、银行和石油公司，在这个过程中积累了超过"1古戈尔的立方"美元——即 1 后面有 300 个 0。[1]

这种数量级的金钱有意义与否是另一个不同的问题。很少有玩家能在游戏中持续那么长的时间，因为早在上述极限值出现之前，游戏玩法通常就已经变得重复且没有意义了。这款游戏，以及许多其他放置类游戏，部分解决这个问题的方式之一是，创建另一个被称作"声望"循环的外部推进引擎循环。随着玩家在游戏中的不断进步，他们积累了一种"声望"资源，例如《冒险资本家》中的天使投资人。与任意推进引擎一样，玩家可以选择在游戏中使用这种资源，或是等待并将其"投资"给下一轮迭代。当玩家发现他们当前的增长率太小，以致无法在短时间内产生任何有意义的收益时，他们可以重新开始游戏，这时将仅仅继承他们的声望资源，而所有其他内容都会被清除干净，以便进入一次全新的开始。之后，声望资源充当一个倍率，用以提高主要资源（在《冒险资本家》中为现金）的增长率。这使得玩家能够快速跳过现在会觉得无聊的低等级阶段，并且能比上一轮游戏推进得更远。当然，他们在继续积累声望资源，所以他们有动力在游戏变得无聊时再次使用外部声望循环。这个声望循环延长了最投入的玩家的游戏生命周期，也是使用推进引擎结构来让通货膨胀成为游戏玩法的一部分，并为玩家延长游戏寿命的一个很好示例。

另一个经济通货膨胀的例子发生在《暗黑破坏神 2》（*Diablo II*）的经济里。在这个幻想 RPG 中，你每杀掉一个怪物，就会从其身上获得掉落的金币，魔法物品通常也类似。虽然金币可以作为一种货币来购买游戏中的一些物品，但玩家很快发现身上的金币太多而没有地方用（水龙头比排水系统更多）。因此，在玩家与玩家之间的交易中，它是毫无价值的——一个典型的通货膨胀场景。玩家首先转向了各种宝石作为一种新的、更有价值（尽管是非官方的）的货币，但由于其能作为战利品而大量获取（以及"欺骗"这种行为的出现——作弊的玩家自己复制物品），因此这些东西很快也变得一文不值。随着时间的推移，玩家选择了名为"乔丹之石"（Stone of Jordan，简称 SOJ）的物品作为首选货币，因为它很小、价格昂贵且在游戏中很有用。然而，就算是乔丹之石，后来也变得几乎一文不值。玩家最终转向了"高级符文"作为他们的交换媒介。这些东

---

1 从技术上讲，游戏中最多会持有略超过 179 uncentillion 美元，即约为 1.79×10^{308} 美元。在这之后整型就溢出了，美元余额会重置为零。

西也很小（因此容易运输），但却昂贵、有用。而且与 SOJ 不同的是，它们具有不同的统计数据，因此被看作具有不同的价值，这非常类似于现实世界中纸币的不同面额。

这整个过程都是由于通货膨胀造成的，因为有一个过于强大的强化循环将金币以及其他货币注入经济中，同时没有足够的内容让玩家感到满意：他们在经济中不再有能做的有意义决策，或者能为自己设定的目标。这是一个几乎所有有经济功能的游戏在某个阶段都不得不面对的问题：因为要想在游戏的高端部分添加越来越多的内容，同时不让玩家感到无聊和重复，这本身就会变得越来越困难。

停滞

虽然不太常见，但在经济中也可能出现停滞。当资源或货币（金钱、战利品等）的供应受到过多限制，或者"玩家要想在游戏中有所建树"的成本过高时，就会出现经济停滞。无论在哪种情况下，玩家都相信这样做是符合他们的最佳利益的：坚持将每一枚金币、每一件战利品都捏在自己手上，而不是花掉它们却又事后后悔。或者，他们必须持续支付货币进行维护（一种制动引擎形式），然后很快他们就没有足够的钱来维持自己的角色、部队以及国家等的正常功能了。停滞很少见的原因之一是，当它开始发生时，很多时候只是意味着玩家单纯不玩游戏了。没有什么能让他们依然愿意留在那里，尤其当游戏不再有趣时，他们会离开，这时游戏及其经济会慢慢陷入痛苦的停滞。

在游戏中，经济停滞发生在设计师太倾向于平衡游戏内的经济——拒绝让强化循环生效、拒绝经济增长——将生命力从其中剥夺出来。确实，减弱主要强化循环可以防止通货膨胀问题，但这样做也会移除任何有用的经济变化率：当没有人觉得交易对他们有益处时，交易就不会被促成，最终也就不存在经济活动了。回想一下：系统循环需要部分之间的交互。在经济系统中，如果没有能交换或转化两种资源的交互，那么就没有系统可言。因此，如果这同时又是一个核心循环，那么游戏本身也就不存在了。

生态

像制动引擎一样，生态系统具有一个（或一组）占据主导地位的平衡循环，而不是加强循环。在这样的平衡循环中，资源就像在经济中一样被交换，但它们被交换最终使得各个部分彼此平衡，而不是彼此强化。在整个平衡循环中，生态通常具有作为子系统本身存在的部分中的强化循环（如图 7.6 和图 7.7 所示），但这并不是系统结构的主要驱动因素。

在生态中，虽然总体目标是平衡而不是无限制地增长，但这并不意味着系统陷入停滞。如第 1 章和第 2 章所述，一个健康的生态是处于亚稳态的，也叫作内部平衡或动态平衡。生态系统中的部分在持续发生变化，但从整体来看系统保持平衡。这可以在前面讨论的鹿/狼例子、第 2 章中有关猞猁和野兔捕食者-猎物关系（参见图 2.10）的讨论，以及狼群被重新引入黄石国家公园（参见图 2.22）的"营养级联"例子中看到。

原则上，图 7.7 所示的那种生态类型相当容易理解：植物生长，鹿群吃植物并繁殖更多的鹿（大体来说）。狼群吃鹿，又繁殖更多的狼。鹿与狼最终会死去，它们的尸体会分解并可为植物提供更肥沃的土壤。虽然这个循环的每一个部分——植物、鹿和狼——都试图最大化自身的生长（每一个都是带有内部循环的子系统，如图 7.6 所示），但总体来说它们的行为是相互制约的。实际上，它们共同作为限制彼此的制动引擎。鹿吃植物，平衡它们的生长，狼吃鹿又平衡了后者的生长。狼被称为"顶级捕食者"，这意味着它们通常很少或没有直接的竞争对手或捕食者。由于其巨大的代谢需求和缓慢的生长，因此这些动物往往在数量上很少——这也创造了限制其数量的平衡因素。所以，它们的数量增长不受捕食的限制，而受食物来源相对稀缺的限制。

不同种类的生态

并非所有生态都是生物方面的，在模拟方面也是如此。大多数具有主导地位的平衡循环和资源交换的系统都可以作为生态进行分析。例如，角色扮演游戏中的道具库存系统就可以被看作简单的生态系统。你放入角色库存的物品越多，剩余可供携带的空间就越少（"物品"与"空间"是被交换和平衡彼此的资源部分）。在某些游戏，如《暗黑破坏神 2》中，它被发挥到了极致，每个物品竞争的不仅仅是作为抽象资源的空间，还有具体的空间摆放配置。

战斗也可以被认为是一种生态：两个或更多的阵营（例如，玩家角色对怪物）试图通过各自的行动来"平衡"彼此——这是"它们都试图除掉对方"的一个比较和谐的说法。这样做时，假设玩家角色是胜利者（剩下的未被通过平衡消除的子系统），那么获得的奖励会反馈到他们的整体经济循环中。

很多游戏中也有重要的社会生态。在 MMO《卡米洛特的黑暗时代》（*Dark Age of Camelot*）中，拥有专门为不同阵营准备的所谓"王国对王国"战斗。游戏中有 3 个派系：Albion、Hibernia 和 Midgard。各个派系的成员都会与其他派系的成员争夺统治权。关于 3 个派系或王国的有趣之处在于，它使整个王国系统保持亚稳态动态平衡状态：如果其中一个王国变得过于强大，其他两个王国的成员会暂时结盟，以将该王国从领头者的"神坛"上拉下来。这导致持续变化的平衡，且能避免出现停滞，因此对玩家来说是非常令人满意的。如果游戏中只有两个王国，那么平衡循环就会被强化循环所吞没：只要一方掌握了霸权，玩家就会开始涌向胜利的一方，创造一个失控的"富者更富"局面，让其他王国无法赶上。这实际上是许多早期《魔兽世界》区服中发生的事情：由于各种原因（包括联盟角色更有魅力一些），因此，联盟阵营的玩家要多于部落阵营的玩家。在允许 PvP（玩家对玩家）战斗的区服中，联盟经常占据主导地位。游戏对可用的角色类型做了一些改变，并采取了其他一些激励措施以着手平衡这一点（尽管可以说，这从来没有完全得到纠正——当然也没有像《卡米洛特的黑暗时代》那样达到一个有机的、动态的平衡）。

生态失衡

对任意以平衡循环为主导的交换系统，可能出现的主要问题，要么是平衡过于稳定以致很枯燥；要么是平衡突然失去控制，破坏了整个系统。

平衡系统有时被描述为具有弹性或脆弱性：在一定的变化范围内，生态可以自我再平衡。然而，变化到某种程度时，系统会达到一个不能再平衡的无法返回的临界点。当生理系统作为一种小型生态系统（用我们这里使用的术语）处于内部动态平衡时，尽管会受到外界的影响，但它仍被称为处于稳态。外部空气温度可能比你的体温更热或更冷，但你的身体会努力将体温保持在一个非常窄的波动范围内。只要你的身体能够保持温度平衡，系统就能抵御外部变化。但是，到了某个点时，身体弹性和再平衡的能力会崩溃：你的身体会逐渐开始过冷或过热。如果再持续下去，身体系统机能就会停止，且不可逆转。当这种情况发生时，身体这个系统就已经从弹性状态变为脆弱状态：存在一个无法返回的点，在这个点上系统无法做到自我平衡。

构建游戏系统的问题在于，很难知道生态系统会在何时变得脆弱。如果有一只猞猁与野兔的生态系统在运转，而你看到野兔的数量在急剧下降时，就可能会认为该系统已经变得脆弱了。而如果认识到此类周期在正常的历史参数范围内，就可以更好地检测系统何时处于健康的动态平衡中，何时又将无法挽回。在具有足够多历史数据的大型生态系统中，可以构建数学模型来展示整个系统何时"处于控制中"或何时会"失控"。这些词汇是统计过程控制中使用的术语。从本质上讲，如果一个资源与历史均值之间的差值超过了 3 个标准差，那么该过程就失控了，系统将面临脆弱与崩溃的危险。不幸的是，在动态平衡系统中，检测到这种失控之时就可能为时已晚，而且在游戏中很少有足够的数据来构建资源变化值的历史模型。

纵然对生态系统进行一定程度的控制很重要，但试图过于控制这样一个系统又会有危险。危险在于，你可能会"过度转向"，从而引发另一种脆性失效；或者会创造一种强制稳定的状态，而不允许系统自身的动态平衡出现。例如，在策略游戏中，如果一个兵种 A 明显强于同价位的其他兵种，那么玩家会很快将其视为主导策略，并尽可能多地建造兵种 A。这很快就会破坏整体战斗生态的平衡，就像在现实生态中接管生物群落的入侵物种一样。如果不尽快纠正，玩家将会只造兵种 A，摧毁游戏空间（没有多余的决策可供选择），并减少参与感与玩法。纠正这种情况的一种很直接的念头可能是创造专门对抗兵种 A 的新兵种 B。但这里的问题是，如果新兵种 B 太强大（通常称为相对其成本来说"过强"，over powered，OP），则玩家又会开始只用兵种 B。然后又会想引入另一个兵种 C 来对抗兵种 B，游戏很快就开始变得像一首老歌唱的那样，一个女人吞下了一只苍蝇后采用越来越匪夷所思的方式[1]（吞下蜘蛛并试图抓住苍蝇，又吞下鸟来试图抓住蜘蛛，等等——译者注）来试图摆脱它。

另外，一些设计师会试图压制住所有可能的不确定性，以确保这样的系统是完全平衡的（即使是以一种完全静态的方式）。这通常是为了确保玩家的一致性体验。然而，在游戏中，这很快就会变得枯燥和没有吸引力，因为没有心智模型供玩家创建，也没有决策供玩家选择。从系统的角度来看，这也会产生一种不同形式的脆弱性：由于系统本身没有达到动态平衡，它无法对任何重大的外部影响做出有效反应，因此，如果有任何作为系统一部分的东西影响了它，该系统都会迅速崩溃。我们回到体内平衡和体温的例子中来，如果体温被锁定在 37℃，则你的身体将无法对凉风或温暖的阳光做出有效反应：无论哪种情况都会导致不成比例的能量消耗，以保持身体处在被锁定的特定温度，这很快就会使得你的身体崩溃（即使外部条件的变化很温和）。你的生理系统会迅速变得脆弱并丧失机能。

将循环结合在一起

引擎、经济和生态通常用作主要的循环类型；更多具体的模式——游戏机制——可以从中制作出来。对于创建模式或机制的清单或者更详细的列表，前人已经做过很多努力，其中一些你可能会觉得比较有用——特别是 Bjork 和 Holopainen（2004）以及 Adams 和 Dormans（2012）的。然而，很多游戏设计师发现，如此详细的列表，其作用却是有限的，他们更倾向于使用像上面介绍的更通用的模式，作为构建特定玩法系统的分层构件。

---

[1] 吞下蜘蛛并试图抓住苍蝇，又吞下鸟来试图抓住蜘蛛，等等——译者注

很少有只存在一个系统或一个机制的游戏。大多数游戏是在不同层级组织中运行的系统的组合，其中一个系统是另一个更大系统环境中的一部分。

例如，在角色扮演游戏中，通常存在以玩家角色在游戏中的进步为中心的主要强化经济：玩家角色的目的是通过将时间（以及生命值等）交换成经验值和战利品，获得生命值提升、技能、更好的工具等（见图 7.11），从而使自己变得越来越强大。然而，在这个高层次的描述中，还可能存在许多其他系统：经验或技能推进引擎，玩家必须选择何时以及如何对点数（经验值或技能点）进行投资[1]；经济系统，如道具制作或交易系统；或者如前所述的生态库存系统。也可能存在一个基于角色的团队不同成员的经济系统，其中每个成员都通过自己的交换形式（例如，"皮糙肉厚的坦克"角色专门负责吸收对手的伤害，远程攻击角色负责从远处对敌手造成伤害，治疗系角色则负责给"坦克"角色回血）强化他人的能力。在整个玩家角色经济系统中通常存在某种形式的战斗生态系统，并且如本章前面所述，可能存在一个或多个防止玩家推进过快的平衡系统（即制动引擎）。这些平衡系统通常是更大系统的一部分，就像能量或体力的损耗（必须能随时间再生）是许多免费游戏中整体战斗系统的一部分那样。归结起来，这些系统说明了为什么设计 RPG 可以如此复杂，以及为什么玩这些游戏会如此吸引人：有许多不同的系统同时运行，且玩家在游戏时会尝试在组织层次结构的不同层级上最大化地利用这些系统。

---

1 一些 RPG 中可以选择将经验值花在其他地方，而不是用它们来升级（虽然这种情况很少见）。例如，在《进阶龙与地下城》的 3.5 版本中，释放法术或创造卷轴、魔法道具都需要花费 XP。我之前并不太了解，原来 RPG 可以允许你将经验值或技能点花在一些更困难的行动上，而不是单纯用它们升一级或获得新的技能，但将它加入到游戏中很可能是一个有趣的思维逆转。当你开始将技能增益系统视为引擎时，这种机制就变得很明显了。

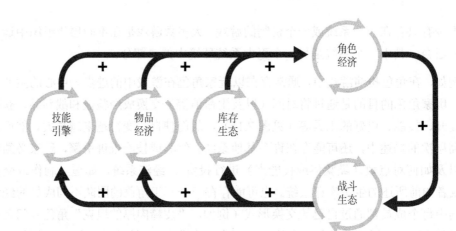

图 7.11　典型角色扮演游戏的强化/经济系统，用于提升技能和物品方面的角色能力。整个系统由引擎、
　　　　经济和生态子系统组成。值得注意的是，为清楚起见，图中并未展示子系统之间的许多交互
　　　　（例如，库存生态与物品经济之间的相互作用）

　　当图 7.11 所示的子系统相互作用时，它们在整体经济中相互强化：玩家在技能和库存方面拥有得越多，以及在团队中拥有的角色越多，他们击败怪物的能力就越强。而击败的怪物越多，他们能获得的经验值和战利品就越多。虽然战斗的平衡性（平衡/降低角色的能力并调节他们的整体进程）和库存生态系统可能会迫使角色做出艰难的决策（例如，哪些东西需要保留或扔掉），从而可能减弱角色进程的强化循环，但起主导作用的系统化效应是强化和提升角色整体力量的循环之一。

将所有系统整合到一起

　　正如我们刚才看到的那样，观察角色扮演游戏的系统向你展示了如何设计系统的层次结构可以创建更广泛、更深入的游戏体验。当玩家将焦点从一个子系统转移到另一个子系统或最高层级的系统循环时，核心循环可以发生改变。让多个系统并行工作可以为玩家提供更多可以做的事情，从而提供游戏的广度。设计嵌套系统，让玩家能够在心理上放大较低层级的子系统，或缩小较高层级的系统（如图 7.6、图 7.7 以及图 7.11 所示），能提供可理解的游戏内复杂性，又因此提供了游戏深度。这就表明了二阶设计是如何创造一个游戏空间的，因为玩家在每个系统和子系统中都有目标和决策，并且，通过仔细逐步揭示这些系统的复杂性，游戏可以帮助玩家以一种引人入胜的方式构建其心智模型：当层次结构中的每个新系统被展开时，玩家获得新的知识、新的决策，在游戏世界内采取行动的新方式，以及基于这些要素的新成就感。

游戏系统示例

正如本章前面所讨论的，引擎、经济和生态可以形成各种系统（特别是当它们组合在一起作为系统的分层系统时）。尽管不可能列出这些系统所有可能的组合方式的详尽列表（这样的列表不可能很系统化！），但我们可以从以下角度来研究一些众所周知的系统类型：它们的主循环，它们内部包含的辅助系统，以及它们如何与其他系统合作，以帮助玩家创造设计师预想的游戏体验统一整体。

进步系统

几乎所有游戏都为玩家提供了一些进步的方法——提升能力、力量，增加资源或知识。游戏中的能力或力量与玩家对游戏的了解紧密配合。随着他们获得更多游戏世界的知识（使用知识作为一种游戏内资源），玩家可以做得更多，并表现得更好。类似地，当他们构建游戏的心智模型时，通过使用自己内在的工具和技能，他们会得到能更有效地探索游戏系统的能力。以"增加玩家可以做的不同类型的事情数量（由于意识到了更多的并行系统，以及更深层次的系统）"这种方式展现出来的进步，是帮助玩家建立有效心智模型的好方法。这种方法会一点一点地引入游戏概念，并同时给玩家一种逐渐掌握的感觉。

由于与进步相关的循环是如此普遍，且很容易给玩家带来回报，因此它们通常构成游戏的核心循环。它们与玩家和游戏间的交互循环高度映射，在此期间，玩家可以获得积极的反馈以及行动带来的奖励，然后其推动玩家进行新的选择和行动。诸如"玩家做什么？"这样的问题通常会简化为"玩家如何取得进步？"。由于循环的强化性质，因此这些系统是经济或引擎，且通常具有内建的任一类型的子系统。

向玩家提供一些能获得进步的方法，以增加他们在游戏中的能力，这可以是将玩具变成游戏的一种有效方式。如第 3 章所述，没有显性目标的游戏通常被称为玩具。通常来说，一些游戏设计师（主要是那些玩具制造者或创造者，如第 5 章中所讨论的那样）想出一个最初似乎很有吸引力的小型游戏系统或机制是很容易的，但玩家兴趣的持续时间往往不会超过几秒或几分钟。对这样的系统或机制的反应通常如下："这很不错……但玩家用它做什么？"有些玩具作为玩具本身是好使的——这时，添加显性目标，以及由此生成某种类型的进步系统，可以是将玩具变为游戏且建立长期参与感的一种很好的方式。

可以从"单位时间内获得的奖励或资源"这个角度来考虑进步系统。这种增加或奖励可能是经验值、金币、部队数量或其他东西（取决于具体游戏），或者它可能不太容易量化，更多的是从提升玩家的心智模型及其所拥有的认知工具的角度出发，以操纵游戏系统，使之变得对他们有利。正如我们将在第 10 章中讨论的那样，确定进步的维度是符号化游戏设计的一个重要方面：玩家可以获得生命值、魔法、知识、物品和/或其他资源，而每种资源都必须在设计中被详细指定，以作为不同部分的状态。

对于玩家会产生进步的每个维度，必须具体化其增长的速度。在很多情况下，不光是一种处于进步状态的资源数量在增加，连速度本身随着时间的推移可能也在增加。这既保持了奖励的期望属性，又能防止奖励在玩家经历所谓的"适应"或"享乐疲劳"后褪色。

适应和效用

增加奖励会为玩家提供一些用来追求的东西——用来达到的目标。如果今天玩家获得的奖励是 10 点，但与此同时玩家也知道以后还可以做一些能获得 50 点或 100 点奖励的事情，那么这个还未实现的目标将会驱动其行为——只要目标还有意义，且奖励对于他们来说仍然很重要。这其中的核心是，对我们人类而言，想要比拥有更能驱动注意力和行为——以及参与感。拥有更高的目标，即使是最初看起来很荒谬、不可达到的目标，也有助于维持玩家的参与感。然而，如果玩家意识到他们已经实现了游戏中所能做的一切——已经击败了最厉害的怪物，获得了最宝贵的财富，等等——那么他们的参与感很快会消失。

由失去对奖励重要性的意识而产生的参与感缺失，也发生在当我们习惯或适应了现有状况时：无论当前的奖励多么好，我们很快会对其感到厌倦；正如前面提到的那样，这被称为享乐疲劳（有时也被称为享乐适应或厌腻）。在经济学中，这被称作边际效用，它与某物的价值（或效用）如何随着你获得的数量增多而变化有关。例如，吃冰淇淋时，第 1 口的口感往往是非常棒的，第 3 口也还可以，而到了第 20 口，你可能根本就不想吃了。所以，吃 20 口冰淇淋并不是吃 1 口冰淇淋价值的 20 倍！如果你被迫吃了太多冰淇淋，效用实际上还可能降到 0 以下；你真的不想要更多冰淇淋了。[1]（这已经通过冰淇淋以及其他一些东西进行了实证检验，你自己也可以亲自试试这种效果[Mackenzie，2002]。）

---

[1] 然而值得注意的是，边际效用也可能以另一种方式工作：在人们通常所说的网络效应中，一些东西——积木、电话、网络计算机等，会慢慢获得更多效用，直到某个特定的临界点。在这个临界点之后，更多的网络节点会向每个节点提供更多的价值，其边际价值迅速上升。这种情况一直持续到某个饱和点，在这个点之后，边际效用的增长再次放缓。

因此，获得奖励的感觉是很好的——但当第 2 次获得同样的奖励时，这种感觉就打了折扣，而第 3 次就几乎根本不觉得那能被称作奖励了。我们人类一般不会客观地评估奖励，而是会根据我们已经收获的东西来看待其相对价值。在游戏中，如果玩家感到他们获得的奖励不再有意义，其参与感就会受到影响，并且将掉到图 4.11 所示的心流通道的"无聊的底部"。因此，奖励往往会随着时间变得越来越大，这意味着它们的增长速度（无论是金币、经验、名望还是其他东西）也随着时间上升。随着游戏提供资源的速度不断增加，这将导致奖励呈指数曲线增长。

由于奖励的增长速度会不断提升，因此随着玩家的进步，更多的资源会涌入到游戏中。除非游戏内资源的汇也相应增加以能匹配源，否则会导致资源供应的增加，从而引发该资源的通货膨胀。

在意识到适应会如何破坏参与感的情况下，很多游戏会采用各种方法努力避免它，如下所示：

- **限制资源**：很多游戏通过对资源的源下手来降低资源数量，这包括减少源的数量，降低每个源产出资源的速度，或者增加获得资源的成本或难度。例如，这如果发生在角色扮演游戏中，就从获得更好武器的难度、获得一组盔甲套装的最后一块（凑齐一组后会有非线性的显著收益），甚至获得提升至下一级所需的经验值（能力曲线在这一级的提升是非线性的）入手。（你将在第 9 章和第 10 章中获得更多这方面的信息。）

- **限制容器**：《魔兽世界》和《暗黑破坏神》系列限制了玩家可以保留的道具库存量，从而在"我携带的东西"和"我还剩余的空间"之间创造了平衡生态（如前面所描述的那样）。限制玩家能携带的道具数量会远离（但不会消除）通货膨胀，且当玩家发现如何能增加可携带的数量时，会给予玩家另一条进步的路径。

- **增加汇**：很多游戏会增加资源道具流出游戏的数量。例如，在《塞尔达传说：旷野之息》（*The Legend of Zelda: Breath of the Wild*）中（与很多其他游戏的做法类似），武器可以被损坏，这意味着它们不再能使用且从游戏中消失了。结果就是，几乎任何一把剑都是有价值的（它保留了自身的边际效用），因为玩家知道当其他武器坏掉时可能需要它。

通货膨胀以及随之而来的适应是很普遍的情况，很难完全避免。这些情况也突出了为什么采用系统化方法进行游戏设计——在游戏中包含不同类型的分层系统——有助于维持玩家的参与感。依赖于内容和进步的游戏最终会结束，额外添加的内容对于支撑挑战与奖励的指数级进程曲线会越来越力不从心，而且额外内容本身的创建与维护也会越来越昂贵。更依赖于拥有强大生态平衡组件（例如，前面提到的"王国对王国"战斗）的游戏能够持续更长时间，且对玩家的参与感没有明确的限制。

战斗系统

战斗系统通常是一种生态，如前面所述：两个或更多对手通过他们的行动寻求彼此平衡，并最终在游戏中消灭其他对手。在时间尺度与交互方面，个体战斗系统通常关注于动作/反馈和短期认知交互。因此，战斗可能是游戏核心循环的重要组成部分，但它通常伴随着其他强化循环——尤其是进步系统——以提供长期目标并抵消战斗系统固有的平衡性质。值得注意的是，一些游戏（特别是移动端游戏）包含战斗系统，而在这些战斗中玩家几乎没有任何决策可做。虽然这些游戏将外围的强化循环作为其核心循环来令玩家持续游玩，但战斗中快速的动作/反馈交互的缺失几乎不可避免地降低了玩家的参与感，从而缩短了游戏的寿命。即使拥有强大的核心循环，引人入胜的即时决策和交互对于制作成功的游戏仍然至关重要。

很多游戏使用战斗作为与其他系统交互的主要平衡系统。例如，卡牌游戏《星际王国》（*Star Realms*）让每个玩家的个人核心循环都专注于引擎构建。玩家间的战斗作为每个玩家减缓或平衡对手进度的一种方式而存在。这有助于提高引擎构建循环中有效决策的重要性，因为玩家必须在"建造飞船获得即时收益"和"长线投资"之间做出选择，他们知道无论自己做出的选择是什么，对手肯定会对此提出一些挑战。

建造系统

很多游戏包含各式各样的"建造"系统，玩家可以在这里添加比之前更多的内容到游戏世界中。这包括制作、耕种、养殖以及创建和改造车辆、建筑物或（角色扮演游戏的情况下）个人角色。这些系统通常涉及引擎和经济（包括长生产链），具体取决于是着重通过基于引擎的系统，为了未来的潜在增长而将过去所获得的收益再次用于投资，还是直接交换资源以获得价值。它们倾向于关注短期的和长期的认知交互（尽管一些非常详细的建造系统也会包括显著的动作/反馈元素）。

建造系统通常是较大的进步循环内的支撑性子系统。在角色扮演游戏中，作为进步循环的一部分，玩家会提升技能、武器、盔甲、世界知识，经常还会有社会集群（派系和工会会员）。同样，在策略游戏中，玩家追求研究建造新建筑物来训练更强大的兵种，以获得更多的名声和战利品——一个漂亮的嵌套式引擎和经济循环系列。

技能与科技系统

很多游戏也包含围绕开发新技能和科技而建立的长期目标，这些目标为玩家（他们的角色、国家等）提供新的能力，并且通常是有限的强化循环引擎系统。这些内容往往被组织为"树"的形式，某一项技能或科技会与两个或更多后续的技能或科技相连，玩家可以摸索技能或科技系统，以定制属于自己的角色或文明。如前所述，玩家获得经验研究点数，然后将其投入特定的新技能或科技中，以获得对应的能力。很少有玩家有能力将这些点数用于非投资的行动（尽管这属于游戏设计中的探索领域）。

社会和政治系统

在具有社交玩法的游戏中，与他人（尤其是其他人类玩家，但有时也会是 NPC）进行交互，也可能存在社会或政治玩法系统的空间。这些系统属于社会生态；从狼与鹿之间的交涉，到人类不同派系之间的谈判，当中并不存在巨大的飞跃。大多数派系，如相互竞争的帮派等，形成了一种生态，每一个势力都通过争取自己的强化优势来平衡其他势力。这些交互是长期的，也是社会性的，这里的重点在于具体的类型以及时间尺度。与任何其他生态一样，如果任意"一方"到达了如下地位：其行动能自我强化，已经获得了实质上的胜利，且用不可能再受到挑战的方式超越了对手，那么系统将会崩塌，也不会再留下任何游戏玩法。

定义系统的循环及其目标

设计系统首先要考虑系统的设计目标：系统在你的游戏中有什么用途？要回答这个问题，你需要执行以下操作：

- 构建系统的循环形式，以支撑你想要创造的游戏玩法和玩家体验。
- 通过将此系统包含在游戏中，有意识地仔细考虑你想要实现的玩家交互、目标以及行为的种类。
- 清楚地定义你必须使用的部分及其交互，以创建该部分所属的系统以及游戏中可能与该系统交互的其他系统。

总体而言，任何系统的目标都可以用更高和更低的层级来表达：首先，根据这个系统所属的更高级别系统来考虑目标。这当中最高级别的系统是玩家体验，是由游戏+玩家这样一个系统产生的。这包括玩家与游戏交互的方式（快速或慢速，以及感知、认知、情感或社会），以及他们为了与系统游戏模型相对应而构建心智模型的方式。

从那里我们会进入分层子系统中。你可能正在构建一个存在于另一个更高级系统中的子系统，例如图 7.6 和图 7.7 所示的系统层次结构。在这种情况下，你需要在其上下文环境（即当前系统正在强化或平衡的那个更大的母系统）中观察自己正在设计的系统，以及它如何与其他对等级别的系统（那些更高级别系统中的其他部分）进行交互。

定义循环结构

对于正在设计的系统，你有必要考虑它需要包含何种循环结构：它是一个简单的强化循环或平衡循环，引擎，经济，抑或生态？还是这些内容的某种混合体？它内部还有子系统吗？勾勒出主循环（参看本章后面"设计游戏系统的工具"一节中的讨论）将帮助你快速理解系统的整体动态行为，它是如何支撑玩家体验的，以及子系统和/或用来交互形成循环的资源。勾勒出系统的循环也将帮助你阐明系统在游戏中的适用位置，以及为什么需要它。你可能需要多次执行此操作，定义以及重定义系统的结构和关系。这个迭代过程将帮助你更精确地定义系统和整体玩家体验，并且还会协助你着手定义会成为系统各个部分的游戏对象。

当你着手这些工作时，可能会发现自己正在设计的系统也许根本就不是必要的——它对玩家的体验几乎没什么帮助。这里的重点是，你不要让一个不适合游戏其余部分的系统留下来。例如，在一款有关社交关系的游戏中放入锻造系统可能就不太合适。不要仅仅因为你喜欢某个系统，或你曾经在该系统付出了辛劳、努过力，就把它留在游戏中。把这个系统放在一边吧，也许你会在以后于该游戏中找到属于它的位置，或者在另一款游戏中发现使用它的方法。

除循环结构之外，你还必须考虑系统中的各个部分以及它们之间的交互是如何帮助系统支撑游戏玩法目标的。这会引导你去直面游戏平衡问题，以及系统是否能够让玩家做出有意义的决策。（第 8、9、10 章将介绍设计和平衡各个部分的细节。）

通过同时（或者最起码的，将注意力的焦点从一个层级到另一个层级之间来回移动，参见图 5.2）在所有的层级（即部分、循环和整体）中工作，你可以更清晰地表达自己的设计目标——不是以静态内容，而是以一组动态机制的形式，这组机制创造了玩家的行为空间。

连接玩家体验和系统设计

无论设计何种游戏系统，你都需要考虑它是如何适应以及支撑玩家体验的。例如，如果是战斗系统，则应当考虑自己想要的玩法：是一场大规模的军队对军队的扫荡式战斗，在战斗过程中玩家对不同的兵种组合下达指令，指令对战斗进程产生的影响会在几分钟之内展开；还是一种更激烈的个人战斗体验，在战斗中玩家需要决定每一步的细微动作或以亚秒为单位的行动组合。这两种战斗类型本质上都属于战斗生态系统，但玩家与游戏之间的交互差别却很大，创建系统和支撑想要的玩法体验所需的基础游戏部分也有很大差异。根据"玩家的交互和体验"以及"支撑它们所需的部分、属性和行为"这两点来定义系统目标，有助于你厘清系统本身的结构。

类似地，如果你正在设计一个进步系统，则一个很自然的考虑因素是，你允许玩家在游戏中取得进步的速度应该有多快。你如何让玩家在早期的快速交互循环中获得早早掌握的感觉，这样在参与感建立起来的同时，还能长期维持他们的兴趣？如果玩家在游戏早期没有正反馈，他们将无法构建自己的心智模型，也不会被游戏所吸引。在游戏进行的头 1 分钟左右创建一个核心循环中的正反馈，即所谓的"成功体验"（"你做到了！"），是帮助玩家开始构建模型并被游戏吸引住的一种方式。这种正反馈很重要，但正如前面所讨论的，如果你继续以相同的速度给予同样的奖励，那么享乐疲劳就会出现。然而，如果玩家所获的奖励过多且进步过快，那么游戏很快会变得无聊。另外，如果玩家的进步太慢，或者进步本身没有实质上的回报，那么游戏会变成一件"苦差事"[1]。只有玩家相信后面会有足够的奖励在等着自己，他们才会坚持下去；否则，他们就会由于没有什么吸引力而放弃该游戏。

设计游戏系统的工具

设计游戏系统不需要任何奇特的工具。使用纸张、白板以及其他简单工具就可以完成大量工作。这项工作是高度迭代化的；你最终会一遍又一遍地勾勒出循环结构，以更准确地描述自己想要的系统类型。尝试为系统绘制循环图解的行为可以帮助你聚焦并厘清相关概念，并能向你展示该系统是如何作为游戏的一部分工作的。在某些时候，随着这些结构和图解逐渐确定下来，你需要转向制作原型，以观察自己的设计是否真正可行且实现了自己设定的目标。

1　"苦差事"（grind）是许多 RPG 和 MMO 中的常见主题。玩家可以忍受很多无趣的任务或游戏为他们制定的其他显性目标，作为所谓"练级跑步机"的一部分。这是玩家为获得更高等级和能力所付出的代价，这样他们就可以进行更多更高等级的"苦差事"。虽然苦差事式玩法本身并不具有吸引力和乐趣，但玩家和设计师都已经接受它作为游戏全局的一部分。对玩家的体验和交互采取更加系统的方法，可能会产生不依赖于盲目重复式的磨炼，而依赖于系统化掌握的设计。

白板和快速原型制作工具

游戏设计师最常用的工具之一是白板。该工具是完全"模拟"的（即不涉及电子设备），它允许你与其他一起工作的人用不同的颜色绘制、擦除，再重复绘制，如此反复。你可以在白板前花费大量时间，推敲出用来表达游戏玩法的系统图解。

截至撰写本书时，有一些数字化工具可以为你定义系统的这个阶段提供帮助。*Loopy* 是 Nicky Case（2017）制作的免费在线工具，可以让你轻松绘制强化循环和平衡循环。虽然此工具的功能有限，但它允许你创建多种干净、舒适且具美感的循环图解，然后再观察它们的实际操作。类似且更为详细的一个工具是前面提到的 Joris Dormans 的 *Machinations*。这个工具提供了一个全面的工具集，用于创建可用的功能循环图解，甚至是完整的游戏（虽然并没有任何真正游戏的表现——只是原生的系统）。但不幸的是，这个工具已经很老旧，且似乎没有积极维护。这里还有其他一些工具可供使用，包括许多用于仿真而非游戏设计工作的工具，如 *NetLogo*（Wilensky，1999）。

除了这些用于创建系统或仿真的工具，还有许多其他编程环境可用于快速原型设计。很多设计师喜欢用 JavaScript、Python，以及形如 *Unity* 这样的完整游戏开发工具来制作快速、简陋（在此阶段好看的美术表现并不是重点）的原型来测试他们的系统设计。运用这些工具的关键在于将它们作为达到目的的手段：你应当测试自己的想法，从概念循环系统图移步至快速可用的原型，这样才会尽可能快地检查、测试以及改进。

挑战

这些工具面临的两个主要挑战如下：一个挑战是，你能制作一个有多复杂或完整的交互系统；另一个挑战是，学习和使用它们所需的时间。

白板易于使用，你可以在上面绘制任何想要的系统。另外，你必须让自己的大脑化身为"可以运行画在白板上的系统"这样一台计算机。只有如此，才能赋予其生命——而当要保持对动态系统行为的准确理解时，众所周知，人类是"不靠谱"的。与 *Loopy* 相比，*Machinations* 拥有更详细的操作符，包括用户输入的操作符。虽然两者都相对容易学习和运用，但它们都不允许创建包含子系统的系统（*Loopy* 是完全不允许，而 Machinations 是不允许创建任何模块化、可用的形式）。*NetLogo* 的功能更为先进，可用于为简单的游戏创建完整的游戏系统，但它具有更长的学习曲线，并且在迭代原型设计方面不如更简单的工具快。

在表现力深度以及原型设计速度方面，是上述工具最佳，还是通用的基于语言的开发系统最佳，这取决于你的设计风格和你学习语言或工具的意愿强弱。从根本上说，没有一个最好的解决方案；正如人们常说的那样，使用你认为当前对工作最合适的工具就足矣。

电子表格

任何系统设计过程的支柱都是电子表格。在整个游戏行业，*Microsoft Excel* 最为流行，因其具有悠久的历史与丰富的功能，但其他工具，诸如 *Google Docs Spreadsheet* 和 *Apache OpenOffice* 也有自己的忠实拥趸。无论哪个工具，你都需要非常熟练地使用电子表格来输入、可视化以及比较那些定义最低层级系统部分的数据，并使得自己的循环系统发挥作用。（我们将在第 8 章和第 10 章讨论如何使用电子表格。）

记录系统设计

与游戏概念文档一样，在设计游戏系统时，以一种"能很好地向他人传达，且在开发过程中仍然让人容易理解"的方式表达游戏系统是至关重要的。任何会经手你游戏的工作人员（包括你自己，从你开始开发后的几个月内）都需要了解以下内容：

- 为什么系统会这样设计。
- 系统如何支撑游戏理念以及想要的玩家体验。
- 系统如何通过作为其部分的游戏对象来体现出来。

系统设计文档

系统设计的首要文档是对该系统目标及其工作原理的解释性描述。而伴随设计的完善以及变得更加具体，技术文档会被主要用于编程方面——在游戏中实际实现系统。

与任意其他游戏设计的文档管理一样，随着设计的持续进行，保持可交付内容的时常更新非常重要[1]。这些并不是一次性写完就可以遗忘的内容，而是在你迭代系统设计时应经常更新和查阅的文档。文档管理往往令人畏惧，人们倾向于远离这项费时费力的工作，但未能将游戏记录归档可能会导致你未来做出糟糕的决定，因为你无法再追踪导致自己做出特定设计决策的思路。在系统设计中尤其如此，因为经常会有一些无明显影

1　可交付内容，指的是你为特定人群提供的任何内容，这些人与你正在制作的游戏有着利害关系。当你早忘了自己在设计过程中的思路时，这可能就是未来的你自己。

响的细微设计决策。文档管理的一部分工作是厘清这些内容，以便使系统的本质不会丢失。

文档的内容

游戏系统的设计文档应包含以下内容：

- 系统名称和高层次描述。
- 这个系统的目标（从玩家体验的角度来表示）：该系统如何有助于创造游戏玩法？这种解释通常是定性的，且集中于系统的经验化性质上。使用与玩家在和该系统交互时的感受相关的词汇是最为合适的。
- 系统的图形化描述，以展示重要的子系统、内部部分以及行为。这些描述通常采用贯穿本书的各种循环图的形式。高层次的图解可能看起来会很像图 7.11。
- 此系统激活或需要的任何玩家交互。
- 子系统、对等系统以及其所在的母系统（其中最外层即游戏+玩家系统）的描述列表（或者最理想的是实时链接）。
- 完全理解系统目的及其实现所需的任何其他详细信息。

每个系统都应该拥有自己的包含这些要点的简要设计文档。我们不光需要重视这个文档，让其尽可能简洁明了也很重要。为每个系统创建单独的文档，而不是所有内容放在同一个巨大的文档里面。单独而又相互链接的文档（网页，存储在 Google Docs 中的文档，以及 Wiki 条目等）通常是最理想的选择，因为它们使你能够根据需要编辑每个设计文档，而无须染指巨大、臃肿且无法频繁更新的"设计圣经"。

系统技术设计文档

除创建系统设计文档之外，你还需要一个更技术化的文档，该文档更多地关注系统的实现方式而不是原因。这两个文档应当保持同步，但以这种方式将它们分开可以让设计师专注于玩家的体验和感受，而那些负责实现的人则可以全身心地投入到实现中。简而言之，设计文档主要面向游戏设计师，而技术设计文档主要面向游戏程序员。这两个文档并不总是必要的，但即使设计师和程序员是同一个人，将其分开也是有用的（因为他们在同一系统上提供了两种互补但又有差异的视点）。

技术文档包含系统属性与行为的具体、可实现的描述——即系统各个部分的伪代码定义及它们之间的交互方式。随着设计工作的推进并逐渐落地，技术设计文档会包含：按类型（字符串、整型等）划分的属性具体实现的定义、各自的有效范围、关于"行为如何改变属性以产生设计文档中描述的效果"的公式，以及测试与结果的描述，以确保系统能按预期工作。它可能包含数据文件（电子表格或类似文件）的格式描述和链接，也可能包含软件架构元素（如类描述），这具体取决于所需的特征层级。（大型团队和长期项目通常还需要更多地涉及其他内容的文档。）

模型与原型

除前面描述的文档之外，模型与原型（通常也会作为前述文档的一部分）也有助于表现系统的目的和行为。模型与原型有助于确保你自己和他人彻底理解系统的目的、设计以及功能。它们提供了系统如何工作的必要示例，以及你所涉及的系统能创造或支撑的玩家体验类型。但值得注意的是，模型与原型不会提供如何在技术层面实现该系统的示例；可以采用许多捷径来使原型工作，但这些捷径并不适合用在最终的游戏实现中。

模型是带有支持文本的非功能图解。其可能包含面向玩家的绘画或分镜，和/或有关系统如何工作的叙述性描述（尽管图多点、文本少点会更好！）。例如，战斗系统的模型包括对玩家决策的描绘（如用户界面中展示的那样），以及战斗如何进行的图解/叙述性描述。这些描绘/描述展示了玩家决策以及与系统内部功能之间的交互所能产生的效果。

模型没有具体的功能，而数字游戏的原型则具有一些能实际使用的功能。原型被快速组合在一起，带来比模型更生动的系统描述（尽管这些功能可能非常有限，并且可能会忽略与系统功能无关的重要特征）。原型并不意味着最终的美术表现，往往会使用尽可能简单的替代美术资源；你应当把重点放在原型想要体现的系统上，而不是制作和改进美术表现。因此，原型通常被描述成"快速"的和"简陋"的——在这个阶段，这些都是褒义词。

如上面所述，原型能用很多工具制作，从电子表格到完整的编程环境都可以。原型中的任何内容（除了理念）都应被认为是禁止转移到最终成品游戏中的：保持原型快速、高度迭代以及简陋的特征，然后将你从中学到的经验教训转移到游戏的产品代码中——用完全重写的方式。复制/粘贴系统代码中的"一小部分"似乎能节省大把时间且并不伤筋动骨，但相信我，克制住这种冲动，你最终可以节省更多时间。

在文档中引用可用的系统原型，能帮助你更加确定自己的设计是否符合系统的目标，也使得系统的功能（而不是其结构）更容易被理解。这并不意味着你需要对游戏中的每个系统进行原型设计，不过系统越重要——例如构成游戏核心循环的系统——你就越需要创建其原型，而且这样做仍然是快速且成本低廉的。在游戏制作过程的后期才发现核心循环或某些主要系统不好使，比起早期花时间去迭代原型，所产生的延误要大得多，也不划算得多。

关于有效制作原型实践的更多细节，请参阅第 12 章。

关于游戏循环的问题

与游戏理念以及玩家体验整体的描述一样，在开发任何游戏系统时，要检验设计本身，会有一些有用的问题需要评估。以下是其中一部分：

- 系统的目的是否清晰，尤其是从除设计者之外的其他人（首先是你的其他团队成员，然后是玩家）的角度来看是否清晰？请注意，要回答这个问题，需要一个可用的原型以及游戏测试，如第 12 章中所述。
- 系统的内部资源、货币和/或子系统是否明显且易于理解？
- 这个系统在整个游戏中的位置是否明确？它是否是另一个更高层级系统的一部分？它是否在该更高层级系统中有对等子系统？在游戏中它是否形成了玩家的核心循环之一？
- 系统是否有一个易于定义的主循环？系统内的部分（无论是元素还是子系统）之间是否有足够的交互和反馈？这个循环是通过强化或平衡其中的资源来支撑玩法体验的吗？
- 系统是否能适应内部或外部的变化？你是否了解（以及你能否预测）在什么情形下系统会变得脆弱和丧失机能？系统中是否有任何部分能覆盖所有其他部分的影响；或者是否存在瓶颈点，在那里如果一个部分或子系统发生故障，整个系统都将瘫痪？
- 系统是否会提供玩家决策，更进一步讲，系统是否需要玩家做出有意义的决策？系统是否强制玩家采用一种占主导地位的策略，或不以适当的频率提供交互（基于交互类型来创造想要的玩法体验）？或者，系统是否需要玩家做过多的决策，以致游戏可能让人难以忍受？
- 系统是否向玩家提供了关于其内部操作的足够反馈，以便玩家可以建立一个有关其工作原理的有效心智模型？
- 随着玩家对系统的了解不断深入，系统能否逐渐展开？也就是说，随着玩家对系统的运作方式不断加深理解，你能否以一个简单或高层次的形式来表现不断添加细节（以及交互）的系统？

■ 系统是否会创造涌现性玩法？这个系统中的各个部分和子系统是否结合起来创造了原先并不存在的新效果，尤其是那些能让玩家感到惊奇和喜悦的效果？

■ 你能否通过一个可用的原型，而不是仅靠口头谈论来展示系统如何发挥功能？

■ 系统是否在设计目标以及具体实现元素方面得到了充分和清晰的记录？

总结

循环系统是游戏有节奏运转的核心，也是玩家体验的核心。作为系统化的游戏设计师，你需要能识别、分析和创建游戏系统，将其分解为组件循环。

系统化设计游戏不仅需要清楚强化循环和平衡循环，还需要了解资源和货币是如何在各部分之间移动从而创造出系统的。从系统化角度看待事物，突出了游戏设计中涉及的不同主要循环：游戏的模型、玩家的心智模型、交互循环（包括最重要的核心循环），以及围绕所有这一切的游戏设计师循环。这也使得我们能够观察到不同类型的玩法循环，以及它们是如何结合在一起创造和支撑游戏玩法的（这些游戏玩法正是创造玩家体验所需要的）。最后，理解和构建游戏系统还需要使用适当的工具，以及通过模型、原型和设计文档将设计传达出来。

第 8 章

定义游戏部分

如第 2 章中所介绍的，系统由部分组成。而在设计游戏环节中，你会在定义各个部分时接触到大部分具体的设计细节。

本章将介绍不同类型的部分，并会深入介绍"如何为游戏定义和记录这些部分"的细节，同时也会研究它们的属性、值和行为。细化这些属性、值和行为的结果是获得一组已知量，这组已知量创建了循环系统以及游戏所需的整体体验。

着手了解部分

第 2 章首次引入了"由部分组成的系统"这样一个概念。这些部分通过行为在它们之间创建循环。在游戏领域，部分是我们通过定义决定游戏实际运作方式的数字与逻辑功能，最终在游戏设计中呈现出真正具体内容的地方。

正如前面的章节中所讨论的，游戏中的各个部分通过循环交互来共同创建系统。对任一系统而言，它的某些，甚至全部的部分可能都是子系统，如第 1 章、第 2 章以及第 7 章中所述。无论如何，在游戏中（在这里你不能奢侈地将定义层级系统一直延伸到质子和夸克级别）的某个低层级，你需要创造出用来构成游戏基础的部分。这些部分通常以极简或原子来称呼，因为它们不能再被分割；正是在这个层级，我们把系统循环的概念丢到了一边，以支持更基本的内部结构和行为。

这些部分构成了游戏的"名词"和"动词"。每个部分拥有自己的内部属性，决定了其状态（"名词"）以及产生对应功能的行为（"动词"）。属性具有属性值，并定义了资源，而行为则定义了部分之间的交互，以及交互过程中流动的资源。这些行为导致了循环的创建，从而形成了系统。

关于部分的另一种说法是，部分最终指定了游戏中的交互以及它们带来的效果，包括对玩家的反馈。这些效果使玩家能够做出有意义的决策。这些决策以及游戏与玩家之间形成的交互循环，创造了设计师（也就是你自己）所想的游戏体验。如第 7 章的"设计师循环"一节所述，作为设计过程的一部分，你需要能够在游戏中的组织层级之间移动。你需要能够将自己的聚焦点从原子级的部分变更到系统循环，再到整体体验，这样才能确保在最低层级定义的内容最终可以在最高层级创造你想要的体验。

本章将详细探讨创建游戏的部分会涉及的内容——如何确定这些部分应该是什么，它们包含什么，以及它们的作用。与提出理念乃至设计游戏系统相比，这是游戏设计过程中底层的部分：它涉及以文本字符串、数字，以及数学和逻辑函数的形式将游戏中更加虚无缥缈的部分切实落地。

定义部分

要创造游戏的部分，你必须将理念想法和动态过程从整体与循环组织层次引入我们所说的电子表格专用层次。这里是完全定义每一个部分的地方，而且部分的内部状态也将在这里被精确指定，使得其不存在歧义。最终，每个部分将被分解成一系列的结构化符号，如第 3 章中首次描述（以及第 7 章的"部分作为循环组件"一节中所述）的那样，与发生在这些结构之上的行为共同创建了游戏的功能部分，并最终创建了构成游戏系统的循环。

部分的类型

游戏中的部分展现了游戏世界模型中的所有事物以及它们可执行的所有行为。部分可以代表诸如角色、军队、树木等实体对象；也可能是非物质概念，如控制区域、情感，甚至时间。最后，部分可能是纯粹具象化的，且与游戏规则相关的——例如，手中牌的最大数量，游戏用户界面的显示和控制，或者游戏中当前的行动顺序。如本章后面所述，这当中的每一个部分都拥有状态和行为，由部分的内部属性和属性值在游戏中的任意时刻所定义。

你的游戏部分

如果你已经开始绘制游戏的一些循环（游戏的内部模型，以及任何属于交互循环部分的系统，如第 7 章所述），则可能已经在这些循环中看到了一些部分及其属性——游戏世界中的资源、货币以及价值——它们构成了游戏的核心部分。这些是着手开始定义游戏部分的好地方。大多数游戏都包含了玩家特别关注的少量部分，且玩家与其发生的交互也是最频繁的。这些部分通常出现在游戏的核心循环里：在角色扮演游戏中，其是玩家角色以及他们的对手；在策略游戏中，其又可能是军队以及玩家控制的区域。

这些主要的部分会引导你逐步深入到它们所涉及的、分层次散落在当中的其他部分：玩家角色拥有武器、盔甲、法术、战利品，可能还有宠物或马。策略游戏中的军队拥有不同类型的兵种，受控制的区域具有非物质的相关属性，如邻接属性以及资源生产。将这些内容列出来，会有助于你了解游戏中部分的数量以及它们的层次结构。使用在循环层级定义的系统将帮助你认识到哪些部分是原子的、不可再分的，哪些部分则由需要进一步特化的子系统构成。

现在，你手头有一份特殊的列表，它记录了你需要处理的所有部分。当这份列表的长度不断增加时，请将游戏中不同类型的对象都纳入考虑范围之内：实体的、非实体的、具象化的——总之，包括需要内部数据来定义其状态、拥有会影响游戏中其他部分的行为，或者玩家将与其交互的任何事物。所以，你可以从玩家角色开始，然后是玩家携带的武器，之后是构成游戏道具库存系统的具象化用户界面部分。

这份列表很快就会变得很长，除非你的游戏只关注一个很狭窄的特定领域（这可能是你第一次直面游戏规模上的事宜；如果是这样的，可以认为这份列表是一个很好的清单，列出了游戏中美术、动画和程序方面有多少工作量）。它有助于将你的部分按类型分开（通常会放在一张电子表格的不同页中）。对它们进行分离的一种好方法是，将具有共同属性的部分分在一起。这样，你就不会将环境物体与敌方 NPC 以及具象化用户界面对象（如玩家当前手中的卡牌）混在一起。将它们分开有助于确保你的列表不会缺失游戏所需的主要部分。你也会注意到相同类型的对象（实体的、非实体的或面向规则的）往往具有许多共同的属性和行为。

你的游戏世界中可能还会有背景物体——例如用户界面中的装饰内容——它们没有内部状态或行为；它们需要被放在美术列表或用户界面描述中，但它们不能形成任何会参与游戏内系统的部分。

内部状态

如前所述，系统中的每个部分都具有内部状态。就极简的、原子级的部分而言，内部状态是每个属性的当前值以及（用计算机术语来说）部分中的变量。此状态可能包括当前的健康状况（hp = 5）、财富（gold = 10），或该部分包含的任何其他资源。它还包括类型（class = Ranger）、字符串（secretName = "Steve"）以及具有名称和值的任何其他可定义特征。这些属性实际上是对现实世界系统高度简化的替代品：例如，为方便起见，你可以定义一个属性，说"这个角色拥有 5 点 hp"，而不是定义一整套代表角色健康的代谢系统。

名值对（name-value pair，也称作属性值对或键值对）是计算机编程和数据库构建中的常见概念。它允许创建一个名称，该名称能容纳一些可在程序运行时改变的数据。如果这是特定类型的数值数据（军队中的士兵数量、账户中的美元数量，等等），那么这与系统角度的容器相同。通常，系统中的部分具有一个或多个属性，每个属性在任意时间点都拥有一个值。这些属性及其值共同创造了部分的状态。

从面向对象编程的角度来说，一个部分能很好地映射到一个类的实例：它具有数据成员（属性和值）以及执行其行为的方法或函数。面向对象（以及基于组件的）编程模式通常可以很好地创建部分、循环以及系统整体。

确定属性

为游戏创建部分，需要定义构成各部分内部状态的属性，以及体现各部分行为的函数。这样做，你可以将这些部分组合在一起以创建系统循环，从而创造出你想要的游戏玩法体验。

就你所定义的每个部分而言，首先从添加其所需的属性开始。你添加的属性应当尽可能少，因为每个属性都会增加规则和代码的复杂度，并意味着一种打破游戏平衡的新途径。从尽可能少的属性出发，并在迭代设计过程中根据需要添加更多属性。如果可能，将不同部分中的相似属性合并；不要为两个不同的部分各自创建一个不同的属性。

与部分本身一样，开始定义的一个好方法是，寻找玩家最常与之交互的属性，或者那些为玩家提供最有意义决策的属性。如果两种攻击类型（例如，斩击和突刺）并未给游戏增色多少，那么只使用一种攻击属性就行了。除非游戏需要详细描写近身战斗的具体细节，否则一种攻击属性就足够了（如果真不够，你还可以在之后添加第二种属性）。另一个看待这个问题的方法是，考虑你能否快速向玩家传达到这两种属性的不同之处，以及游戏中它们为什么对玩家都很重要。如果不能做到这一点，则请至少删除其中一种属性，或将这两种属性合并。

你还应该让属性尽可能广泛地适用于各个部分，避免创建仅在一两个部分上使用的属性。例如，如果你想要将一个"可见性"属性放在可能会被伪装或隐藏的部分上，则考虑在游戏中是否还存在其他可能会隐藏的部分。如果这是游戏中唯一具有此能力的对象，那么该对象是否值得放在游戏里？或者将这项能力也同时给予其他部分是否会更好？拥有大量只会使用一次的属性会使游戏变得更加复杂（但不一定更有吸引力），而且也会使得在对行为进行编程时更加困难。这也意味着，需要注意玩家在游戏中的化身（玩家角色、国家等）可能是一个特例（exception），因为考虑到玩家与游戏其余部分的独特关系，化身可能会有多个独特的属性。

最后，考虑与资源数量和速度相关的属性。例如，银行账户可能具有描述存款数量的属性（如，gold = 100）；这说明了容器（账户）中金钱资源的数量。可能还会有用来确定资源变化率的其他附加属性，如收入和债务。如果收入 = 10 且债务 = 3，则每经过一个时间周期，余额将会增加 7（该时间周期可能是"账户"这个部分的另一个属性，或者更常见的是被设置成游戏系统的一个全局属性，如每回合或每分钟）。

描述数量的属性有时被称为一阶属性；而那些影响资源变化率的属性则被称为二阶属性。也有可能存在三阶或更高的属性：在银行账户的例子中，收入可能会缓慢增加（因此，资源变化率本身又具有变化率）。查看三阶属性的另一种方法包括形如 RPG 中"到下一次升级还需要多久"这样的应用。角色经验值是一阶属性。角色获得新经验值的速度（如果存在持续的默认速度的话，比如像很多放置类游戏中那样）是二阶属性。通常的情况是，这个速度会随着角色的等级而变化，逐级上涨，因为到下一级所需的经验值本身就在上涨。到下一级所需的经验值数量以及在该等级时的新变化率都是三阶属性的例子。

是将这些（尤其是二阶值和三阶值）归纳为属性，还是把它们编码成部分中的行为函数，这本身就是一个设计决策。如果你可以简单表示一个可能属性的用途，则将其设置为一个具有数值的属性。而如果值需要逻辑来确定，那么它就是一个行为的输出（同时该部分从极简的"原子"变为一个单独的系统）。

属性范围

对于在部分上定义的每个数值属性，你还需要确定其有效值的范围。该范围有几个要求。首先，它应该是作为设计师的你能直观理解的东西——且能清晰地传达给玩家。其次，它还能在所有用到它的地方都很好地发挥作用，且需要提供足够的取值范围，以便在值与值之间能做出充足的区分。但同时，如果范围太大，则你和/或玩家可能会感觉失去了数字的意义。

例如，你可以将所有部分中所使用的攻击值范围确定为 0~10。你需要确定自己是否能直观地理解——以及能否传达给玩家——这种尺度中的 5 和 6 分别意味着什么，以及

5 和 6 之间的差异是否足够，以至于你在这种尺度下不会再需要 5.5。如果答案是否定的，那么你可能需要将范围更改为 0~100。但是，你可能并不需要 0~1000 的攻击值范围，因为 556 和 557 之间可能不会有任何可辨的区别。另外，虽然由于字节进制方面的原因，限定范围在 0~128 或 0~255 通常从编程角度来考虑是非常正确的，但你几乎必然会为了玩家最终将其转换回 0~100 或 0~10 的范围，因为大多数人并不特别擅长以二进制或十六进制的方式思考问题。

在大多数情况下，数值属性是整数，因为它们易于理解，且基于整型的数学运算比涉及实数（或称浮点数）的运算更快。在某些情况下，当多个概率函数起作用时，你可能会定义一个范围为 0.0~1.0 的属性。这使得数学运算更容易，但你仍然面临让数字变得有意义的问题；不少人难以辨别数字与数字之间，如 0.5 和 0.05 之间的差异究竟有多大。这时，一些设计师喜欢定义一个大的整数范围，如 0~10 000，然后在需要对值进行处理时，他们简单地将每个值除以 10 000，以将它们转换到 0.0~1.0 的范围内（一种被称为归一化的数学运算）。为了传达给玩家，数字可以联系上下文以最有意义的形式来显示，从整型数字到映射这些数字的文本标签都可以（比如从"糟糕"到"非常棒"，分别映射对应的底层数字）。

最后，虽然对概率进行全面讨论是超出本书范围的，但作为设计师，了解线性范围和不同曲线（尤其是钟形曲线）范围之间的不同，以及它们会如何影响你的设计和玩法，是非常重要的。第 9 章中将对此进行更为详细的介绍。就现在而言，需要理解：百分位数范围是数字 1~100，其中每个数字出现的概率相等：99 与 37、2 有同等的可能性。具有差分概率的范围就像掷两个六面骰子一样。范围本身是 2 到 12，但每个数字出现的机会是不同的（见图 9.1）。当掷了两个六面骰子并将显示的数字相加时，得到 2（两个 1 相加）的概率约为 3%。得到 12 的概率与此概率相同，因为只有当两个骰子都掷到 6 时才会出现这种情况。掷两个六面骰子最常得到的数字是 6，概率约为 17%。之所以会这样，是因为 6 的结果可以通过多种方式获得（5+1、4+2、3+3、2+4 和 1+5）。

当把范围分配给属性时，你需要了解该属性如何被确定，以及该属性适当的整体范围。同样取值为 10，在从 1 到 10 的线性尺度中取到 10 的概率，与在从 2 到 12 的钟形曲线中取到 10 的概率是非常不同的；而且在游戏中，每种情况对你自己和对玩家来说，它可能也有着不同的含义。

一个有关航海的例子

通过一个寻找游戏部分和属性的详细例子，可以帮助你理解此过程是如何进行的，以及它又是如何与整体玩法体验和循环系统的创建联系在一起的。

假设你要制作一款有关航海时代海战的游戏——如大炮、在风中折断的船帆、船只相撞后在浓烟中登上甲板的船员，等等。在深入剖析这个理念时，由于帆船之间的战斗很多时候并没有太多具体动作，因此，你认为这个游戏更倾向于策略和战术决策，而不是快节奏的行动。这样的决定有助于你认识到游戏中将有的交互类型，以及你将如何花费玩家的交互预算。

在理念阶段，你对其进行了改进：你的脑海中可能会迸出包括海精灵和海龙之类的想法，但随后你做出了慎重的决定，要坚持原始的核心理念，避免将其变成一个规模杂乱无章的幻想类游戏。相比于海盗对小型帆船的偷袭，你对大型船只并排作战更感兴趣一些。你最终想到了这样的点子：玩家建造船只并用其对抗游戏中由计算机控制的敌人（并非由另一个人类玩家控制）。

所有这些选择都聚焦于你的游戏理念，并帮助你确定所需要的系统：在你的设计里，玩家的总体目标是建立他们的海军来保卫自己国家的航运，所以这意味着要有一个包含经济循环的主要进步系统。当玩家成功保卫港口、保障港口的贸易顺利进行时，他们将获得更多的资金用于建造和修理船只，以及雇佣海员。代表商人贸易的另一个经济子系统发生在游戏模型中；玩家不直接与之交互，但你却需要考虑该系统的各个部分。

如果敌船击沉了太多玩家所属国家的商船，或者更糟糕的是，敌人拿下了一个港口城市，那么由于资金的损失，玩家的反击能力将会受到限制。（值得注意的是，这里暗示了一个潜在的富者更富问题。如果玩家开始变得处于劣势，则他们可能无法再重获优势，所以你需要加入某些形式的平衡循环来进行处理——可能是来自国王的单次恩惠，一次性提供给玩家，用以收回港口。）

鉴于此，游戏的核心循环涉及玩家指挥自己舰队的船只与敌人船只展开战斗。同时还有一个外循环，玩家使用收入来建造或修理船只，以及雇佣船员（也许还可以获得情报或其他内容）。

寻找核心部分

船只很快成为游戏中的主要部分：它们是游戏核心循环和玩家整体进步系统的关键。由于船只四处移动，因此你需要某种导航系统，其中要有船只与风向的相对朝向，以与整体主题保持一致。而且由于船只会与其他船只作战，因此你需要一个战斗系统（一个平衡循环生态，其中多艘船只会相互对抗）。你的海军将拥有多艘船只，每艘船都需要定义自己的属性和行为，以便它们可以参与导航和战斗，并提供可供玩家做出的有趣决策。每艘船还需要知道自己属于哪支海军，这样船只才不会向友军开火。

有了这些信息后，我们可以用无数种方法将船只定义为游戏中的部分。船只可以是仅包含名值对（包括各种资源的数量）的原子级部分，也可能包含子系统。例如，船必须有船员。那么问题来了："船员"只是一个数值性的名值对，如"crew = 100"，还是一个管理船员训练、士气等内容的完整子系统？

这是游戏设计师在定义部分时必须做的决策：你需要考虑自己尝试创造的体验、玩家的交互预算以及你已开始定义的循环系统。对这些决策来说，不存在对错，只存在合适与否。如果船员只是船只的一个调节器，使得船只更快地航行以及更好地战斗，这对这个游戏来讲是否更好？或者你是否想要更多细节，单独定义军官，且船员整体有一个具体训练等级（玩家可以花钱进行提升）和一个士气等级（在战斗中会有起伏）？提供更多细节通常会为玩家提供更多可以做的决策，但这也很容易做得过火。如果玩家的海军中只有 2 或 3 艘船，那么这种程度的细节可能会受到欢迎；而如果船只的数量是 200，那么除了最狂热的"大航海时代"爱好者外，掌握这些细节对其他所有人来说都将是一件繁重的苦差事。作为设计师，你需要对这些不同的可能性持开放态度，创建一个初始设计，并对其进行游戏测试，以确定其是否好使。（第 12 章提供了有关游戏测试的更多细节。）

定义属性

就目前而言，你决定在船只中创建一些与船员相关的属性，如 crewNumber（船员数量）、crewTraining（船员训练）和 crewMorale（船员士气）。这里的每一个属性的值都为整型数，并将用于船只部分行为的输入。之后，如果游戏体验需要，你可以将其中的一个或多个属性转化为船只的子系统。设计过程中的这种改动很常见，但从简单开始，你可以首先看看这样做是否已经足够。你同时也决定添加非数值属性 shipNation（船只国家）以及 shipName（船只名称），以便为每艘船提供游戏中所需的标识符。

同理，你需要对与导航和战斗相关的船只属性进行类似的属性定义。例如，船只可能具有 maxSpeed（最大速度）属性。那么，船只可以以多快的速度转弯，它能携带的最大船帆数，以及它当前已设置的船帆数，这些属性是不是也可以被创建？这些听起来都像船只额外整型属性的备选项——虽然上述的每一个属性也都容易拓展出新的子系统，但这同样取决于游戏中你想设计——以及想要传达给玩家的细节数量。以上这些都是你需要做出的重要设计决策。

而对于战斗，船只可以具备"描述其拥有多少可用的大炮"的属性，以便确定船只的攻击强度。这些大炮开火的速度和威力将取决于前面提到的船员属性。在考虑这一点时，为了让游戏更具质感，你决定将每艘船的船长和船员分离开。这允许玩家为每艘船分配英雄船长，如尼尔森海军上将（Admiral Nelson）、科克伦勋爵（Lord Cochrane）或幸运杰克奥布里（Lucky Jack Aubrey）。一部分船长在驾船或战斗方面比另外一部分船长更擅长，这使得玩家在各艘船上分配船长的行为成为一种有意义的决策。这种思路清楚地表明，这些船长本身就是部分，拥有你需要定义的自身属性。每艘船现在都具有了名为"船长"的属性，而船长本身又是一个拥有自身内部属性和行为（且会将这些添加至船的属性和行为上）的部分。

细节设计过程

前面并未向你提供需要定义的、用来创建游戏所需符号的各部分完整列表，但它向你提供了如何开始以及过程必须细化到何种程度的概念。对设计师来说，构思游戏的理念可能是一件很有趣的事情，但为了让游戏成为现实，你必须深入到最为具体的层次，定义游戏中的每个部分及其属性。有些部分是极简以及原子级的，还有一些部分则包含了自己的系统。正如我们即将看到的那样，所有的部分都有行为，并且大部分都有助于玩家在游戏中做出决策。所有这些都是支撑游戏玩法体验所需的系统的一部分（无论它们是与玩家交互，还是与游戏内部模型中的其他部分交互）。

通常，你应当限制游戏中以下类型的属性、部分以及系统的数量：它们主要作为游戏循环的部分而存在，但与玩家的交互非常少。上面提到的贸易系统，管理着玩家保护商船能获得的奖励数量。玩家与这个系统之间是没多少交互的，同时该系统本身也并未暴露给玩家多少可见的内容。类似这样的系统不会太多。在系统中创建以及平衡部分是一项复杂的迭代任务（参见第 9 章和第 10 章）。如果它不会引发与玩家的交互以及需要玩家做出的决策，那么通常最好让这些系统尽可能简单，并将你的精力花在别的地方。否则，你可能会花费大量的时间、精力在一个玩家永远不会看到的东西上。

虽然到目前为止还只是"为游戏定义部分"这个过程的开始，但你已经有了一些代表实体对象的部分，以及非实体的、具象化的（例如国籍和船名的概念）、与游戏规则以及用户界面相关的部分。现在看看你已经定义的各个部分，一些漏洞开始变得明显："风"应该是游戏中的一个重要部分，但它还没有被表现出来。风可能具有方向和强度属性——也许还有风向改变的频率。风可能是一个复杂的部分，包含另一个与船只交互的子系统。如果一艘船上有训练得更好的船员，该艘船是否应该航行得更快？也许是这样的；并且由于你已经在船员部分的属性中编码写入了训练的概念，因此添加"船员训练度与船只航行速度之间的关系"并不需要花费太多精力。

定义部分、属性和子系统（递归地定义每个部分内的部分）的过程并非必须一次完成。实际上，最好将此作为设计师循环的一部分进行迭代。首先，定义符合如下条件的部分和属性：它们对于游戏核心循环以及你想要的整体玩法体验明显更有必要。然后移步至定义部分的行为，以便将它们链接到循环中。最后，迭代这个过程，创建模型和原型来进行测试，并朝着预期方向改进你的想法（参见第 12 章）。做一个原型并让其带着一个完整的核心循环跑起来，即便该原型很简陋，也会让你在"认清该游戏本身是否值得继续做下去"这一点上有长足的进展。

指定部分的行为

除状态（即属性和属性值）外，部分还拥有行为。这些行为是对属性结构的功能性补充。它们是部分之间相互作用，以形成循环系统、创建游戏玩法的手段：这就是创造引擎、经济、擒纵系统以及生态的方式。这些行为也是游戏的各部分与玩家交互并向玩家提供反馈的方式。

在指定部分的行为时，理解部分的功能以及交互方式非常重要：它们创造、消耗或交换的是哪些资源？需要记住，部分和资源可能是实体的、非实体的或具象化的，因此它们的功能可能包括创造或消耗资源，例如，移动力、时间、经验值、理智力以及连击数，除此之外，还有更实体化的东西，如健康度、金钱和矿石。

与此同时，玩家也会与各种部分和资源进行交互，这样才能从真正意义上"玩"游戏。玩家会试图积累一些资源，也可能会试图摆脱或最小化另一些资源。一些拥有属性和资源的部分用自身的行为来帮助玩家，而另一些部分则会用其自身行为来挡玩家的路、阻止玩家达成目标。作为心理循环的一部分，玩家必须做出各种决策：选择哪条路以及通过怎样的方式来玩游戏，并由此引发与游戏的交互。

行为创造原则

把所有这些归结起来就是：对于资源的每一次变化，或者两个部分（或玩家与游戏）之间交互中产生的每一次变化，都必须存在一种行为。定义行为可能很困难（尤其是在你试图记住自己想要创造的系统和游戏玩法时）。虽然每个游戏的过程细节各不相同，但有一些最为重要的原则却可以用来指导你的工作。

用局部动作设计行为

创建在局部执行的行为非常重要：也就是说，部分的行为应该与处于大致相同的组织层级，且处于相同操作环境中的其他部分进行交互。用上面的航海游戏作为例子，我们可以在船只的大炮上创建各种行为用于战斗。这些功能可能会对船员（例如让他们更疲劳）和其他船只（造成伤害）起作用。这种对应关系是合理的，因为它们都处在大致相同的组织层级以及操作环境中。而大炮影响特定港口的交易数量则绝对是非局部的：港口在游戏世界模型中处于和大炮完全不同的组织层级，而且在操作上这两者几乎没有合理的直接联系。

局部动作的另一个方面是：部分的行为提供了某种效果（例如，资源的变化），但并不决定另一个部分如何响应。以使用大炮开火作为例子，一艘船可能会使用大炮对另一艘船造成 20 点的伤害，但它并不决定这个伤害是以何种特定方式影响其目标的。它可能导致船员损失，大炮或船帆损坏，抑或甚至整艘船沉没，但这些效果是受到伤害的部分以自身行为的方式自己决定的。在系统性思维中，一个部分可以扰乱另一个部分的状态，但无法决定该部分的状态。在面向对象编程中，这个原则被描述为封装——一个对象不能"进入另一个对象的内部"来设置其属性值。

创建通用模块化行为

行为应当尽可能普遍化、模块化，尽可能通用或与环境无关。行为应当尽可能简单，不要包含超过必要之外的背景环境信息；它们也应当足够通用，以便在许多情境下都有用。例如，当一艘船上的大炮向另一艘船开火时，前者会对后者造成伤害。这是局部的、简单的以及模块化的，且与任意整体背景环境都无关。前者的大炮不需要知道后者是否为敌方，也不需要知道大炮自身已经造成了多少伤害；这些信息应该是由其他行为处理的背景环境信息（例如，玩家或 NPC 船长来决定是否发射炮弹）。

这似乎是很显然的一点，但如果你不小心的话，额外的环境很容易蔓延到行为中并限制它的整体效用。这通常发生在设计师创建精心编写的而又更依赖于环境的脚本行为时，因此当它们被使用时就会更受限制。例如，如果你有一个可以在建筑物中四处走动的 NPC（非玩家角色），就可能会创建一个"开门"的行为，以便让 NPC 可以将该行为作为在房间之间移动的一部分。这种行为不需要知道为什么 NPC 要从一个房间移动到另一个房间，或者如何开锁，抑或如何强行打开一扇门：其他行为会处理这些情况。以同样的方式，"开锁"功能仅仅执行对应的操作。它不会推开门，也不需要知道为什么门被打开了。这种模块化层级将有助于把每种行为都保持在其目的和范围内（打开门锁，发射大炮，等等）。而如果把其他信息卷进来，则只会使其非模块化，且使得其所能应用的范围更加受限。我们继续介绍这个四处走动的例子，将一般的"开门"行为和"把 NPC 从宿舍移动到指挥中心"的行为进行比较。后者的行为很复杂且与环境背景高度相关：它仅在 NPC 已经在宿舍且目的地是指挥中心时才能被使用；花费大量精力为的却是极少的使用途径，且它阻止了任何涌现发生的可能。很多游戏中的脚本场景和行为都是以这种方式制作的。它们的实际使用范围很狭窄，且非常脆弱，因为它们对于 NPC 在游戏中的功能来说并不具有通用性。

创建涌现

适用于局部范围，运转在特定的组织层级，且保持模块化和通用化。创建满足上述特征行为的好处是，这正是涌现效应产生的方式。这些效应创造了无穷无尽的多样性，吸引了玩家的眼球；而且，与大量使用和环境背景相关的脚本相比，涌现效应能用更少的内容和更低的开发成本，实现更好和更长期的玩家参与。

例如，在鸟群算法中，每只鸟有 3 种不同的行为，它们都是局部、模块化且通用的。回顾第 1 章，下面是 3 条规则：

1. 以和周围其他鸟大致相同的方向和速度飞行。

2. 不要与附近的鸟发生碰撞。

3. 尽量朝着你周围的鸟所在的质心移动。

每条规则都是关于每只鸟的一个行为，且每只鸟作为整体系统的一个部分而存在。从这些行为的执行中涌现出了动态和不可预测的鸟群。

类似地，《康威生命游戏》（*Conway's Game of Life*，Gardner 1970）是一个细胞自动机，其中每个部分——二维网格中的一个细胞——可以是存活状态（黑色）或者死亡状态（白色）。细胞的行为编码成了简单、局部和模块化的规则，这些规则决定了下一个时间信号到来时细胞是存活还是死亡：

1. 如果细胞的相邻细胞中存活者少于 2 个，则它将会死亡。

2. 如果细胞处于存活状态且有 2 个或 3 个相邻细胞处于存活状态，则它将保持存活状态。

3. 如果细胞有超过 3 个存活的相邻细胞，则它将会死亡。

4. 如果一个细胞处于死亡状态，且刚好有 3 个相邻细胞是存活状态，则它会变为存活状态。

　　请注意，这些规则仅会关注细胞本身的操作环境（特定细胞的 8 个细胞"邻域"），且只会影响该细胞本身。不需要非局部影响或其他环境因素来让这些行为执行。然而，就是这些看似简单的规则，却引发了壮观而又迷人的涌现效应。

　　在游戏和仿真中，还存在由局部、通用规则引发涌现属性的许多其他强大示例。在 Nicky Case 的《多边形的故事》（*Parable of the Polygons*，2014）里，玩家会与系统中的两种部分交互：三角形和正方形。这些多边形不会自行移动，但它们却有着一种"高兴"行为，可根据局部环境更改其高兴属性：

　　1．如果一个多边形刚好有两个与它形状相同的邻居，那么它就会高兴。

　　2．如果所有邻居都和它长得一样，那么这个多边形就会感觉"无聊"——既不是高兴，也不是不高兴。

　　3．如果只有一个邻居长得像它，那么这个多边形就会不高兴。只有不高兴的多边形可以被移动。

　　玩家在这个游戏中的任务，是通过移动各个多边形，让尽可能多的多边形高兴，或者至少确保没有多边形不高兴。移动是一种基于玩家交互的行为，而不是多边形自己可以完成的行为。

　　这个游戏基于的是经济学家 Thomas Schelling 的研究。他指出，即使没有个体希望分离的情况发生，人群也会变得高度分离（Schelling，1969）。涌现出的分离是局部通用行为的结果，正如《多边形的故事》所展示的那样：仅仅通过移动正方形和三角形来使这些多边形高兴［这里基于的规则会对这些多边形（即整体游戏系统中的部分）造成影响］，玩家就创造了这样的涌现结果：被分离的各个区域都是大部分为正方形或大部分为三角形，它们之间几乎没有混合（见图 8.1）。

　　作为最后一个示例，2016 年的游戏《史莱姆牧场》（*Slime Rancher*）包含了许多涌现玩法的例子，这些例子都基于具有具体、局部和与环境无关行为的部分（可爱的小果冻状的黏质物）（Popovich，2017）。下面描述了涉及不同史莱姆在游戏中行为的两个实例（实际上有很多这样的实例，这里只挑其中两个）。

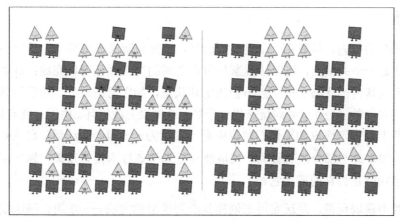

图 8.1 《多边形的故事》。左边是游戏开始前的群体，展现了多种多样的站位情况，但其中存在不高兴的多边形。右边则是游玩后的情形，没有多边形不高兴了，但群体变得更加分离

　　首先，当史莱姆互相靠近时，它们喜欢堆叠在一起。这只是它们所拥有的一个单纯的、无更大目的的行为；它是局部的、通用的，且并未被设计成更大系统的一部分。玩家通常会将这种行为视为史莱姆嬉戏玩耍的方式，或者为了共同目的而展开的共同行动（尽管玩家的这些看法并不是史莱姆真正固有的行为）。堆叠行为在环境和操作上都是局部的，因为它只会影响附近的史莱姆，并且不会以某些方式改变整体"史莱姆群"的特征。堆叠作为其他行为的推动者也非常有效。例如，如果史莱姆们被围了起来，但又想到达它们能探测到的附近食物源，史莱姆喜爱堆叠的天性最终会使得它们中的一部分能越过障碍并获得食物。没有任何一个史莱姆是有意打算让这样的事发生的；它是两种局部行为（"堆叠"和"寻找食物"）涌现出的结果（尽管它对玩家来说是很惊喜的）。

　　另一个更具体的行为是移动食物。一些被称作"斑猫史莱姆"（tabby slimes，它们看起来有点像虎斑猫）的种类具有一种行为，就是如果找到了自己不能吃的食物，则它们会把其捡起来并移到另一个已有食物的地方。同样，这种行为是局部的，且被限制在了具体的环境下（需要有食物存在），但它会使人们产生"斑猫史莱姆会'偷取'食物"或"斑猫史莱姆会将食物作为礼物送给其他史莱姆"的感觉——这取决于玩家是否看到了斑猫史莱姆捡起并带走食物，或者在已有食物的地点（那附近同时有其他史莱姆）放下食物。这种行为也具有在环境中重新分配食物的效果，可能还会扰乱其他史莱姆的行为。这能引发涌现性的级联效应，并会让玩家感到惊喜，但这些后续的涌现效应并不是预先就编写到游戏中的。

提供反馈

基于部分的行为，其最后一个重要方面是，部分向玩家提供有关游戏状态如何变化的反馈。这是一个关键点，可以让玩家与游戏之间的交互循环得以完成：玩家对游戏采取行动，改变其内部状态（扰乱但不会决定其状态，如之前所述）。然后游戏将行为作用于其模型内部的部分上，并向玩家提供反馈，这样来完成循环。由于总会有例外情况，因此并不能十分肯定地说如果你的游戏中有一个行为——即一个动词，它就必须向玩家提供反馈。如果某个部分没有行为，或虽然有行为但该行为没有反馈，你就需要非常仔细地考虑游戏中是否真的需要它。

从游戏中获取反馈，是玩家用来创建其心智模型的方法——学习、确认或重新创建预测，看看什么是有效的，并对他们在游戏中能力的提升进行评估。作为他们心理循环的一部分，玩家会基于现有的心智模型，将游戏提供的反馈与他们的预期进行比较，并相应调整自己的模型。这些反馈也是保持玩家参与感并持续进行游戏的原因。

反馈和玩家期望

如果游戏的反馈符合玩家期望，那么这就是一种积极的体验，可以强化模型并加深他们对游戏的参与感。而如果反馈让玩家感到意外，因为它与玩家的模型不匹配，但同时玩家能够迅速调整模型以匹配反馈，则这是一种有效的学习体验，这样的体验也是积极的。然而，如果反馈缺失、扭曲，或过于出人意料、与玩家心智模型过于不匹配，以致他们无法迅速调整模型以理解反馈，则这通常是一种消极的体验。这种令人不快的体验会降低玩家的参与感以及他们继续游戏的欲望。

对玩家的这种反馈，会告知玩家他的自身行动所产生的影响，以及他们所引发的游戏中的状态变化。这些变化可能源自玩家最近的一些行动，也可能是由于已经进行了一段时间的某个过程所引起的。想想看，就像打开炉子做饭一样：当你打开它时，你需要立即知道炉子正在加热。而如果你加入一些水并将其煮沸，则稍后才会得到"水的状态（温度）随着过程进行而发生了改变"这样的反馈。

反馈的种类

在游戏提供给玩家的反馈中，最常见的是视觉和听觉，以及文本或符号化的信息。对象颜色、大小、动画或特效（发光、烟火等）的变化都是视觉信号，表明"有些事情发生变化了，玩家需要引起注意"。这些变化经常伴随着听觉线索——音调、音符、音乐的变化或其他音效。与听觉线索相比，大多数游戏更多依赖的是视觉线索。这里的部分原因在于，相比于声音，视觉信息能更加具体地说明哪个部分发生了变化。然而，这并不意味着声音不重要；对于大部分游戏（如果有声音）来说，声音的丰富程度仍然太低（且太缺乏想象力）。

如前所述，每种状态的更改——游戏中各部分拥有的每个行为动作——都应该附带一些反馈通知提供给玩家。如果更改与玩家无关，因而不值得反馈，则需要检查该项更改是否是游戏所必需的。玩家是否需要了解该部分的状态（以及状态的变化）以改善他们的游戏心智模型？一些反馈可能是微小的，例如，温度计量表缓慢填充以显示随时间的变化。但完整的状态变化，例如，当一个建筑物完成建造并可以投入使用时，需要更加明显的通知。如果玩家错过了"军队已准备就绪"或"水已烧开"的事实，他们将感到沮丧，并会把注意力从玩游戏本身转移到专注于用户界面方面，以确保不会错过更多的通知——这很可能导致参与感与乐趣的损失。

数量、时机和理解

若因为任意特定的时间都有着太多变化和反馈的缘故，你对玩家是否会遭遇视觉和听觉混乱心里没谱，就需要考虑"在任意时刻游戏中存在的变化数量"，以及"你是怎样使用玩家的交互预算的"。如果你制作的是一个快速动作游戏，有且仅有很多快速的动作/反馈交互，就可以通过反馈来点燃玩家的热情。这是很多快速动作游戏的亮点和挑战。然而，如果你的游戏更倾向于策略、关系或社交方面，那么这表明你可能需要削减游戏中部分和行为的数量，以便让玩家将互动和注意力保持在你预期的地方。

反馈的时机也很重要。一般来说，反馈需要立即进行。正如第 4 章中所讨论的，"立即"意味着发生变化后，需要在不超过 100~250 毫秒之内将反馈呈现给玩家。在 1/4 秒到 1 秒之间的反馈延迟就已经有些让人心烦了（再次降低了玩家的参与感）；而如果一个事件或变化的反馈延迟超过了 1 秒，则玩家可能压根就不会将其与状态变化联系起来了。

除了即时之外，反馈与基础状态变化之间的关联还需要能被立即理解。也就是说，不能期待玩家通过你提供的符号的模糊组合来进行推理，继而真正理解他们所看到的反馈。例如，你不能因为"人们会把蓝色和水联系起来，而火焰看起来很烫，将它们连起来就代表了沸水"，就指望玩家会理解"屏幕左上角出现蓝色火焰意味着水已沸腾"。这过于模糊，需要玩家过多的思考。请记住，玩家正在尝试玩游戏，而不是玩用户界面（或游戏规则），而且你期待的是玩家保持与游戏本身的互动。

通常，能指示"该部分的状态已发生改变"的反馈就足够了，且该反馈应当能被立即识别。对大多数反馈来说，文本是一个糟糕的媒介，原因仍然在于玩家的重点为游戏而非用户界面。游戏设计师有时会简短地说："人们不会去阅读。"这虽然有些夸张，但它准确得令人惊讶：如果某人玩游戏很投入，他们往往不会去阅读（甚至可能不会有意识地看到）文本反馈；而作为设计师的你，却坚信这些文本是非常显而易见的，甚至在你包含了符号信息的情形下——例如，漂浮在角色头顶的数字，表明其承受了多少伤害，它的颜色和动态都要比具体表示的数字更为重要。对那些需要更多关注或思考的反馈，请将其分开（例如，放在对话框或单独的窗口中），并让玩家按照他们自己的节奏完成。尽可能暂停游戏，直到玩家接收了你提供的复杂信息。

最后，即使不惜一切代价也要避免提供误导性或无意义的反馈。如果你的游戏中有烟花爆炸，请确保它们有意义：不要让它们完全随机地爆炸或在不同情形下指示不同类型的状态变化。你可以将这种反馈用在你想要的几乎任意行为上（只要它是明显、即时且连贯的）。同样地，有时你会想要在游戏中使用动画或声音来把世界变得更生动，但你应当很小心，不要将它们与一些基本的状态变化联系起来，即使这个变化是微不足道的。对于任意视觉和听觉上的反馈，玩家几乎都会将其解释为其中有某种含义，他们会尝试找到这种含义并将其添加到自己的心智模型中。如果变化不是真正的反馈，如果它们没有包含意义，那么这些变化实际上是噪声，会让玩家分心并降低其参与感。

回到航海的例子中来

在前面的小节里，已为船只、船员和船长等部分定义了一些属性，现在还需要设计每个部分的行为。船只会移动、攻击，且可能会受到来自其他船只的伤害。船只还有其他需要做的事情吗？你需要在自己的早期设计中将这些事项确定下来［当然，如果在游戏测试期间你发现了之前未见过的游戏内容，则可以（而且也将会）修改此类决策］。

之前，你确定了"船长和船员会对船只的航行和战斗起作用"。这构成了一些船长和船员行为的基础；它们是"船长和船员作为游戏的部分如何与船只交互"的功能函数，且有助于构建导航和战斗系统（随着设计的进行，船员可能会添加更多其他行为，但在这里你可以从上述基本行为开始）。

对每个行为的确定，最终会落地成一个公式或逻辑，你将对其进行定义和迭代，以获得正确的结果。这样的逻辑将成为游戏的规则（无论是桌上游戏中人类可以计算的表达式，还是数字游戏中计算机运行的代码）。

例如，在定义船只的攻击行为时，指定每个行为主要落到船只的攻击属性（在这里定义为可用的大炮数量）上，由船员进行修正。你也决定了要让船上的船长影响船只的战斗力——但也许不是直接的影响。作为一种创造联锁系统的方法，同时为了保持船长这个部分的行为更加局部化，你让船长的一种行为会为船员的士气提供增益（或减益）效果：这种行为是基于"船长"部分的"领导力"属性。你可以在"船员"部分的内部创建一种被称为"战斗"的行为，该行为使用船员属性值的组合——船员的数量、他们的当前士气（受到船长"领导力"的影响）以及他们的训练情况（受到玩家之前花费资金的影响）——为船只的攻击行为提供一个修正（见图 8.2）。这听起来很复杂，但如果充分传达到位，它将很容易融入玩家的心智模型中。

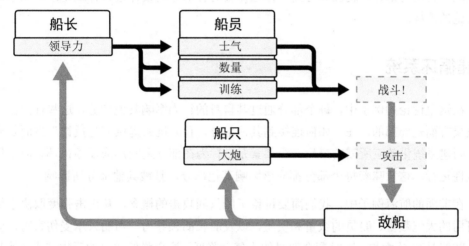

图 8.2　船长的领导力对船员产生的效果，影响了船员在船上的战斗能力。这里有一个临时的关联返回来改善船长的领导力

　　对于船只的攻击值，你需要创建一个加权函数，这样如果船只有许多大炮但船员却很少，那么船只的攻击修正值将会很低（若没有船员，则无法开火）。如果船上有很多船员，但他们的士气或训练状况很差，或者如果船上有一个很厉害的船长以及一些能力强、状态好的船员，但大炮却很少，情况也是如此。当然，如果船上有一位能干的船长、很多精神饱满的船员，以及大量的大炮，那么它的攻击力就会很强。考虑到这种种情形，你会生成一个公式或一组逻辑函数，用来决定每个条件如何影响船只的战斗能力、玩家如何与这些条件进行交互，以及战斗系统中攻击修正值的可能范围。这可能还会引出船只部分的辅助属性（如权重系数），以确定大炮、船员和船长相对于彼此的重要程度。如第 9 章所述，在玩游戏的过程中，迭代调整这些值将有助于你找到想要的平衡点。

类似的过程也会深入到创建船只的航行系统中，但这同时也涉及外部的风力变量。风早先被添加到了部分的清单中，具有方向和强度的属性。这对于游戏的航行部分来说是否已足够详细？从"如何影响玩家玩法体验"的角度来说，这是一个需要你解答的问题。

到了这个阶段，关于"有效地符号化一开始的游戏理念"，以及"使用具体的部分、属性和行为（这些内容创建了你所需要的系统）来确定玩法概念"，你已经有了一个好的开始。你需要尽可能快地在早期原型中测试和调整整个设计，因为一开始你肯定无法正确地获得所有部分、属性和行为。你也需要对各部分的设计进行详细记录，如本章后面讨论的那样。

创建循环系统

在这里讨论的例子中，每个部分通过其自身的行为影响其他部分，这些行为在组织和效果方面是局部的，在"如何连接到其他部分，且向玩家提供充足反馈"方面是通用的。创建系统化效应所需的最后一个要素是，行为在部分之间形成反馈循环，而不仅仅是线性运行。这意味着每个部分都应该影响其他部分，且被其他部分所影响。

在前面的航海例子中，我们简要讨论了船只间攻击的概念，其攻击强度取决于每艘船可用的大炮数量、船员的数量和质量，以及船长的领导力。当船只承受伤害时，会损失一些船员和/或大炮，同时剩余船员的士气会降低。这会降低船只的反击能力，使其不再会像之前那样强悍；攻击方和受击方形成了一个平衡生态循环（彼此交换"伤害"这种资源，并根据需要减少各自的船员与大炮数量）。

然而，船长对船只战斗力的贡献只是一种单向联系。它很好用，但无助于在游戏中构建动态系统。另一方面，如果船员通过某种方式——能直接或间接地——反过来影响船长，那么就形成了一个循环，对玩家来说游戏也变得更有趣。比如，如果在战斗结束时船员的士气仍然很高，那么船长会在经济强化循环中（用士气交换领导力）获得额外的领导力。或者，你也许觉得周期更长的循环会更有意义一些，因此船长只有在赢得一定数量的战斗后才能获得领导力。船长必须胜利才能获得这一好处，同时这一好处有助于船长在未来获得更多的胜利——一个典型的进步系统。

无论什么游戏，像这样的循环都蕴含着很多可能性。你作为设计师，需要确保部分相互影响以形成循环，且部分的行为与玩家形成交互循环。尤为重要的是，游戏中的关键部分会通过它们彼此之间，以及它们与玩家之间的交互来帮助驱动游戏的核心循环。在这个例子里，玩家在战斗中每时每刻的选择都会对船长、船员以及船只产生即时的影响。此外，让哪位船长指挥、船上有多少位船员，以及花多少钱在大炮和维护上，这所有的玩家决策都将影响战斗的结果以及船长和船员的长期变化。

当你在检查游戏中已经定义的部分时，请确保每个部分都会影响到其他一些部分，同时也受到其他一些部分的影响。每个部分不需要影响所有其他部分，也不需要受到所有其他部分的影响；这样的心智模型可能会很难构建。但是，如果每个部分都会影响其他的一些部分，且反过来会受到其他一些部分（局部的，且处在大致相同的组织层级）的影响，那么在游戏中你就有了循环系统的开始。使用第 7 章中描述的引擎、经济和生态模板将帮助你绘制出这些循环。还需要记住的是，游戏中的各个部分可能是原子级的，也可能在内部拥有自己的系统循环。这就是你在游戏中构建层次结构与深度的方式，并且也因此增加了玩家的参与感。

不要迷失在杂草或云彩中

在讨论了部分、属性、值和行为后，退一步将所有这一切视为一个设计过程，是很有帮助的。不同类型的设计师——故事作者、创造者和玩具制造者——各自有各自擅长的领域，这些领域分别对应着设计过程的不同阶段。但是，无论你更喜欢哪个领域，都需要在未丢失整体视点的前提下，将自己设计的组织层级上下移动（从高层次的理念，到部分属性的具体数值）。在未丢失"对其他层级的跟踪"这样一种前提下聚焦于某个特定层级可能会很困难。特别是，如果这些层级中有一个并不在你的舒适区内，就可能会感到尤其困难。

如果你更像一个故事作者式的设计师，那么定义部分的属性和行为有时会让你感到恐惧，或者这像一件苦差事。重要的是落地并确定你的游戏设计，因为这是实现它的唯一方式。另外，如果你更擅长处理属性与行为，以及将属性和行为配合在一起的具体方法，那么在着手游戏理念的时候你可能会感到迷惑不解。然而，把精确的"细节世界"抛下，并确保所有细节能实际结合形成有趣的东西，这一点是很有必要的。你的游戏需要一个具有凝聚力的理念，而不仅仅把一堆部分拼凑在一起并希望如此这般就能创造出乐趣。并非每个游戏都需要完全真实或覆盖广范围类型的部分；在策略游戏里，加入 1 种投石器兵种可能很"酷"，但 5 种就显得冗余和没有必要了。而对另外一些游戏来说，花、头型或城堡横幅各有 3 种类型就已经足够了。如果定义部分是你觉得有趣的地方，则不要过度使用这种方式来企图创造一致的体验。

换一种说法就是，记住每个游戏都必须有完全定义的部分、属性和行为；没有它们就没有游戏功能。但这些部分的存在是为了构建循环，并支撑玩家的感知、认知、社会、情感以及文化交互，从而创建你作为设计师想要提供给玩家的游戏体验。游戏与部分是两个不同的概念，但与此同时，游戏却是由各部分彼此之间，以及部分与玩家之间的交互中涌现出的东西所创造的。除非你已经成功创建（并迭代测试）了电子表格专用部分，否则不会感受到这些交互，单纯拥有部分是无法让游戏成立的。

与其他一切系统化的事物一样，你必须同时看到整体和部分。你需要在部分的层级中进行操作，同时不丢失整体的理念，以使整体发挥作用。作为设计师循环的一部分，你必须能在游戏设计中上下移动抽象与组织的层级，确保理念清晰，系统能支撑它，且部分可以为玩家实现有趣、有意义的交互和进步。

记录你的详细设计

在前面的章节中，我们讨论了记录游戏理念和系统设计相关的内容。正是由于用到了游戏的详细设计——部分、属性、值和行为的描述——细节才变得至关重要。正是这些细节定义了你的游戏是什么、为什么会是这样的游戏，以及该游戏是具体如何实现的。

开始，以及整体结构

当你开始着手找出游戏的部分和属性时，它们可能被随意写在白板或文本文档之中，只因为这样你可以随时记录它们，并让它们遵循一定的顺序。随着列表开始成形，随着你持续与部分、属性和值打交道，你需要将这些信息转移到文本设计文档以及电子表格中。

文本文档以足够准确的方式保留了你对游戏中各个部分的意图，以便在编程或模拟游戏规则中实现。电子表格是所有（尤其是数值上的）游戏中各部分属性和值的具体信息的保存场所。除了保留设计细节之外，电子表格文档还让你能够快速测试和迭代游戏，如接下来的部分所述。

详细设计文档

要在部分、属性、值以及行为层面充分描述游戏的细节，请编写一组设计文档，详述有关游戏细节的所有内容。这包括设计的依据以及可以转化为代码（如果玩家自己来计算，则转化为游戏规则）的具体行为描述。这保留了你的意图（为什么每个部分都很重要），并提供了如何实现各个部分的技术定义。

虽然这些文档必然包含游戏部分的文字描述，但你应尽可能使用图片、图表、流模型以及模型等。链接到外部模型和原型也是一个很棒的主意，这样读者就可以快速了解游戏应如何在一个细节化、功能化的层级上运作。

做到坚定而准确

从特征角度来看，请将部分层面的详细设计文档视为建筑物的蓝图。准确描述设计的所有方面；要避免含糊不清，并以"现在时"陈述设计的方方面面（游戏就是这个样子的，而不是"游戏将会是这个样子的"）。避免使用形如"游戏可能会"这样令人困惑的词语。这个文档，是你在没有不确定因素的前提下明确游戏内容的地方（你可以随时返回并根据需要进行变更）。除非你描述的是设计的高层次内容，否则不要使用诸如"这个敌人移动得很快"或"这会引发大爆炸"或"这个炮塔会左右转动"等定性的短语。

多快？多大？多远？无论何时，只要需要定量的内容（技能或等级的数量、伤害量，等等），就要在本文档或随附的电子表格中提供数字、明确范围、公式参考或其他确定因素。如果具体数字或范围还未确定，则要特别注明并将其标为待解决的问题。在成文过程中做到准确，会使你消除头脑中那些伴随着设计的模糊概念。讨论并找出一个成文提案中的漏洞，比对一个仅存于脑海中的想法进行同样的操作要容易得多。

但要避免过度

总之，创建过多的设计文档，与创建过少的设计文档一样，都会对游戏产生不利影响。如果你了解游戏某些部分的细节，请使用图表、模型、文本等进行记录。如果你不确定，则记录你正尝试创建的内容、有关如何实施的最佳想法，以及你已经摒弃的方向——然后创建原型（纸质的或电子的）来测试这些想法。不要浪费时间记录太多不同的选项，更不要就此进行争论：找到不确定的地方并对其进行原型设计。之后，一旦你敲定了要采取的方向，则请记录该方向以及选择它的原因。

与其他设计文档一样，最好以能够轻松分享、链接、评论和编辑（使用更改追踪功能，这样你可以知道谁在何时编辑了文档，同时也可以回滚更改）的格式将详细设计文档放在线上。无论是详细设计文档彼此之间，还是它们与系统文档及概念文档之间，都应根据需要相互链接，以形成一个连贯的整体设计。你还应该考虑对特定系统使用大型单页的视觉设计图，以便不同的团队成员能看到它们并将其内化为设计的一部分。总的来说，要避免造出庞大且难以理解的"设计圣经"，取而代之的是创建一组易于理解的参考文档，让你自身以及团队中的其他人——美工、程序员等——在实现以及测试期间能作为引用参考。

使你的文档保持最新

任何设计文档都需要保持最新。游戏设计通常被称作"活的"文档，因为其会随着游戏开发的进行而变化。因此，要从一开始就计划随着开发进行同步更新你的设计。你会在制作游戏时找到新想法、发现新问题并更改整体设计。如果你忽视了这一点，那么很快就会发现实现的游戏相比于设计阶段已经发生了"漂移"，文档已经变得过时，且会误导他人，最终比完全没用文档还要糟糕。

电子表格的细节

在将部分及其属性值放入电子表格时，通常的做法是，表格的一行表示一个部分，一列表示一种属性（见图 8.3）。这样，部分的状态可通过在该部分所在的行中对每一个列项提供适当的值来进行定义。

	A 名称	B 攻击	C 伤害	D 速度
1	名称	攻击	伤害	速度
2	匕首	0	2	5
3	短剑	2	3	5
4	弯刀	4	5	1
5	宽刃剑	3	4	4
6	突刺剑	3	3	5
7	长剑	5	6	2
8	巨剑	8	8	0

图 8.3　电子表格样本的一部分。部分的名字被列在 A 列中，
而每个部分的其他属性和值则被列在 B~D 列中

如果部分的种类不同，拥有的属性也大相径庭（例如，武器、鲜花、汽车、运动队），则将它们列在单独的组中，更常见的处理方式是列在单独的表中。相同类型的部分则被一起列出。因此，如图 8.3 所示，你可能会有一张电子表格，其中每个部分都在"近战武器"列表中，它们的名字被逐行放在第一列中，共有的属性则被放在后续的列中。每种武器的属性——攻击、伤害和速度等——是表格中该武器对应行中某个单元格中的值。

对远程武器或者法术，如果它们共享大部分或全部相同的属性，则可以在同一张表中列出，否则可以将它们在单独的表格中列出（该表格中包含定义了其内部状态的特有属性）。

你可能也会在表格的单元格中以数学形式描述每个部分行为会产生的影响。在电子表格中包含指向外部文本和图表描述（这些描述是关于部分、属性以及行为的）的指针非常有用，这样你和其他利益相关者就可以轻松访问游戏细节的补充描述。

除了属性和值外需要注意的点

可以在电子表格中轻松处理的一个非数字问题是对部分的命名。在很多情况下，游戏中的部分可能拥有多个名称：如屏幕上的名称、内部方便的参考名称，也可能是内容（美术资源、声音等）文件的文件名或目录名。详尽的电子表格是列出上述每一项内容的好地方，将这些信息保存在电子表格中也有助于最终的本地化（因为屏幕上的名称可以被替换为其他语言下的等效名称）。此外，也可以在这里分配和维护对某些文件的内部命名方案，这些文件与必须由游戏程序读入的部分相关联。虽然没必要一开始就解决这个问题，但就当前而言，对于那些严格遵循电子表格格式并在其中显示出来的文件，有一个明确的命名标准会为项目免去大量的麻烦。让程序员、设计师以及美工随便给文件命名是一种灾难。当你没有时间弄清楚文件为何会如此命名，而其他人也不记得这件事儿是如何发生的时候，"恭喜你"，灾难已经上门了。

在详细设计中有效使用电子表格的另一个建议是，使用颜色格式化来增强可读性。你可以使用单元格背景颜色及其他类似方法来区分部分的名称、全局系数、不应变动的数字等。任何技巧，只要能提升人对于大型、复杂表格组织结构的理解能力，都是非常有用的。

同样，在单元格上使用注释来记录该名称或值被写成这样的原因，也是一个不错的主意：这是一个正在测试的临时值，还是该值已经通过测试，现在不应再更改？单元格中的快速注释将有助于你和其他人持续跟踪此情况。当然，这意味着你必须使注释与其他格式保持最新，因为过时的信息很快就有误导之嫌。

数据驱动的设计

最后，将部分、属性和值放入电子表格的最重要用途之一是，可以让你直接在游戏中使用此数据（假定是基于计算机的游戏[1]）。花点时间创建文件格式的自动导出是非常值得的，诸如导出为 CSV（逗号分隔值，Comma-Separated Value）、JSON 或 XML 等格式，这样可以方便将数据直接读入游戏。代码中的游戏对象应当具有默认的初始化值，这些值将被数据文件中的值所覆盖，以便你能够使用数据驱动的设计。这使得你可以将数据和基于代码的数据结构分开。这时，如果电子表格与设计文档是保持最新的，使得设计（以及电子表格）中的部分和属性与代码中的部分及属性相匹配，那么设计师可以在无须变动代码的前提下尝试新值。这使得你可以大大提高迭代设计与测试周期的速度。

你可以（也应该）更进一步，让游戏查找并检查从电子表格中导出的数据文件，看看它们的时间戳是什么样的。如果时间戳发生了变化，则再次读取它。这样你能够在游戏运行时改动游戏数据，以便测试不同部分的属性值。这也进一步缩短了设计和测试周期的时间，意味着你可以尝试更多选项并可更快地获取可靠的数据集。

关于详细设计的问题

与游戏理念和游戏系统一样，在开发和检验部分、属性、值和行为的详细设计时，你可以评估一些有用的问题。下面是一些例子：

- 是否定义了足够的游戏部分来创建游戏的核心循环？每一个定义的部分是否都拥有属性、值、值范围以及行为？
- 所有的部分彼此之间，以及所有部分与玩家之间是否都有明显的交互？是否每个部分都会对其他部分产生影响，同时自身也会受到其他部分影响？
- 你是否定义了不同类型的部分，包括实体的、非实体的以及游戏具象化的？
- 可用于构建循环并实现所需效果的最小状态和行为数量是多少？它们是否能支撑你想要的游戏中的交互和进步路径？
- 是否确定了足够的需要实现的主要部分？它们是电子表格专用的吗？
- 部分的行为是否为玩家提供了足够的反馈，以便他们能在状态发生变化时理解并使用这些信息构建心智模型？
- 玩家是否有足够的交互？游戏的各个部分是否能让玩家做出有意义的决策？这些部分是否为玩家提供了足够的、能干涉游戏内部模型的"调节装置"？
- 部分的行为产生的影响在规模上是否是局部的，在适用性上是否是通用的？是

1　即使在模拟游戏中，这种技巧也很有用：你可以预先填充卡牌的值并将其自动导入布局程序中，从而大大减少测试与迭代设计所需的时间。

否存在具有全局影响的部分、具有一次性或其他脆弱行为的部分，或者能覆盖所有其他部分行为的部分？

■ 是否充分记录了所有的部分、属性和行为？你是否有链接到特定电子表格的文本和图形设计文档，其中这些表格包含部分的属性数据？在开发时可以将这些电子表格读入到你的游戏中以加速迭代测试吗？

总结

在确定游戏的部分、属性、值以及行为时，你已经进入了游戏设计的细节层面——也是最贴近玩家的层级。通过有效设计这些部分，可以搭建游戏中的系统并支撑你想要的玩家体验。通过在描述性文本中，以及以数字的方式在电子表格中记录它们，你可以确保游戏完全可实现，并确保那些具体的数字也能支撑你的总体设计目标。

在第 9 章中，你将了解如何确保部分的值和行为效果能创造平衡的游戏体验。

第 III 部分

实践

第9章

游戏平衡方法

要构建一个真正的游戏，光有强大的理念和可用的系统是不够的。你还必须确保游戏能形成一个处在动态平衡中的、紧密结合的整体。

在本章中，我们将探讨基于直觉的方法以及定量的方法，你可用这些方法来让游戏保持平衡，同时也会探索它们如何与传递游戏系统和非传递游戏系统共同工作。

寻找游戏中的平衡

游戏平衡是游戏设计师经常使用的术语，用于表示游戏的好坏程度。这种平衡是基于游戏中不同部分之间的关系来实现的。如你在第 8 章中看到的那样，这些关系最终归结为不同部分的属性和值，以及它们用来相互影响的行为，并在游戏中聚集成为部分和系统。

尽管游戏平衡的根本是数字（属性的值），但与许多其他适用于玩法的概念一样（例如乐趣），平衡很难精确讨论。它包括每个玩家进程以及游戏整体进程的各个方面，比如，玩家是否会推进得太快、太容易，或者由于有过多障碍而推进得太慢；所有玩家是否以相同的速度推进，同时避免让他们有相互之间步调一致的感觉。平衡是整个游戏+玩家系统的属性，因此它结合了玩家的心智模型以及游戏模型，涉及心理学、游戏系统以及评估它们所需的数学和其他工具。

一个平衡的游戏会避免出现"一条狭窄的主导性获胜路径或策略"，也会避免创造"某个玩家拥有先天或不可逾越的优势"这样的情况。平衡的游戏为玩家提供了一个可探索的可能性空间，在这个空间里他们可以进入多个可行的方向，做出有意义的决策并建立自己的游戏心智模型。不存在单一的最佳主导策略，不存在让玩家明显能获胜的可能性空间限制，也不存在能让人在事后回想时觉得是明显最容易获胜的方式。

缩小玩家决策空间或允许主导性策略出现，这样的游戏被视为不平衡的游戏，其会降低玩家的参与感与重玩价值；一旦你知道了获胜的诀窍，为什么还要继续玩下去？而如果每个玩家拥有大致相同的机会，则会感到游戏很公平。对一款游戏来说，某个玩家可能更熟练或运气更好（取决于具体游戏），但如果玩家觉得自己本可以取得胜利，特别是如果他们觉得其他玩家并没有采用一些不公平的手段，那么即使他们没有获胜，也可能被鼓励再次尝试。

从单个玩家的角度来看，平衡的游戏是这样的：在游戏中玩家能承担风险，即使失败之后仍然可以恢复之前的状态。除此之外，玩家也不会觉得游戏的结局是很早就注定了的。玩家会持续沉浸在游戏以及第 4 章中描述的"心流通道"里，因为他们的技能将持续与游戏提供的挑战动态相匹配，不会容易得让人感到无聊，也不会困难得让人沮丧。

实际上，平衡的游戏就像骑自行车的人：平衡是动态的而不是静止的，因为骑手会随着路线变化或为了避开障碍物而改变姿态。如果玩家或游戏失去平衡（也就是说，如果玩家陷入了不可恢复的失败状态，或如果游戏前期是平衡的但后期却不平衡了），这就好像骑手失去平衡并摔倒一样。就失去平衡这件事而言，给游戏带来的损害是与给骑手带来的损害同等严重的。

很少有游戏在一开始开发时就是平衡的；这是你应该在设计师循环中实现的部分。迭代设计与测试可以让你创造一个复杂而又平衡且令人满意的游戏。从分层、互锁系统中制作游戏有助于开展这些工作，因为就每个系统而言，你可以先从该系统自身角度，然后从"更高层级系统的一部分"这个角度来进行平衡，而不是必须将全部游戏作为单个整块来一次性地完成平衡。

虽然游戏平衡很难精确讨论，但你目前对有关系统游戏设计以及系统如何创建游戏的理解，对讨论游戏平衡是有很大帮助的。在系统中，从操纵部分和循环的角度实现游戏平衡，有助于创造你希望在游戏中看到的效果——平衡的游戏玩法体验。

方法与工具概述

可以使用多种方法来平衡游戏。它们主要分为两大类：基于定性与启发式（或直觉）的，以及基于定量与数学的。从传统上来说，游戏设计师几乎完全依赖于第一类，但近年来，使用后一种方法的游戏设计师越来越多。两者都有好处和缺陷，你应当将它们视为互补的而不是互斥的。

基于设计师的平衡

平衡游戏的第一个主要方法是，运用你作为游戏设计师的直觉。对许多人来说，这一直是成为优秀设计师的核心部分。你能分辨出什么时候游戏"感觉是对的"吗？与书籍、电影等其他形式的创意性媒介一样，不同的游戏设计师对游戏设计与平衡的看法也不尽相同。你可能会喜欢，也可能会不喜欢一款游戏，但这并不意味着该游戏做得糟糕或不平衡；它可能仅仅不是"你的菜"而已。这是有一定道理的：一些游戏，如《黑暗之魂》和《超级食肉男孩》，普遍被认为难度非常高，且并不符合每个人的口味。作为设计师，你需要为自己的玩家即将享受到的游戏培养出一套设计的启发式和直观感觉。在很多情况下，你至少在设计过程的前期必须依赖于这种形式的判断，且在使用其他方法时也能随时返回这种判断形式。

有关设计师直觉的注意事项

虽然对游戏设计与平衡问题持有敏锐的感觉是很有价值的，但它也可能导致你犯下可怕的错误。很少有游戏设计师第一次就正确地设计出了主系统或整个游戏而没有任何重大改动。如果（当）你创造了一个自认为看起来很漂亮的游戏，但结果却是，玩家完全没法玩，请不要灰心；每个游戏、每个设计师都会出现这样的情况。当游戏某些部分无法发挥作用时，也请不要太失望；基于启发式的设计对你的帮助只能到这个程度。

比被自己的个人直觉引入歧途更糟糕的是，设计陷入停滞，且由于设计方向上的矛盾导致团队内的紧张情绪加剧。我们经常会遗憾地看到人们基于各自的直觉，为了一个设计问题争论几小时或几天，而这个问题本可以通过构建和测试一个快速原型而在更短的时间内解决。当你过于专注在自己设计的某一部分时，很容易陷入这种争论的陷阱中；作为游戏设计师的原则之一就是，使用其他工具来解决这些争端问题。

总而言之，游戏设计的启发和直觉方法并非一文不值。对游戏设计有敏锐感觉的价值在于，你能经常看到不同属性或部分之间的特定关系是如何有助于创造你想要的游戏体验的。这同时也有助于你决定何时继续沿着特定路径前进，或认识到何时应该止损并尝试不同的方式。这些设计师特有的启发与直觉是他们多年来在开发多款游戏的过程中学到的；但与此同时，明智的设计师不会完全相信这些经验之谈。这就是我们开发更好的方法与工具，以便超越设计师的愿景去创造一款优秀的、平衡的游戏的原因所在。

基于玩家的平衡

另一种直觉上的平衡不仅局限于游戏设计师，还包括玩家。这是前面讨论的设计师循环的完美实例：玩家与游戏交互，然后设计师又跟该交互的结果再进行交互，以对游戏进行改动。

这种方法的核心是游戏测试：在你设计游戏时，让玩家来游玩并报告他们的体验。这是确保稳定游戏设计与有效平衡玩法的最重要技巧之一，你应当频繁使用它。（我们将在第 12 章中更详细地讨论游戏测试。）

有关玩家直觉的注意事项

游戏测试极其有价值，应当成为每个游戏设计师工具集的一部分，但它也不是万能的。一些游戏设计师（或那些应当懂得更多的游戏公司高管）将游戏测试进行了看似合理的扩展，试图让玩家也成为设计师。如果你问玩家对游戏的看法，为什么不直接问他们在游戏中想要什么，然后让他来直接设计？

当然，这种思路的问题在于，游戏玩家并不是设计师——正如喜欢电影的人不是导演，或者喜欢美食的人不是厨师一样。从玩家那里获得足够和准确的反馈很重要，但最关键的是要记住这只是反馈：玩家经常会告诉你游戏中哪些地方他们不喜欢，但大多数情况下他们无法告诉你怎样去解决问题。找出解决方案仍然是游戏设计师的工作。

分析法

我们从内部的、直觉的游戏平衡方法移步至更外部的、定量的方法。这些方法涉及实在的数字而不是模糊的感觉——至少在某种程度上如此。对数据进行分析不可避免地会有一定程度的主观诠释；但尽管如此，使用这些方法仍可以帮助你清除大量的备选项并用无偏见的数据取而代之。

正如术语所暗示的那样，分析法涉及的是分析——分解游戏被游玩情况的现有数据。这意味着，直到有足够多的人玩你的游戏（同时也意味着你的游戏本身已有足够的可玩性）之前，这个方法可能都不会非常有用。然而，随着游戏的不断完善，尤其是一旦有成百上千人在玩你的游戏，你就可以从他们的游戏会话中挑出数据并在其中找到极其有用的模式。

可用来跟踪并评估游戏整体健康度的分析形式有很多（请参阅第 10 章），包括观察形如"在任一特定日或一个月之内玩游戏的人数"这样的数据（尽管就"平衡游戏"这个目的而言，查看玩家游戏时的具体行为更有用）。他们是否选择了某些特定路径而摈弃了其他路径，或者他们是否会反复做特定的少数任务而对其他任务视而不见？玩家必须做出重大决策的任何地方，对你来说，都是通过记录他们的选择来了解其如何玩游戏——乃至了解他们要花多少时间来做决策的绝好机会。

例如，在策略游戏中，你可能想看看不同阵营各赢了多少次战斗；如果一个派系赢的数量明显超过了另一个派系，那么显然存在平衡性问题。类似地，在角色扮演游戏中，了解玩家会选择哪些角色进行游戏也非常有用（尤其是当玩家第一次玩游戏时）。他们是否花了时间阅读你提供的描述？他们是完成了教程，还是中途就放弃了？

你还能以分析的角度查看不同角色类型推进到某个特定点所需的时间（例如，到达特定等级）。如果盗贼总是以最快的速度升级，那么可能意味着该"职业"有一些固有的优势，你需要调整，使之与别的职业平衡。另外，这可能意味着那些了解游戏的主流进阶玩家也会选择盗贼，这样他们的升级速度就比那些新手玩家快一些。不仅要查看初始数据（哪个职业升级是最快的），而且还要将其他因素（例如玩家已经玩了多长时间）也囊括进去，甚至也包括潜在因素（如游戏会话的时长，他们已经玩了多少其他角色，等等），以便帮助你找到最重要的相关性。如果事实证明盗贼确实升级得最快，而他们通常都是由那些游戏经验丰富的玩家来玩的，那么你也许可以给这种角色添加更多的挑战性，以维持这些玩家的兴趣。

一个例子：《翻滚种子》

你可以根据玩家推进游戏的方式来评估玩家行为。作为一个现实中的例子，《翻滚种子》（*Tumbleseed*）的制作者，为其他开发者写了一篇有关什么对游戏好、什么对游戏不好的博文（Wohlwend，2017）。在这篇博文中，开发人员谈到有很多玩家和媒体人士认为这款游戏"太难了"，并说这款游戏"是不公平的，也完全不允许犯错"。虽然高难度和低容错率对游戏来说可能并不是一个问题，但就这款游戏而言，这种印象大大影响了该游戏的收入和商业成功的可能性。如制作者在文章中指出的，这可能是由于游戏玩法上的高难度与明亮、看似休闲的画面明显不匹配的缘故。该团队目前表示，他们甚至怀疑该游戏能否完全收回开发成本。在事后分析中，玩家推进游戏的内部数据如下：

- 41%的玩家到达了丛林
- 8.3%的玩家到达了沙漠
- 1.8%的玩家到达了雪地
- 0.8%的玩家到达了山顶
- 只有0.2%的玩家通关

即使不了解这款游戏，你也可以从这些数字当中读出很多内容。事实上，所有启动了该游戏的玩家当中，有 59%没有到达第一个检查点（进入丛林），且在接下来的两个检查点中，每到一个检查点都会损失约 80%的剩余玩家，这表明玩家推进游戏的过程中存在重大问题。这些统计数据应当引发有关难度提升和平衡性方面的重大预警（而且可能本应在游戏发布之前就被发现）。

团队进一步确认了这些数字背后存在的问题，并开始认识到，要在游戏中取得胜利，玩家必须同时处理以下要素：

- 掌握全新的控制方案。
- 将全新的游戏系统和规则内化于心。
- 理解全新的地形（每次都会随机生成）。
- 了解全新的敌人（有时甚至是多个新敌人同时出现）。
- 利用全新的能力（部分能力会为玩家角色自身带来危险）。

毫不奇怪，团队得到的结论如下：玩家会感到不知所措；用我们在本书中已经提到的术语来说，游戏设计远远超出了玩家的交互预算，使他们在动作/反馈、短期认知以及长期认知交互上同时投入了大量的精力。游戏要求玩家在多个层级中学习新交互的同时，迅速建立心智模型。难怪大多数人都放弃了该游戏！

虽然这看上去似乎不像游戏平衡问题，但显然，人们普遍认为该游戏太难，没有足够的参与感，最终也没有足够的乐趣来引领玩家继续玩该游戏。这里的解决方案并不像"把某个职业改得更强或更弱"或"把特定关卡改得更容易通过"这么简单。这是你应该在游戏开发早期，通过游戏测试（如果没有其他方法的话）就能发现的一类问题（显然，游戏设计师的直觉在这里没有帮助，因为游戏肯定在团队自己的体验过程中表现得很好）。尽管如此，对《翻滚种子》团队的开发人员而言，他们还是在游戏中加入了能从分析角度研究人们如何推进游戏的方法。否则，他们连面对"游戏为什么被玩家认为是如此之难"这样的问题时都会一脸茫然[1]。

正如这个例子所展示的，要能分析玩家行为数据，需要从游戏中收集某些形式的数据。这意味着游戏必须能够将你想要收集的数据写入内存或文件，之后以某种频次发送给你。具有移动或在线组件的游戏可以相当轻松地完成这样的操作，因为它们无论如何都要在登录时检查玩家的凭据，并且可以与服务器进行短时间突发通信，以便在不带来

1　遗憾的是，面对其他游戏中类似的难度反馈，一些游戏设计师简单粗暴地亮出了"不会玩就学"的态度。这对于玩家没有帮助，也表明了设计师并没有明白自己在"为他人提供有吸引力的体验"这个环节中所扮演的角色。

太多问题的同时记录信息。对于完全脱机的游戏，这可能会更困难一些；但即使在这些游戏中，你也可以让游戏写入日志文件，然后将其发回你的服务器（在获得玩家许可的情况下）。而对于模拟（桌上）游戏，你需要到游戏测试阶段来进行收集分析，包括跟踪一些定量指标，如一场游戏时长、单次回合时长、用到的不同棋子或策略等。

有关分析法的注意事项

充分聚焦于分析法来平衡游戏的一个潜在陷阱在于，你会逐渐相信：只要有足够的数据，你就可以消除游戏设计中的所有风险（以及创造性）。一些游戏开发者已经尝试收集大量与游戏类型、玩法机制、美术风格等相关的玩家偏好数据，并试图将这些数据整合成一个他们自认为铁定能成功的游戏。不幸的是，这些努力不起作用，部分原因是他们没有考虑到玩家想要在游戏中看到的系统化、涌现性的效果——游戏类型、美术风格、游戏玩法以及其他未算在内的因素之间是如何相互作用的。这些数据也不能告诉你那些玩家无法直接描述的东西——玩家还未考虑到，但一旦看到又很想要的东西。（这让人想起了 Henry Ford 的一句话："如果当初让我去问顾客想要什么，他们只会告诉我：'一匹跑得更快的马。'"）

这并不意味着市场驱动的分析法在游戏设计中没有用；它们可以帮助你了解玩家可能感兴趣的内容或市场已经饱和的地方。然而，我们所称的分析驱动的设计以及分析预示的设计之间存在着很大差异。与任何其他类型的反馈一样，作为游戏设计师的你需要诠释它并将其置于具体环境中。你不能让数据（或测试者，又或者你自己的感受）凌驾于其他一切之上。

样本量与信息失真

在这里，我们要用到的另一套注意事项和诠释形式与样本量有关。如果你可以从大部分玩家那里收集到数据，并且看到这些玩家当中的很大一部分在游戏中从未修建过特定建筑物或扮演过特定角色类型，那么这是一个很好的信息，能引导你调查以找出导致上述情况的原因所在。不幸的是，有时候这种信息很难获取，因此开发者会依赖他们的朋友、一个小型的焦点群体或玩家社区中的一小部分，依靠他们来告知游戏中哪些行得通、哪些行不通。上面提到的每一类群体都具有显著的风险，即小群体并不能代表整体。（最坏的情况是，有时候由于你老板的外甥说他不喜欢这样的东西，最终导致对产品进行了变动。）

即使手头有足够的分析信息，掌握一个高参与度的社区也具有巨大的好处，但这是有代价的。喜欢你的游戏的玩家往往是最畅所欲言的——并且最抗拒改变。你可能会获得一些可靠的信息，例如特定类型的车辆过于强悍，需要降低其最高速度；或者游戏中的某个道具需要被移除，以便你的团队可以重新设计该道具，使其不会破坏游戏（平衡）。

在游戏中做出这种改动的结果就是，有些人会在表达不满时表现得非常生气和显眼。如果你不小心处理，则可能会导致整体玩家行为中那些可靠的设计信息被覆盖。

有一次，我领导的团队必须对一款已经上线且每天约有 100 000 人玩的游戏进行大幅改动。我们对这些改动进行了仔细的规划，对它们进行了严格测试，然后才将它们部署到游戏中。之后论坛就"炸锅"了：很多玩家表现得非常生气。考虑到玩家的这些愤怒是由我们的这次改动引发的，一些团队人员认为这次改动是一个失误，应当回滚这些改动。然而，当我们仔细从分析的角度观察当时的情况时，却发现几个重要的统计指标正在提升（这些指标是有关玩家如何玩游戏的，指标的提升本身是一件好事），且没有任何表明事情可能不对劲的症状。此外，那些抱怨的声音虽然响亮，但当我们仔细观察时，却发现只有不多的几十个人在口头上反对我们的改动。当然，在我们社区论坛的反馈板块，这些反对的声音看起来似乎为数不少，并且他们确信自己对游戏的了解比我们开发者都更详细（不幸的是，这是游戏社区里的一个共同主题）。但与每天都玩游戏的其他人相比，这些愤怒的声音只占到了很小的比例——不到所有玩家的 0.05%。他们是最忠实的玩家群体之一，这个不假，但我们为其他 99.95% 的玩家坚持了分析法，同时也坚持了对游戏做出的改动。很快每个人都习惯了这样的改动——并转而开始抱怨其他事情。

当前确实有这样的现象：你最畅所欲言的玩家有时也是"意见领袖"，他们能够传达出整体人群的反应。但更常见的是，这种小范围的人群并不代表任何其他人。从分析角度带着数据看待这些问题有助于区分具体情况。

数学方法

用来平衡游戏的最后一组定量方法大致可归到涉及数学建模的那些类别。虽然分析法也用到了数学，但那些方法更多的是后顾性的，使用的是已经存在的行为数据。而这里的方法更具有前瞻性，构建的是游戏将如何运作的模型。

在创造一款新的游戏时数学建模是最有用的。它们对于那些会涉及各种进步行为的竞争类游戏尤为重要。这些方法可以帮助你定义对象之间的特定关系，并确保它们都不会使游戏失去平衡。数学方法可能会相当复杂，需要额外的数学、概率以及统计相关的知识（因为它们是进阶知识）。第 10 章将讨论一些最为普遍的适用方法，但在这里，你可能希望基于自己游戏的具体需求来开展进一步的探索。

第 8 章介绍了如何使用电子表格存储游戏数据——特别是构成游戏各部分的游戏对象的属性值。这包括对不同对象的行、它们共享属性的列以及保存各个对象值的单元格的使用。第 8 章也讨论了让电子表格更有条理的方法，包括颜色格式化与注释。所有这些都是让游戏设计数据更有条理、有组织性所必需的。在将数学建模技术应用于游戏设计时，请牢记这一点。

如第 10 章中会讨论的，将设计数据存储在电子表格中是可视化不同对象间关系的关键，并且在某些情况下，也是创建数学模型与公式来设置特定值，并以此计算其他值的关键。通过这种方法，利用数学工具来使用你的数据，可以帮助你确保以下内容：

- 不同对象的成本与收益是平衡的。
- 不存在那种能击败其他所有个体或者能被其他所有个体击败的对象。
- 游戏中的目标进程、成本进程和奖励进程，它们以大致相同的速度推进——且该速度既符合玩家的公平感和参与感，又符合设计师对于"游戏应当多快或多慢，应当多容易或多困难"的感觉。

有关数学建模的注意事项

虽然数学建模是游戏平衡的重要工具，但同样重要的是记住它仅仅是达到目的的手段而已，而不是目的本身。你必须避免这样的错觉：通过使用数学工具，你就可以实现游戏恰到好处的平衡。在任何复杂的游戏中，这都是极不可能的，且它可能会分散你的注意力，最终让你无谓地追逐过久的时间。数学模型将帮助你找到游戏中最不平衡的部分，但在这之后它们不会把你带向任何完整性或精确度的标准。（即使数学模型真能让你实现完美的平衡，你要花费的时间、精力也将远远大于开发游戏剩余部分所必需的。）

这些模型也无法在你做出有关审美的决定时提供任何帮助。如果你希望游戏中的特定车辆更快一点或者更炫酷一点，同时仍然保持原来的性价比，则必须在你设置的总体平衡约束内找出方法。这可能包括使用游戏中已存在的系统或属性，或者创建新系统或属性来产生其他成本。（可能更快、更炫酷的车辆具有较高的维护成本，或者操控起来难度更大。）

总的来说，虽然数学建模方法非常有用，但与我们已讨论的其他方法一样，它们无法取代设计师的判断。作为设计师的你要记住，由你来决定希望玩家拥有什么样的体验，并通过适当地使用工具来达到这一点。

在游戏平衡中使用概率

平衡操作的另一组重要的定量工具是利用概率来决定事件。对概率和统计的全面探讨超出了本书范围，但下面讨论了在设计和平衡游戏时需要理解的一些概念。

游戏概率快速入门

概率表示事件发生的可能性。如果你确定明天会出太阳，就可以说 100%会出太阳。如果你认为可能会下雨，但并不确定，那么可以说有 50%的概率下雨。虽然我们通常以百分比来谈论概率，但更实用的等效方法是将它们表示为 0 到 1 之间的数字，其中 100% = 1.0，50% = 0.5。这让我们能够更容易对概率进行数学上的操作。

在游戏中，我们使用概率来模拟并未真正实现的系统。如第 8 章中所述，作为游戏设计师，你必须确定游戏中系统层次结构的最低点位置——在这里，你会为部分分配一个名值对，而不是为它创建一个子系统。同样地，我们将概率分配给游戏中那些内部构成过于难解或定义过于精细，以致不能将其创建为系统的事件。例如，如果在游戏中玩家向怪物挥剑，或者试图以智慧或魅力赢得某人的好感，我们通常会使用概率来决定接下来会发生什么；否则，就需要深入了解剑刃和怪物皮肤的物理细节，或相互吸引的心理学和生物化学。在某些时候，游戏设计必须以最简单的方式进行。当这种情况出现时，我们设置成功的概率，创建一个随机值，并看看会发生什么。

随机选择

游戏中有许多用来随机选择的手段。多面骰、卡片、随机化计数器以及其他一些设备能让桌上游戏的玩家产生随机结果。在电子游戏里，代码中的随机数生成器可以模拟相同类型的随机选择。如果你玩一款单人纸牌题材的数字游戏，代码中的某些部分会生成 1~52 范围内的随机数，并根据结果挑选下一张出现的卡牌。

这里需要注意的是，使用"随机"这个词，我们并不需要超越明显随机性的任何其他东西。不必使用像原子核衰变那样的极端措施；只要一副卡牌没有故意不洗散或暗中设置了顺序，只要代码中产生随机数的周期低于可辨别的水平，随机数生成器就适用于几乎所有游戏。在大多数情况下，最重要的是功能上可接受的随机性。

独立事件和相关事件

了解一些关于概率和随机事件如何工作的知识是很重要的。首先是独立事件和相关事件分别如何产生概率。如果你掷一枚硬币，那么有 50%的可能性，或者说有 0.5 的概率出现正面或背面。硬币有两面，在着陆时只有一面可以朝上，所以是 2 中取 1，或 1/2 = 0.5。请注意，可能出现的结果加起来等于 1（两个结果，两面，2/2 = 1.0）。情况总是如此：所有可能的结果加起来必然恰好等于 1.0。

在你掷硬币之前，并不知道哪一面会朝上；这是一个随机事件。假设你掷出硬币，且正面朝上。现在假设你再次掷出硬币，那么正面再次朝上的概率是多少？前一次正面朝上的结果是否会改变这一次的结果？不会，每次投掷硬币都是独立事件。因此，如果你掷一枚硬币，且鬼使神差地连续得到了 100 次正面朝上的结果，那么下一次投掷正面朝上的概率仍为 0.5。投掷硬币事件是完全独立的。

而如果你选择将一组事件放在一起，并提前说明：3 次硬币投掷必须都是正面朝上的，才能获得某些结果（无论是先后投掷同一枚硬币，还是同时投掷 3 枚不同的硬币），那么这些事件会变得互相关联：整组硬币投掷的结果都满足，整体条件才会满足。在这种情况下，连续 3 次投掷都正面向上的概率并不是 0.5。取而代之的是，你将每次投掷的概率相乘，以获得整体相关概率，因此 0.5×0.5×0.5 = 1/2×1/2×1/2 = 1/8，或 12.5%。注意 12.5%是 25%的一半，而后者又是 50%的一半。对每次有关联的投掷硬币事件，你都有两种可能的结果，因此每次都会将整体概率减半。

这些相同的规则适用于掷骰子或任何其他可以附带概率的事情。掷一个六面骰子得到 6 的概率是 1/6，或者约 0.167。但同时获得两个 6 的概率——一组相关的事件——则为 1/6×1/6，或 0.028，2.8%。

概率分布

在掷两个六面骰子得到的结果中，并非所有的目标数字都具有相同的出现概率。取而代之的是，能产生目标数字的不同组合的数量，除以骰子的面数（6），后者还需要自乘"骰子的数量"这么多次。因此，当同时投掷两个六面骰子时（通常表示为 2d6），分母总是 6×6 = 36。为了找出将两个骰子结果加起来（将两次投掷关联成了一个事件）得到具体数字的概率，将所有可能产生该数字的组合加在一起，再除以 36。所以，如果你想在 2d6 中找出得到 5 的概率，则把所有可能的组合加起来：1 + 4，2 + 3，3 + 2，4 + 1。这里有 4 种组合，所以你再将其除以 36，得到 5 的概率约为 11.1%。

如果你将 2d6 所有可能结果的概率绘制出来，范围从 2 到 12（两个 1 到两个 6），则可以看到概率会先上升，然后再次下降，形成一个小山。由于形状的缘故，因此它近似于所谓的钟形曲线（见图 9.1）。这也被称为**正态分布**，有时也被称为**高斯分布**。当具有独立概率（在这个例子里是每次掷骰子的结果）的多个事件一起相互作用时，通常就会出现具有这种特征的形状。

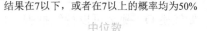

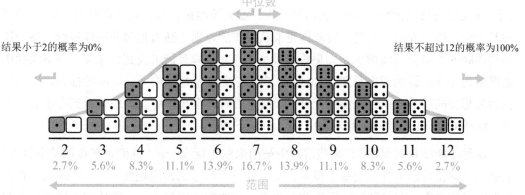

图 9.1　掷 2d6 时获得每个结果的概率，图中展示的是得到每个目标数字的组合数量

如图 9.1 所示，曲线里所有值的平均数被称为**均值**（mean）；如果将曲线的所有数据点相加，再除以数据点的数量，你就会得到该值。曲线的峰值或顶部被称为**众数**（mode）——这些值出现的概率最高。在本例中峰值处于中间，但它并不是非在中间不可。另外，存在处于分布中央的特殊数字，高于它的数字和低于它的数字一样多（与值本身无关），这样的特殊数字被称为**中位数**（median）。最后，分布所涵盖的值的跨度被称为**范围**（range）。对于 2d6 而言，范围是 2~12；你不能用两个六面骰子投出 1 或者 13 的结果，因而它们在范围之外。[1]

在对称分布中，如图 9.1 所示的那样，均值、众数与中位数都是相同的。然而，在概率不对称的其他分布中，它们可以各不相同。如果中位数和众数大于均值，则分布的"隆起"被推向右侧。同样，如果众数和中位数小于均值，则分布将向左移动。例如，如果你查看角色扮演游戏中所有角色的力量值，可能会发现虽然某些角色比其他角色强，但这些值并不会形成一个对称的钟形曲线。如果尺度在 1~100 之间，则该群体的均

---

[1] 如果你对这些术语不熟悉，那么记住它们的一种笨拙但有效的方法是如下版本的古老童谣："嘿滴答滴答，中位数在中间；相加再相除就是均值。众数出现得最频繁，范围是上下限之差！"（*Hey diddle diddle, the median's the middle; you add and divide for the mean. The mode is the one that appears the most, and the range is the difference between*！）

值可能是高于 50 的某个数，因为玩家倾向于比那些"平均的、无优势的"角色更强。

变化的概率

游戏设计中另一个与概率相关的有用概念，是变化的概率。如果你在一副普通的扑克牌中寻找一张特定的牌，如红桃 Q，那么可以持续抽牌，直到找到这张所找的牌为止（不放回已经抽到的牌）。第一次抽的时候，如果牌组被洗过，那么你获得红桃 Q 的概率是 1/52，约为 0.02。然而，只要你还未获得该牌，那么随着抽牌的持续进行，下一次抽到该牌的概率会持续增加。如果你已经抽了 32 张牌且仍未找到目标牌，则下次抽中的概率为 1/20，因为现在只剩下 20 张牌了，红桃 Q 就是其中之一。继续抽牌，下一次抽到你想要的牌的概率也在继续上升。最终，当只剩下一张牌且你还未看到心中那位女王（红桃 Q）时，概率为 1/1 = 1.0，或 100%。

这种不断变化的概率，在某些游戏中被用来赋予玩家一种"他们正在接近某个目标"的感觉（即使目标本身完全基于概率，而不是基于玩家的精通程度）。一些游戏中存在所谓的"盲盒"，在这种玩法里你购买盒子（实体的或虚拟的），即使你不知道将会得到什么奖品。例如，你知道有 1% 的概率会得到一个非常稀有的奖品。如果你打开多个盲盒，事件是独立的，你在每个盲盒中获得稀有奖品的概率保持在 1% 不变。然而，在一些数字游戏中，开发者会将概率联系起来以保持玩家的参与感，吸引玩家持续游玩。这样，如果你没有从第一个盲盒中获得稀有奖品，就像在牌组中抽取了一张牌。如果你想要再试一次，你中奖的概率会略微增加。这有时会用于鼓励玩家持续尝试，因为他们知道成功率正在逐渐上升。然而，这样做的游戏通常在其盲盒中有成千上万个可能的数字道具，因此玩家得到心仪道具的概率是非常小的。需要很多次事件——通常是许多次连续付费——才能让玩家最终获得自己想要的奖品。

认知偏差和三门问题

盲盒的使用带来了有关在游戏中使用概率的一系列重要观点。一般来说，人们不善于理解和估计概率。这方面的一个很好的证明就是彩票销售额随着奖品价值的上升而上升——尽管赢得彩票大奖的概率远低于被闪电击中、被流星击中或被鲨鱼攻击的概率——甚至比这 3 件事同时发生的概率还要低。

另一个阐述"理解概率究竟有多困难"的极好例子来自所谓的"三门问题"（也称蒙提霍尔问题，以游戏节目 *Let's Make a Deal* 的前主持人命名）（Selvin，1975）。问题是这样的：主持人向你展示了 3 扇关闭着的门。其中一扇门背后是值钱的奖品。另外一扇门背后是脏兮兮的山羊。第 3 扇门背后则什么都没有。你选择了一扇门，我们称之为 1 号门。在打开你选择的这扇门（1 号门）之前，主持人（他知道奖品在哪扇门背后以及山羊在哪扇门背后——这是需要记住的关键点）先打开了另外一扇不同的门，我们称之为 3 号门，你看到了山羊。然后主持人问你，你现在是想坚持原来的选择（即 1 号门），还是换到 2 号门？从概率的角度考虑，问题归结如下：选择哪扇门现在最有可能得到那份值钱的奖品？

初次听到这个问题的时候，很多人觉得更换与否都无所谓——概率并未真正发生改变，所以你在两扇门背后找到奖品的概率是相等的。但事实并非如此：实际上换门对你是非常有利的——如果你坚持原来的选择，你有 1/3 的机会拿到值钱的奖品；而如果你换到另一扇门，则有 2/3 的机会拿到值钱的奖品。

在继续讨论之前，需要记住这个问题与概率和人们的认知偏差有关——我们是如何误读概率的。这个问题当中有一个核心要素，人们理解这类概率的方式与游戏设计是相关的。在本例中，这个要素就是，主持人知道奖品在哪里。他并没有随机打开一扇门，而是选择了背后有山羊的那扇门。

因此，当你选择 1 号门时，你有 1/3 的概率是正确的。你的概率是 0.33，因为你不知道奖品在哪里；它并没有不确定地到处移动，而是静静地待在某扇门的背后。而由于你的选择有 0.33 的概率选中奖品，这就意味着在另外两扇门中总共有 0.67 的概率能获得奖品。

现在请回想一下，主持人是知道奖品在哪里的，所以他不会犯错打开那扇背后有奖品的门。因此，当他打开 3 号门时，他事先就知道那是山羊所在的地方。但 0.33 和 0.67 的概率并没有因为门被打开而发生改变，因为它并不是被随机打开的。这意味着就你最初的选择而言，其中奖的概率仍然是 0.33（这自始至终都是你真正选对的概率），但另一扇未打开的门现在拥有全部的剩余概率，为 0.67（记住：所有可能结果的概率加起来必等于 1.0）。这意味着虽然你的第一次选择可能也是正确的，但如果你换门，则正确率，即获得奖品的概率会增加 1 倍。

你之前可能遇到过这样的问题，这种情况下就权当回顾。但如果你之前并未听说过这个问题，就可能会认为这个答案是错误的，在第一扇门被打开后剩下两扇门获得奖品的概率应该相等。这是你需要解决的一个重点：理解概率以及我们对其作用原理的认知偏差，是游戏设计师的重要技能。

以防万一，我们把问题稍微改一下：假设不是 3 扇门而是 100 扇门。其中一扇门背后是奖品，另外有一扇门背后是山羊，而剩下的所有门背后都是空气。为简单起见，你选择的是 1 号门。你有 1/100，即 0.01 的概率是正确的。奖品在其他 99 扇门之中的概率为 99%，即 0.99。再一次，你的主持人——他知道奖品在哪里以及山羊在哪里——打开了门。但这次他打开的不是 1 扇门，而是 98 扇门！你选择的 1 号门现在仍然是关闭状态。获得奖品的概率自始至终是 0.01。现在你看到 10 号门背后是山羊。而其他打开的门背后什么都没有——除了 58 号门（主持人并未打开这扇门）。所以，现在你面对的是两扇关着的门：1 号门和 58 号门，后者是主持人故意留下的（并非随机）。一开始你选对、奖品在 1 号门后面的概率是 0.01，而奖品在除了 1 号门外的其他门后面的概率为 0.99，因为概率相加需要为 1.0。但现在那 99 扇门中，仅剩 58 号门仍然关着。好了，现在你是换成该扇门，还是坚持一开始选择的那扇门？如果你换，就有 99% 的概率选对。在这种情况下，你会猜想：主持人没有打开该扇门的原因就是由于奖品在它后面。当然，你一开始的选择自始至终有 1% 中奖的可能性——但如果你理解了概率是如何起作用的，就会选择更换门，并承担 1% 可能选错的风险。

公平

与玩家对概率的认知偏差密切相关的是，他们关于"游戏是否公平"以及"游戏的公平如何影响游戏平衡"的感觉。如果你玩了一个有关六面骰子的游戏，并发现其中一个骰子掷出来的结果一直是 1，就会认为骰子不公平，因此游戏也是不公平的。但是在游戏中，尤其是数字化游戏中，玩家甚至可能会将纯粹的概率视为不公平。如果在游戏中做某事有 1/3（0.33，或 33%）的机会获得奖励，但玩家在第 3 次或第 4 次尝试后都还未获得该奖励，那么一些玩家就会开始认为游戏出问题了，或游戏在暗中操纵他们的结果。在概率为 0.33 的情况下，你会很天真地认为在大概第 3 次尝试时就会成功——可能更早，也可能更晚。事实上，如果成功率为 33%，那么在 3 次尝试之内能获得奖励的概率约为 70%。即使经过 10 次尝试，你仍然有 2% 的概率得不到奖励。这里可以了解一下如何求得经过一定次数尝试后的成功率，这对你会有帮助。这涉及所谓的伯努利过程。简而言之就是，你用 1.0 减去成功的概率（在本例中为 0.33），看失败的概率是多少，即，"尝试一次，没有成功"的概率。这样得到 1.0–0.33 = 0.67。然后你对其进行幂操作，次数等于你想要进行尝试的次数（或者玩家获得成功的机会数）。这样，3 次尝试是 0.67^3 的三次方，即 $0.67 \times 0.67 \times 0.67$。这相当于 0.30。但不要忘了，这是失败的概率，所有的尝试都没有成功。因此，通过再次用 1.0 减去它，可以将其转化回成功的概率，结果为 0.70，或 70%。

对你来说，作为游戏设计师，理解如何计算这样的概率是很重要的，但问题在于玩家通常会按照自己的直觉行事。因此，如果玩家知道成功的概率为 33%，但在第 5 次尝试后仍未获得奖励（概率约为 13.5%），他们可能会认为结果不公平，甚至游戏的某些部分有作弊之嫌。

面对这样的情况，重要的是记住，你制作游戏是为了玩家的参与感和愉悦度，而不是为了统计上的严谨性。你有时可以把概率朝对玩家有利的方向倾斜——有时也会很有创造性地反其道而行之（在不破坏玩家体验或游戏平衡的前提下）。例如，假设你的游戏中有机会得到一个非常稀有的道具，比如 1/100000 的机会（0.00001 概率），但玩家们有很多次机会去尝试——实际上就是掷很多次骰子。这个"很多"究竟是多少呢？基于这样的概率，一个尝试了 100 次的玩家有大约 1% 的机会成功。他们需要尝试近 70 000次才有 50% 的成功机会！这个数字对于单个玩家来说是过于庞大的，但在有 100 万名感兴趣玩家的游戏中，这些虚拟的掷骰子行为可能会非常快地发生。

如果你想让这个道具很稀有，是否需要做到完全公平，让每次尝试都具有相同的概率？这是最简单也最合乎道德的做法。但是，在考虑整体游戏体验时，你可能需要调整概率。例如，在"玩家能看到他人所拥有的道具"这类网络游戏中，获得一件超级稀有的道具会带来一定程度的非议。你可能需要通过适当调低其出现的概率来为期待获取该道具的玩家建立紧张感，甚至人为地让该道具在最初的几小时或几天之内都不可能出现。或者，你可能需要显著增加该道具出现的概率——但仅限一次。如果玩家在游戏中看到了拥有那个超级稀有道具的玩家，他们通常会有动力让自己也尝试去获取该道具，从而增加他们对游戏的参与感。但是你不应该让这些道具在游戏中泛滥，因为这样它们会很快失去其社会价值。所以，如果你确实计划允许这样一个道具以更高的概率出现在游戏中，那么需要即刻重新调整概率。

极低概率事件也可能发生

正如前面所暗示的那样，如果人群足够庞大，即使非常罕见的事件也可能会独立发生，因此你可能不需要进行调整。在一个每天有 100 万人参与的网络游戏中，假设玩家当中的 100 000 人为一个超级稀有道具进行了一次尝试。那么概率为 0.00001 的道具在100 000 次尝试中出现的可能性大约为 63%——而且这还只是在一天之内。这是"彩票逻辑"的另一面。有足够的人在玩，就一定有人会中奖（即使任意单个玩家中奖的机会都极其渺茫）。如果你想从正在运营的游戏中看到极低概率事件的发生，则可以稍微倾斜一下比例以鼓励玩家，或者依赖于大量的玩家来使得概率为你发挥作用。

这里需要提到另一种倾斜概率的形式。如果你正在制作一款概率游戏，就能自由使用各种技巧来解释人们对概率的误读以及他们的认知偏差。其中，最常见的一种就是"差一点中"。假设你正在制作一款这样的游戏：玩家每次发动攻击时，屏幕上会按照字母表顺序依次滚动出现 4 个字母，只有在 4 个字母都是 S 时才会打出暴击。由于这一切都是在软件中完成的，因此，游戏甚至可以在玩家挥拳之前就知道他们的下次攻击是否会出暴击。

如果软件已经决定玩家的下一次攻击不会出暴击，那么你可以让它先显示 3 个 S——第 1 个、第 2 个和第 3 个——而第 4 个眼看也是 S 了……然而第 4 个字母最终停在了一个很近（例如紧挨着的 R）或者很远的地方（例如隔老远的 C），以至于并未达成 4 个 S。这就是所谓的"差一点中"。它完全由软件构建，但玩家会感觉自己这次几乎就要出暴击了。即使显示并不是随机的，甚至即使两次连续攻击都是各自拥有概率的独立事件，但玩家往往仍会觉得：如果他们有一次差点出暴击了，那么他们下一次必然具有出暴击的更高概率。如果玩家投篮未中——尤其是连续多次都未中——那么就会觉得"下次就该中了"。这并不是概率的运作方式，但通常是玩家的思维方式。

作为游戏设计师，你的问题是如何合理地运用这些知识。例如，你可以改变玩家投篮（用虚拟篮球）、击中怪物等行为的概率，以使他们不会感到沮丧。如果你监控未命中的数量，并且每次默默向上推动玩家成功的概率，玩家就更有可能享受到满足感和成就感（他们并不知道是游戏在幕后让这一切变得更容易的）。或者，你可以在如上所述的场景中这样操作：如果在游戏中玩家能为了一个虚拟奖励进行更多的尝试，那么你可以使用诸如"差一点中"这样的技巧来鼓励他们继续玩——当然还要付费。但是，如果你做得过火了，可能会适得其反，会让玩家放弃游戏。具体如何把握，决定权在你自己。

传递系统与非传递系统

除了使用定量、定性以及概率方法来平衡游戏之外，还有一些其他的重要概念需要理解。其中之一是 Ian Schreiber（2010）描述的、游戏对象之间传递与非传递的关系。这引出了对传递系统和非传递系统进行平衡操作的概念。

传递平衡

在由具有传递关系的部分所组成的系统中，每个部分都会优于一个特定部分，但同时又会劣于另一个特定部分。古老的"石头剪子布"（Rock-Paper-Scissors，RPS）游戏就是传递平衡的一个无处不在的例子：石头敲坏剪子，剪子剪布，布又包石头。系统中的每个部分都会克制一个特定部分，并被另一个特定部分所克制。不会有那种占主导地位或能克制所有其他部分的东西存在。

传递系统可以不限于只有 3 个相互关联的部分。类似 *RPS* 的游戏有许多数量级更高的变体，有些甚至高达 101 个部分（Lovelace，1999）。一个更为人所熟知的经典 RPS 变体是"石头剪子布蜥蜴斯波克"（*Rock-Paper-Scissors-Lizard-Spock*），加入了代表"蜥蜴"以及"《星际迷航》中虚构的斯波克先生（Mr. Spock）"的两个新手势（Kass and Bryla，1995）。在这个变体中，每个部分会克制两个特定部分，并被另两个特定部分克制：剪子剪布，布包石头，石头压垮蜥蜴，蜥蜴毒翻斯波克，斯波克踩碎剪子，剪子剪掉蜥蜴，蜥蜴吃掉布，布包住斯波克（在此，"布"使用的是"纸"的单词 paper，而 paper 同时也是"论文"的意思，在这一环中英文的原意是"论文证明了斯波克不存在"——译者注），斯波克熔化石头，石头敲坏剪子。用图形来表现可能更直观一些，如图 9.2 所示。跟随箭头，你会看到每个选项都会克制其他两个选项，并被另外两个选项所克制。

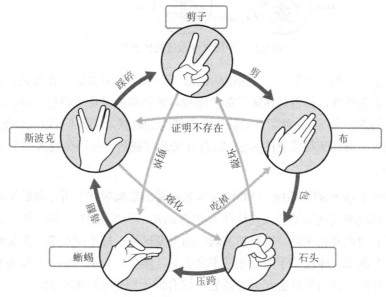

图 9.2　带有传递平衡的系统"石头剪子布蜥蜴斯波克"

类似的、具有传递关系的系统例子有很多。比如，中国古代哲学中的 5 种元素（有时也被称作"相位"，phase）是木、火、土、金和水。其中每种元素都会与另一种特定元素"相生"，又会与另一种不同的特定元素"相克"。举个例子，木可以生火，且可以克土（因为树根可以防止土壤的流失）。土又会生成金并克制（或者说阻塞）水（见图 9.3）。总的来说，五行（"5 种过程"或"5 种相位"）是一个高度系统化的结构（聚焦于动态部分之间的相互依赖关系），而不是像古希腊四元素说那样的还原论。在古代的中国，这个系统应用于从宇宙论到政治、社会、武术和个人健康等一切事物。

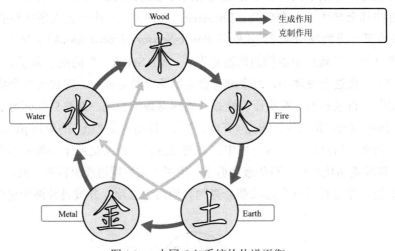

图 9.3　中国五行系统的传递平衡

作为自然界中的一个例子，一些蜥蜴在繁殖竞争中使用类似于 *RPS* 的传递关系：橙色雄性优于蓝色雄性，蓝色雄性优于黄色雄性，黄色雄性又优于橙色雄性。这种方案在进化过程中的效用是"当一种颜色的群体变得稀少的时候，该群体可以入侵另一种群体；而当一种颜色的群体变得常见的时候，它自身又是可被另一种群体侵入的"（Sinervo and Lively，1996）。

这与使用了基于 *RPS* 系统的 MMO《卡米洛特的黑暗时代》所开创的流行游戏玩法高度类似。这款游戏使用了游戏设计师所称的 *RvR*，即"王国对王国"战斗，其中 3 个派系或国家的角色互相争斗，以控制游戏中的重要区域。每个派系都能在某种平衡状态下支配另一个派系（即使该平衡并非特别完美）。然而，如果其中一个派系变得过于强大，那么另外两个派系将联合起来打败它，这有助于整个系统的平衡。

传递 *RPS* 关系的最后一个现实例子来自 1975 年美国军事训练文件（见图 9.4，美国陆军训练与条令司令部，1975）。在这份文件中，美国陆军明确援引了"*石头剪子布*"，将其应用于各种军事单位之间的关系。这种相同的 *RPS* 战斗生态模式在当今的游戏中很常见。很多战争游戏有意识地建立在 *RPS* 式战斗之上，因为这对玩家来说很容易理解且（相对）容易在系统层面进行平衡。在正确构建的前提下，传递系统倾向于动态平衡，避免了向富者更富状态的转变。

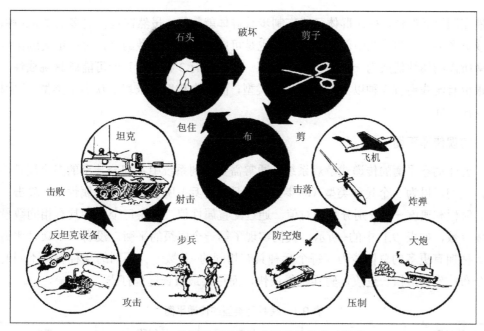

图 9.4　美国军事训练中应用到的传递平衡

传递平衡的必要条件

为了传递性地平衡一个系统，该系统必须包含奇数个部分——那些在同一组织层级进行交互的部分（蜥蜴、作战单位、派系等）。因为每个部分必须满足"能刚好胜过（或以其他方式支配）剩余部分的一半，并同时刚好能被另一半胜过"的条件。因此，在具有 5 个部分的传递系统中，每个部分能克制两个部分，且被另外两个部分所克制。这种部分之间的控制可能是概率性的，某个部分可能相比于被它克制的部分有着显著优势，虽然这种优势并不一定能带来确定性的胜利，但该优势必须清晰明了，这样才能涌现出传递平衡。

具有偶数部分的系统不能维持稳定的传递平衡，因为总会有一个派系或作战单位类型可能发展出不均等的优势或劣势。如第 7 章中所讨论的，《魔兽世界》里部落和联盟的派系情况就是这样的。在该游戏中只存在两个派系。这阻止了传递平衡的出现，并会导致持续的生态系统崩溃，设计师们不得不努力想办法克服一切困难。

在传递平衡的系统中，部分的每种类型都可以具有多个实例或子类型（只要它们都聚合成为一个明确的群体，其中的成员都共享相同的传递特性）。也就是说，你可以拥有多种类型的步兵单位、骑兵单位和弓兵单位，只要步兵群体能克制骑兵群体，骑兵群体能克制弓兵群体，弓兵群体又能克制步兵群体就行了。虽然在包含更多类型（5种、7种或更多类型）的系统中创造传递平衡也是可能的，但这样做的话，会让定义确保传递平衡所需的属性值成为一件很难实现的事。即使只有3种，也完全可能颇具挑战性。如今很少有游戏会有3种以上的主要兵种类型，而更大程度上依赖于众多子类型，原因之一就在于此。

实现传递平衡

创建动态平衡的传递式游戏系统，通常需要用到系统中各部分共享的多个属性。例如，我们可以为3个兵种类型（即步兵、骑兵和弓兵）所共享的4种属性——攻击、防御、射程和速度——分别分配相对值。通过配置属性值，使得每个兵种具有相同数量的总体点数，如表9.1中的+所示，我们实现了第一个层级的平衡：没有一个兵种比另外的兵种拥有更多的总体能力（每个兵种具有相同的+总数）。不同的兵种有着不同的点数分布：步兵最擅长进攻，骑兵跑得最快，而弓兵最擅长远程打击。

表 9.1　跨兵种类型的传递平衡

兵种类型	攻击	防御	射程	速度
步兵	+++	++	+	+
骑兵	++	+	+	+++
弓兵	+	+	+++	++

从表9.1中可以看出：

- **步兵克制骑兵**：步兵的+++攻击会胜过骑兵的+防御。虽然骑兵可以逃跑，但他们无法获胜：如果步兵靠近了他们，骑兵就将输掉战斗。
- **骑兵克制弓兵**：骑兵的++攻击会胜过弓兵的+防御，且骑兵的+++速度意味着弓兵以++的速度是无法逃脱的。
- **弓兵克制步兵**：弓兵的+++射程会胜过步兵的++防御。虽然步兵具有更强的攻击力，但弓兵的移动速度更快，因此弓兵可保持在步兵攻击范围之外的同时向步兵倾泻箭雨。

这创造了一个保持传递平衡的战斗生态，每个部分都有所克制并有所被克制。这个生态为玩家设立了一个引人入胜的决策空间，玩家必须决定如何才能最好地分配和部署作战单位，以充分利用地形、兵种的发展潜力、对手的潜在弱点以及存在于此传递式战斗系统外部（或在更高的系统层级之中）的其他因素，继而影响战斗系统的行为。

战斗系统是作为更大系统的一部分而存在的，这就突出了游戏测试仍然如此重要的原因：如果系统太严格平衡，且对外部的影响无反应，则任何玩家都不会获得优势，游戏将会在无解决方案的情况下来回折腾。或者，如果玩家发现岩石地形会让弓手变得无敌，那么这就成为唯一的制胜策略。在这种情况下，玩家的决策空间会坍缩至单一路径，且传递平衡不再重要。通过在不同条件下进行游戏测试，你可以确保战斗生态的平衡足够健壮，以便能够保持对外部条件（地形、天气、游玩风格等）的弹性，但又不会变得静态且不可改变，也不会缩小为单一策略。游戏仍必须能被玩家行动和其他外部影响所扰动，以使玩家能做出有意义的决策，且能尝试多种策略以达到相关目标。

非传递平衡

在前面描述的具有传递平衡的系统中，没有任何一个部分是比其他所有部分更好的；每个部分都优于剩余部分中的一半，而劣于另一半。但值得注意的是，对任意两种不同的部分，其中一种必然是优于另一种的（要么绝对碾压，要么拥有概率性的优势）。在前面给出的例子里，步兵克制骑兵。就这两部分而言，一个兵种胜，而另一个兵种负。而单独来看，这是非传递平衡的一个例子：一些部分就是要优于另一些部分。

虽然这本质上似乎是不平衡的，但其实它只是在系统以及游戏中实现整体平衡的另一种不同方式。比起像传递平衡那样使得所有部分彼此之间都相互平衡（使所有部分在系统层面上等效），在非传递平衡下，各部分会基于其成本和收益来进行平衡。某些部分必然会拥有更多收益，但它们也会成比例地消耗更高的成本。

具有非传递平衡的系统会出现在包含进步系统的大部分游戏中。在这类游戏里，它们的玩法体验包括（通常作为核心循环的一部分）某种形式的增加、成就或进步。当游戏的关键部分（玩家角色、玩家使用的物体、玩家的军队、农作物数量等）在效用或综合能力方面有提升时，就会出现这种情况。

这种平衡游戏中对象或部分的方法具有直观意义：玩家会预测生锈而又钝化的匕首肯定比永保锋利的亚德曼合金巨剑便宜。考虑到各自的属性，这两种武器之间的成本差距有多大，是游戏设计中需要解决的一个难题。要确保同一系统中各个部分的成本和收益成比例，通常需要一定量的工作来定义各部分类型之间的数学关系；并需要大量的迭代，以确保所有关系都保持平衡，并能创造有吸引力的游戏玩法。

要平衡非传递系统，你需要定义必要的进程或能力曲线，这本身又需要定义该曲线所描述的成本和收益。这是第 10 章的主题。

总结

游戏平衡可能是一种难以捉摸的性质，但它又是每个游戏所必需的。你需要熟悉平衡游戏系统的各种方法：基于设计师、玩家、分析以及数学。了解何时以及如何使用这些方法是作为游戏设计师的你构建相关技能的重要环节。

同样，了解如何构建和平衡传递系统与非传递系统，对于实现整体游戏平衡也是必要的。第 10 章会介绍创建进程曲线以及用其来平衡系统的具体细节。

第 10 章

游戏平衡实践

很多实践性游戏设计都会涉及用进程与能力曲线来平衡部分和系统。这需要将游戏系统中的资源理解为成本和收益。

通过使用各种数学工具，你可以在游戏中创建动态平衡，而不用同时减小玩家的决策空间。通过使用分析工具，你可以基于玩家的体验来评估和调整游戏平衡。

将方法付诸实践

平衡游戏系统需要大量的细节工作以及各种形式的数学、电子表格以及分析模型。你必须确定每个系统中的核心资源并围绕它们进行平衡。这使你能确定系统中每个部分的成本和收益，以及在此基础上的部分之间如何相互产生关联。有了这些知识，同时随着对使用不同类型建模曲线的深入理解，你可以更有效地平衡游戏系统。

创建进程以及能力曲线

用于平衡游戏系统（尤其是非传递游戏系统）的最常见数学建模工具之一是，描述能力和进程增长的曲线。这些曲线有助于确保游戏中的对象——无论是实体对象还是非实体对象（如武器以及经验值等级）——保持彼此间的平衡关系。

这些曲线的使用基于两个观点。首先，游戏中的每项收益都有其成本。随着成本的增加，收益也会增加，反之亦然。它们是密不可分的。玩家在直到"能支付额外收益所对应的更高成本"为止的这一段延迟，在限制了游戏节奏的同时，也仍然能让玩家觉得自己在成长。

其次，玩家角色以及角色使用的对象（或与他们对抗的对象）都可以通过提升属性值的方式获得收益，从而在游戏中获得进步。通过定义用来调节进程（该进程是关于游戏中相关联的成本和收益的）的曲线，可以确保玩家以你想要的速度提升能力以及面对挑战。

定义成本和收益

要创建和使用能力与进程曲线，首先必须定义成本和收益，这些成本和收益需要相互关联，且需要通过曲线保持成比例的状态。只要成本和收益仍然可以实现，且彼此保持相同步调，这就有助于玩家体会到进步的感觉，游戏本身也会保持吸引力和愉悦性。

任何能力或进程曲线，背后的成本和收益之间的关系都是经济性的（这里是从第 7 章中引入的"经济"一词的意义角度来说的）。根据想要的收益，玩家会交换成本。作为这种交换的结果，玩家必须相信他们在游戏中的能力提升都是有意义的，是能使自己受益的。如果玩家认为他们在获得进步（提升等级或获得游戏中额外的作战单位）后，情况变得更糟了，那么用来交换的资源（经验值、金币等）会失去价值，玩家的参与感也会被削弱。

成本和收益通常以与玩家相关的属性来表示，即资源。成本可能基于经验值（例如，用来升到下一级所需的经验值）、游戏内货币、商品、获胜的战斗、饲养的动物，或代表游戏中重要资源的其他任何东西。同样，收益包括像获得更多生命值、魔法力、卡牌、势力范围、行动点这样的变化——在游戏中推动玩家前进的任何东西都是资源。

核心资源

进程或能力曲线越重要，所涉及的资源就越重要和有意义。大多数游戏中均有某些资源是玩家为了持续游玩而试图最大化和/或不让其失去的，这样的资源往往有一种或为数不多的几种（这些资源不一定完全相同；想想在经典街机游戏中"试图获得最高分"以及"维持一定数量的生命数"这两种情况）。由于这些资源与玩家在游戏中的关注点紧密相关，也与游戏的核心循环密切相关，因此，我们称之为核心资源。核心资源的例子包括大多数角色扮演游戏中的生命值与经验值、大亨类游戏中的金钱，以及策略游戏中控制的区域数量。

要找到游戏的核心资源，请回顾你为游戏中各个部分所创建的电子表格中的数据，如第 8 章中描述的那样。此数据应以列的形式描述所有属性，并以行的形式囊括已被命名的部分。你应当查找的是玩家最依赖的属性。哪种资源（以各个部分的属性形式表现）是玩家玩游戏所必需的，没有该种资源玩家就无法继续游玩？这样的资源就是核心资源。如果游戏中存在多个循环，则可能存在多种核心资源，玩家在不同的时刻会关注不同的资源。但是，对于游戏中任意特定部分的进程和能力，你通常能够识别出一个特别突出的核心循环以及伴随它的资源。

如果你确定了核心资源的多个备选项，看看是否有一种资源已经在事实上力压了其他所有资源。你想要用来平衡各个部分的核心资源，可能是其他几个属性协同作用产生的涌现性结果。或者，看看游戏玩法中的资源是否按次序变更重要度——例如，所有玩家在游戏的不同阶段过程中，首先依赖生命值，然后依赖财富值，之后依赖社交地位。虽然这是 3 种完全不同的资源，但你可能可以定义一个特殊的、包含上述全部 3 种资源的全局影子资源（你自己清楚但并未在游戏中公开表示的资源），然后将其用作进程和能力成本的基础。

或者，如果主要资源真的不太有可比性，那么需要为每种资源创建一条进程曲线，然后特别留意玩家是如何在未失去他们对于游戏的动力和参与感的同时，将注意力从一种资源切换至另一种资源的。然而，你会希望能尽可能确定一种核心资源，它是主要进程或能力曲线的成本或收益最主要的依据。这可能需要一些时间来完成——甚至需要对你在游戏部分中用到的属性进行某种程度的重组——但如果它能让你创造游戏所需的非传递、渐进式平衡，那么这项工作就是值得的。

辅助资源

确定游戏的核心资源将帮助你确定和创建游戏最核心的能力和进程曲线，然后再根据它们创建次要曲线。确定游戏的核心资源后，你接下来可以寻找支撑（维持、改善、修复等）核心资源的其他资源。这些是用于进程和能力曲线的辅助资源。例如，在策略游戏中，玩家掌控的区域数量往往是核心资源。获得军队、防御工事或科技可以支撑玩家获得和保留核心资源的能力，因此对这些辅助资源的收益就是间接对"区域控制"这种资源的收益。在以浪漫史、爱情为导向的游戏中，玩家可能会试图将自己与某个特定角色之间的关系最密切化；如果是这种情况，那么这里的"关系"就是核心资源。但为了最大化这种关系，玩家可能会需要朋友、金钱、信息等，这些都构成了辅助资源。

特殊情况

在试图创建和分类你想要平衡的成本与收益时，除了核心资源与辅助资源以外，你有时还会发现主要会影响其他资源的特殊资源，并且这样的资源对它们自身也具有要么有限，要么呈现周期性的影响。例如，假设游戏的主题是驾驶一艘宇宙飞船通过一片危险的小行星群。玩家的目标是利用飞船收集矿石，并使用矿石来使飞船的速度和装甲最大化。矿石可能是你的核心资源，并伴随着速度和装甲这两项辅助资源。但进一步假设：飞船具有执行速度助推的能力。这种助推只能每隔一会儿进行一次，且使用后会对飞船造成轻微的损害。这种速度助推不是核心循环的关键部分，但它会时不时地体现出重要性。它主要影响辅助资源（速度和装甲），但某种程度上难以确定其准确的重要性：这种能力在玩家不需要的时候根本不重要，而需要的时候则非常重要！

你可以在此基础上再叠加一种特殊情况：假设玩家可以使用一些矿石（一种成本）来增加助推的持续时间或减少其充能时间（都是收益）。确保这些成本和收益与呈直线增长的数字属性（整体速度、装甲、货物空间等）成比例是很困难的。虽然在某些情况下，擅长数学的设计师可以创建一个方程，用代数方法将所有内容简化为单个收益——一个单一的全局影子资源，如本章前面所述——但在有些情况下，这也可能是一种无限简化的目标，永远无法奏效。此外还有一点，你诚然可以创建这样一个资源等式，但这样做可能会降低游戏的维度，使得不同属性之间的权衡关系对玩家来说过于明显。

所有这些都指回一个现实：虽然数学工具可以帮助你更快、更有效地平衡游戏，但你不可避免地需要通过直觉和自己认为最适合游戏的方式试探性地关联一些成本和收益。通过尽可能多地进行游戏测试，以迭代的方式跟进任何此类更改。你可能会发现，在这样做之后，成本和收益接近于一条特定的曲线，但它可能又不是你能提前预测到的。

定义成本-收益曲线

你应当基于彼此平衡的资源对成本和收益一同进行映射。一旦你有了这个概念，就可以开始创建定义它们之间关系的曲线。有几种不同类型的数学曲线可用于了解有关创建平衡游戏系统的方法。每种曲线都有其用途、好处以及局限性。有些时候你会找到一条可用于映射游戏属性的曲线；而在其他情况下，了解这些曲线如何工作以及它们能产生怎样的效果，还可以作为如何创建与现有曲线保持平衡的新游戏属性的指导。

线性曲线

谈论"线性曲线"可能听起来有些奇怪，但在这里"线性"是一个几何术语，指的是具有稳定斜率的任意图形，这意味着其变化率自始至终是保持一致的。其公式如下：$y = Ax + B$，因此你可以通过将输入（成本）值 x 乘以某个数字 A 再加上常数 B 来获得任意 y 值（例如，游戏中的收益）。经常会有 $B = 0$，这意味着 x 为 0 时 y 也为 0。A 的值决定了斜率——随着 x 的变化，y 对应的变化程度怎样。

线性曲线是我们要讨论的曲线中最简单的一类，且在某些方面也是在游戏中用途最受限制的曲线。在能力和进程曲线中，曲线的斜面通常是向上以及向右移动的。x 上的乘子 A 为正，因此 y 的值随着 x 的增加而增加；也就是说，随着在游戏中的不断推进，你会变得越来越强大（至少在数值上会越来越大）。x 和 y 之间的变化关系是线性的，

因此 x 每改变 1，y 改变的量就是 A。这产生一个简单的图形：如果 $A = 2$（且 $B = 0$），那么当 $x = 1$ 时，$y = 2$。当 $x = 3$ 时，$y = 6$，x 每增加 1，y 就会增加 2。

随着 x 变大，y 对应的绝对改变量是相同的——这意味着 y 的变化值在整体值中的比例会逐渐缩小。再次假设你用到的等式为 $y = 2x$。当 x 从 8 变为 10 时，y 的变化是显著的（增加了 25%）——表示一些游戏内值（如攻击或防御）从 16 到 20 的变化。但当 x 从 98 变到 100 时，y 从 196 变到 200。这两种情况下从数量上来说变化都是相同的（x 增加 2，y 增加 4），但在后一种情况下其功能上的变化要小得多——只增加了 2%。从心理学的角度来说，这会让享乐疲劳损害玩家的体验：后者的变化可能会让玩家有"就这点变化？"的反应，并不会觉得这是一种多大的奖励（即便它具有和早期相同的绝对幅度变化）。因此，虽然线性曲线易于理解和实现，但它们在能力或进程曲线上并未得到大量使用。

多项式曲线

在线性曲线中，y 是 x 的某个倍数。而在多项式曲线中，y 是 x 的幂函数：$y = x^n$，如 x^2 或 x^3。通常还会有一个额外的数字作为乘子，这样 y 可能等于 $5x^2$ 或其他类似表达式。在 x 上使用指数会导致 y 的值随着 x 的增加而增加，且变化速率——x 值变化对应的 y 值变化——也会增加。如果 $y = x^2$，那么对于 $x = 1$，2，3，4，5，相应的 $y = 1$，4，9，16，25。y 值是 x 值的平方，且它们之间的差值每次都在变大。观察每个 y 与前一个 y 之间的差值，你可以看出变化速率在增加：3，5，7，9。（你可能会注意到这个趋势——变化率的变化率，也被称为二阶差分——本身是线性的。这是多项式等式的一个性质。）

y 值之间的差值是 Bateman（2006）所称的基础进程比率。在线性曲线中，该比率为常数。而在多项式中，它也会持续增加，因为随着 x 每一步的增加，所对应的 y 的变化量也在增加。然而，随着 x 变大，y 的这种变化量在总体 y 值中所占的比例（总体进程比率）会变得接近于 1.0——即更接近于线性。正如我们在线性等式中看到的那样，尽管 y 值之间的差在继续增加，但作为 y 总量值的一部分，它的增长速率变慢了。另一种说法就是，曲线逐渐变平，因此在游戏中，基于多项式方程的曲线通常会有与线性曲线相同的问题：在高处的一端，变化率似乎是一样的，降低了从一个等级（或 y 值）到另一个等级的变化所造成的影响。另外，曲线的这种扁平化也意味着就高处的 x 值而言，y 值的下一个变化量并不如指数曲线那样大得像天文数字。

多项式曲线的另一个值得了解的属性是，二次多项式（你可能还记得，中学学过的

$y = ax^2 + bx + c$ 这种形式）是两个线性进程的乘积（Achterman，2011）。假设你有一个角色扮演游戏，其中玩家每关必须杀死的怪物数量呈线性增加：首先是 1，然后是 2，3，4，5，等等。这对设计师和玩家来说都很简单。假设你从每个怪物身上获得的金币数量也呈线性增加：10，20，30，40，等等。同样，这也很简单，且容易构建心智模型。但是，就整体而言，这意味着你在每关获得的金币数量不是线性而是呈二次型增加，因为你将增加的怪物数量和增加的金币数量结合起来了。你在每一关所获得的金币因此上升得更快——10，40，90，160，250，等等。两个系统相互作用，创造的东西比它们作为部分单纯加起来的和还要多，这是反映这种现象的一个很好的例子。

指数曲线

对线性进程而言，y 是 x 的某个倍数。对多项式进程，y 是 x 的某个指数幂。而对于指数进程，x 自身是指数：y 等于某个数的 x 次幂，即 $y = A^x$（或 $y = B \times A^x$）。与多项式一样，随着 x 的增加，变化速率——x 值每次增长的数量对应的 y 值增长数量——也会增加；也就是说，跃变会越来越大。与多项式等式不同，这个速率不会变平，而会随着每一步不断增加。

增长速率的持续提升，似乎会导致未来的每一步将变得无法实现般地巨大。但是，如果底数 A 本身很小，则曲线并不会提升得很快。例如，《江湖》（*RuneScape*）使用了复杂的方程来计算升级所需的经验值，其中包括有关 1.1^x 的指数方程，这样每一步的提升相对缓慢（至少在一开始是这样的）。这对于玩家来说效果很好，因为前期的等级似乎很容易提升且玩家度过这一阶段也很快（让玩家感觉很有成就感），而后期的等级初看起来似乎在数字上远远超过了前期，要升级似乎需要超人般的能力。然而，当玩家到达这个阶段的等级时，他们会获得天文数字般的经验值，所以就会有一种持续的成就感，无论在个人满足（数值上的回报看上去足够丰盛）方面，还是在获得经验值的总体数量方面皆如此。

虽然在指数方程中，就任意 x 值而言，对应的 y 值似乎总会随着 x 的增大而提升得非常迅速，但与 y 的当前值相比，这些方程的总进程比率较低。这意味着无论玩家处在进程曲线的哪个位置，"远处"的等级需求（或类似的目标）看起来都高得不合理；但是与当前的总体值相比，玩家的"近处"看起来却很容易实现。从玩家的角度看来，未来的进程值可能看起来像高山的顶部；但与玩家已经推进的距离相比，玩家当前所处的斜坡附近看起来似乎并不那么陡峭。这有助于鼓励玩家继续沿着进程曲线前进（就他们当前已经达成的情况来看，下一步似乎相对容易），而不会有享乐疲劳的风险以及不值得为未来的奖励而努力的感觉。

指数曲线可能是游戏中最常用的进程与能力曲线。方程的形式使得调整和拟合进程或对象值变得容易。而且，局部的平坦表现，以及后面高值区域令人向往的壮观，这两者的组合能很好地鼓励玩家继续前进。而这些曲线高位的值可能会让人难以置信——可高达数十亿、数万亿或更多（如第 7 章所述，《冒险资本家》中的指数进程曲线最高可以到 1 古戈尔的立方——1 后面跟 300 个 0）。这可能会引发与线性进程相同的心理效应：一旦数字由于其规模变得难以想象（例如，10 的 15 次方和 10 的 18 次方之间的差异），它们就变得不那么有意义了。虽然对很多人来说，在看到数字上升时会有一些基于多巴胺的乐趣[1]，但这本身却会受到享乐疲劳的影响。如果把数字量级推得太高，最终就会失去吸引力。

对于游戏中的进程，使用指数曲线可以帮助你设置适当的关卡或其他检查点，在这些地方会对玩家开放新的收益。在这样的系统中，通常玩家必须积累一定数量的点数（或其他资源，但我们在这里使用"点数"作为一般代替物），使它们超过下一个阈值。随着玩家在游戏中的推进，他们通常会面临更大的挑战，而这些挑战的背后则是有更多的奖励点数可以收获。正如前面讨论的，这种增加难度和奖励的组合有助于避免享乐疲劳，并可为玩家提供成就感。但如果玩家获得的点数越来越多，那么每个等级的阈值也需要进行延展，否则玩家会越来越快地到达阈值。使用指数方程可以帮助你确定每个阈值需要多少点数：每个等级或阈值是一个 x 值，达到该值所需的点数来自你使用的指数函数所对应的 y 值。

鉴于这些曲线的作用方式，底数——想要提升到 x 次方的那个数字——会给你一个很好的启发，让你知道每一步能力增加了多少。如果你有一个由指数方程 $y = 1.4^x$ 定义的曲线，就会知道对于每个等级，y 的值将是上一级的值的 1.4 倍。虽然等级之间的提升并不很极端，但在 4 个等级之后，每个等级所需的点数（或得到的能力）增加了 1 倍以上。

设置等式的各个元素，可以帮助你设定相互保持平衡的挑战和奖励的值（即，每个挑战奖励的点数是基于到下一级所需的点数而设定的）。通过上下调整底数（尝试 1.2、

1　正如在第 6 章中提到的，早期（在那时也极具吸引力）基于 ASCII 的放置类游戏《小黑屋》的作者 Michael Townsend 说过，"我的目标人群是'喜欢看数字噌噌噌上涨的人'和'喜欢探索未知的人'的交集"（Alexander，2014）。这样的双重动机相当于动作/反馈、短期认知以及长期认知交互的有效组合。

1.3、1.5 等），你可以平衡挑战、能力和奖励，从而提升（可能还会加倍提升）自己在游戏中想要的东西。

　　表 10.1 展示了等式 XP = 1000×1.4^{等级} 的样本值（这在典型的角色扮演游戏中会见到）。注意值是如何做到前期先缓慢提升，后期却变得非常巨大的。对于任意连续两级之间的跃迁，总的进展比率约为 1.4（基于上面的等式，虽然由于四舍五入的原因，该值并不精确）。这是合理的，考虑到玩家当前已经获得的点数，任意"下一级"所需的点数似乎并没有那么多。另外需要注意的是，在此例中，为清晰起见，值已四舍五入到最近的百位数，且到达等级 1 所需的经验值被设置为 0，而不是 1400，这在数学上是正确的。

表 10.1　每级所需经验值（XP）的示例，其中 XP = 1000×1.4^{等级}

等级	需要的经验值	等级	需要的经验值
1	0	10	28 900
2	2 000	15	155 600
3	2 700	20	836 700
4	3 800	25	4 499 900
5	5 400	30	24 201 400

　　设置等式值的过程不是自动的：作为游戏设计师，你需要确定玩家到达每个阈值的速度应当有多快（从时间、战斗次数等指标考虑）、挑战的强度应当有多高、奖励应当有多丰厚。使用指数函数（或类似方法）可以帮助你确保上述所有要素是彼此平衡的。例如，如果你有一个游戏，其中在每个关卡（或每一步，或每个检查点）挑战的强度会提升至之前的 3 倍（3^x），但奖励的核心资源（生命值、攻击力等）只提升至 1.25 倍（1.25^x），则游戏很快就会变得无法进行下去（因为玩家遇到的挑战强度与他们面对障碍的能力相比，前者的提升速度远远快于后者）。

　　最终，玩家必须完成多少任务或者必须杀死多少怪物，才能让他们获得下一次能力提升，以至于能面对更大的挑战，这个问题的答案取决于作为游戏设计师的你。虽然数学肯定是有用的，但与其他定量方法一样，最终你必须依靠游戏测试以及你作为游戏设计师的自我判断。了解游戏中的数学将有助于你认识到玩家推进游戏是否过快，或者是否由于感到无法前进而觉得沮丧，但数学无法具体告诉你如何解决游戏中的这些问题。

逻辑曲线

较少用于游戏平衡而仍然有必要去了解的，是一类被叫作逻辑函数的曲线，有时由于其呈字母 S 的形状也被称为 S 形曲线。这些曲线通常被用于仿真和人工智能，它们的特性可用来创建具有特定动态平衡类型的能力曲线。特别是，这些曲线很好地模拟了很多现实世界的过程，例如学习，以及最初增长缓慢，然后经历快速扩张，之后随着资源消耗而减缓的生态过程。

这种曲线的数学函数比其他曲线要复杂一些：

$$y = \frac{L}{1 + e^{-k(x - x_0)}}$$

这看起来可能有点吓人，但也不算太糟糕：

- $L =$ 曲线的最大值——你希望它能达到的顶峰值。
- $e =$ 欧拉数，这是一个约等于 2.718 的数学常数。
- $k =$ 曲线的陡度（可以使得中间的增长变平缓或陡峭）。
- $x_0 =$ 曲线中点的 x 值（曲线的下半部分小于 x 对应的 y 值，上半部分大于 x 对应的 y 值）。

逻辑函数的曲线形状如下：随着 x 的增加，y 值首先增长得缓慢，然后变得很迅速，之后再变得缓慢，最后趋于完全不变（见图 10.1）。这种曲线可用于创建不同的对象，这些对象的能力先缓慢增加（例如，需要玩家向前推进的长期投资），然后由于玩家迅速获得收益而在中间范围内快速提升，最后在更高的端点触及收益递减，随后持续的投资收益越来越少。

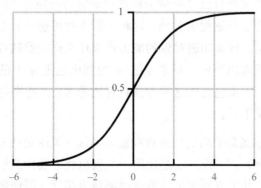

图 10.1　一个典型的逻辑方程曲线（$L = 6$，$k = 1.0$）

这种类型的曲线在玩家的能力曲线上创造了一个有趣的非线性旅程，而且它不会像指数曲线那样受到如下影响：对每次 x 发生的变化，对应的 y 值可能会猛涨。例如，你可以使用"堆叠起来的"逻辑曲线为玩家创造有趣的策略决策，其中每个曲线代表不同资源的增长情况。为了有效地爬升这条进程曲线，玩家需要决定何时将重心从一种资源变到另一种资源，因为前一种资源已经开始触及收益递减。用到了具有不同逻辑曲线形状的 4 种不同资源的示例如图 10.2 所示。这种堆叠排列可以增加经济中值的宽度而不会让整体失去平衡，并且它提供了在多条逻辑曲线之中划出的呈指数曲线形状的快速上升效应。实际上，如果经济中的每种资源沿各自的曲线进行平衡，那么整体经济的平衡可能会比你试图始终沿单条曲线进行平衡要更加容易。

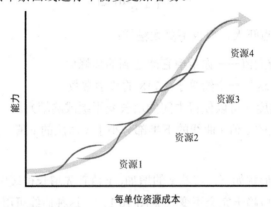

图 10.2　由 4 条堆叠的逻辑曲线组成的能力进程曲线，每条曲线对应着一项单独的游戏内资源

分段线性曲线

游戏设计师经常会发现自己并不希望将进程或能力与纯等式匹配，或者并不想要一个平滑变化的等式作为游戏进程的基础。这种平滑本身可能就有些无聊，尤其是如果它与对象的能力有关的话：玩家知道对象的能力将以什么样的曲线或速率成长，同时也没有必要对其进行思考或做出决策；玩家知道+n 的剑永远比 $n-1$ 的剑更好。即使这种提升本身并不是线性的，玩家也会以这种方式直观地思考它（特别是在进程曲线中涉及的能力比率是线性的情况下）。

对此的一个解决方案是手动制作进程和能力曲线（无论是从零开始，还是从基础方程出发并对其进行偏离）。一种方法是使用一系列重叠的线性曲线来逼近指数曲线。这被称作分段线性曲线，并可以通过加法或线性插值来构建（即使你不太擅长数学，也不要害怕，这种方法比想象中要容易）。

假设你想要为 RPG 中的角色提供 hp 奖励，提供的速率在一定等级内不变，之后再进行增加。假设角色在 1~10 级中每升一级获得 2 点，在 11~20 级中每升一级获得 5 点，在 21~30 级中每升一级获得 10 点。基于上面的数字,在电子表格中创建一张表是一件很简单的事情,从 1 级的基本 hp 开始,比如 12(对于像 hp 这样的属性,你会希望它是大于 0 的,而在本例中,12 可以让图形更方便看一些)。然后直到 10 级为止,每升一级都会增加 2 点,这使得在 10 级的时候总 hp 达到 30。从那里开始,每升一级要增加 5 点了,这样在 20 级的时候 hp 又会增至 80 点。之后每升一级会增加 10 点,在 30 级时玩家的 hp 为 180 点。这样就创建了一条易于理解的分段线性曲线,如图 10.3 所示。

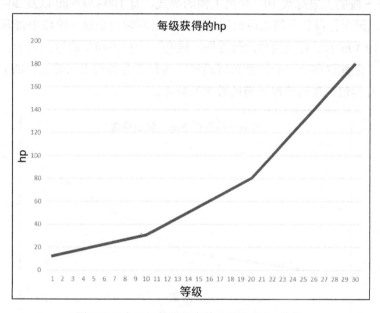

图 10.3 由已知的增长率构建的分段 hp 曲线

然而,有时你可能无法通过加法简单地计算点数。取而代之的是,你可以基于能力增加的类型以及你想要的值,使用线性插值来创建图形。

在这个例子中,假设你想要创建一条“一开始增长缓慢,但后面就真正起飞了”的hp 曲线(这样玩家会有获得奖励的感觉,并可以面对更严峻的挑战)。你知道从较低的hp 数量开始(如初始状态为 2 点,且每升 1 级增加 2 点),在 10 级的时候共获得 20点。但之后你想让该数字提升得更快,因此到 20 级的时候玩家获得了 100 点。基于这些数字,你可以轻松地构建这些点(1 级、10 级和 20 级)之间的线性曲线。

要插入第一个分段,从 y(hp 数量)的极大值中减去 y 的极小值:20-2 = 18。然后用 x(等级)的极大值减去 x 的极小值:10-1 = 9。最后,用前者(y 值)除以后者(x值):18 / 9 = 2。用等式形式表达如下:

$$HP/等级 = \frac{y_1 - y_0}{x_1 - x_0}$$

这样，你每提升一级会获得 2 点 hp（也可以说这条线的斜率为 2，这两种说法是完全一致的）。然后对下一个分段做同样的处理。y 的极大值 y_1 是期望的最大 hp 值 100，y_0 则为 20（与前一段中的上限值相同）。x 的极大值 x_1 是指定好的上限等级 20。x 的极小值 x_0 是前一段的上限等级 10。使用上面的等式，有 100–20 = 80 以及 20–10 = 10，得 80 / 10 = 8，因而你得到了第二段曲线的斜率，这同时也是这一阶段中每升一级获得的点数 8。图 10.4 展示了对应的分段线性图。这是一个相当简单的过程演示；如果你自己在电子表格中创建这些数字表，则可以通过更改每个分段端点（等级）的 y（hp 点数）值来轻松进行插值，直到获得所需的数字与斜率。

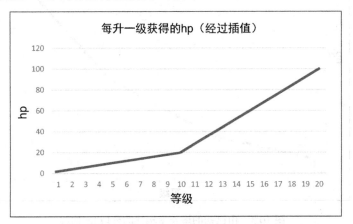

图 10.4　使用已知端点构建的分段 hp 曲线，并对增量进行插值

对任意分段线性曲线而言，每个分段都是线性的，但整体外观通常是弯曲的或近似指数的，如图 10.3 所示。创建这些分段有时比映射到指数方程中更简单（尤其是如果你的数学功底欠佳的话），并且它可以用一种有趣的方式为玩家提供一些目标。在图 10.4 中，一旦玩家知道 11 级有个间断点（在那里每升一级所获得的新 hp 点数从 2 变到了 8），他们就有动力到达那里并将该等级视为临时目标。

近等差数列曲线

除了分段线性曲线外，在某些游戏中，还会手动调整已有的进程曲线，以此来调整玩家的体验。Bateman（2006）称这种曲线为近等差数列（near-arithmetic progression，NAP）曲线，因为这种曲线有点像线性（算术）曲线，但又没有基本方程来描述它。NAP

曲线尤其会出现在角色扮演游戏中，其中进程曲线和能力曲线通常会凭感觉来制作，或更多地保留四舍五入的整数数字。例如，在《魔兽世界》的初始等级中，每升一级需要的额外点数以整数形式提升：1 级到 2 级需要 400 点，2 级到 3 级以及 3 级到 4 级需要额外的 500 点，然后 4 级到 5 级和 5 级到 6 级需要额外的 700 点，以此类推（WoWWiki n.d.）。这种模式并不贯穿所有等级，而显然是手动调整过的 NAP（随着等级提升而发生改变）。

　　一些游戏使用这种手动调整过的曲线，从平滑可预测的、等式驱动的曲线转移到更加"崎岖"的曲线，对应的不同区域有着更快或更慢的收益加速度。这样做的目的是为了给玩家"惊喜"（Pecorella，2015）。除了防止玩家对可预测的进程感到厌倦外，这还能让作为设计师的你来协调能力曲线，使得一种类型的对象或资源可以在曲线的特定地点，为给定成本提供比其他地点更多的收益。这也让玩家能够决定如何在游戏中的不同时间以最有效率的方式花费资源，进而探索能力曲线空间。

让它为游戏玩法服务而不是为数学服务

　　与此处讨论的其他曲线类型一样，NAP 和类似的手动调整的曲线，强调了制作进程与能力曲线的两个重点。第一，虽然这是一个有关数学的实践，但它永远不会是完美的。你应当尝试尽可能使自己的进程和能力曲线在数学模型中可正常工作，因为你利用它们将游戏调整得越平衡，你就越能节省迭代时间。第二，你将不可避免地回到游戏测试以及锻炼直觉的定性技巧上，以找到游戏中自己想要的平衡点。这可能意味着你会从一条指数曲线开始，最后得到一个有关游戏进程的更偏向手动调整的曲线：一个很靠谱的流程。这最终不会是一个数学实践，而是一个有关"制作有效、引人入胜、有趣的游戏"的实践。

平衡部分、进程和系统

　　一旦确定了用于平衡游戏内对象和系统的核心资源，你就可以开始建立它们之间的成本-收益关系。在制作新游戏时这通常会涉及数学与直觉技巧的结合，包括根据游戏需求决定使用何种平衡曲线（例如，线性的或者指数的）。如果你有一些现有游戏中玩家行为的数据，则可以向曲线中添加分析信息，以减少（但不会完全消除）所需的迭代次数和游戏测试频率。

平衡部分

你必须进行的最常见平衡任务之一是，确保特定系统中的部分相互之间是平衡的。这通常是平衡非传递对象的任务：某一些对象会比其他对象更好，但你应当确保它们也与各自的相对成本成比例。

平衡战斗系统中的武器是一个很好的例子，有助于说明这一过程。图 10.5 中的每种武器都是角色扮演游戏战斗系统中的一个部分（请注意这里的数据与图 8.3 中的数据是相同的数据）。每个部分具有"攻击"、"伤害"和"速度"属性。这些属性的值似乎并未处在一个相同的范围内（指所有的属性值都在 1~10 内），这样就使得问题复杂了一点，但这也是很常见的。如图 10.5 所示，匕首具有最低的攻击补正，而巨剑提供的攻击最高。伤害也是如此。至于速度，匕首、短剑和突刺剑均是最快的，而巨剑则是最慢的。

	A	B	C	D
1	名字	攻击	伤害	速度
2	匕首	0	2	5
3	短剑	2	3	5
4	弯刀	4	5	1
5	宽刃剑	3	4	4
6	突刺剑	3	3	5
7	长剑	5	6	2
8	巨剑	8	8	0

图 10.5　一份电子表格示例，包含需要平衡的各种武器属性数据

这些武器的能力是否相互平衡？它们显然是不相同的，但平衡并不意味着必须相同。作为系统中的非传递部分，为了达到平衡，每种武器都必须在游戏中占有一个有效的地位。每种武器都应当有足够的特色，以让玩家在不同场合切换不同的武器。当然，它们也必须让玩家觉得各自的成本和收益是成比例的。

图 10.6 对武器属性进行了一个比较。通过查看属性值本身，你能发现这当中存在一

些差异,但许多值都聚集在一个狭窄的中间范围内,只有匕首和巨剑真正远离了群体。[1]
单从图 10.6 看来,这些武器之间是否相互平衡并不很清楚,但似乎我们需要改变这些值
以提供更多的变化性——特别是对于弯刀、宽刃剑和突刺剑——这样才能为玩家提供更
多选择。

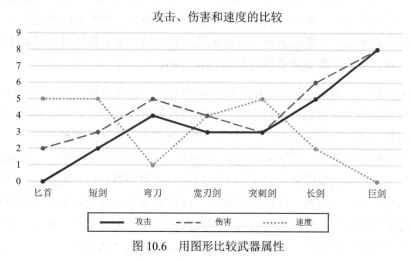

图 10.6　用图形比较武器属性

如前所述,为了平衡这些武器,我们需要考虑它们的成本,以及收益(即能力)。
但是,在图 10.5 中,并没有显示成本。如果成本相等,那么为什么会有人不使用最强大
的可用武器呢?考虑到武器的收益,我们需要确定每种武器的成本,以使得每种武器在
游戏中都有一席之地。看起来匕首的成本可能低于巨剑,但低多少?这与游戏战斗系统
中每种武器的功效以及游戏经济系统相关。在这个例子里,我们必须将这两者视为黑盒
子,将焦点集中在平衡武器的成本和收益上。

为了计算每种武器的可行成本,我们需要考虑(且可能更改)与能力相关的属性值,
将其作为玩家的收益。这项工作是一个迭代过程,每次执行都会有所不同,但在这里可
以提供一些指导。

首先要做的是找出核心资源,并从这个角度考虑武器的相对收益。如前面描述的那

1　请注意,从技术上来说折线图用在这里并不合适。因为武器与武器的属性值之间并不是连续的,而
　是离散的——例如在短剑与弯刀之间并没有任何过渡的中间量——也就是说,这些数据应当绘制在
　条形图中。但是,在这里我们是用此图来直观地评估各种武器之间是如何相关的。在这样的例子中,
　使用这种折线图通常能够让你更好地感受数据整体。不要害怕探索可视化数据的不同方式:通常,
　正确的图形可以提供重要的视点,尽管从技术上来说图形用在这里"并不合适"。

样，大多数游戏都有一种核心资源，可以驱动玩家的目的和行动。理解这一点，对根据相对能力来平衡非传递对象或者根据进程来平衡玩家，是至关重要的。

在这个例子中，我们设计的是一款角色扮演游戏，所以我们可以使用生命值（通常表示为 hp）作为自己的核心资源。在 RPG 中，如果你的角色使敌人的生命值降到了零，该角色就会获胜并赢得奖励（战利品、经验值等）。另外，如果你的角色失去了所有生命值，他们就会死亡，这是玩家会尽量避免的一种失败。鉴于角色扮演游戏中生命值的核心地位，让它成为平衡武器的核心资源是合理的。

这给了我们一个起点：哪种武器属性与减少对手的生命值最密切相关？武器造成的生命值减少量会基于武器的"伤害"属性，所以我们可以从那里开始。然而，为了造成伤害，玩家首先必须用武器"击中"对手，这受到"攻击"属性的控制——"攻击"值越大，击中的概率就越大。接下来我们看"速度"。在这个战斗系统中，武器的速度扮演了这样一个角色：较慢的武器攻击得不如较快的武器频繁。一旦玩家举起武器（基于武器的"速度"），他们就可以使用"攻击"修正值来尝试击中对手。如果击中了，就可以最终造成"伤害"，而这就是目标。因此，在"能够让玩家减少对手生命值"的属性方面，第一步是"速度"，然后是"攻击"，之后才是"伤害"。

有了这些前置知识（至少是一个成形的假设，可能需要多次尝试才能把这一切准备好），我们就可以开始结合每种武器的属性值，看看是否能为每种武器确定可用的、平衡的成本。如果只是单纯将这些属性加起来，得到一个看起来似乎可用的成本值，则这是很简单的事。然而，将各种武器的攻击、伤害和速度分别加起来后，短剑和弯刀的最终成本为 10，只比匕首多 3，比宽刃剑少 1。这似乎与人们通常的认知不太相符。

调整属性权重

从这里开始我们可以做几件事。一是为每种属性分配权重系数，以使得它们的值在总成本中具有不同的权重。同时，我们也需要仔细研究武器的属性值，看看它们是否还应当做出调整。通过迭代这些过程（因为它们相互影响），我们应能为每种武器确定一组平衡且有特点的值。

要在每个属性上设置倍率，我们需要认清属性是如何在战斗系统中协同工作的。因为伤害是与核心资源最直接相关的属性，所以，可以将其系数设为 1.0 作为开始。我们可以将其他属性——即攻击和速度的系数同样设置为 1.0，这样每个属性的重要程度都相同。但如前面所述，这并不能给我们带来令人满意的成本值。另外，我们知道如果一种武器比另一种武器的速度更快，那么前者就有更多的机会命中并对对手实际造成伤害，所以我们可能需要提高速度属性对武器整体价值的贡献。先将速度属性的系数设为2。攻击属性也很重要，但在这样的系统中，很难确切地说它到底有多重要。姑且先将攻击属性的系数设为 1.5，使其处在作为基础的伤害值与权重更高的速度值之间。

在电子表格中可以轻松调整这些数据值的倍率，并厘清它们是如何影响每种武器的成本的（这里鼓励你将图 10.5 中的值加载到电子表格中并按照这种方式操作，这样你会更好地理解这个过程）。速度为 2 倍，攻击为 1.5 倍，伤害为 1.0 倍。我们可以把这 3 种属性分别与各自的倍率乘起来，之后再相加，以获得每种武器的总体暂定成本。这些成本值看起来开始变得更合理一些了。成本范围是匕首的 10 到巨剑的 20。这个范围可能有一点窄（巨剑只是最便宜武器——匕首的 2 倍），但也还不赖。然而，现在弯刀的成本甚至低于短剑，这似乎很奇怪。看一下每种武器的属性值，弯刀是一种慢得多的武器，由于其很低的速度属性，因此它在"价值"上不占上风。看来是时候把焦点从倍率转移到武器的属性值本身了。

虽然在有些特定情形下你无法在游戏中更改部分（如这些武器）的属性值，但在大部分情形下你是可以这样做的。如果确实不能更改，那么你可能会着手操纵成本倍率，或者在某些情况下，增加情境平衡因素：如果一件物品的价格比它的本来价值更便宜，你可能会设法让其很难被购买到（例如，玩家必须进入一个危险区域，或来到一个明显不在预期的路线上进行购买）。这种情境修正可以弥补不能直接让对象彼此平衡这一痛点，但要注意添加这样的间接修正会使整体平衡工作变得更加困难。例如，如果玩家买不起任何其他武器，而对于买得起的武器又找不到购买的地方（或者去那里意味着死亡），将会怎么样？在这种情况下，玩家已经没法继续游玩了。

调整属性值

为了将武器属性作为一个整体考虑，选择一个对象作为基准或中线可能会对我们有所帮助，就像我们在前面给伤害属性一个 1.0 的倍率一样。在这个例子中，宽刃剑似乎是一个很好的备选项：我们将其所有属性值都调整为 5，使得其每种属性都处在范围的正中间。虽然这会让它的属性突然拔高一小截，但这样做有助于腾出中间区域的空间来，当前大部分武器的值都聚集在这里。还有一些其他的微调看起来也似乎值得尝试——让匕首的攻击属性略加提升（属性值从 0 到 1），并将巨剑的攻击属性值 8、伤害属性值 8 都改为 10。这有助于把值域范围腾开，也有利于进行各种尝试。

差不多在这个时候，我们就可以开始关注武器相对彼此属性的图像了，这能确保它们不会聚集在一起且没有奇怪的事情发生（例如，弯刀的速度变得比突刺剑更快）。持续调整属性权重，并观察权重变化和属性更改的组合如何相互影响，同样也是一个不错的想法。

将成本和值分离

当这些值看起来都比较正常时，我们可以尝试将用于成本的数字和实际游戏内的成本解耦。我们把旧的成本值，即从倍率修正中得到的效用值称为 Mod 值。然后我们可以手动将游戏内的成本独立地上下移动，以达到我们想要的效果。将成本与 Mod 值再次画在一起有助于直观显示武器之间的关系。图 10.7 并未直接展示彼此平衡的各种武器属性，但却展示了 Mod 值加权并加在一起后它们之间的关系。同时注意图 10.7 中用到的逻辑曲线（微调后的陡度值为 0.95，中点为 3.5）。这可以作为一种指引和确认，看看武器是否遵循我们想要的那种关系。

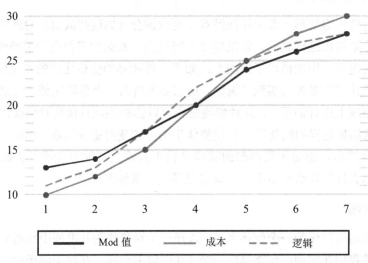

图 10.7　加权属性值（Mod 值）与手动选取的成本数字，以逻辑曲线为指引

在本例中，经过对武器属性及其倍率系数的多次迭代修改后，我们最终得到了图 10.8 电子表格摘录中显示的属性值。Mod 值是每种武器的攻击、伤害和速度值的加权和。Mod 值的属性值和加权系数现在都已被更改：在图 10.8 显示的这个表格中，伤害保持倍率 1.0，而速度的倍率为 1.75，攻击的倍率为 1.3。就这些倍率而言，与"是否对游戏和武器的行为有意义"，以及"能否使得武器收益和成本平衡"这两点相比，它们的精确值并不重要。

	A	B	C	D	E	F
1	名称	攻击	伤害	速度	Mod 值	成本
2	匕首	1	1	6	13	10
3	短剑	2	1	6	14	12
4	弯刀	4	7	3	17	15
5	宽刃剑	5	5	5	20	20
6	突刺剑	5	3	8	24	25
7	长剑	7	6	6	26	28
8	巨剑	10	10	3	28	30

图 10.8　修改后的武器属性值，包括表示攻击（1.3 权重）、伤害（1.0 权重）和速度（1.75 权重）加权总和的 Mod 值，以及基于该 Mod 值的手动调整成本值

　　我们也可以采用图像的形式观察这些修改后的属性值，以更定性地了解它们之间的差异，如图 10.9 所示。考虑到所代表的武器种类，这些属性看起来都很合理，并且属性范围也足够宽，适用于很多不同的情形。没有武器过于相似，因为每种武器都有着不同的优缺点。图 10.7 所示的成本-收益曲线向右上伸展，其形状遵循图中虚线所示的最相似的逻辑曲线。成本和收益值遵循这条曲线，意味着成本与收益值之间的关系是成比例的，玩家也能够在游玩的时候直观地感受到这一点。

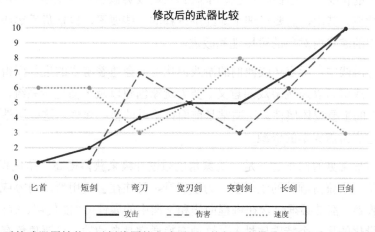

图 10.9　修改后的武器属性值，以折线图的方式展现。值得注意的是，虽然攻击值随着武器横轴上升，但每种武器都有自己的优缺点，且中间区域中相似武器扎堆的情况已经不复存在

　　图 10.7 中的成本-收益图还表明，通过对属性权重进行数学建模后手动调整各种武器的成本，可以调整较低效武器的平衡，使得其对玩家来说性价比更高一点：它们的成本比严格显示的价值要低。这种做法是比较合适的，因为这些武器的能力较低，所以更

有可能成为新角色或较差角色所使用的武器。更强大的高端武器则显示了相反的一面：它们的附加价值很小，这意味着它们的成本会略微超过它们固有的 Mod 值。这在一定程度上保持了它的稀有度；如果你看到了一个人持有巨剑，就会知道这是一种强大的武器，且该玩家为得到它付出了巨大代价。此外，成本与收益线刚好在宽刃剑处交叉，使它保持在中心位置，作为这些武器心智模型的参考标准。

到目前为止，一切看上去都还不错——当然，这些结果都还没有经过测试。迄今为止我们使用了数学和设计师直觉方法的组合来平衡这些武器（它们是战斗系统中的部分）。下一步则是与玩家一起在游戏测试场景中使用这些结果，以看看哪些假设被证明是错误的，或者玩家是否能够快速且愉快地建立有关武器相对效用和成本的心智模型。对任意真实存在的游戏，几乎可以肯定的是，需要更多的迭代才能在数学上，以及从设计师和玩家角度真正平衡这些内容。

平衡进程

除了在系统中平衡原子级的部分外，作为游戏设计师，你通常还需要在游戏过程中平衡玩家或其他对象进步的方式。游戏中有多种常见的进程。首先，也是最重要的，玩家在游戏中的化身——他们的角色、军队、农场或类似的其他东西——在游戏过程中如何改善属性值。其次，需要仔细平衡经济进程的一些要素，包括货币等级，以及玩家在游戏中使用的游戏内对象的可用性和改进。

在大部分游戏中，玩家（或他们的游戏内化身）会随着游戏的进行而得到提高。这为玩家提供了成就感以及玩游戏的意义。要为玩家创建以及平衡进步系统，你首先需要确定"提高"的主要载体属性。这通常是前面讨论过的核心属性。这些属性会把你引导至那些代表进步所需成本的资源。

玩家进步最常见的例子之一是，玩家角色通过升级来获得提高。角色积累经验值，然后花费经验值来获得额外的生命值、力量提升，且往往会使用新的内容或能力。这当中的每一项收益，都是必须包含在进程曲线和平衡中的属性（"能使用、解锁新的内容"是可能难以量化的另一个特殊属性）。这种交换通常是自动的，只要角色有了足以跨越等级阈值的经验值就会发生。玩家通常不会认为是在"花费"这些经验值，但从功能上来说却是这样的。然而，相比于将经验值的结余重置为零，大部分游戏会让下一级的增量高于当前的总和；这让使用指数曲线来描述每一级所需的经验值成为可能，并为玩家提供了"看到这些数字总在不断上升"的成就感。

你应当至少有一种控制玩家进步的核心资源，当然使用多种核心资源也是可能的。使用多种资源的话可能会增加你必须做的、用于评估玩家推进难度和时间的工作量，因为必须分别对每种资源单独操作。然而，如果不同的资源会分别提供不同的提升速度（具体取决于玩家在进程中的位置），则会使得玩家在游戏中路径的选择更有策略性，并为他们创造更多有意义的决策。

例如，你可能有这样一款游戏，游戏中玩家的早期进步基于战斗和获取生命值。玩家完全可以自始至终贯彻这条路线，但之后他们可能也有机会转而追求财富，然后是追求所拥有的朋友数量，因为前面的生命值和财富，它们能提供的附加收益更少了（也就是说，增长速度减慢，或到下一等级的距离呈指数增长，但获得的点数并未成比例地增长）。这种朝三暮四的设定并非所有玩家都喜欢，因此有的玩家会只使用特定资源（以及配套的行为活动）来推进游戏（只要该资源能让他们持续这样做），这也是很重要的一点。然而，许多玩家会希望采取最优的路线来取得进步，因此给予这些玩家聚焦新的资源、属性和行为活动的选择可能会增加他们的参与感。

无论如何，最重要的是让玩家总有"自己正在前进"的感觉。如果玩家认为他们的前进已经停止——或者下一次取得进步的机会遥遥无期（基于当前的挑战水平所能获得的奖励而言）——那么他们对游戏的参与感就会消失（如第 7 章所述，许多放置类游戏中的"声望"外循环，在主要进步方式开始变慢并变得无聊的时候，会提供额外的进步方式）。无论游戏中有一个资源维度还是多个资源维度能用来达成进步，玩家必须始终能看到至少一条可以取得进步的明显途径。

调整节奏

在大多数情况下，进步是间断的而不是连续的。这意味着任何提高都会以离散区间的形式出现，而不是随着玩家积累更多点数而缓慢出现的涓涓细流。在设置好的检查点获得进步所带来的收益，对玩家来讲会更有奖励的感觉（同时也给予了他们一些能期待的小目标），并且也更容易平衡，因为你可以自由选择放置升级点的位置。然而，没有理由不创建一条连续的提高曲线，尽管这条曲线可能难以保持平衡。

要平衡进步系统，你需要确定玩家前进的节奏。怪物被杀死的数量、赢得的势力区域数量、收集的花朵数量……对游戏最有意义的任何东西，以及你构建的进程路径周围的资源，都可以被用来定义节奏。

确定玩家前进节奏的一部分是定义曲线的形状，该曲线定义了进步的成本和收益之间的关系。例如，如果你想要在每个后续的等级提供越来越多的奖励，但同时玩家也需要花费越来越长的时间来前进，那么指数曲线可能是你的最佳选择。而如前所述，许多其他的选择也是可能的，并且存在无数的混合：你可以为游戏的初始阶段创建一条手动调整的分段线性曲线，用于吸引玩家，然后过渡到一系列堆叠的逻辑曲线，每条逻辑曲线都依赖于不同的成本资源，它们合起来又接近于指数曲线。对这个例子而言并没有单一的公式，你需要花费一些迭代设计时间，以找到玩家在游戏中游玩和前进时，最让他们有参与感的东西。

时间和注意力

不管玩家在进步过程中基于什么样的资源，每个玩家在游戏上花费的最终资源，都是他们的注意力和时间。注意力和时间差不太多，但并不完全相同。如果玩家将注意力放在你的游戏上，那么他们就会投入并积极地进行游戏——探索、建造、狩猎等。在平衡玩家的进程时，一个主要的考虑因素是，他们为了获得下一阶段的提升而必须进行的行为活动的数量。在很多情况下，你可以（并且应该）将以下内容以高度特征化的形式表示出来：玩家正在进行的行为活动；他们因进行这些行为活动而获得的点数或其他奖励；他们为了积累点数获得进步而需要进行这些行为活动的次数。在最简单的情况下，行为活动会提供已知的点数数量：例如，你可以说，玩家每喂食一只动物可以获得 10 点，而玩家需要 100 点才能提升至下一级，因此他们需要给 10 只动物进行喂食。如果喂食一只动物要花 2 分钟，那么玩家需要集中 20 分钟的注意力才能推进至下一级。

在大多数游戏中，每次行为活动获得的点数并不是预先决定的，而是在一定范围内随机的，而且你可能还需要将失败的可能性考虑在内。因此，如果在一款有关扮演宝石商人的游戏中，玩家需要 1000 点才能升到下一级，且他们每成功切割一块宝石都会得到 50 到 200 点，那么他们需要切割 5 到 20 块宝石。但是，玩家可能并不会总是成功的。考虑到经验等级对应的任务难度，你可以估计他们的成功率。如果就玩家当前的等级而言，切割宝石的成功率为 80%，那么玩家将需要切割大约 7 到 25 块宝石，其中包括切割失败的宝石数量。如果切割每块宝石需要 1 到 3 分钟时间，那么这意味着玩家将至少需要 7 到 75 分钟才能前进到下一级——可能还更长（如果你不想假设整个过程中他们都在不停工作的话）。这是一个非常长的时间范围，因此你可能需要重新考虑这个系统的某些方面，以从玩家的角度保持平衡，以便让他们觉得自己一直在进步。可能他们切割宝石所花的时间越长（不超过某个最大值），失败的可能性就越小。或者如果切割得非常出色，他们就可以获得额外的奖励点数。有很多类似这样的方法来控制时间范围——但你必须知道获得进步所需的时间范围是怎样的，以及从玩家角度来看它是否会构成一个问题（或者它可能并不是你试图创造的体验）。

与玩家注意力密切相关的是他们的时间。注意力和时间通常意义相同，但也并非总是如此。如果玩家能启动一个过程——种植庄稼、组建军队等——然后在该过程继续进行的同时，抽身去做其他事情，那么游戏会自动将玩家发展的速度限制在一个范围内，但同时又并不要求玩家把注意力一直放在该过程中间。时间是我们每个人所拥有的终极资源，作为设计师，我们必须尊重玩家的时间。如果你在玩家进步系统中放入一个简单通过时间来调节进程进度的组件，就能更好地控制游戏体验，因为你可以很有把握地确定玩家在游戏中的进展有多快。但这可能导致玩家对这一部分的参与感降低，因为他们可能会觉得，自己需要做的无非就是开始让下一批农作物生长或进行馅饼的烘烤，然后就可以离开了。这让他们在游戏中几乎无事可做，并且大大增加了由于参与感不足而流失的可能性。

次级进程

除了玩家通过核心资源执行的进程之外，在一款复杂度相当高的游戏中，作为设计师的你，还有机会创建次级进程的路径。这些进程可能是周期更短的，这有助于保持玩家的参与感（尤其是如果他们在主进程中离检查点还相当遥远的话）。

这种次级进程的例子之一，可以在《魔兽世界》的角色道具库存中找到。在早期，角色可以随身携带的道具数量受到严格限制。玩家不得不经常对战利品做出艰难的取舍，因为他们无法把所有东西都带在身上。

然而，随着角色在等级和财富方面的提升，新的库存选择向玩家敞开了大门：他们可以（随着财富的增长）购买新的、更大的背包，增加自身可以携带的道具数量。一些提升了制作技能的角色也获得了制作这些背包的能力，这开辟了另一个次级进程路径。结果，随着角色持续变强，他们的库存上限也会提升。库存上限并未以严格的方式（如玩家在 10 级的时候获得两个额外的库存栏位）与角色关联，它扮演的是涉及角色等级、财富和/或辅助技能的额外次级进程路径。虽然这些进程路径也需要与玩家的整体进程保持平衡，但保持次级进程与整体的分离，可以使得进步系统更容易在很大程度上实现自我平衡，玩家将处理自身对增加库存的需求，因为库存一直是玩家需要关注和考虑的一个问题。

经济系统平衡

整体游戏平衡的另一个主要方面是系统平衡。平衡经济系统就是这方面的一个重要例子。正如第 7 章介绍的那样，游戏内经济在各种资源之间创造了复杂的关系，因为它们在一系列强化循环中被用来交换，以创造更大的价值。游戏中的资源出现于源，作为经济的一部分进行交换，并通过汇离开。这些资源（以及那些经常由它们制作的游戏内物品）可以成为玩家的次级进程路径，因为持有财富与物品是成就和地位的共同标志。虽然平衡游戏内经济和类似的复杂系统仍然是一种不精确的艺术（需要第 9 章中所述的所有类型方法），但还是有一些方式能让游戏中的系统不会失去控制。

通货膨胀、停滞和套利

正如第 7 章所讨论的，游戏内经济经常面临一些最困难的平衡问题，尤其是通货膨胀。当有太多的源将货币（或其他资源）倾注入经济中，且资源没有足够多的途径离开经济时，越来越多的资源会在经济中堆积起来，使得这些资源对玩家的价值越来越小。几乎所有包含游戏内经济的游戏都会发生这种情况——很大程度上只是单纯因为我们还没有发掘出能完全防止游戏内出现通货膨胀的所有系统化经济原则。

另一个问题是停滞，尽管它要更少见一些。在停滞的情况下，没有足够的货币通过源进入游戏，以提供足够的经济流速——资源从一个地方流向另一个地方的速度，非常类似于河流中水的流速。如果流速减缓，"河流"停滞不前，经济就会消亡。在游戏中，这通常发生在设计师过于努力防止通货膨胀，以致走到了另一个极端。这会使得游戏中的资源过于珍贵，最终会让大多数玩家感到沮丧。

在游戏平衡中还有一个问题，这就是管理套利。简单地说，套利就是以一定价格在一个地方购买资源，然后（通常会很快）在其他地方以更高的价格出售该资源。今天，这是一个极其普遍的现实世界经济活动（从货币市场到长途贸易，无所不在）。

从玩偶和水晶球中吸取的教训

在游戏中，如果不小心管理套利，可能引发大规模的通货膨胀。已知的网络游戏中的第一起套利实例可能发生在网络游戏《栖息地》（*Habitat*）中。这是一个在 1987 年推出的网络虚拟世界，远在大多数人了解互联网之前（Morningstar and Farmer，1990）。与同样出自《栖息地》的许多其他经验教训一样，此实例在今天仍然能为游戏以及网络世界的设计师提供有用的信息。在本例中，Chip Morningstar 和 Randy Farmer（《栖息地》的运营者），在一天早上惊恐地发现游戏中的货币供应一夜之间翻了 5 倍。在游戏中，这样的货币泛滥是一种能迅速摧毁经济的 Bug。但奇怪的是，他们并没有找到任何 Bug，也没有玩家提交相关反馈。为此他们花了一点时间来重现所发生的事情。

在《栖息地》中，每个玩家开始玩游戏时都会有 2000 个代币。跟大多数其他游戏内货币一样，这些代币不来自任何地方；游戏自身作为一个源凭空产生了它们，并提供给每一个新玩家角色。此外，游戏中存在一种遍及整个游戏世界的名为 Vendroid 的自动售货机，玩家可以在那里购买各种物品（机器扮演货币的汇，将金钱从游戏中移除）。另外，还有被称为典当机的类似机器，可以从玩家手中购回物品。每个 Vendroid 都有着自己的定价，这样 Vendroid 之间会存在一些差异，以让游戏内的经济更有趣。事实证明，有两个分别在城镇两头的 Vendroid（在游戏中，往返于它们之间要走很长一段路），它们将一些物品的定价设得特别低。其中一个 Vendroid 以 75 代币的价格出售玩偶。这本来不是一个问题（要不是玩家发现有一台典当机会以 100 代币的价格购回这些玩偶的话）。这是一个即时套利的机会，因为玩家可以在城镇中不断奔波，购买玩偶，然后出售，每次获得 25 代币的利润。这正是一些玩家所做的事，带上所有的钱，购买尽可能多的玩偶，穿梭于城镇中，之后出售玩偶以获取利润。

单凭这一点还不算太糟糕；你每出售一个玩偶也就只能获得区区 25 代币的利润。然而，另外还有一台定价极低的 Vendroid 会以 18 000 代币的价格出售水晶球。这是一笔不小的数目，意味着需要反复买卖很多玩偶才能买这样一个水晶球。事实上，玩家们在那个夜晚的大部分时间都是这样来回奔波、购买和出售玩偶的。玩家们会这样做的原因是，他们发现一台典当机会以 30 000 代币的价格购回水晶球——可即时获利 12 000 代币。需要记住，每购回一个玩偶或水晶球，典当机就扮演了一次代币源，从无到有地创造代币，从而导致游戏中的货币供应泛滥。一旦玩家有钱购买两个水晶球（买第二个水晶球远比买第一个水晶球容易）时，他们很快就能买卖更多的水晶球以获得更多的利润，并在一夜之间积累大量的银行存款。

当 Randy 和 Chip 在第二天早上发现游戏中的货币数量大幅增加时，他们追踪了一些突然拥有巨额银行存款的玩家。当被问到这个问题时，这些玩家回答："我们是正当地获得这些钱的！我们不会告诉你们是如何办到的！"Randy 和 Chipg 下了不少功夫才让玩家们确信，他们新获得的财富不会被剥夺——不过，Vendroid 的价格则切实得到了修正。幸运的是，对于游戏及其经济而言，这些玩家并未囤积资金或将其倾注到市场中，否则这会导致整个游戏的通货膨胀。相反，玩家们用这些钱购买了游戏内的物品，并在游戏中组织了首次由玩家开展的线上寻宝活动。

这个经济套利以及游戏内金钱数额快速、急剧增加的例子，发生在网络游戏和游戏内经济的最早期，但就算是今天我们也在不时接受相同的教训。游戏需要源来创造金钱以及其他资源，作为玩家的奖励。如果这些奖励过于小气，经济就会停滞，玩家也会感到沮丧并离去。如果最新的奖励与玩家上一次得到的奖励大致相等，则玩家的享乐疲劳就会迅速席卷而来，因为旧的奖励价值会迅速褪色。因此，在大多数具有重要经济系统的游戏中我们都会发现，随着玩家在游戏内的不断进步，必须不断向游戏中加入更多金钱，然后努力寻找足够的汇，以再次使金钱流出。例如，在《魔兽世界》中，随着玩家角色等级的上升，设计师们不得不向游戏中注入越来越多的金钱作为奖励，以至于角色从 1 级到 60 级，游戏内每只怪物被杀死时提供的货币价值增加了超过 750 倍（Giaime，2015）。如果不与同样巨大的汇配合来将货币从经济中抽出，这将从根本上导致一个不平衡的情况出现，其中原定的货币（铜、银、金等）不再具有任何作为玩家奖励的意义。

构建游戏经济

要创建游戏内经济，有一种动态的方法，它会避免汇的不足，因此也会防止通货膨胀的出现。该方法就是小心地构建物品的能力和可利用性（稀有度）范围，以及玩家能买卖的物品的价格范围。大型多人在线游戏《阿尔比恩 OL》（*Albion Online*）就是一个很好的例子（Woodward，2017）。

在这个游戏里，玩家能找到的物体被分组为不同的等级（下面简称"级"），表示稀有度以及大概的能力或效用（将物品划分到各级中并基于各种属性平衡这些物品，是一项平衡部分的任务）。前 3 级用于培养资源，因而它们不会显著地影响经济；4 到 8 级是玩家经济中的主要部分。

每一级都有一种稀有度——该级中特定道具出现的概率。《阿尔比恩 OL》还将游戏世界划分成了不同的区域，在各区域中能找到分别属于不同等级的物品；这是不少游戏中常见的一种技巧。有无数种方法能决定游戏世界中的物品分布，通常会让道具的价值或能力与获得它们所需要涉及的危险或难度对应成比例。

道具的能力进程以式子 $1.2^{级}$ 对应的指数曲线来描述。这意味着每级的能力实际上比前一级提升 20%，因此第 8 级物品的效用（属性值等）约为第 4 级物品的 2 倍。当玩家使用的物品越来越高级时，这种跨度足以让玩家觉得自己正在进步；但与此同时，处在进程路径顶部和底部的玩家，他们之间的差距也不是很大。这是指数曲线的一个很好用法，因为它以一种可预测的方式逐级调和差异。如果你希望顶部与底部物品之间有更多差异，则可以划分出更多等级和/或在指数方程中使用更大的底数。在《阿尔比恩 OL》这个例子中，经过大量游戏测试后设计师们凭经验得出了这个等式（总体能力 $= 1.2^{级}$）。在发现这条曲线适用于游戏后，团队能够在添加新内容时节省大量时间，因为他们不必再一遍又一遍地推导出这条曲线。

在《阿尔比恩 OL》中，各级物品的稀有度也呈指数上升，但对应的曲线却更加陡峭。稀有度描述了在任意给定机会中获得物品的概率。它以 3 级的速度提升，这意味着每级都是前一级稀有度的 3 倍（或者 1/3 的可能出现）。因此，游戏中第 8 级物品的稀有度是第 4 级的 81 倍。这会形成一个非常陡峭的梯度，意味着最上面两级的物品极其稀有——因此也极有价值。

分离这两条经济进程曲线（一条表示物品能力，另一条表示物品稀有度）的意义是重大的。它可以将能力的提升速度控制在很缓慢的范围内，因为每单位数量的能力提升对应的稀有度提升（以及成本）是很可观的。这种每单位数量能力的组合成本本身呈非线性增长（考虑到两个指数方程之间的差异）。

除了保持能力和稀有度关系的平衡（它们以互成比例但又各不相同的速率增长），将这两条曲线分离也为创造健壮的、玩家驱动的经济建立了条件。《阿尔比恩 OL》拥有复杂的制作系统，允许玩家将较低等级的物品转化为较高等级的物品；以及将物品从较高等级回收至较低等级，并返还给玩家一些金钱（从而为金钱提供一些进入游戏的源）。同时，返还金钱只是针对"从较高回收至较低"。"从较低转化为较高"是不会返还金钱的（往往反而还会花钱）。我们不会将这里的讨论与《阿尔比恩 OL》的设计完全"绑"起来，而会以更一般的形式考虑其中用到的原则。

价格边界

《阿尔比恩 OL》经济抓住的一个关键点通常可以被描述为价格边界需求。这些边界允许玩家有足够的空间来创造他们自己充满活力的、价格上下浮动的经济（从而创造了大量的策略和社会交互），同时防止部分玩家将其他人排除在经济之外，并确保经济中的价格保持在相对不会发生通货膨胀的范围（在游戏中可用的金钱和物品给定的情况下）。

设立这些价格边界的一种方法是，建立一个虚拟的进出口市场——一组独立的经济源和汇。如果你想出售一件物品但找不到想要买该物品的人，就可以随时去出口市场，它会照单全收。出口市场的出价不会太高，但你总归能在那里把物品卖了。同样地，如果你想买一件物品但找不到会卖给你的人，你也可以去进口市场，在那里你可以买到（几乎）任何东西。除了设计师为特殊目的而划分出的一些独特物品外，你可以在进口市场中买到任何东西——但会花掉不少钱。

这样的安排确保了所有物品都能被买卖，没有玩家完全被市场拒之门外（假设他们有足够的游戏内货币来购买想要的物品），且允许设计师在游戏内市场中设置定价的上下限。只要这些边界之间有足够的距离，玩家就能创造属于自己的自我平衡市场，这种市场在很大程度上不受过度注入货币的长线影响，因此几乎不存在通货膨胀。如果有人买光了所有的马匹，或者试图同时出售很多马匹，那么会时不时地出现临时价格波动，但这种变化不会从结构上影响经济平衡——其他玩家还有进出口市场这样一片宁静的"港湾"，因此没有玩家能完全控制经济。

例如，如果有人想要出售马匹，则他们可以采用高于出口市场回收的价格，但又低于进口市场出售的价格来标价。如果他们偏要选择低于出口市场回收的价格，也不是不可以的。但从他们那里购买的人可以当场将马匹转手带到出口市场卖掉，获得即时利润，因而这种"活雷锋"的情况是不太可能发生的。同样地，如果有人对马匹的定价高于进口市场出售的价格，那么没人会买它，因为完全可以直接到进口市场以更低的价格购买。

创建市场通道

创建和维护市场通道的关键是，将下限价格和上限价格（出口定价和进口定价）与各个等级的物品稀有度联系起来（你也可以用"物品的能力"来作为替代的参考，虽然以稀有度作为参考更普遍一些，稀有度在这里会扮演核心属性的角色）。这确保了较稀有、较强大的物品总是比不那么稀有、强大的物品价格更高，并且由于指数方程增长的方式，也为稀有物品创造了更广阔的市场。例如，《阿尔比恩 OL》能将下限定价与回收物和白银（游戏内货币）的价值联系起来，而上限定价则遵循稀有度指数曲线。你可以轻松地将下限出口价格挂钩到任意不会让该物品完全没用的价值上。举个例子，出口价格可以设置为物品等级对应的稀有度值的 50%；或者如果你想让定价与玩家的时间有更多关联，则还可以将平均时间价值（以游戏内货币表示）的一部分也算在内，该时间价值描述了玩家需要花多长时间才能获得对应稀有度的物品。这两者都可以被表示为物品稀有度值的一部分。因此，如果稀有度等式为 $1.5^{级}$，那么出口（出售）价值可以被设定为该值的 50%。上限的进口价值也可以与稀有度（或能力等）值联系起来，不同之处在于，进口价值是稀有度值的倍数，如 200%。（在游戏测试期间，这两个倍率值必须调整好。）

这种安排基于相同的指数方程创建了两条曲线，意味着只要新加入游戏中的物品遵循相同的稀有度方案，那么新加入物品的进出口价格将自动适应此方案。这也开辟了一个稳定的市场通道，该道道随着物品的价值提升而扩大。在这个通道中，玩家可以设置他们喜欢的任意价格，游戏也可以设置供应商价格——会基于特定关系（例如，总体玩家行为的供需关系）上下浮动。图 10.10 展示了物品稀有度等级从 1 到 10 的游戏内市场通道的图形化描述。进口和出口均使用 $1.5^{级}$ 稀有度方程，其中出口会标低至 50%，而进口会标高至 200%。需要注意的是，由于指数方程的作用方式，即使对方程的底数（在这里是 1.5）只进行少量提升也会增加市场通道的广度，从而增加其内部潜在的价格波动。

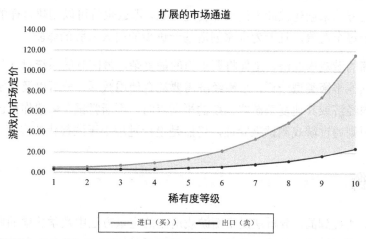

图 10.10　市场通道定义并平衡了玩家驱动的经济。阴影区域就是通道——最低销售价格与最高购买价格之间的区域，由游戏定义。在较低的稀有度值下，玩家的价格谈判空间很小，但随着玩家在游戏中推进并逐渐交易更高等级的物品，他们参与更广阔市场通道的能力也会增加

把它们合起来

用前面的示例，你可以创造一个带有基本武器的游戏，如图 10.8 所示的那样，这些武器的游戏内成本基于其核心资源的价值。如果这些武器是等级或稀有度最低的物品，则会为游戏内物品的价格确立一组下限。然后，你可以根据同一组权重决定每个后续非传递物品的成本和收益。例如，使用和上面相同的公式，你可以轻松确定具有+2 速度增益的匕首相比于+1 伤害的宽刃剑多了多少收益。这反过来也允许你根据想要的游戏节奏以及整体成本-收益分组，以确定各个物品应出现在哪一等级中（虽然并未展示在这里，不过你可以将这些对象放在一条相似的指数"总收益"曲线上，就像图 10.7 那样）。在那里你就可以创建自己的市场通道，让玩家在游戏中买卖物品（如果你希望玩家能在游戏中自由交易的话）。需要注意的是，低等级物品的通道较窄，这意味着市场开始时平稳且大致固定，而随着物品的等级越来越高且玩家变得越来越有经验，通道会逐渐扩宽。当然，如果玩家还可以在游戏中制作武器等物品，则你需要确保原料的成本和稀有度略低于它们所生产出的物品，但同时又是成比例的。把用来制作的资源成本和稀有度，建立在它们所生产物品的最低价格和最高价格基础之上，有助于你在游戏中以切实可用

的方式设置它们。

上面的内容说起来很简单；但在实际制作游戏时涉及的工作往往要多得多，你可能有数十个或数百个物品等着平衡。但是，如果你从部分和属性设计入手，确定核心资源，并找到合适的方法来创建彼此平衡的非传递对象，那么也就可以创建这样的经济进程曲线：它适用于每个对象，且能为玩家创造基于进步的引人入胜的体验。

创造平衡的游戏内经济，是你将要承担的最复杂、最困难的系统设计任务之一。与这里讨论的其他平衡类型一样，平衡经济需要混合使用数学、分析以及启发式技巧。在你寻找游戏内经济或其他复杂游戏系统的平衡点时，不断尝试、构建你自己的经济，以及基于这些原则通过游戏测试来验证，仍然是设计过程中无法替代的步骤。

分析式平衡

如第 9 章所提到的，分析法是平衡游戏所用的定量方法中数学建模的好伙伴。这种平衡的应用远不限于确定传递或非传递物品乃至系统平衡。它更多集中于玩家的整体体验：游戏是否具有吸引力，是否为玩家提供参与感，是否让玩家感到适度的平衡——如果是这样的，那么这种状态会持续多长时间？对这方面的分析度量是游戏内指标的输出（因此，这些指标通常也会与玩家的整体体验配对来分析）。你选择收集的数据可能是特定的度量或指标，而对收集来的数据进行处理后，最终出来的结果则是你的分析数据。

3 种主要类型的指标和结果分析数据对游戏设计和开发非常重要：

■ **开发过程数据**：在开发过程中收集游戏过程数据可以帮助你认识到自己是否走在正轨上。详细信息请参阅第 12 章。

■ **性能数据**：许多游戏需要仔细观察其帧率、内存使用情况等。软件配置以及类似的分析技术可以帮助程序员以及技术美术人员确保游戏在目标硬件上运行良好。

■ **用户行为数据**：以群体而非个体为单位观察玩家的整体行为，可以帮助你了解游戏的健康度及其整体成功情况。

本节会重点关注第三类：用户行为数据。这种类型的分析，与确保玩家在游戏中获得积极、平衡的体验最为相关。和使用数学来构建进程与能力曲线不同，使用用户行为信息不是为了建立一个让玩家在其中活动的结构；它是建立在记录和分析"玩家实际做的事情"这样的基础之上的。因此，只有当很多玩家在玩你的游戏时（通常要到游戏接近商业发布时），且你能够定期（最理想的情况是接近实时）检索这些数据时，这些技术才真正有用。

收集玩家信息

对于没办法访问玩家行为数据的模拟桌上游戏以及离线游戏，用户行为数据很难获取且通常没什么用。但是，当今开发的大部分游戏都有某种形式的在线组件或连接。要么玩家直接连接服务器，要么游戏能将匿名信息发送回服务器以供分析。此外，免费（F2P）游戏会产生且需要更多有关玩家行为的信息，以帮助你了解游戏玩法是否平衡及游戏整体情况是否健康。

如果游戏可以将报告发送回中央服务器，那么你可以在游戏软件中放置"调用指令"来记录行为信息。这些信息被记录下来，且通常会作为一个短字符串发送回服务器，该字符串会标识玩家的 ID、信息被采集时玩家在游戏中的位置，以及你可能需要的任何其他信息（例如，玩家距进入当前会话还有多远）。

你可能会想：既然记录玩家行为这么重要，那么我们为何不将用作分析的"调用指令"应用到游戏内的一切事情上，记录玩家在游戏中的一举一动？但实际上这样可能弊大于利。最终，你只应该收集能帮助自己创造更平衡、更引人入胜体验的信息。你收集的指标通常被称为关键表现指标（KPI）。这些指标是用来让你确保游戏运转良好、玩家正享受其中，且没什么可怕失衡出现的。换一种说法，如果一个指标不是 KPI，那么就不要费心去收集它：它会变成你必须花时间去分析，但又没有真正好处的数据。

在收集用户行为数据时，你需要确保信息是最新的，且能被定期采集。若不能拿到最新的数据，或者仅仅是偶尔采集一下数据，是完全不能帮助你理解用户行为的。如果信息滞后超过一个小时，它通常就过时了，没有太大用处。如果过期超过一天，则它可能会导致你对游戏做出糟糕的决策（除非你是回顾性地使用它，或者用于形如"与前一周同一天的行为趋势做比较"这样的分析）。最理想的情况是持续且接近实时的数据采集：你应该知道在任意时刻游戏中都发生了什么。实际上，这些数据可能每隔几分钟才会采集一次，但这已经足够了。

对玩家进行分组

你在一个玩家身上收集的数据会与在其他玩家身上收集的数据聚合为同类群组（或群体），以便你对大多数玩家与游戏交互的方式有一个概览（除了少数例外情况，个体玩家的行为信息是没有用的，甚至可能导致你误入歧途）。创建玩家群组最常用的方法之一是，将同一天或同一周开始玩游戏的所有玩家放入一组。然后可以随时跟踪该组以查看其行为如何变化。观察同类群组之间的变化，可以让你了解有关游戏健康情况的大量信息；例如，通过查看 7 月 9 日这一周开始玩游戏的玩家及 7 月 16 日这一周开始玩游戏的玩家，看看他们在推进时间、会话时长或购买行为等方面的差异，你可以看到自己的游戏是越来越好还是越来越差。

分析玩家行为

有几种与玩家行为相关的信息是你可以收集的。它们可大致分为以下几类：

- 获取和首次体验
- 留存
- 转化
- 使用
- 社区

获取

你可以通过观察自己是如何"获取"玩家的（将他们带入游戏中）以及他们首次进入该游戏是何反应（这有时被称为"首次用户体验"，*first-time user experience*，FTUE），了解在人们眼中，你的游戏在"吸引力"和"引人入胜"方面的程度是怎样的。FTUE 同时也是获取新玩家的关键因素。从本质上来说，玩家的 FTUE 是游戏给他们的第一印象，有点像第一次约会。如果游戏让人困惑、厌恶或沮丧，玩家就会放弃它且不会再回来。然而，如果游戏具有吸引力、引人入胜，且让玩家玩得很顺手，那么玩家很有可能会再次回归。

在查看前期使用情况分析时，你可能需要了解有多少人开始玩这款游戏——多少人启动了游戏程序——以及他们在第一次会话中将游戏推进到了哪一步。你还可以将这一环节拓展得更远。首先查看有多少人下载并安装了你的游戏，或在网页上点击了你的游戏。如果你这样做了，就将注意到每一步都会有一个极端的下降比率。游戏不同，这个比率也各不相同。但作为一个粗略的启发式方法，你可以预计：从玩家启动你的游戏到真正开始游玩时，每次点击会丢失大约一半的玩家。这意味着，如果在真正能开始游玩前有 3 次点击（例如，选择国家、角色和性别），那么你可能会失去大概 87% 的初始受众：50%、50% 的 50% 以及 50% 的 50% 的 50%。你的游戏可能会有稍微不同的走向曲线，但这种启发式方法应该可以帮助你认识到让玩家尽快进入游戏中的必要性。

这种玩家的逐步丢失就是所谓获取漏斗的一个例子。你的玩家永远不会比听说过你的游戏的人多。根据一些统计，从那些听说过你的游戏的人，到那些会寻找这个游戏的人（通过网络或实体商店），这当中的下降比率高达 10 倍。那些实际下载了游戏，运行了一次，之后成为常规玩家的人也会经历这样一个过程。10 倍的下降比率意味着在每个阶段，你只能维持十分之一的玩家。因此，要获取一个常规、长期的玩家，必须有 10 个会开始玩该游戏的玩家、100 个会下载或安装它的玩家、1000 个会寻找它的玩家，以及 10 000 个知道它的玩家。这是一个令人望而却步的数字，也许你的游戏情况会更乐观一些——但也不要抱太大期望。

进入游戏

一旦玩家进入游戏，你就可以记录他们在玩游戏时所做的事情。回想一下第 9 章中《翻滚种子》的例子。开发者测量了玩家们的进度，并确定他们中的大多数人并没有到达第一个主要检查点。而在有幸到达第一个检查点的玩家中，又有约 80%没有达到下一个关键点。这些都是巨大的损失，表明该游戏的某些地方不平衡或不吸引人。玩家可能会发现游戏很无聊，又或者让人难以忍受。每种情况下的补救措施都是不同的，但基本的问题是相同的，只有当你弄清楚玩家进入游戏界面（显然对游戏是感兴趣的）后又很快离开的原因，问题才能得到解决。

测量玩家的 FTUE 通常包括他们对游戏教程或开场时刻的响应。游戏教程旨在教会玩家如何在游戏中操作，但该教程经常会让玩家感到垂头丧气并对玩家造成阻碍。当然，如果没有教程，则可能意味着在玩家还不知道做什么时就被直接"扔"到游戏中去，这同样可能令玩家感到困惑和垂头丧气。观察玩家在游戏前几分钟的表现可以帮助你平衡游戏的这一部分，以便你能维持尽可能多的玩家继续玩游戏。

留存

除了维持相关玩家继续玩该游戏外，你还会希望之前玩过这款游戏的玩家能回归。留存通常以天来衡量。第零天（D0）是第一次打开游戏的那一天。D1 是接下来的一天。D7 是他们首次开始玩游戏一周后的那一天，D30 是一个月后。你可以根据玩家开始玩游戏的时间将玩家分组，并从那里跟踪他们的行为。在 D1、D7 和 D30 回归的百分比分别是多少？你如何通过改善他们的 FTUE，以及确保他们有回归的游戏内动机来提高这一点？例如，在许多游戏（尤其是移动平台上的 F2P 游戏）中，如果玩家在开始玩该游戏后的第二天回归，系统会给予相关玩家一定的奖励。这些游戏的制作者非常清楚玩家回归的重要性，并会以实际奖励来庆祝玩家的回归——也应该如此。第二天无法让玩家回归的游戏将很难成功。

跟踪玩家游戏行为的另一个方面是查看每日玩家数量是如何变化的。在任一给定日期玩了游戏的玩家个体数量被叫作每日活跃用户（daily active user，DAU），有时也被称为"心跳"数，因为它可以一目了然地告诉你游戏当前是否正常。DAU 在一周的不同天变化很大，因此在周二看到有一次下降可能并不重要，因为这通常是游戏最空闲的一天。另外，如果在一个周六你只有上个周六的一半 DAU，那么这应该引起你的警觉：出问题了，你需要快速找出究竟是什么问题。

你还可以观察每月活跃用户（monthly active user，MAU），即过去 30 天内玩过该游戏的个体数量。这是一个回顾性的数字（因为滞后了 30 天）。然而，通过观察 DAU 除以 MAU 的比率——今天玩过游戏的人数与过去一个月玩过游戏的人数对比——你可以得到游戏整体健康状况的有力指示。这通常被称为游戏的黏性——即人们有多大可能坚持下来并再次回到游戏中。如果这一比例随时间上升，那么你的游戏是健康的。而如果它在下降——现在正在玩的玩家比早些时候正在玩的玩家少（以比率的形式）——则不是一个好的迹象，你应当快速采取行动来找出问题所在。

你也可以观察玩家持续游玩的时长（不仅是单次会话中，还可以从整体的角度来看）：这被称为玩家在游戏内的生命周期。大多数玩家的生命周期是不到一天的——他们只玩了一次游戏且永远不会再回来。改进游戏的 FTUE 以及前期平衡，以让更多玩家想要回归，将改善游戏的整体健康状况。另外，常规玩家玩游戏的时间是多长？几周还是几个月？他们为什么不玩了？行为分析可以帮助你了解玩家停止玩游戏的原因——尤其是，如果他们只是没事情可做了的话（相比于系统化的游戏，这在内容驱动的游戏中更为常见）。

转化

在 F2P 游戏中，绝大多数玩家（通常是 98%到 99%）根本不会在游戏中购买任何东西。严格来说，这些人是玩家但不是客户。只有实际进行了付费行为的人才是客户。将玩家转变为客户的行为被称作转化。

你可以跟踪特定组群中的玩家何时会进行首次付费行为、平均每天花费多少，以及首次付费后有多大可能会进行第二次付费。可以采用多种方法来观察这些数据，以便你更好地了解玩家行为。例如，在群组的基础上，F2P 游戏中通常拥有更好首次体验的玩家更有可能进一步购买更多内容。同样，已经付过一次费的玩家，进行第二次付费的可能性会大大增加；因此，如果你能说服他们，让他们相信进行一次付费行为是个不错的想法，那么他们更有可能会再次购买游戏内的东西。

如果你跟踪玩家在 F2P 游戏中付费的金额，并将其平摊给所有玩家，就将获得每位用户的平均收入（average revenue per user，ARPU）。这是游戏中营收能力的关键指标之一。它似乎与平衡无关，但如果你为游戏设计了有效的 F2P 商业化，那么玩家会提供强劲的平均收入回报。

F2P 游戏中通常还会跟踪许多其他指标，例如每日活跃用户的平均收入（average revenue per daily active user，ARPDAU）。就此处的讨论而言，还未提及的最重要转化指标与玩家平均游玩时间（他们的游戏内生命周期）以及他们在此期间付费的金额有关。这项指标被称为生命周期总价值（lifetime value，LTV），它是全体玩家的一个平均值。该指标可能是评估游戏整体、玩家体验平衡以及商业成功的最重要指标。

LTV 有时被称为 F2P 游戏"铁方程"的一部分。这个式子表明，玩家在游戏中全部时间产生的收入必须超过"获取典型玩家的成本（例如，包括所有营销成本）"以及"以每个玩家为基准的生命周期内的运作游戏成本"这两者的和。下面是铁方程：

$$LTV > eCPU + Ops$$

eCPU 是每个用户的有效成本（effective cost per user）——引入一个新玩家所需的平均成本。因此，如果玩家玩游戏的平均时长为一年，然后要为每个玩家每月消耗 1 美元用于服务器、带宽和开发团队的维护等，且平均下来要获取一个玩家你必须支付 3 美元的营销成本；那么你获得的收入平摊到每个玩家身上，最好能超过 $3 + 1 \times 12 = 15$ 美元。这意味着，如果平均下来每个玩家在自己的生命周期中只支付了 10 美元，那么你实际上在走向破产。这是许多没有从这个角度来进行玩家分析的 F2P 游戏所面临的命运。

所有关于收入和商业化的讨论，可能并不属于你认为的游戏平衡甚至游戏设计范畴。然而，商业化设计却越来越多地成为游戏设计的一部分。作为游戏设计师，你必须意识到并接受设计以及分析解决方案，以创造商业成功的游戏。这可能意味着以单一价格在线销售游戏（一种更为传统的方法）；或者在免费提供游戏的同时，附带玩家能选择购买游戏内物品（如果他们愿意）的机会。适当地构建游戏体验，使玩家不会觉得消费是必需的；但如果他们愿意，也能进行消费，且如果这样做的话，足以让玩家在游戏内更加所向披靡（这是商业化设计以及分析式游戏平衡的关键部分）。

使用

除了引入玩家，让他们持续玩下去，以及鼓励他们在游戏中消费外，你还可以收集和分析各种简单、直接的实用指标。

例如，如果游戏中有任务，那么它们是否被玩过大致相同的次数？如果有一个任务被反复玩，那么玩家可能更偏好这一任务。或者，如果有一个任务几乎没有人完成，那么它是太困难了，还是太单调乏味了？你还可以观察人们在游戏中死亡或失败的方式，是否有游戏的某些方面你看不到，但通过观察导致玩家死亡或失败的原因，使你意识到了游戏中不平衡的部分？

除此之外，还存在类似的经济措施。在本章前面提到的《栖息地》例子中，该游戏的管理员很幸运地对游戏中总货币量的变化，以及每个玩家账户每日游戏货币余额的变化进行了测量，这使他们能够在失控之前发现严重的、可能会扼杀游戏的经济失衡现象。

任何会影响游戏的事物、事物的因果，以及玩家可以构建多少核心资源，这些都值得分析和跟踪。虽然收集的分析数据不要超过实际使用量也很重要，但如果你想弄清楚从哪儿开始，那就看一下游戏中播放声音的位置：任何向玩家提供听觉反馈的事件都可能是你想要记录的事件。如果这产生了太多无价值的数据，你可以着手过滤并减少这些分析性调用，但在这样做之前，你可能需要对想要收集的数据类型有一个更清晰的认识。

社区

最后，可以通过分析来更好地理解玩家的社交和社区导向行为，你可以清楚地了解游戏的整体健康和平衡状况。例如，你可以跟踪玩家通常与特定的人聊天的时间、固定社交群体（例如，公会）的数量，以及玩家在游戏内的活动。这让你至少能根据谁与谁联系，建立起一个社会交往的近似模型。当然，并非所有的游戏都需要这样做，但如果能绘制出游戏中的社交网络，你就可以揭示出谁是舆论制造者和早期采纳者（你可能会想要关注他们的行为）的更多信息。例如，如果一组有影响力的玩家开始减少他们在游戏中花费的时间，这可能是问题的早期迹象（即使他们只是单纯地因为没有可玩的内容了）。

你还可以跟踪你收到的针对游戏不同部分投诉的数量和类型。这当然可以帮助你找到 Bug，而且它也可以帮助你找到玩家认为不平衡的游戏部分——太困难、乏味或只是没有吸引力。纠正这些会让游戏对所有人都更友好。

总结

平衡复杂的系统以及游戏体验是一整套困难、复杂且通常让人望而却步的任务。本章介绍了你需要创造的实践元素和心理框架，以及平衡游戏内从最简单、基础的部分到大型复杂、分层系统的一切。

需要记住的是，平衡必然是一项持续性的实践。它永远不会完美，也从未真正完成。如果游戏看上去对你和玩家都基本上是公平的，那么你就正朝着正确的方向前进。还要记住，每个玩游戏的玩家都可能以新的方式让游戏失去平衡。但是，如果你已经创建了弹性系统并尽可能地着手使之平衡，则会降低游戏被破坏以及玩家失去参与感的可能性。

第 11 章

团队合作

除了任何创造性、系统构建或技术性技能外，作为游戏设计师的你若想成功，则必须能够成为团队中的一部分来有效开展工作，并帮助他人也做到这一点。

成功的团队不是偶然出现的，他们是有意识构建的，且自成系统。理解开发团队中的各种角色定位以及他们如何协同组成有效率的团队，将有助于你与其他人合作来一起制作你的游戏。

协同工作

对任意规模的游戏来说，完全由一个人制作的情况极其罕见。由于创造任何游戏都需要大量的各种技能，因此几乎所有的游戏都是拥有共同愿景的多个人聚集在一起的产物。这需要在不同的学科领域——游戏设计、编程、美术、声音、写作、项目管理、市场营销等——中开展大量的工作。

为了完成所有这些工作，你必须深入构思以及设计游戏细节将涉及的一系列技能中去。除了能够将你的想法传达给游戏设计师以外的人，你还必须能与他们有效合作，并确保团队成员都能很好地合作。你必须能会集最优秀的人，并使用最好的流程和工具来实现你的游戏。这绝非易事，通常会让游戏设计师（以及其他人）远离自己的舒适区。从很多方面来说，设计游戏反而是相对容易的部分，与团队一起开发游戏要困难得多。

成功的团队都做了些什么

很容易低估组建和维护一支成功团队的难度，以及其对于游戏成功和你自己长期的职业成功多么至关重要。许多管理理论都阐述了使团队运作良好的原因所在，你可以找到很多这方面的好书。幸运的是，我们拥有如何造就强大、成功团队的实际数据——至少在游戏开发这个领域。

2014 年，由 Paul Tozour 领导的一个名为 Game Outcomes Project 的团队发布了一些关于游戏成功或失败原因的有趣而详尽的研究报告（Tozour et al.，2014）。他们就 120 个问题进行了详细调查，并从已经完成并发布游戏的团队那收集了近 300 份反馈。用他们的话说，这带给他们一个数据的"金矿"。

根据调查结果，Tozour 的团队总结出与成功游戏正相关或负相关的多种实践。他们宽泛地定义了"成功"，其涉及一个或多个因素：

- 投资回报率（Return-on-investment，ROI）——即游戏的充分赢利能力。
- 批判性或艺术性上的成功。
- 实现了团队重要的内部目标。

团队确认的每个效果在统计上都是显著的。这意味着如果你遵循指示的做法，你肯定会提升游戏项目成功的机会。

Tozour 的团队按照对产品成功的影响程度列出了"前 40 个"因素，下面缩减了列表，并按主题对元素进行了分组。（当然你也可以阅读研究结果的原文。）

如果你对排名靠前的因素做一个归类，它们在"对创造一款成功游戏的贡献度"方面会分别属于下面这些类别：

- 对团队正在制作的游戏来说，他们创建并维持了一个清晰、引人注目的愿景。
- 有效地工作，保持专注，避免不必要的干扰和改动——并避免延长关键时刻。
- 建立相互信任、相互尊重的团结一致的团队，保持高标准，但也允许犯错。
- 清晰、公开地沟通，解决分歧，定期召开会议。
- 在专业、私人和财务方面将每个团队成员视为个体。

那么，哪些因素没能荣幸列入这张最重要因素列表中呢？两个"大家伙"立刻跳了出来：

- 拥有一个制作方法论很重要（在列表中排第 26 名），但至于你是用敏捷开发、瀑布开发，还是其他什么方式，就无所谓了。
- 拥有一支经验丰富的团队也很重要。它没有直接出现在列表中，但如果出现，它将在 40 个重要因素中排在 36 名上下。

上面的内容可能并不使人感到意外，但它们都不一定是显而易见的。它们应当是游戏开发的基本原则，但太多的开发团队忽视或违反了其中的一个或多个，然后还在纳闷为什么没有成功。他们从来没弄清楚自己正在做什么，或者过于频繁地改变行动方向或技术平台。他们很难做到公开沟通，而让分歧在数月或数年时间里持续发酵和生长，或者他们让自己进入了有关"哪种制作方法好或是哪个工具集好"的深入讨论中。这些都是让你的游戏开发项目失败的"好"方式。

在团队不是压力来源，也没有增加额外难度的前提下，开发游戏本身已经足够困难了。如果你能与你的团队讨论这些原则并让每个人都承诺遵守它们（包括当有人触犯了原则时要互相帮助——列表上的第 5 名和第 35 名），那么你将大大增加团队以及游戏成功的机会。

进一步分解上面的简短列表，接下来将看看具体的领域，以及它们在原始列表中按重要程度排序的名次。下面这些列表里出现在圆括号中的数字——如（#1）——表示特定因素出现在原始 Game Outcomes Project 列表中的名次，该列表按重要程度而非主题进行分组。

产品愿景

每个游戏都有一个统一的愿景，用来讲述游戏是关于什么的。愿景与玩家体验是一致的。它包括游戏中的交互类型，你希望玩家感受到的情感，以及你加入的游戏机制类型。如第 6 章中所讨论的那样，这是你应当在开发初期创建的。

正如 Game Outcomes Project 列表所展示的，拥有清晰产品愿景在各个角度都对你的成功至关重要。下面按照重要程度列出了它们：

- 这个愿景是清晰的且能被团队理解（#1）。
  - 这包括将要交付的以及团队所期望的内容（#1）。
  - 产品愿景体现在规范/设计文档中，并辅以持续的设计工作（#36）。
- 愿景是引人注目的，它是可行的且能实施明确的行动（#1）。
- 愿景是一致的，不随时间改变（#2）。
  - 团队对变动或偏离持谨慎态度（#2）。
  - 当有必要变动时，所有利益相关者都应积极参与（#21）。
- 愿景是共同的：团队相信它且对其充满热情（#3）。

很难描述一个能被清楚记录、明确定义的愿景，以及一个全力以赴、按照该愿景执行的团队多么重要。这是第 6 章中描述的概念文档如此重要的原因之一。愿景不仅需要被明确定义，也需要被团队充分记录和理解。团队的访客如果在大厅拦下任意一个人，并询问其在做什么、所做事情与整体团队愿景的关系，以及（从被问者的角度来看）项目的发展方向，他应当能获得一致的答案。如果你发现自己团队的愿景不清晰或与所做工作不一致，请放下其他所有事情，直到你把这些问题解决为止。这个时候做其他任何事情，都会导致灾难。

以上并不是说愿景就不能改变。在设计、制作原型以及测试想法时，你将发现游戏愿景的新方面，这些方面是以前未见过的，你的工作应当将它们包含在内。然而，这并不意味着愿景应当每周变化或随时间改变。正如 Game Outcomes Project 列表所示，拥有清晰、一致、共同和良好沟通的愿景对开发游戏时取得任何类型的成功都至关重要。

但有时候，会有外部力量强制你做出改变。也许是其他人发布的游戏与你的游戏过于相似，或者你的预算、日程安排的实际情况发生了变化。当这些情况发生时，尽快修正并重新创建游戏愿景，确保所有利益相关者都参与进来且获得他们的支持（#21），并确保每个人都理解（#1）且对产品方向充满热情（#3）。

最后请注意，这种清晰的愿景不仅适用于团队，也适用于每个人的角色定位以及期望。及早解决这个问题，定期检查以确保没有人的角色定位或期望发生变化，也很重要。

产品开发

至少可以说，将游戏作为一个产品开发是很困难的。这种开发的结果是，必须能让拥有合适硬件或能够打开包装盒阅读规则的任何人都可以使用。通常，游戏是一种商业化产品，但越来越多的游戏被用在了教育或类似环境中。无论如何，将一个理念转化为一个完全实现的、独立的游戏产品非常困难，以至于很多这样的努力都未成功。

创造一款成功的游戏产品需要坚持游戏愿景以及拥有一个团结的团队，团队中最重要的是合作良好。如果这些元素都到位了，那么你会惊奇地发现其他太多方面（技术、规模、预算等）会变得更容易管理。

根据 Game Outcomes Project 列表，以下是成功产品的首要因素：

- 开发是由游戏愿景所聚焦和推动的（#1）。
  - 团队成员理解并执行由产品愿景驱动的高优先级任务（#1）。
  - 个人不会按照自己的优先级行事（#1、#19）。
- 领导者主动识别并降低潜在风险（#2）。
- 团队有效率地工作（#4）。
  - 团队消除干扰，并避免延长关键时刻（#4）。

  — 团队接受培训并使用选好的制作方法（#26）。

  — 团队确保工具能正常使用并使工作有效进行（#29）。

  ■ 团队经常且尽可能准确地估计任务执行时间（#16）。

  — 团队成员有权决定自己的日常任务，并参与确定任务的时间分配（#30）。

  — 团队在开发过程中仔细管理任何必要的技术变动（#31）。

  — 团队根据项目的当前状态确定每个里程碑的优先级（#40）。

  游戏的开发应当由游戏愿景来驱动，这似乎是显而易见的。不幸的是，项目很容易陷入与愿景无关的方向；也许团队并没有真正接受这个愿景（甚至仅一个人没有接受），又或者团队正在逐渐慢慢远离它。确保每个人都在做对设计愿景有利的最高优先级任务，而不仅是处理显眼的干扰或某些人的个人优先事项，这将有助于避免正在进行的工作与商定的愿景背道而驰。

  保持项目在正轨上也意味着领导者必须正视且快速地面对困难，根据需要消除或降低风险。这实际做起来可能比听上去更难：总有问题不断出现，需要制作者或其他团队领导去处理（并避免分散团队注意力）。成功做到这一点，可以让团队成员更有效地工作且更好地控制自己的工作。这种本地团队控制，包括尽可能地确定个体的当前优先事项和任务评估（基于先前绩效的反馈），对保持团队长期运作良好并使项目成功至关重要。

  要做好一个持续数月甚至数年的项目，严格限制团队必须投入的关键时刻（持续工作数天或数周）非常重要。关键时刻是游戏行业内持续讨论的话题，有些团队能完全接受它，而其他一些团队则完全避免它。长时间工作的负面影响已有详细记载（CDC，2017），但它仍然存在，而且是一个跨行业的问题。

  在处理任意需要创意的项目时，会有难以或无法安排的未知因素。当有新的优先事项或问题突然出现时，抑或当任务没有按照计划推进时，整个团队很容易落后于计划。如果团队在这里坚持剩下的其他原则（清晰的愿景，处理高优先级任务等），那么偶尔在短时间内发生这种情况并不是严重的问题。然而，当愿景不明确、制作进度缓慢、优先级频繁变动、任务评估不准确时，团队最终不得不用数周的持续工作来追赶重要的（通常是不可变更的）生产日期。随着时间的推移，这会影响团队的表现和士气，从长远来看它最终不会让游戏变得更好。

团队

几乎所有的游戏都是由团队制作的，作为游戏设计师，你职业生涯的大部分时间都会是某个团队中的一员。成功游戏项目的团队有什么共同属性呢？Game Outcomes Project 列表强调了以下关键特征。

- 团队凝聚力强，成员相信游戏愿景、团队的领导，以及成员之间彼此信任。他们有共同的价值观和使命感（#1、#8、#14、#17）。
  - 团队尽量使人员流动最小化（#6），但也会迅速移除扰乱/不尊重他人的成员（#12、#13）。
  - 团队保持群体和产品优先级高于个体优先级（#19）。
  - 团队组织良好，团队结构清晰（#25）。
  - 团队营造了一种管理层与团队成员相互尊重的环境（#12）。
  - 团队营造了一种乐于助人的氛围（#35）。
- 团队能够承担风险（在产品愿景和优先级的范围内）并能从错误中吸取教训（#5）。
  - 团队成员应避免浪费性的重复设计（#9）。
  - 团队成员会庆祝新颖的想法，即使该想法并未实现（#10）。
  - 团队成员开诚布公地讨论失败（#18）。
- 团队成员彼此保持高标准的要求（#11、#17）。
  - 他们欢迎相互尊重的合作与工作审查（#11、#39）。
  - 团队成员会奖励那些寻求帮助或支持他人的人（#35）。
  - 对于达不到预期的行为，必要时会当面沟通（#17）。
  - 个体承担的责任和角色定位与他们的技能相匹配（#20）。
  - 个体有学习和提高技能的机会（#28）。
  - 团队成员彼此为按时完工负责——但不是为了削减团队士气（#34）。

如本章所讨论的，拥有一个高效的团队动态对项目的进展至关重要。这是让项目变成人人都想参与，而不是每天都畏惧与其打交道的原因所在。其中比较有趣的部分是，虽然团队凝聚力和人员流动性小很重要，但迅速移除那些具有破坏性、将自己的优先级放在首位或在社交和职业上有问题的人也是很重要的。虽然存在一些围绕"天才总是难以合作，但又太过有能力以至于难以割舍"的神话，但长期的经验表明，最好将这样的人迅速地从团队中请出去。他们留下来会让自己的行为给其他所有人带来一个有害的环境。虽然在没有深思熟虑的情况下不应当从团队中移除任何人，但给那些破坏团队努力或者影响其他团队成员的人机会，并不会有助于增强团队凝聚力。从长远来看，这样做只会让团队变弱。

这并不是说一个人一旦犯错就应该出局——团队成员应该多做尝试并面对失败——但尝试和失败与在团队中扮演一个有破坏性影响的角色之间是有区别的。对那些不按团队最佳利益行事的人，无论他们多么熟练，或者他们在团队中的角色多么重要，都应当迅速对其进行劝告，并在必要的时候让他离开。团队成员需要对自己的工作以及如何为每个人的工作和成功做出贡献负起责任。这包括按时完成工作，平衡有时会出现的承担风险的需求，以及保持高标准。

沟通

与其他人——具有不同技能、经验和目标的人——一起工作，需要持续、有效的沟通。团队中的每个人都需要具备这些技能。作为游戏设计师，你经常会被要求与团队中的其他成员一起工作，而你的沟通能力将极大地影响产品的潜在成功率。

下面是成功游戏团队分享的关于有效沟通的一些内容。

- 每个人都会认同团队或团队领导做出的决策（#3）。
- 团队会迅速化解分歧——无论是产品的还是个人的（#7、#12）。
- 团队成员会经常收到关于其工作的反馈（#9）。
    - 团队成员会就自己做得好的工作收获充分的赞扬（#22）。
    - "禁止意外管理"：如果有重大的坏消息，不要掩盖或截住它；让相关人员知晓（#9）。
- 团队能够且愿意公开发言，即使是不让人好过的话题（#27）。
    - 团队成员会感受到别人听到了自己的意见，即使决策是与他们的观点背道而驰的（#15）。
    - 通过开放、相互尊重的沟通，让办公室政治的影响最小化（#17）。
    - 团队有开放的政策，每个人都可以接触高层领导，以提出顾虑/提供反馈意见（#23）。
- 团队成员对任务和行为的预期是很清楚的（#24）。
- 团队定期开会，讨论感兴趣的主题、提出问题并确认瓶颈（#33）。

如果成员沟通不畅，团队就无法有效发挥作用。从系统角度来说，每个团队成员都是整个团队系统的一部分：如果团队成员没有进行有建设性的交互，那么系统就会散架。这包括非正式与正式的口头和书面沟通，也包括一些更加困难的方面，如当事情出错时不隐瞒结果（"禁止意外管理"），能对他人工作提出建设性的意见（且在面对批评时没有防守性反应），且每个团队成员会完全遵从决策，即使他们个人并不赞同。这并不是说团队成员应该是无意识的"无人机"，但一旦做出决策，你就要尽力撇开自己的意见，并用自己的行动支持决策。这意味着即使你并不赞同，也会全心全意地在群体决定的方向上做出贡献。那些不能做到上述要求的人（最坏的情况是有人说一套做一套），与那些当事情变得非常困难、制作过程迈向深入阶段时对团队有害的人，往往是同一类人。

关于会议的因素虽然在列表中排位靠后，但仍然很重要：团队不仅需要良好的沟通，而且还要经常沟通。每个人都参与每日状态会议是最起码的。在大型团队中，可能有所变化，可能先是职能团队的小型快速会议，接着是团队领导的快速会议，但原则是相同的。远比仅举行每日会议更好的是，团队成员（作为一个整体或分成较小的平行小组）聚在一起审视游戏、提高技能、解决问题或只是单纯地交往。并非团队中每个人都必须成为朋友，但他们必须相互尊重，并且知道如何有效地为团队和项目做得更好而进行沟通。

个人

沟通与团队合作显然是成功的关键因素。但每个团队都是由个人组成的。作为个人，我们都有不同的需求。成功的团队会设法平衡团队和产品的整体需求与团队中每个成员的有效需求。Game Outcomes Project 发现了关于成功团队的以下因素。

- 团队允许每个人成长，甚至成长为新的角色（#28）。
- 团队成员在"人"这个角度上是真正互相关心的（#37）。
- 团队使用对个体量身定制的财务激励措施，而不是绑定测评分数（或类似机制）的版税或奖金（#38）。

每个人都在各自的"旅程"中。这听起来像是陈词滥调，但却千真万确，值得牢记。大多数制作团队花了几个月或几年的时间在一起，然后又在不同的路上各自分道扬镳。将团队成员视为个人，而不仅是他们的职能角色（游戏设计师、主程序员、美术实习生等），将帮助你记住每个个体的个人和专业需求必须与团队需求保持平衡。

当成员彼此之间有一定程度的共同情感时——如有需要会一起庆祝、相互支持和一起哀悼——团队会更有效率。这可以建立关系纽带，并让团队能够共渡难关。成为团队的一部分，且团队中每个人都彼此信任，这种状态是无与伦比的。这并不意味着他们会容忍彼此的缺点，或不去指出他人的错误，或不存在分歧，但如果这些困难的任务可以在真正相互尊重、相互关心的气氛下完成，则可以让团队做得更多。

虽然每个人都有自己的需求和目标，且制作团队通常只在一起很短的时间，但如果你能平衡团队需求和每个个体的需求，那么你最终会缔造一个更强大的团队。此外，这也是你创建关系的方式，这些关系可以让你在未来建立更好的团队。当组建一个团队时，没有什么比所谓的"十一罗汉时刻"（*Ocean's Eleven moment*）更妙的了：你打电话告诉他们你正在组建的内容，然后得到的回应是"我加入"。

总结

根据我组建和运作多个团队的经验，我将本章到目前为止讨论的原则简化成以下 3 条主要原则。

- 诚信
  - — 说什么就做什么。
  - — 犯错时承认错误。
  - — 不要指责（他人）。
- 灵活
  - — 能迅速改变方向。
  - — 允许其他人成长。
  - — 不要被困在过去。
- 沟通
  - — 让其他人知情，不要囤积信息。
  - — 提供并寻求帮助。
  - — 提供及时的反馈。

这些建议来自我的经验。前面章节中列出的、来自 Game Outcomes Project 的列表，其好处是基于定量的数据，但我相信我的这些建议仍然有用。如果你能内化并平衡这三条原则，它们将伴随你在任何职业——乃至生活中——走过很长的路。

团队角色

任何团队都需要多个角色——拥有完全不同技能的人聚集在一起，以建立一个成功的团队，制作一款成功的产品。了解这些角色以及每个角色的技能和责任，将有助你作为团队成员找到自己的路，并理解构成完整开发团队所需的东西。

为了开始游戏开发中团队角色的讨论，我们先将视角拉到公司层面。从这里，我们将回到工作室，最终会回到游戏开发团队。并非每家公司都会使用这种模式，但这种组织类型是很常见的。

公司架构

大多数游戏公司（以及一般的商业公司）都由一个管理团队所领导。这包括所谓的 C 团队（C-team）或 C 型雇员（C-suite），由以下部分组成。

- **首席执行官（Chief Executive Officer，CEO）**：CEO 负责公司的整体方向、筹款，并与董事会协同工作。
- **首席运营官（Chief Operating Officer，COO）/总裁**：COO 负责公司的日常运作，并与 CEO 协同工作。（在较小的公司内，一个人可能既是 CEO 又是 COO。）
- **首席财务官（Chief Financial Officer，CFO）**：CFO 负责公司预算、监管员工薪酬、会计事务、税务等。
- **首席创意官（Chief Creative Officer，CCO）**：CCO 负责公司代表作品的创意组合以及跨工作室的创意指导。
- **首席技术官（Chief Technical Officer，CTO）**：CTO 负责公司的技术平台、研究和采用新技术、编程标准等。

有时还会有其他人，包括首席信息官（Chief Information Officer，CIO，通常与游戏公司的 CTO 的职责一样）以及首席营销官（Chief Marketing Officer，CMO，通常是向 CEO 汇报工作的副总裁[Vice President，VP]或类似人员）。也有许多与基础设施相关的角色——人力资源，有时还会有营销、设施、供应商关系等——通常向 COO 或 VP 汇报工作（VP 也会向 COO 汇报工作）。

CEO 通常被认为是"大老板"；他们应负起最大的责任，确保公司表现良好并实现总体目标。而 CEO 的老板是董事会。CEO 会定期与董事会碰面，讨论战略和企业方向，并在必要时筹集更多投资资金。董事会成员通常不是公司雇员，但他们代表了那些投资了公司的人的利益（特别是，资金是否得到了良好的利用，以及投资者最终将如何获得回报）。大多数没有投资者的小公司是没有董事会的，可能会有一个顾问委员会来协助他们。大公司极少没有外部投资者或董事会。

工作室角色

向 CEO 或 COO 汇报的通常是一些副总裁和/或总经理（VP 和 GM——头衔特别多），他们领导的则是被称为工作室的组织。工作室这个词很常用，但并没有一个统一的含义。粗略地说，工作室是一些开发团队，致力于开发相似类型的游戏产品。它们的产品通常按类型或知识产权（一系列具有相同基础品牌的产品）进行分组。

领导工作室的 VP 或 GM 具有所谓的损益（P&L）责任——这意味着他们最终要对其管理下的群体的利润和损失、收入和成本负责。这意味着他们对招聘、制作方向和团队构成方面拥有很大的权力。

向工作室负责人（VP 或 GM）汇报的是一个或多个执行制作人（Executive Producer，EP），经常也会是创意总监（Creative Director，CD），有时还会有一组共享服务。每个 EP 都会领导一个单独的开发或产品团队。CD 监管工作室内的所有游戏设计工作，也可能会向公司的 CCO 汇报工作——或者在只有一个 CD 的情况下，他自己同时也是 CCO。

共享服务包括跨所有产品团队工作的个人和团队。其通常包括营销，有时还有其他群体，像商业智能（Business Intelligence，BI）或分析、质量保证（Quality Assurance，QA）、社区管理、美术，特别是音效设计，因为所需的音效设计师是跨团队的，比任何其他职能角色都少。

如果任何产品团队有特殊需求，或者总是需要来自上述这些领域的更多的人，那么一些人可能会从共享池中转移至单个团队。但在这样的团队中工作的人，通常被认为与任何特定项目的联系都较少，因此能够更容易流动。这意味着公司在这些团队中不能雇用过多的人员，以便在特定的团队不再需要他们的时候他们不会变成多余的。另一种选择是，公司通过雇用大量人员填补特定职位（如 QA）来"增补员工"，然后在不再需要他们的时候将他们解雇。不幸的是，在一些公司里，就算是共享资源团队也会出现这种情况。

开发团队组织

通常，执行制作人领导和监管单个游戏开发团队。他们的重点是确保制作正确的游戏，以及使其能被正常地开发出来。尽管 EP 严格来说并不是游戏设计职位，但这个个体通常对正在开发的游戏拥有最终权限，因此他们通常是游戏的"愿景持有者"。EP 通常会与团队的首席设计师或创意总监密切合作，但 EP 是任何问题、创意或其他事务的"最终站"。

向 EP 汇报的是一系列职能团队：游戏设计、程序和美术，以及制作团队和其他（见图 11.1）。EP 必须平衡来自这些团队的竞争需求和问题，以确保游戏被顺利制作且（在后期制作中）运转良好。在某些情况下，EP 对其团队拥有预算权限，这取决于 EP 的资历、团队规模以及其他一些因素。

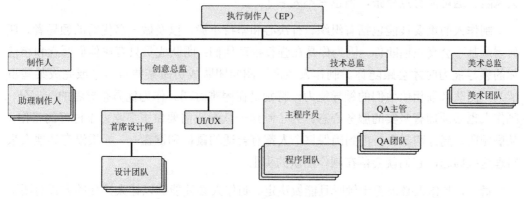

图 11.1 典型的游戏开发团队组织结构图

制作人

向执行制作人汇报的是一个或多个制作人，在大型团队中，还会有一个或多个助理制作人（Associate Producer，AP）。小团队可能只有一个制作人。大型团队可能有一个或两个高级制作人，会有一些制作人（在这种场合下，有时称其为制作统筹）向他们汇报，同时有多个 AP 协助并向制作人汇报。

一般来说，游戏开发团队的每 11 个成员当中就有 个制作人。如果制作人多于这个数，则可能表示团队存在问题，或者可能只是"厨房里有太多厨师"。而如果制作人少于这个数，那么职能团队要么高度自我管理，要么当团队变得紧张时会陷入混乱，乃至崩溃。

AP 是游戏开发中常见的入门级职位；这些人倾向于与其他职能团队（游戏设计或程序等）一起来处理任务和计划的日常细节。随着他们获得更多的经验，AP 可能会晋升为制作人、高级制作人，并最终成为执行制作人（每晋升一级可能都需要数年的经验）。在这当中的每个阶段，个人的视野会变得更广，责任会变得更大，同时需要解决的问题也会更多。

制作人与游戏设计师经常会有模糊的职位描述。制作人是确保进展顺利、问题得到迅速解决、团队有效工作而不会出现问题或干扰的人。根据不同的组织架构，AP 和制作人可能会管理团队的里程碑、任务和计划，或帮助职能团队管理自己。他们通常不会直接向游戏中添加任何内容，但他们会让其他所有事情都能有效开展。作为一个团队，制作人需要始终知道每个职能团队中正在发生的事情——谁正在做什么，特别是大风险点在哪里。有种说法是，就算你在半夜摇醒制作人，他们也能告诉你团队当前面临的三大风险。这可能有点夸张，但也差不太多了。

制作人的重要技能包括有组织、有决心和坚持不懈，以及做一名优秀的领导者。任何团队都不会真正追随你，因为你是在强行推动他们；团队成员只有在他们愿意和相信你的领导能力时才会跟随你。制作人经常试图叫团队成员做某些事情（或完成某些事情），团队必须相信他们的领导能力，特别是在困难时期。作为优秀领导者的一部分，制作人也必须拥有坚实的服务心态。为了制作一款游戏需要做很多吃力不讨好的工作，从刷厕所，到订购零食，再到确保每个人都有合适的鼠标和键盘——如果没有其他人来料理这些问题，它们就会落在制作团队的头上。

最后，制作人必须善于倾听且能做决定。制作人必须能够以让人接受的方式对团队中的某个人说不行。有时每个人都真的很想要一些东西——一个很酷的新功能、一个去看新发布电影的下午，或者新的椅子——这个时候，制作人的工作就是让每个人都专注于团队目标，温和但坚决地让他们顺利工作，即使这意味着需要说"不行"——可能还会说很多次。

项目经理和产品经理

在一些游戏公司中，制作人之间存在一个有趣的划分：一些人被叫作项目经理，一些人又被叫作产品经理。两者都是制作人的子类别。项目经理会专注于发布前的游戏。他们与团队一起制订里程碑和计划，留意可能会让团队失去前进动力的一些麻烦，并让团队成员专注于任务，不受干扰。他们也会确保每个人都能做自己的工作——没有人在自己的进展中受阻——且经常与外部团队合作。

相比之下，产品经理专注于已推出且正在销售的游戏。他们更侧重于负责产品营销、管理社区关系，在某些情况下他们还会处理游戏内的商业化事务以及跟踪使用情况。并非所有的团队都需要实时的产品经理，但随着越来越多的游戏拥有网络组件，该职业正在成为一种更为人所熟悉的角色。

游戏设计师

游戏设计师是目前为止你最熟悉的角色。游戏设计师会做本书中所讨论的所有事情：思考新概念、创建系统、定义各个部分，以及几乎无止尽地研究电子表格中的属性值。

游戏设计师的入门级头衔往往是初级或助理游戏设计师（因公司而异）。在一开始，新人设计师将像大多数早期职业生涯的职位一样，在一个小且定义明确的领域内工作。新人设计师的典型工作是负责游戏中的具体条目和层级的细节设计，并在某些场合下使它们彼此之间平衡。

在积累了几年经验之后，特别是在经历了设计和发布游戏的整个过程后，初级游戏设计师会成长为游戏设计师。这个角色的重点往往是构建子系统（例如，战斗系统的射箭子系统）、设计具体的机制，以及为游戏编写有限的叙述或其他文本。大多数游戏设计师在积累经验的过程中会花费 5 年或更长的时间来做这种类型的工作。

到了某个时间点，游戏设计师，特别是大型组织中的游戏设计师，可能会成长为高级游戏设计师或首席游戏设计师。在很多情况下，这两者是基本相同的，后者还需要管理其他游戏设计师和初级游戏设计师。高级和首席游戏设计师往往会创建整体系统和核心循环、长叙事弧、游戏世界观，并全面监督游戏设计的高层次结构。

首席游戏设计师通常会直接向执行制作人汇报，他们与其他职能团队的领导是对等的关系。虽然所有团队领导都必须共同努力，但每个领导都有一个特定的专注领域。偶尔也会有一个创意总监附属于团队，要么是在工作室层次的 CD 之外另设的职位，要么直接取代 CD。在这种情况下，首席游戏设计师会向创意总监（其监管更高层次的创意方向）汇报，确保整个游戏在玩法方面保持一致，且在与玩法相关的最高优先级项目方面已取得足够进展。

UI/UX

创建游戏用户界面（UI）以及定义其用户交互（UX）的团队成员处于一个混合的职位中。许多 UI 设计师最初都是美工，因为这一领域最普遍的特征是，玩家看到的用户界面是什么样的。但他们也必须了解感知和认知心理学——人们如何看到和听到不同的提示，他们如何有效地点击或滑动等。

用户交互设计师通常更关心用户界面的功能架构以及玩家的路径。这些工作也可能会交给美工或游戏设计师，且有让专门接受过用户交互方法训练的人来处理的趋势。

纵观整个游戏行业，UI/UX 在游戏开发组织里的定位是各不相同的。有时它会与制作团队处于同组，有时又会被放在美术团队中，也有被划分到游戏设计团队中的时候。图 11.1 中 UI/UX 与游戏设计师处于同组，他们会向创意总监汇报工作，但这只是众多可能配置中的一种。

程序员

游戏开发团队的技术角色由通常被称为程序员的人充当，有时他们会被更正式地称作软件工程师。这些人通常拥有计算机科学或类似领域的大学学位，并专注于让游戏设计能实际工作。一些程序员也会做游戏设计，但这两项工作需要截然不同的技能和思维方式，而且往往难以同时做好。即使你有两方面的才能和经验，重点关注其中一方面都是建立事业所必需的。

与制作人和游戏设计师一样，大多数程序员都是从初级角色开始的，这些角色会有许多不同的头衔，如初级程序员或一级软件工程师。随着他们变得更有经验，程序员最终会面临职业分歧，在更偏向管理的主程序员与拥有更深层经验的架构师之间做选择。作为一名主程序员，通常需要管理其他技术人员——很多程序员会尽力避免做这种事——但它也可以让你对整个项目拥有更多的洞察与方向。架构师不管理其他程序员，但会对游戏的技术结构产生显著影响。团队的架构师负责决定游戏软件的整体结构和要使用的工具，了解贯穿开发团队的文件和数据流或"管道"，以及创建重要的命名规范等。在做这些时，架构师往往会与技术总监甚至公司 CTO 协同工作，以保持决策对各个团队有长期且一致的影响。

与游戏设计师类似，主程序员或技术总监可以监管项目的所有技术方面，并向执行制作人汇报。如果开发团队拥有自己的质量保证团队，QA 相关人员通常会向技术总监汇报，后者拥有团队技术成员的总管理权限和监督职责，并与其他职能团队的领导合作，以保证游戏开发向前推进。

随着时间的推移，程序员经验越来越丰富，他们倾向于专注以下领域之一。

- **客户端**：图形、UI/UX 编程、物理、动画、音频。
- **服务器端**：游戏系统编程、游戏引擎、脚本、网络。
- **数据库**：有效存储和检索数据的、适用性广且技术性强的领域。
- **工具**：数据分析、性能分析、测试、自动化。
- **人工智能**：创造游戏中有效的敌人。
- **原型设计**：迅速、反复创建快速、可用的原型。

　　一些程序员会覆盖以上领域中的大部分甚至全部，他们被称为"全栈"程序员。例如，几年前，全栈 LAMP 程序员的需求量很大。LAMP 代表 Linux/Apache/MySQL/PHP——这些是程序员每天都会打交道的、从操作系统到产品开发语言的工具"栈"。

　　虽然开发团队的所有成员都会使用各种工具来完成他们的工作，但程序员使用的工具可能是最多的。他们必须熟悉集成开发环境（Integrated Development Environment，IDE）、源代码或版本控制系统、问题和任务跟踪系统、图形引擎、数据库工具、代码分析器、解析器，以及很多其他工具。此外，正如上面的 LAMP 的例子所示，任何特定工具集的寿命都不会超过几年。程序员必须致力于不断学习新的语言、工具以及全新或被更新过的方法，才能在职业生涯中保持不被淘汰。

　　项目中程序员的数量变化可能很大。在早期概念和原型设计阶段，可能只有一两个程序员。而作为规模的另一个极端，一个处在全面开发阶段的大型项目可能有一个技术总监、一个架构师、一个主程序员和一些各自专门负责上面所列出领域的程序员。客户端程序员往往是团队中数量最多的，而负责 AI 和工具工作的程序员数量则最少。

质量保证

　　如本章前面提到的，质量保证（QA）可以是整个工作室（甚至整个公司）的共享资源，根据需要在项目之间流动，也可以驻留在开发团队中。如果 QA 处于团队中，QA 负责人通常会向技术总监汇报，但在某些情况下，该个体与其他职能团队领导是对等的关系，且会直接向执行制作人汇报。

　　对于那些后来成为游戏设计师、制作人甚至程序员的人来说，QA 是游戏行业职业生涯的常见切入点。这个群体的重点是确保游戏功能符合预期，并以一种令玩家满意的方式运行。QA 团队成员有时被称作 QA 测试人员或 QA 工程师，具体取决于他们关注的重点。前者会花更多的时间测试游戏玩法，后者则会编写自动化测试程序，以确保游戏能按照预期工作。虽然 QA 测试人员确实发现了软件中的 Bug，但基本上这是他们为了达到目的顺带获得的产物：他们的目的是确保游戏创造出符合预期的体验，并且体验本身是既有趣又平衡的。

　　要在 QA 团队中工作，你必须具有技术和细节意识、全面意识以及耐心。你经常需要一遍又一遍地测试游戏玩法的同一部分，寻找问题并在其出现时清楚地记录下来。因此，你必须能够良好地表达，无论是非正式或正式的方式，还是口头或书面的方式，都需要。这需要一定的沟通能力，你必须以一种易于理解且不易被驳回的方式告知设计师或程序员为什么游戏不按照预期工作。

美术与声音

图像和音效美工为游戏添加了动感和生命，让游戏更有吸引力。他们的工作与任何其他能刺激玩家想象力的工作一样多。

图像美工往往持有工作室艺术（Studio Art）或类似领域的学位；而现在还有一些其他学位的人进入游戏行业制作游戏或游戏美术。美工通常会进入许多专业形式的游戏美术领域中，如概念艺术、2D 绘画美术、3D 建模、动画、特效、技术美术以及用户界面美术。与编程一样，每个美术领域所需的技能现在都很重要，以至于很少能找到跨越两个或三个以上领域的人，很多美工在他们的职业生涯中只会关注其中之一。

图像美术团队的结构类似于程序员团队：通常会有一个主美与美术总监（与创意总监以及技术总监对等的职位）一起管理多个美工；有时还会有类似于技术架构师的高级美工，监管游戏美术的风格与方向，而不是直接管理美工。

在很多团队中，都会存在与程序员相同数量——甚至更多的美工。通常情况下，团队只有一两个概念、技术和特效美工，而其余的美工则专注于建模、动画及其他任务，例如，为模型创建纹理并装配它们（创建内部"骨骼"），以便它们可以动起来。对制作人来说，通过将部分美术工作外包给外部团队制作来减少必须由内部团队制作的美术工作量，这样的操作也是很常见的，这些外部团队只会为其他公司的游戏制作美术资源。

对成功的游戏而言，音效设计与图像美术一样必不可少。然而，工作室中的音效设计师往往远少于图像美工——一个音效设计师经常会同时与几个团队一起工作。部分原因是游戏声音的本质，它需要的总体制作时间少于图像美术所需要的，从某种程度上说也是因为游戏开发者过去不太关注音效与音乐。这种情况正在发生变化，越来越多的玩家会关注精彩的音效和音乐，也有更多的游戏会发行独立的游戏音乐原声大碟。开发者越来越认识到精心设计的声音在游戏中可能产生的积极影响，也愿意为之投入更多的时间和精力。为游戏生成音乐、音效既需要高度的技术性和创造性，又需要两套技能良好组合。

其他团队

除上述功能团队外，通常还会有作为共享资源或开发团队一部分的其他团队在工作。包括社区管理，与游戏玩家社区合作；以及数据分析和商业智能，筛选有关玩家行为和竞争格局的定量信息，以改善未来的开发。如前面所提到的，这些往往不是开发团队自身的一部分，但却是时不时会与你们紧密合作的群体。

你需要什么样的人？什么时候需要

如果你正在构建一个新的游戏团队，你可能希望尽快使团队扩大。这只会导致团队失败，因为一开始你真的没有多少工作让这么多人员做。很多出色的团队都是从一个由高级人员组成的小型核心探索团队开始的，他们可以快速行动并尝试新的想法，直到他们确定了游戏方向、核心循环以及整个游戏玩法。一个设计师、一个程序员以及一个美工通常就是你一开始所需要的全部人员。3 个人可以非常紧密地展开工作，迅速尝试新想法——设计、原型设计、测试以及根据需要更改或丢弃想法。因为这个过程需要迭代，因此你需要确保这个小团队中的每个人都愿意且能够以这种方式工作——大量工作成果被生成又被抛弃（甚至是好的成果，仅仅由于不适合也会被抛弃）。

除了快速迭代外，这种模式的另一个好处是避免了设计团队在可交付成果方面的瓶颈。有一种错误的想法是，作为游戏设计师（或最终会成为设计师团队的一员），你可以设计整个游戏，然后让它在没有过迭代或修改的情况下实现。设计师在完善概念、寻找有趣点、创建系统、定义部分以及确保游戏能正常运行等方面有很多工作要做。在更多的人加入团队之前，你在这方面做得越早、越多，你的游戏就会越好。如果后面你不得不做出重大的游戏设计方向上的决策，那么当多个程序员、美工、制作人以及其他一些同事都在等着被告知究竟要走什么方向，以便能开展他们各自的工作时，你将浪费他们的大量时间——且你可能会迫于压力做出次优的设计。

团队是一个系统

任何团队都会像一个复杂的系统那样工作：它有相互作用的多个独立部分，以创建比各部分总和影响更大的东西。在公司内部，团队按层次结构运作，就像在任意系统中一样：开发团队、工作室，以及整个公司，各自组成了不同组织层级的系统。对于那些从游戏或任意复杂行业开始的人来说，这一点一开始往往很难被意识到。我们很容易仅从单个角度出发来看待整个事物，而没有理解到实际上存在很多部分，其实整体系统中也存在多种角度。

多年以前，当我试图向一个年轻的开发者解释为什么他负责的部分并不是唯一（甚至不是最重要的）部分且必定不能代表整体时，我想出了一个方法来让他理解层次——用于制作游戏的系统层次结构。我写下了以下内容（这些内容后来在网上很多地方都被引用了）：

想法不是设计

设计不是原型

原型不是程序

程序不是产品

产品不是业务

业务不是利润

利润不是出口

出口不是幸福

这里的重点是强调每个游戏、产品和业务都需要许多不同领域的技能。在每个层级上都需要运用完全新的、不同的才能，才可以取得成功。这个层次系统中的每个部分都需要运作良好，而且没有任何部分能够宣称自己的卓越程度是凌驾于其他部分之上的（或许需要除去幸福）。

总结

把自己当作有效团队的一员来进行工作，对游戏设计师的成功至关重要。当你开始积极开发时，你必须知道如何以团队一分子的身份开展工作，这个团队的人拥有不同类型的技能，可能会把你带到游戏设计之外很远的领域。你还需要知道成功的团队是什么样的，这样你才能更有效地做出贡献。通过了解各种职能、工作室以及企业层面的角色如何配合创造一个分层的团队系统，你可以更好地发挥自身角色的作用，使你所在的所有团队都受益。

第 12 章

实现你的游戏

除了设计外，要创造游戏还有很多工作要做。本章讨论了在你和你的团队着手实现游戏时，现实世界中有关开发游戏的方方面面。

这些实践元素建立在本书第一部分构筑的基础上，以及第二部分讨论的原理上，为这两者添加了具体的背景环境。

开始

制作游戏是一个漫长、困难和复杂的过程。纵观本书的大部分内容，我们讨论的都是如何设计游戏。但为了实现你的游戏，除了设计，你必须知道如何成功开发游戏，这就是本章的目的。

除能够作为团队的一部分工作、实实在在地创造游戏外，你还需要了解执行这些操作会涉及的过程。

- 向他人传达你的游戏理念。
- 对游戏进行多次原型设计和游戏测试。
- 厘清游戏开发过程的不同阶段。
- 不要只是开始，还得实际完成你的游戏。

做推介

在默默死磕你的游戏设计之外，首先要做的事情之一是，告诉其他人——并试图让他们相信它。如果你无法表达你的想法，你就无法让游戏真正实现。这里就需要对游戏进行推介了。

推介游戏是什么意思？推介是一个行业术语，意思就是把你的游戏告诉别人，目的是说服你的听众并传达出你对它的热情。推介游戏是你传达愿景的方式。前期你可能会有一些图表和文档，或可能只有一个你认为很棒的想法。但你自己是无法真正实现这个游戏的。不可避免地，你必须告诉别人为什么你的想法是有价值的——在有无数其他事物吸引他们眼球的情况下，他们为什么应该付出自己的时间、注意力、金钱和/或才能帮助你实现你的游戏。

做推介的准备工作

推介会发生在各种各样的背景环境下。如何着手进行你的推介，很大程度上取决于你的目标、你的听众，以及推介发生的环境。

了解你的目标

在准备和进行推介时，你首先需要明确你想要达到的目标。所有推介都是故意做到有说服力的——但说服可以以不同的方式对不同的目标产生。推介最常见的理由可能是获得资金，无论是找外部投资者还是公司管理层，这样你就可以开发自己的游戏。还存在其他推介理由，包括验证你的理念，为了营销游戏而与媒体合作，以及组建你的团队。每种理由都需要从不同的角度传达出相同的想法，这样才能奏效。

无论你的推介理由是什么，你的理念都是相同的，但推介本身的形式可能会发生变化。如果你试图验证你的想法，你可以专注于理念本身，让其他人与你一同探讨。仅仅通过讨论，你往往就会获得之前从未看到过的、游戏愿景的新方向或隐藏要素。或者，与你交谈的人会提出一个问题，该问题在游戏世界或叙事中设置了一个转折，表明他们足够理解你所描述的内容，以至于能看到该变化可能会如何发生。

与媒体合作来让你的故事被讲述出来和试图招募新的团队成员，这两者是相似的：你想兜售你的游戏幻想。你希望与你交谈的人能够对游戏展开想象，这种想象不是游戏实际看上去的样子，而是最终玩家会感受和体验到的样子。你希望媒体中的一些人能了解你的游戏非常新颖、新鲜，且是他们的读者或观众希望知悉的内容。另外，在招募团队成员时，你会希望说服潜在的团队成员加入，希望他们将这个项目视为对自己时间和才能的最佳利用。

如果你推介的目的是资金，你会希望提供足够强大的理念，可以让听众理解并对这个想法感到兴奋。你还需要提供给他们足够多你自己的背景信息，并需要考虑如何制作游戏才能让他们不觉得这是一个冒险的项目。当然，你还需要准备好可信的团队规模、计划以及预算，以便他们能聚焦在提供资金这个问题上。很多不熟悉推介的人在游戏理念的细节上花了太多时间，而在这个背景下它真的不是重点；或者他们对开发团队的确切组成以及资金将如何使用进行了过多的细节描述。能根据需要提供细节是非常重要的，但在一场关于提供资金的推介中，提供细节过多与过少一样糟糕。你应当考虑的是为你的听众提供足够多如下信息：能让他们看到游戏的吸引力，认识到你懂得如何制作这款游戏，并相信你的计划和预算是合理、可行的。更多的信息只会增加对话的难度以及困惑的可能性。

无论你的推介还有什么其他目标，每次与他人谈论你的游戏都是一个改进和验证你理念的机会。人们会提出批评、问题，以及——如果你足够幸运——对你所描述内容表现出持续增长的兴趣和兴奋。如果你不够仔细，很容易错过最后一部分：当别人对你的愿景感到兴奋时，他们往往会说 "噢，这听起来像是《防御阵型》（*Defense Grid*）和《三重小镇》（*Triple Town*）的结合体" 这样的话，或者他们可能会开始提供他们的个人建议。这些可能听起来像是批评，或是对你想要的游戏方向的干扰，但重要的是你不要打断或忽略这些评论；如果不出意外，这表明与你交谈的人正在形成一个游戏的心理图像，你的想法和他们融合得很好，足以让他们开始将你的想法与其他想法联系起来。如果你忽略了这样的信息，你可能会成为一个孤独的空想家，听不进去任何人的意见，从而做不成任何事；这是一个令人遗憾的定式思维。这并不意味着你应当改变你的想法以配合其他人所提供的每一条新评论，但你确实需要利用他们提供的信息，来了解他们如何基于你的描述看待你的游戏，你的理念和推介有哪些地方需要改进，甚至他们只是单纯有一个更好的点子。

了解你的听众

要成功吸引你的听众，你当然必须了解他们。这通常意味着在推介之前做一些研究。如果你正在与潜在的投资者或发行商交谈，那么还应注意这个人还投资了其他什么或这家公司还发行了其他什么？一个特定的媒体渠道（无论是个人流媒体，还是主流出版物）通常会涵盖什么内容？你的听众在寻找什么？

从听众的角度来看你的推介，将有助于你提炼信息，并增加你达成为推介设立目标的可能性。投资者通常都在寻找市场机会。游戏发行商经常在寻找填补其代表作品缺口的游戏。投资者和发行商都必须将每个推介视为长期关系的潜在开端（你也应当如此）以及投资行为的机会成本。这意味着，例如，如果你在寻求 100 万美元以完成你的游戏，那么投资者需要问一问自己为什么你的游戏是将那笔钱投入的最佳场所，以及他们一旦将那笔钱交给你，别的什么事情是他们不能做的。

媒体代表总是在寻找能在截止日期（总是很紧）前以可理解的方式发布的下一个大故事。他们需要发表的故事是读者或观众欣赏且在理想情况下能传播给他人的故事。他们对观众感兴趣的事情感兴趣，因此在接近媒体代表或对他们开展推介之前，你应当了解这一点。

最后，如果你试图招募团队成员，他们可能还有其他正在从事的工作。（如果他们没有，你要确定你是否真的希望你的项目成为他们的"救生艇"。）你需要帮助他们认识为什么你的游戏是他们才华的理想归宿，值得花时间在上面。

游戏开发者经常会错过这些点，太过专注于从对他们自己有利的点出发，而不是从听众的角度来看他们的游戏。在推介时，你需要考虑听众的目标和关注点，以及他们可以为你提供的东西。

了解你的材料

了解你的游戏和听众只是成功进行推介所需的一部分。你还需要能无所不知地谈论竞品游戏、市场趋势、技术平台以及你的提案所存在的任何其他潜在风险。

不仅是知道这些事情，你还必须能够轻松且权威地讨论它们，不要磕磕绊绊地说话，表现出紧张、丢失思路，或者更糟糕的，试图表现得比你实际上了解得更多，并当场做出一些事后会后悔的事。

所有这些都表明你的推介需要练习。没有什么可以代替练习，也没有一种简单的方法可以节省时间。即使那些曾经做过多次推介的人，也会继续进行一遍又一遍的练习。对于作为推介会议一部分的正式演讲来说尤其如此，而对于非正式的、偶然发生的推介也是如此。当机会出现时，你需要做好准备，当那一时刻真正到来时，你不能停下来再做练习，乃至经常整理思绪。

了解材料的另一个方面是，你需要表现出（且要真正做到！）真诚、兴奋、热情、专业以及仍然保持一定程度的随和，所有这些需要在推介游戏时同时体现出来。多次准备和练习会有所帮助。你不应过多练习以至于看起来很木讷、虚伪，但你应当练习到能减少自己的紧张情绪，走出自己的风格，以及使你对项目发自内心的热情闪耀起来。

作为练习的一部分，不要只关注材料本身。你需要学会控制你的肢体语言，这样才会显得轻松、自如。不要坐立不安，学会避免重复的减压行为（扭绞双手、把眼镜往鼻子上方推、扭头发等）。看着听众的眼睛并面带微笑——程度不要过大以至于表现得咄咄逼人，而是足以让你确保他们会跟随你的讲话。这当中的差别可能只是一线之隔，多与他人练习会有所帮助。一个有用的点子是，近距离观察那些你正在进行推介的人，以致你走出会场时，你还记得他们眼睛的颜色。令人感到意外的是，大多数人往往不会为周围的人付出这么多的注意力。

这突出了一点，即在任何推介中，一定的个人亲和力甚至魅力也有助于与你的听众建立联系。如果你太在意接下来要说些什么，或者正紧张地坐立不安、盯着房间的一个空角，那么你就无法专注于你的听众，也无法专注于如何才能最好地与他们交流。这将严重限制他们实际从你这里听到和了解到的内容数量。

做推介的环境

推介几乎可以在任何地方进行。这里有两个极端，你可以轻松地做好准备。第一种是非正式的偶然发生的推介，通常被称作电梯推介。第二种则是在推介会上发生的更正式的演讲。

电梯推介

电梯推介不仅仅是一个隐喻——它们有时真的会发生在电梯里。你可能去参加一场会议，发现自己正和一位想要与之交谈的发行商 VP 在同一部电梯里。在这种情况下，VP 就是一个被俘虏的听众——尽管你需要注意不要那样对待他们。如果你能建立起一场对话，"你是做什么工作的？"这样的问题可能就会出现。而你如何回答就是电梯推介的本质所在。

当然，这些推介不仅会发生在电梯里。当一个碰面机会出现时，你可能会发现自己在大楼大厅、等候登机，甚至在杂货店排队。无论哪种情况，你都需要做好准备：随时准备推介。

在形如电梯这样的非正式场合下，目的并不是要解释你所做的一切——你不会打开一个完整的演示文稿——而是简要说明你是谁，在做什么工作，以及你正在寻找什么。这必须以能激起对方兴趣的方式进行，而不是表现得咄咄逼人或迫切需要帮助的样子。"嗨，我是×××公司的×××。我正在从事×××（一句话描述）并对×××（你的目标）有兴趣。"这就在不显得有社交攻击性的情况下打包描述了你的信息。在评估了对方的兴趣程度后，如果他们不感兴趣，你可以简单转至另一个话题；至少，你又锻炼了一次你的电梯推介（另外，你永远不知道他们会跟谁提起这件事）。如果与你交谈的人表现出似乎有点兴趣但持续时间很短，你可以说："这是我的名片。我很乐意之后再与你谈论更多有关这方面的事情。"而如果他们看起来很感兴趣，你可以说："这是我的名片。我们可以在下周安排时间来详细讨论这件事情。"

就是这样——这就是一场完整的推介。忍住不要告诉对方你正在做的事情的更多细节，除非他们特别要求。通常情况下，更多的细节是令人反感的，并且会减少听众记住你所说的内容或真正获得一次额外见面的机会。

推介会

另一个极端是正式的推介会。如果你工作室的创意总监或总经理邀请你为一款新游戏做推介的话，这可能发生在你工作的地方，也可能发生在有合作意向的发行商或投资人的办公室里。这样的推介往往持续半个小时到一个小时，包括你的演讲以及来自房间内其他人的一些问题。小心仔细地将你的演讲规模缩放到你可用的时间范围（多加练习！），确保最后留出至少 5~10 分钟时间供提问环节。

推介演讲通常由幻灯片和视频组成，有时也会有 Demo 演示，如下面所述。确保你已经准备好存于不同介质上的演讲备份，以便将其复制到另一台计算机上，在最坏的情况下，甚至还可以分发纸质副本。

在演讲的过程中，请注意你的节奏。你需要控制演示文稿的翻页速度——但不要过快，这样会失去听众的注意力；也不要过慢，这样会让他们觉得无聊。密切留意会议中的人是否跟着你的节奏在走，这点非常重要。当然，你需要讲清楚，并避免坐立不安。再一次强调，练习是非常重要的。

当你被问问题时，无论是在演讲期间还是在演讲结束后，请简短且尽可能全面地回答。如果你很幸运的话，演讲过程中被提问的一个问题会突出你将制作的一个关键点，或问题直到演讲的后期才出现。这表明，在你讲话的时候，提问的人用心在听并正在建立有关你演讲内容的心智模型。在这种情况下，简要回答问题并指出你稍后会更加充分地解释它（但要以肯定的态度，一定会这么做！）。除非被特别问及，否则请避免技术细节，另外不要偏离主题。在回答问题之前，花点时间整理思绪也是可以的；这比试图用结结巴巴的话语代替沉默要好得多。你还需要警惕另一种情况，有时其被称作"问题背后的问题"——被问及的真正关注点。如果有人提起了一款游戏，很像你正在推介的这款，他们是真的在问竞品还是在尝试验证对你的理念建立起的模型？或者，如果他们在询问团队中还有谁，他们是真的在问潜在的预算问题还是在试探你开发游戏的经验和能力？回答你被问到的问题，然后想想，是否可以深入挖掘并尝试解决该问题背后可能存在的问题。

有时候问题会完全出人意料，你会发现自己完全没做好准备。如果是这样，不要害怕说"我不知道。"或者如果合适的话，说"我不知道，但我会去了解清楚再给你答复。"无论哪种方式，都远比在掩盖你的无知时试图通过一个回答来虚张声势要好得多；那只会降低听众对你及你所说一切的关注度。在某些情况下，你甚至可以问你的听众是怎么想的，他们经历了什么，或者他们有什么提议；只是注意要表现出（真诚地）对新信息持开放态度，而不是消息不灵通。当然，如果你练习过你的演讲，你应当为大多数问题做好了准备。你甚至可以在演示文稿的末尾添加一个附录，以帮助回答问题。（这会让你看起来好像胸有成竹，是很棒的做法。）

如果你最后没有被问及任何问题，那通常不是一个好迹象：这意味着你所说的没有产生任何影响，也没让你的听众产生兴趣。（也许他们对你的理念和演讲感到敬畏，以至于甚至不能形成一个批判性的问题……但这不太可能发生。）实际上，他们并未像你描述的那样建立游戏的心智模型，所以也就没有可以填补的空白。另一方面，如果随着演讲的进行听众提出了许多问题、形成了许多观点，那么你就会知道听众确实参与其中且至少内化了你所谈论内容的一部分。

推介内容

对于非正式和正式的推介，开头通常是相同的。之后，这两类推介的展开完全不一样。你需要从快速介绍开始——你自己以及与你在一起的任何其他人。这应当很快，因为它并不是你的听众所关注的焦点。与此同时，你需要简要谈谈你的可靠性与资历，来证明你确实了解自己所谈论的内容。尤其是在正式演讲中，你可以快速提及你过去做过的事情，从而表现出你知道自己正在做什么，并会将其做好。这个简短的介绍还能帮助你树立自己友好和开放的形象，让你的听众安静下来专注于你的信息。

在快速介绍之后，你应当开始演讲，从游戏理念开始。你应该已经制定了一个高层次的概念描述，如第 6 章"设计整体体验"中所述；整个关于概念文档的讨论都应当正确插入你的推介中。回顾一下，概念描述是描述游戏的精致、清晰且措辞谨慎的一两个句子，即为什么它是独特的（或至少是新鲜的——为什么其他人应该会对其感兴趣）。如果可能的话，还可以描述游戏会为玩家提供什么类型的体验。其中的一个指标是，如果你的概念描述使用了多个逗号，则它太长了。你也可以将其视为"推文中的游戏"；如果你的概念超过了 140 个字符，那么它也可能是太长了。

以下是概念描述的模板示例：

■ "×××（游戏名称）是关于×××（题材活动）的一款游戏，×××（由于这几个原因而让人觉得新颖）。"

■ "在×××（游戏名称）中你会×××（面对这样的挑战），遇上×××（这样的曲折），×××（产生这样的感觉/体验）。"

■ "×××（游戏名称）是×××（电影 X）与×××（书籍 Y）的结合。"

■ "×××（游戏名称）是×××（电影 X）与×××（电视节目 Y）的结合，并被包装在像×××（事物 Z）这样的世界观下。"

这里的挑战是，你的概念描述需要简短而精辟，但同时要能涵盖整个游戏。它需要足够简短，让第一次听到它的人就能理解整个描述，而不会因思维过载而不得不重新听一遍。概念描述不仅需要传达你的游戏内容，还需要传达与其他游戏不同的部分。你需要使这样的描述尽可能简短且令人难忘，这可能是一项非常困难的任务。

要得到这样的概念描述并不容易，你应当花必要的时间来与他人一起完善和练习。同样一件事情，对你来说可能很简单、易懂，但在别人听来往往并非如此。准备好对其进行多次迭代，包括对措辞做出很细微的调整，以使描述最合适。练习这个描述也可以让其在你头脑中高度清晰，从而即使你很紧张（不管是因为你刚刚与某个你想见的人一同走入了电梯，还是因为你发现自己身处会议室的前面，投影仪的光照进了你的眼睛），也能说得很好。

如果这个推介只是一次机会或简短的会议，那么介绍以及概念描述可能就会占据你所有的时间。你不要看起来过于渴望（更不要绝望），只需对你正在做的事情表示友好和兴奋。在这种情况下，你应当做的最后一件事情是"行动号召"，本章后面会对此进行讨论。另一方面，如果你有更多的时间能深入细节，尤其是如果这是一场正式的推介，那么你需要扩展你的概念描述。这包括概念文档中常见的信息（参见第 6 章），如游戏类型、目标受众以及独有的卖点。

牢记"冰山"

从概念描述到概念文档中包含的其他信息，以及推介的剩余部分，你需要遵循第 6 章中描述的"冰山"方法。不要试图将有关游戏的所有信息都"打包"到你的推介中，也不要用细节来让你的听众透不过气。从理念和设计的冰山一角开始，帮助听众建立游戏的心智模型，然后根据需要添加更多的信息。当你被问及任何细节领域时，请做好能深入到细节的准备。

如果你将要做一场正式的推介，你应当假定你将使用某种形式的演示幻灯片；通常这是很普遍的。然而，你需要让幻灯片上的信息尽可能清晰、易懂。应包含最少的文字；只包含图片的幻灯片能被完美接受，可以帮助听众聆听你自己，而不是预读幻灯片。（但是，使用只包含图片的幻灯片同样需要你进行更多的练习，以免失去你自己的位置。）绝对避免展示任何接近于视觉"文本墙"的内容；超过大约 3 条或最多 5 条要点，或者文本跨越多行，就已经显得过于冗长了。请记住，你需要抵制"试图一次性就将一切都告诉听众"的冲动。你通常应当计划在演示文稿中放入不超过 10 张幻灯片。更少的幻灯片也是可以的，只要你传达了所需的每一条信息就行。如果你做了更多的幻灯片，你试图塞进的内容可能就太多了。如前面提到的，带上附录是一个好主意，它不属于主要演示文稿的一部分，但一旦被提问，通过它你可以参考更多细节。

在你陈述了理念及相关主题，并就你的团队做了更多说明后，你需要通过示例来给出游戏玩法的概述。以图形方式展示核心循环。（如果你还不能清晰地描述核心循环，那说明你并未准备好推介。）提供有关游戏发生的世界的简要信息，以及游戏美术风格的示例。在理想的情况下，这包括团队已经制作出的早期概念画面，但从其他来源获取到的参考/氛围画面也很好，只要你为其做好相关的标签就行。

在整个演讲过程中，你需要确保幻灯片表现得专业、到位：没有拼写错误或格式不匹配，没有意外或故障。保证有一到两种不同的字体和许多清晰、专业的图片。例如，如果你通过一个图形程序来制作核心循环图，请确保它看起来很精致，而不像是赶工制作出来的初稿。你可能希望人们忽略图片细小、粗糙的边缘，但这往往是他们眼球一直会盯着的东西，这会对你演讲造成干扰并降低影响力。

除了讨论理念、游戏玩法和美术风格外，你还需要使听众建立起对你以及游戏的信心。要做到这一点，作为推介的一部分，下面列出了可展示内容的多个选项，按优先级排列：

1．一款已完成且在售的游戏，包括最近和预计的销售和营销数据。没有什么比实际销量更能给投资人、发行商或媒体机构灌输信心的了。

2．一款已完成或接近完成的产品（即使它还未上市销售），连同强大的商业案例，包括营销和销售规划。

3．一个游戏的可交互 Demo，包括精致的画面和用户界面。你可能希望从演示视频开始，但也需要准备好实际的现场演示。

4．一个可用的交互原型，突出游戏的核心玩法。

5．一段视频预告片，表示你认为游戏完成后将表现的样子。请注意，如果你有 Demo、原型或视频，则应确保它有声音！用 George Lucas 的话说就是，"声音是画面的一半"（Fantel，1992）。

6．一组静态模型，在推介中用于保底。

除非这是一个非正式或快速的推介，否则就"在你看来游戏未来会是什么样"这方面来说，你应避免模糊的口头描述——这通常被称为"煞有介事地解释"（hand waving），最好避免。演讲中唯一比这点更糟糕的是，一组构造差劲的幻灯片，其中包含大量的文本以及开发中游戏的少量图片。

在整个演讲过程中，你需要建立对自己和游戏的兴奋感和自信，同时降低他人对风险的感知。发行商不会为有风险的想法提供资金，媒体不希望报道那些几乎不会成为现实的事情，新人也往往不会加入那些看起来会失败的项目（除非他们私下已经了解并相信你）。

你需要自信，但不能咄咄逼人。不要就被问到的问题跟他们辩驳；只需要跟他们打成一片，并尽可能地回答他们的问题。这是你可以练习的另一些事情：你需要能回答问题，而不是直言"提问的人根本不知道自己在说什么"。你也不能表现出紧张或害怕——绝对不要为紧张而道歉，或就其开玩笑。继续做你的演讲，记住你已经练习几十次了。始终保持专业和礼貌。要友好，但也要明白，推介不是为了交朋友，坚持你的目标。不要装出与房间内的人很熟悉的样子，但也不要过于正式。（很简单，对吧？）

开展行动号召以及后续行动

经过你的演讲，无论只是一句话还是持续一个小时的演说，最后要做的就是发出"行动号召"。这就是你希望发生的事情（尤其是，你究竟希望别人做什么事情），将其作为这次推介的尾声。回到你的目标上来。你想从这场推介中得到什么？这是一场简短的会面，是否你们交换了名片并约好了下一次会面？还是说这是一次正式的推介，你希望以数百万美元资金的赞助握手作为谢幕？你必须说出你想要的东西；正如那句老话，你不会得到你没有要求过的东西。不要强迫听众提供给你超出他们能给的确定性，但也不要让事情变得更含糊。如果可能，请为后续的号召或会面设定一个日期，如果是一个能确定的日期就更棒了。

推介之后

推介完成后，你需要跟进参与推介的所有人。至少，发送一封简短的电子邮件或类似信息来为占用了他们宝贵的时间表示感谢。如果在推介期间有你当时没能立即回答的问题，请将其写下来并用作后续自然跟进的工具。

如果你的推介会很顺利，你应当庆祝。这意味着你已经越过了一大障碍，很快就可以开始开发游戏的工作。但是，大多数推介都会失败，这就是推介本身运作的方式。你需要做好看不到积极结果的准备，并一次又一次地站起来重新推介。坚持不懈是推介以及开发任何游戏的重要组成部分。

当推介会并不顺利时，请回顾与你自己假设不相符的评论内容：你听到的有关游戏、市场或甚至你自己团队的内容是否与你认为的不相符？这可能很难承认，但你需要通过对不符合甚至会削弱你自己观点的内容持开放态度，以此来吸取有价值的教训。

虽然推介会没有按照自己的方式进行从来都不是一件有趣的事情，但获得一个"快速拒绝"实际上对你是有利的。这意味着你可以继续前进，调整需要更改的内容，并继续向前看。比起同意你的号召，发行商、高管、投资人、记者以及潜在的团队成员在其他选择上可能有更多的机会，特别是如果他们本就非常擅长自己当前的工作的话。这意味着他们必然会经常说 no。不幸的是，有时发行商和投资人并不想说 no，即使他们也并没有说 yes。他们希望让他们的选项尽可能长时间地保持开放。这会导致一位英国游戏开发者所说的"死于不置可否"。你永远不会得到一个是或者否的答案，与此同时发行商或投资人很乐意不时地开一下会讨论你正做的事情——而无须给你任何承诺。这可能会阻碍你找到更好的机会，如果你是小规模的开发者，这还可能会威胁到你的整个公司。因此，当向发行商或投资人做推介时，请（以专业、礼貌的方式）推动以得到快速解决——且当拒绝来临时，对它的迅速表示感谢。

无论推介会顺利与否，在完事之后你都应当与你的团队会面；或者，如果你是一个人在做推介，请在安静的地方花点时间写下你对这次推介会的看法。一旦你离开大楼（不是在电梯或大厅里，而是回到你的车上或其他任何地方，仅仅是为了安全），趁当时还记得，赶紧重温一下这次会议。通过承认哪些顺利、哪些不顺利来评判你的表现。看看你可以从本次会议中学到什么，以改善你的推介。不管这次如何，总会有下一次的推介。

构建游戏

在讨论了推介游戏之后，我们现在转向实际构建。这必然是一个复杂的迭代过程，永远不会有相同的两次。但是，游戏行业已经进化出了规律性和探索法，能使开发过程更加有效。

设计、构建和测试

设计、构建和测试游戏是整个开发过程中应当进行的所有活动。它们形成了自己的循环，每一个都通向下一个。然而，它们并非是完全相继按次序进行的，因为每一个发生时其他的都正在进行中。当你开始着手游戏理念时，你也可以开始找参考设计和概念艺术。一旦你对游戏的核心循环有了一定的概念，你就应当把它构建出来并进行测试，同时手头还得继续进行设计工作。

最初，你和你的团队会更专注于设计而不是任何其他事情。随着时间的推移，设计逐渐定型，你的大部分注意力会集中在实现这些设计上。最后，设计变动的范围会越来越小，开发也逐渐减少，大部分工作将转移至测试和修复发现的任何 Bug。然而，虽然其中存在不同的重点，但需要理解它们并不是 3 个明确不同的阶段。在设计时，你也必须进行构建和测试，这样才能改进设计。当你继续构建游戏时，仍然会存在设计方面的变动，尽管变动范围应当越来越小，且应当越来越偏向细节和平衡方面。测试游戏玩法应当贯穿整个开发过程，而不是被放到最后。

快速找到乐趣点

当你开始设计游戏时，你的第一个主要目标应该是测试游戏的主要理念，以确保它是一个可行的游戏。这通常被称为"快速找到乐趣点"，你不能把它推迟到以后，你承担不了浪费宝贵时间和资源的风险。有时一个想法听起来很不错，但只是各方面条件不太适合。或者在开始开发时，技术、交互或玩法上之前看不到的问题都变得明显了。如果事情是这样的，你需要尽快搞清楚这一点。如果不是这样的，那么知道了游戏从根本上是可行的，也会让你在开发时更有信心。

找到乐趣点的方式是让游戏的交互循环工作起来。哪怕没有真正的美术资源，以及大量游戏玩法缺失，都无关紧要：你需要让玩家与游戏之间的循环闭合，这样才能实现真正的交互。这应当是朝着你的游戏理念进行开发的第一个重要里程碑。不要误以为你首先需要创建一个地图编辑器，或决定游戏的图标，或为主要角色写背景故事，所有这些可能都很重要，但在一开始它们只会分散你的注意力。

事实上，在你闭合交互循环并确认设计中有些东西确实有吸引力和有趣之前，你并没有真正的游戏。所以在你认识到游戏真正出现了之前，在其他任何事情上做太多工作都是没有意义的。

有效的游戏原型设计

设计-构建-测试循环的关键部分是构建快速原型。在前期，这就是你如何快速找到乐趣点的方法。随着项目的推进，你会找到其他方法来使用原型测试游戏的其他方面。

在游戏开发中，原型的定义（和其他很多东西一样）很宽泛，并不总是明确的。然而，我们可以基于多年来不断发展的最佳实践来更具体地定义原型。游戏原型是游戏能工作的部分，允许至少一个交互循环。没有交互的图像不是原型，而是一个模型（即使它是动画形式的）。游戏玩法的视频（实时或预定的）也不是原型。能运行的仿真模型如果是非交互的，那么它也不是原型（虽然有时候会有一些理由来进行这种专门的技术测试）。从本质上讲，如果人不能玩，它就不是游戏原型。

游戏原型必须包含交互的原因是，如果没有交互，它们并不能真正地测试游戏或帮助你完成游戏。非交互的程序可以测试算法或仿真，但它并非创造和测试游戏。在制作游戏时，经常需要短暂进入非游戏领域。但为了保持开发向前推进以及你对游戏设计的高度信心，原型必须在每个阶段都是可交互的，且在逐步靠近你最终想看到的那个游戏。

模拟与数字原型

原型可以采用不同的形式，并包括不同数量和种类的功能。桌上游戏的原型可以用几乎任何东西制成，从纸片到任何其他事物。对于数字游戏，早期原型通常由物理材料（纸张、骰子、白板）制成，并且它们包含的内容足够创建单个交互循环，尤其是在开发的早期阶段。无论原型是数字的还是模拟的，交互要素——玩家形成意图，通过游戏内的动作执行，影响内部游戏模型，并让游戏为玩家创建反馈——是任何原型的必要部分。

你可以创建原型，让你的游戏想法成形并可测——以确认你是否真的能制作出一款有吸引力的游戏。在开发早期，数字原型是一个相对简单的独立程序，旨在测试游戏的一部分，首先关注的是核心循环。后面的原型可能会相当复杂，包含游戏本身的更多东西。

保持原型独立

原型的独立本质指向了一个关键方面：原型永远不会是游戏产品本身的一部分。它们总是分开实现的。随着开发的推进，你最终可能会使用数字游戏程序的一部分作为原型的基础，但原型的代码永远不会去往另一个方向：它永远不会成为游戏产品的一部分，无论这样做有多诱人。这是一个很容易被忽视的重要教训，但忽略它只会引发更多问题。原型必须保持独立以做到快速、简陋以及内部完全不优化。如果你发现自己在开发原型时放慢了速度来"以正确的方式编写代码"，或者在犹豫是否可以将一些原型代码复制粘贴到游戏中，那么你需要停下来重新考虑清楚。你正在制作的既不是原型也不是游戏的可用部分，而是一种可怕的混合体，从长远来看它会给你带来麻烦。

开始制作原型

虽然游戏原型必须展示某种形式的交互，但只要你有了想法并形成了游戏理念，就没有其他东西可以阻止你创建游戏的原型。只需简单地开始。在制作原型之前，不要觉得你需要创建整个经济或战斗系统，从在游戏世界中进行基本移动或其他简单的游戏内动作开始。虽然原型很适合测试形如"不同艺术和动画风格"这样的东西，但先将这些放在后面：首先聚焦于制作一个交互循环，然后使用它来让玩家在游戏中以合理的方式制定一个非常简单的目标（例如，从这边移动到那边）。随着制作的进行，添加更多的选择和交互循环——但不要太快：确保游戏中的基本核心循环具有吸引力和有趣。如果没有，再多的打扮、包装也不会让它们变得有趣，它们将永远是你游戏中黯淡、令人沮丧的部分。

回答问题

原型让你能够问出和回答有关你游戏的问题。第一个也是最重要的问题是"这很有趣吗？"即使是一个初步的原型，你也应当能开始回答这个有关游戏中基本核心循环的问题。

不要惊讶，这个问题的答案通常是否定的。很多时候，原型会暴露"你的设计根本就不可行"。特别是你的第一个原型经常会暴露：你自认为对游戏来说会是一个很棒的核心循环，结果却单调、乏味或无聊。作为规律，尤其是在你学会更好地策划自己的想法之前，你对设计的第一批想法将会是糟糕的。充其量，它们可能只是能在其他游戏中找到的平庸衍生物。但你可能不会认识到这一点，直到你在原型中尝试了这个设计，将它从脑海范围解放出来并将其放到现实世界中。这时你才会看到它烂得是多么彻底。

看到一个设计想法非常平庸可能会令人沮丧，但不要让它减慢你的速度。这是游戏设计很重要的部分。学习它有用的一面和没用的另一面，准备好再次尝试，并从这样的事实中获得慰藉：你只用极少的投资就发现了一个残酷的事实；现在发现远比经过 6 个月开发后才发现要好得多。如果一个原型不能工作，请从中吸取教训并尝试用另一种方法来实现你的理念。你可能需要调整你对游戏的想法，可能让它的节奏更快或更具策略性会好一些，或者也许存在你之前未注意到的情感核心。仅仅实现游戏理念的方式没用并不意味着游戏理念本身毫无价值，你可能只需要尝试制作不同的原型来看哪些有效。这就是为什么说"寻找乐趣点"非常重要，以及为什么你需要尽快这样做。现在就解决这个问题，将为之后的自己省去大量不必要的工作（和悲伤）。

明确目标和问题

除了有关游戏最基本（也是最重要）的问题外，在构建原型时脑海中始终有着明确的目标和问题，这一点也非常重要。这个问题应当不是模糊的，并能引发游戏及其开发方式的重大变化。如果你发现团队成员不确定或在争论该往哪个方向走，那么这是一个很好的转化为原型的情境：停止争论，找出问题，构建一个原型来进行测试，并看看它会将你带往何处。诸如"一种资源是否够用，还是说我们需要更多？"或"这种战斗风格会让玩家感到有趣吗？"这样的问题是一个很好的起点。问题和原型越清晰，尤其是如果你能一次性快速尝试多个选项（无论是通过调整变量，还是在游戏中尝试完全不同的模式），你就会了解得更多，你自己也会变得更有经验。

明确你对玩家的假设也很重要：就一个给定的原型而言，玩家会对游戏有什么样的了解？他们的目标是什么？他们构建了游戏的多少心智模型？如前所述，玩家的目标可能很简单，如"从这边移动到那边"，也可能很复杂，像"完成此任务而不被敌人看见"。这实际上取决于你在原型制作和游戏设计过程中走了多远，但每一步、你构建的每一个原型都必须针对你的目标以及玩家的目标。

了解目标受众

在制作原型时，除了要考虑明确的问题和目标，还需要清楚地了解谁是目标受众。大多数原型都制作得很迅速且简陋，仅用于测试设计的特定部分。这些仅适用于游戏团队内，因此最好将其保持在这样的安全范围内。对于这些原型，你花费在"细节"或打磨上的时间应尽可能少。在数字原型中使用最简单的图像——正方形或×。或者压根就不做数字原型：使用纸张、马克笔、骰子以及测试理念所需的其他任何物品，以模拟的形式创建游戏。你这样制作原型的速度越快，它们往往就越简陋——但它们在回答你需要明确的问题时却越有效率。

　　其他一些原型会拥有更广泛的受众，需要有不同的重点。例如，在某些组织中，需要创建所谓的游戏垂直切片。理论上，这就像是切好的蛋糕一角，能将所有层都显示出来。在游戏场景中，它意味着展示游戏中不同系统全部一起工作的实例：精致的用户界面、一致的交互方法、引人入胜的精致画面、有趣的探索、平衡的战斗等，一路下来直至游戏的有效数据库。一般的思路是，一旦你构建起这个，开发游戏的其余部分只是构建剩余关卡、武器、服装等东西的事情。许多人将复合（循环的）系统误认为是复杂（线性的）系统。游戏设计和开发必然是复合系统，如果你要创造任何创新的东西，那么系统就不能被简化为以垂直切片这样的东西为基础的线性系统。（"很好，现在只需要制作更多的关卡就行了！"）

　　也就是说，来自团队外部的利益相关者（投资者、公司管理层等）有时需要了解游戏的可行进度，以便能够看到游戏做到什么程度以及你是否取得了足够的进展。不幸的是，那些处于这种位置的人有时并不真正了解游戏开发的工作原理，并且（不管他们可能会说什么）当原型展现的是"屏幕上小圆点在躲避小方块"时，他们往往也不能感受到你所创建的引人入胜的体验。你会有这方面的压力：当向这种利益相关者展示快速、简陋但又能引人入胜的原型时，可能会使他们将注意力放在原型的错误部分。如果他们无法通过糟糕的图形认清你试图设计和测试的体验，那么他们可能会对项目失去信心。遗憾的是，这种情况非常普遍，尤其是对于正尝试任何真正新颖事物的团队而言。在这种情况下，创建完全非交互式的游戏视频"演示"通常会更好，因为它总归看得过去。但就算这样，也会消耗资源，以及分散团队实际制作游戏的注意力，但这往往仍然是一件很重要的事情。这样的视频也可以帮助团队保持彼此相通并朝着同一个愿景努力，对大型项目来说会很有帮助。

其他原型

　　除了测试游戏设计想法或向利益相关者展示进展外，你经常还会制作其他类型的原型。其中一些是非交互式的，或者几乎是非交互式的，比如，当你需要测试游戏世界模型内部深处的系统是否正常工作时，你可能需要测试游戏中的一组图形效果，或测试游戏用户界面的定性要素（它的"多汁性"），例如，控件上的简短动画。测试游戏中这样的部分是完全合理的，并且这种测试通常可以包含在另一个游戏原型测试中。如果不能，采用与交互式游戏原型相同的方法：了解你正在测试的内容、你要问的问题以及问题的答案将会如何改变游戏，并准备好迭代，直至其看上去正确为止。

快速行动且摒弃陈规

有一段时间，Facebook 的座右铭是"快速行动，打破陈规。除非你正在打破，否则你的动作不够快"（Taplin，2017）。当然，这并不适合所有的情况和公司，但它是看待原型设计的好方法。在原型设计中，你需要快速行动，且要不畏惧打破陈规。你需要自由地尝试一些可能行不通甚至导致惨烈失败的事物。

这就是前面提到的，为什么保持原型与实际游戏分离如此重要。你可以且应该从你的原型中学到某些东西，尤其对数字原型而言，做到不将原型中的任何代码拷回游戏中是极其重要的。重构代码（分析它，看看哪些工作得很好，然后重写它），但不要复制它。你需要维持快速行动的能力，一手尝试新理念，另一手保持良好的代码质量。游戏原型的重点不是创建可重用、稳定的代码，而是回答有关游戏设计的问题。

有效的游戏测试

在构建游戏时，你需要测试你正在构建的体验，无论是以原型形式还是以实际游戏中更完整的形式。在此过程的前期，你将主要与团队成员一起测试游戏或者其原型。随着开发的进行，你将需要与那些对游戏一无所知、最好连你都不了解的人一起快速测试游戏。这是一个至关重要的过程，且很难让人感到舒服，在这个过程中你会看到一些对你来说很清晰、很容易的事情，而对其他人来说却很隐晦和令人沮丧。如果你选择先等待，直至觉得准备好了才进行这个过程，则必然又会等得过久。

游戏测试的重要性

你需要测试你的游戏玩法——游戏的体验——这样你就能看到那些对其一无所知的人会做出何种反应。你需要收集有关游戏的新观点，尤其是找到那些对你来说显而易见，但对其他人来说却不是这样的领域。你需要看看其他人如何体验游戏。它是否引人入胜、迷人以及有趣？这是玩家想要继续下去的体验吗？

你不应假设自己知道玩家会如何想你的游戏。如果你愿意的话，可以推测新玩家会遇到麻烦的地方，以及他们会发现什么东西是显而易见且简单的。然而，你更有可能会推测错误。这是关于游戏测试最有价值的部分之一：它表明对你来说完全清楚的东西，对不熟悉游戏的人来说则是完全神秘的。

当你试图了解其他人如何体验你的游戏，尤其是看哪些地方可以改善时，你并不是在试图从游戏测试中获得问题的解决方案。玩家可以并且将会为你提供他们的经验和意见，但你不应指望他们提供解决方案。他们可能会这样做（这很常见），但你需要回顾他们提供的解决方案，看看他们认为的问题是什么。你对潜在问题的解决方案可能与他们建议的完全不同。

什么时候进行测试

你应当尽快开始测试你的游戏。一定要在你认为"游戏已经为测试做好了准备"之前这样做。大部分游戏设计师会发现这是一个艰难的过程，并在"它还未准备好！"的辩解中寻求庇护。你需要抵制这种冲动，抛开你的恐惧和自尊，把你的游戏摆在玩家面前。

通常，更多较短的测试比更少较长的测试要好。每当游戏有重大变动时，你都应当对其进行测试。如果你找到了一个不太确定最佳方向的领域，或仅仅是距离上次测试已经有几周了，那么也应当测试一下。早期可能需要每两周测试一次；而在开发后期，只要有对游戏的改动，每周甚至每隔几天就进行一次测试也是值得的。

游戏测试的目标

游戏测试不是要在你的代码中发现 Bug（尤其是如果你正在使用快速、简陋的原型，如前所述）。它是为了测试游戏设计，看玩家是否理解它，是否可以围绕它制作有效的心智模型，以及是否能发现游戏是引人入胜和有趣的。前期你需要测试游戏设计中的基本理念，看它们是否有效且吸引人。随着在游戏中构建了更多的系统，你将需要测试玩家理解游戏的容易程度以及他们构建游戏心智模型的效率如何。

你还需要寻找玩家误入歧途的领域——他们的心智模型并不符合你的预期和游戏内部模型的地方——抑或是他们感到困惑、沮丧或不知道下一步该做什么的地方。这些都是使游戏有趣和吸引人的极其重要的领域。

最后，游戏测试会在某些时候转向可用性测试。玩家能否理解用户界面表现的内容，使用起来是简单还是烦琐？这不是测试整体体验本身，而是测试用户界面的可用性。它必然会构成玩家所体验的游戏中的重要部分。

谁来测试你的游戏

当思考谁来测试你的游戏时，首先应当考虑的是，那个人不会是你自己。在获得有关游戏可玩性的任何有用信息方面，你是最不合格且最有偏见的人。你自己必然会多次测试你的游戏——但这绝不能代替让别人来玩它。最终，你的体验与游戏对他人来说有多少吸引力或乐趣，这两者之间一点关系都没有。

你的团队成员、朋友以及家人也不是好的测试主体。他们不能对游戏提供任何客观的想法，甚至在不知不觉中尽力试图将游戏视为有吸引力且易于理解的，即使它从根本上差到了极点。

与此同时，尤其是在使用早期粗糙、简陋的原型时，你可能需要让它们离你的团队非常近。一些不在你团队中的知己可以帮助进行早期测试，只要他们能不去想糟糕的替代图像，且能提供关于底层游戏的有效反馈。但要记住，一旦某人玩了游戏，他们就永远无法以相同的方式来认识游戏。你不能"让自己不再知道"某事。例如，这意味着你不能让同一个人来始终以新手玩家的身份多次测试游戏的前期部分。

拥有能参与重复测试的玩家可能会有所帮助，因为他们可以告诉你他们更喜欢或更不喜欢什么，以及某些地方在之后玩的时候是否比之前玩的时候更合理。只是不要将这些体验误当成来自那些之前从未了解过你游戏的人——他们可能会有完全不同的意见。

随着游戏开发的持续进行，原型变得越来越精致（更多地建立在已有的游戏之上），你将需要扩大测试它的人的数量和类型。特别是，你会希望与那些你认为将成为目标受众的人更紧密匹配。但是，你需要小心不能过多地限制测试池，因为这样可能会错过对游戏的重要见解和机会。例如，如果你将目标市场设定得过于狭窄，或者偏离了那些真正喜欢它的人，那么你可能会错过那些能在你的游戏中获得快乐的潜在玩家。你也要小心那些狂热的核心玩家，他们可以来测试，但他们对游戏的了解以及对"好"游戏的固有看法，可能会给测试结果引入更多的噪声，而不是有用的信息。

准备你的游戏测试

在开始游戏测试之前，你需要清楚了解测试的目标以及如何安排测试。这存在后勤方面的问题，例如，在什么地方做游戏测试。其实在玩家不会分心的任何安静区域内都可以。在某些情况下，甚至不需要非常安静。例如，很多游戏已经在繁忙的大学公共场所成功完成了测试。

一些开发者提倡使用带单向玻璃的特殊设施来观察玩家和/或他们的面部视频，以及键盘和屏幕。这些是有用的，但通常远远超出了你有效测试游戏并从中获取良好信息所需的内容。不要让这种需求阻碍你尽早和经常进行测试。尤其是在开发早期，只需要制作原型并测试即可。这远比等待可用的设施更实用。

类似地，一些开发者喜欢给测试人员支付报酬。这通常不是必要的，但如果你有任何道德上的顾虑，请找到一种方法来达到公平。当邀请大学生测试游戏时，提供免费的比萨饼非常有效。在其他情况下，提供低价值的礼品卡也是合适的。涉及的测试和后续调查越多，你就越应该考虑提供某种补偿。

写脚本

在进行游戏测试之前，请为过程的每个部分编写脚本。这包括从问候玩家到运行测试，测试后要询问的任何问题，以及让玩家离开等所有内容。此脚本应当具体到每个步骤你说什么话的程度。这将对你很有帮助，尤其是当你开始游戏测试时，这样你只会说你想要说的东西，而不会让玩家感到紧张或分心。这也有助于你确保每次都向他们提供相同的环境和说明。

以问候玩家和与玩家进行简短的热身讨论来开始你的游戏测试脚本。确保他们的舒适度。从他们那里获取你需要的任何信息，如姓名和联系方式等，如果他们愿意，还可以获取年龄和性别信息（但请只收集你真正需要的信息）。你可能需要询问他们玩过的其他游戏，以此作为校准他们体验的一种方式，并帮助他们进入测试游戏的心态。

作为一个与职业道德有关的问题，在你开始游戏测试之前，请告知玩家这是对游戏的测试，而不是对他们的测试，且无论他们做什么都是完全可以接受的，这一点很重要。提供一个简短的声明并同时大声朗读出来是一个不错的主意（而且在有些场合下，可能还会被要求这样做）。明确表示他们可以随时停止游戏和离开，并且完全自愿地回答有关游戏的任何问题。这有助于让他们初步建立这样一个认识，或者至少得到关于这些点的口头承诺，以便你知道玩家已经听过（和/或读过）它们。

玩家想要在中途停止测试的情况很少见，但确实会发生。如果玩家想要在测试过程中的任何时刻停止游戏，只需简单停止测试：不要鼓励他们继续玩。要求他们继续可能会涉及道德问题。此外，他们想停止的愿望本身也为你提供了有关游戏的重要信息。

在游戏测试前，准备好记录玩家的行为。这可能包括你用于记录的简单表格，如果可能的话（以及如果测试人员同意的话），还包括在测试中对屏幕以及他们的面部进行采集的视频录制。很多开发人员喜欢采集游戏测试的视频供以后回顾，但请记住，这将显著增加分析测试所需的时间，并且不一定会获得产生更多信息的结果，尤其是在开发早期。

创建调查

你可能想要创建一个简短的测试后调查供玩家填写。调查设计是一个需要一些专业知识的领域，因此请注意如何构建你的调查以及问题。重要的是要提出平衡的问题，使其中积极的回答和消极的一样多。这有助于你避免问出诱导性问题，并保证问题尽可能公正，这样玩家就不会觉得自己被逼着给出了特定的意见。如果可以的话，使用数字/在线调查，让你可以以随机的顺序呈现问题，这有助于减小玩家答案的偏差且更容易进行分析。

你的调查应当只问少量的问题，且都与游戏测试的目标和玩家的游戏体验直接相关，包括他们对游戏的理解以及心智模型。虽然每次把游戏的方方面面都问到是一种很诱人的做法——他们是否喜欢游戏的画面，音乐声音是否太大，对手是太弱还是太强，等等——但请不要问游戏中与当前的测试目标不匹配的领域。这样做只会因需要回答更多的问题而使玩家陷入困境，并可能得到你不想真正使用的数据。同时，如果玩家自发地说出了有关游戏的内容，那么这些是需要记录并添加到你要检查的问题列表中的重要信息。

你可以使用带数字范围的问题来量化个人意见，通常使用 5~7 个备选项。这些范围可以从"非常不同意"到"非常同意"，中间是保持中立，或者你可以创建类似范围的可能答案，允许玩家以易于你评估和评分的方式陈述他们的意见。确保与每个选项相关的语句构成了强有力的陈述，玩家可以用其表示同意或不同意。下面是陈述和答案范围的一些例子：

1．在游戏中四处移动对我来说很容易。

非常不同意——不同意——　般——同意——非常同意

2．我一直都知道游戏中发生了什么。

非常不同意——不同意——一般——同意——非常同意

3．我有想要尝试完成的明确目标。

非常不同意——不同意——一般——同意——非常同意

4．我能在不回顾规则的情况下轻松再次进行游戏。

非常不同意——不同意——一般——同意——非常同意

你还可以通过为玩家提供一些选择来提出可量化的开放性问题，任意或全部选择都是可接受的。下面是一个例子：

在能描述你的游戏体验的词下面打钩

令人兴奋 快速 令人困惑 无聊 难以承受 令人深思

有策略性 糟糕透顶 引人入胜

确保选项中正面、负面特征的数量相同，还包括中性的特征。另外，不要将它们排成特定顺序（例如，从最好到最差）。

在某些场合下（取决于具体游戏测试的目的），你可以询问玩家对游戏或用户界面的理解程度，以及他们对游戏建立了怎样的心智模型。你可以提出理解性的问题——例如，向玩家展示一些游戏中的符号或图标并询问它们的含义。你还可以提出更多面向过程的问题，问题的答案会揭示玩家的心智模型，如问"假设你想要知道有多少士兵可用，描述你要操作的步骤。"或"这是游戏中一个常见时刻的截图。在这种情境下，把手指当作鼠标指针来描述接下来你会做什么。"这些问题通常最好以口头形式呈现，并录制在音频或视频中，因为这样玩家可以比书写更自由地作答。

最后，你可以提出一些答案很简短的问题，玩家要么以口头形式要么以书面形式回答，包括一个为任何还想说的话准备的开放性问题。例子如下：

就你的理解简要诠释这个游戏的规则。

游戏中的什么让你感到意外？

你认为你应当在游戏中完成什么？

这让你想起了什么游戏？

一些开发者喜欢提"你会为该游戏支付多少钱？"这样的问题，这对于评估玩家对游戏积极或消极的体验，以及获得他们对游戏价值的模糊估计可能是有用的。但是，不要将此视为确定售价的可行办法。当真的要做这件事时，人们的实际行为往往与他们口头上说的有很大的不同。

最后检查

一定要确保在测试游戏前测试你的脚本！也就是说，与其他人，甚至与团队成员一起模拟游戏测试，这只是为了确保一切都合理且很好地融合在一起。然后，当你已经准备好进行第一次游戏测试时，你将能够专注于玩家和游戏，且不会在测试或脚本中对需要修复的地方磕绊半天或考虑过多。

进行游戏测试

游戏测试时间不需要很长，在大多数情况下只会持续数分钟，通常不会超过 10~20 分钟。时间足够你收集到想要的信息即可。

在开始时，你应当尽可能少地告诉测试者有关游戏的信息。在某些场合下，你可能希望通过测试来对这个原则做一些改动：告诉玩家游戏名称或向他们展示可能的封面图稿；在其他一些场合下，给他们一个宽泛的概述甚至做一场电梯推介，看看会如何影响他们对游戏的理解和感受。而在另一些场合下，你将不会提供给他们任何信息——告诉玩家他们将在无任何进一步信息的情况下进行测试，因此他们不用为那些信息感到困扰，这种方式本身也是有用的。无论你要告诉他们什么，请按照你的脚本进行，这样你就不会无意中说太多话，或给一些玩家讲的比其他一些玩家更多。请记住，在游戏实际发布后，你不会在玩家面前解释游戏或标题中隐含的笑话等，因此在测试开始前请限制提供给玩家的信息。

在游戏测试期间，远离玩家的视线，不要停留在他们旁边，尽量少说话，让他们专注于游戏。玩家可能会产生疑问，你应当尽可能少、尽可能简短地回答他们。你需要让他们玩游戏——需要目睹他们的困惑甚至挫败。鼓励他们继续进行（除非他们明显想要停止），而不给他们任何提示或具体信息。不要指出屏幕上的任何内容，或说类似"尝试点击左上角"或"返回一个菜单并再次阅读"这样的话。不要解释游戏，尤其是不要回应他们可能会提出的任何批评。解释游戏的某些部分（或者更糟糕的情况是，为游戏辩解）将会破坏游戏测试，浪费你和玩家的时间。

记录玩家做了什么，说了什么，以及他们看上去感到困惑的地方，特别是任何表明某种情绪反应的东西——顿悟、喜悦、困惑、挫败等。如果玩家寻求安慰，只需告诉他们做得很好并继续前进。保持你的反应平淡无奇；玩家会寻找有关他们是否做得很好（甚至是无意识的）以及他们是否真的可以畅所欲言的迹象。你需要抛开你的忧虑、自满以及任何防备心，并简单地接受他们反馈给你的任何东西。

如果玩家完成了你想要的测试，或者他们只是停下来且不知道如何继续，那么请认为游戏测试已结束。然后，你可以问一些关于他们尝试做什么以及他们期望发生什么的问题——这些问题对理解他们的心智模型也非常有用。但从这里开始，你需要移步至测试后阶段。

完成游戏测试

在结束游戏测试时，请询问玩家的总体想法。密切关注他们最先说的内容，他们的第一反应非常重要。还要看看他们说话的结构，他们可能会尝试先说些好话，以缓和他们真正想要提出的批评所带来的打击。你需要开放地听取所有一切，且不要中断任何批评或为游戏辩解。

在给了玩家一段描述第一印象的时间后，提供给他们你之前准备的调查表。再强调一次，不要说任何可能会影响他们答案的话，坚持遵循你的脚本进行。为他们提供调查表，感谢他们付出的时间和诚意，并要求他们填写调查表，当然需要他们愿意做这件事。当他们完成（或拒绝填写调查表）时，问他们对游戏是否有任何最终的想法，再次感谢他们，然后让他们离开。

测试方法

在游戏测试期间，你可以应用多种方法，具体取决于你的测试目标和你对自己能力的信心。

观察

很多游戏测试主要包括观察玩家玩游戏时的行为。这可以为他们如何看待和体验游戏创造有价值的见解。观看（以及记录，如果需要的话）玩家首先到达的位置，他们关注或忽略的选项，以及在任何特定时刻他们是否像设计师期望的那样做，这些都很有指导意义。你应该注意沉浸的迹象（密切注视着屏幕、噘嘴、眨眼变慢等）以及任何类型的情绪反应。这些可能包括惊讶、喜悦或沮丧的表情。记录玩家开始困惑、卡住或在相同内容（或用户界面的相同部分）上来回多次的地方，这也可以说明他们在那儿努力尝试做某事但没有成功。

定向体验和探索

除了观察玩家在玩游戏时的行为，还可以添加其他方法来了解有关他们体验的更多信息。你可以给他们一个特定的目标来完成，这是脚本的一部分（不仅仅是让他们摆脱困惑），尤其是如果玩家之前已经测试过游戏并且对如何玩游戏已经有了一些概念。或者你可以告诉他们只需要进行探索就行，然后看看他们会去哪里——以及同样重要的，他们忽略或避免了什么。

绿野仙踪

如果游戏测试发生在早期，尤其是使用模拟材料（纸张、骰子等）完成的游戏测试，你可以执行所谓的"绿野仙踪"法，在其中，你扮演运行游戏的计算机（你是幕后的巫师）来查看玩家的反应。这些测试是低保真的，意味着你不能根据这种早期版本来精确判断玩了后期数字版本玩家的行为，但这种类型的测试可以让你深入了解玩家的期望和心智模型，这在开发游戏时能帮助你。

出声思维

在某些测试中，要求玩家在整个过程中大声说出他们的想法、意图、想知道什么等，这是很有帮助的。这对他们来说可能很困难，在他们陷入沉默，尤其是在他们试图弄清楚某事的时候，可能需要经常被提醒。一个简短的提示（"请继续交谈"）可以帮助他们重新开始。虽然玩家在游戏中的表现会差于他们沉默时的表现（尤其是在那些需要消耗交互预算的游戏中），但出声思维可以为你提供有关他们的内在目标和心智模型的有用见解。如果在其他测试中你看到玩家陷入了困惑或迷失了方向，且你不确定这是为什么，那么此方法尤其有用。

你可以尝试类似这样的不同方法，只要它们与你的游戏测试目标相关即可。再一次强调，不要浪费你的时间在不会直接影响你如何开发游戏的测试上面。

分析反馈

一旦游戏测试完成，请立即花点时间写下你从中获得的任何印象。这可能包括你看到的玩家反应，需要修复的 Bug，或者如何改善游戏玩法的想法。此外，留出时间来分析你获得的数据。回顾你从每个玩家的测试过程中获得的记录，寻找共同的体验、主题，什么对他们是最重要的，等等。也要检查调查表中的定量数据，以寻找在那里体现的趋势。不要担心——当然也不要拒绝——负面评论。正如游戏测试并不是对玩家能力的测试，负面评论也不能评价你作为游戏设计师的能力；游戏测试的重点在于游戏能如何创造你想要创造的体验。从玩家的评论（尤其是负面评论）中收获有用的内容，让游戏变得更好。

一个玩家可能会喜欢这个游戏，而另一个玩家则认为这个游戏难以理解。这些往往都是离群值：你需要仔细查看玩家间共有的事件和体验。与此同时，不要过分拘泥于模式，更不要试图寻找统计上的显著结果（除非你有一整个团队来为你设置、运行和分析游戏测试，且每次都有几十个玩家参与测试）。你应该寻找能帮助你完善设计并回答有关哪些有用、哪些没用问题的定向体验。

这些定向体验不仅发生在玩家之间，而且也发生在不同的时间。随着游戏开发的进行，留意玩家体验和响应。他们是否觉得相同的部分一如既往地引人入胜？是否有一些令人困惑的地方在经过变动和更多的开发后现在变得令人愉快了？或者，你对游戏所做的改动是否会使某些部分对玩家来说更加困难和更让人不愉快？

最后，需要记住的是，那些玩游戏的人会有正当的观点，但他们不是设计师。你应该认真对待他们的反馈，但更多地将其视为识别问题的途径而不是提供解决方案。当你了解玩家所看到的问题时，这可能会向你揭示游戏的重要方面，甚至会让你对游戏设计做出重大改动。最近有一款以海盗为主题的游戏，在早期的游戏测试中，玩家发现探索部分很无聊，并说这些部分就像是战斗之间的填充物一样。战斗对他们来说是很有趣的部分。因此设计师重新思考了游戏，最终专注于船与船之间的战斗，从而使游戏更具吸引力（也更容易实现）。大型游戏的开发者也会遇到这种情况，例如，在《模拟人生》的早期开发阶段，团队认为游戏主要会是形如老式的《拓麻歌子》（*Tamagotchi*）游戏那样的生活模拟器。然而，玩家在玩游戏的时候，一直表示对模拟人之间的交互以及他们之间涌现出的故事更感兴趣。结果，游戏的开发和营销都发生了变化，并使其远比其他方式更为成功。

制作阶段

在进行游戏的设计和测试时，你当然也必须在构建游戏。实际构建游戏有很多种方法，包括跳入式和渐进式。然而，长期的经验（以及第 11 章中讨论过的 Game Outcomes Project）表明，使用设计—构建—测试循环迭代地构建游戏效果很好，因此，这是今天游戏开发的常态。非迭代方法（例如，"瀑布"开发，从规范到实现到测试再到发布，有如倾泻而下的瀑布一样）在游戏开发中很少能表现出色，特别是如果游戏需要任何程度的创新——而几乎所有的游戏都需要。在开发游戏时进行有效创新需要大量的迭代。

线性世界中的迭代

迭代设计对于一些开发团队（以及公司高管）来说是不舒服的，因为它似乎永远不会结束：你只是在不断地反复迭代，而从未真正到达任何终点。这个顾虑不是没道理的，因为在你真正无处可去的时候，迭代过程可能会让你觉得你正在做某事。（据说本杰明·富兰克林[Benjamin Franklin]曾打趣地说道："永远不要把动机和行动混为一谈。"）有时那些没有直接参与开发过程的人会想知道，为什么所有这些不同方法的迭代和尝试都是必要的；为什么不直奔主题，以直截了当的线性方式构建游戏？当然，由于游戏开发必然是复合和循环的，而不是复杂和线性的，所以这并不管用。

通过设计—构建—测试的循环进行迭代，对于游戏以及你试图在其中创造新事物的其他任意项目都至关重要。无论你的游戏理念多么令人惊叹，都无法提前知道它是否真的吸引人或哪些地方需要改动。了解这一点的唯一方法是设计游戏，并尽快开始构建和测试。在这样的情境下，确定和设计游戏，然后实现、测试并发布，这些操作不可能一次就完成。你需要在整个过程中进行大量的迭代。

门径管理

然而，迭代开发游戏并不意味着一旦开始，你就需要完全致力于它，无论迭代可能会把你带到哪儿去；每个理念都需要在不同阶段回顾，以确定它有效（原型和游戏测试的结果是积极的）且在市场上是可行的。一种有效的方法被称为门径管理。用此方法启动多个项目（和/或基于相同整体理念的多个设计），然后定期评估每一个，看它是否仍然可行，进展顺利，且展示出足够的前景。在过程早期，当设计以及早期原型应根据游戏测试反馈快速迭代时，这可能会比较频繁地发生，比如每两周一次。

没有取得足够进展和/或看起来风险太大的项目，要么被送回进行重大修改，要么被直接取消进一步的开发。这绝不是一件轻松的事情，但它必不可少：它能让你将更多资源投入更可行的项目，但同时又不会消除对游戏开发来说所必需的新想法的探索。在淘汰的项目上已经完成了的工作并不会丢失。正如游戏设计师 Daniel Cook 解释的那样，这些被放入概念库中以供以后使用：“你永远不会知道旧想法的残余部分何时会滋生一个强人的新项目”（Cook，2007）。

迭代制作

在迭代开发的概念中，有许多种方法可用于制作游戏。有关敏捷开发 Scrum 方法论的大量变体已经在游戏行业中被普遍使用，因为它们（至少大部分）非常适合迭代游戏开发。

敏捷和 Scrum 的一些重要特性是常规的设计—构建—测试循环，这些循环每 2~4 周进行一次（用敏捷开发的术语来说，每个循环都是一个 *sprint*），其中有较小的日常循环（被 Scrum 会议隔开），以此来确保团队中每个人都在一起，且了解团队其他成员在做什么。将这些称为游戏开发的核心循环并不夸张。

2~4 周的 sprint 循环与第 4 章和第 7 章中讨论的设计师循环是一致的。在开发过程的早期，大部分工作应该放在规划游戏设计以及着手构建游戏玩法的小原型上。随着项目的推进，这种平衡应当切换至包括超越原型的更多实现上（过程中保持不断测试），然后移步至测试最优先。在整个过程中，通过维持相对较短（2~4 周）的循环来帮助保持项目正常进行，每个循环都有一次规划（基于对先前测试的评估）、设计、开发和测试的迭代。就像这样，项目会经历多个阶段。它们在游戏行业的不同部分有着不同的名称，但基本概念是一致的。

概念阶段

概念阶段是游戏刚刚开始的地方。在这个阶段，你会创建概念文档（参见第 6 章），开始统一美术和声音风格，并开发一些小型、快速和简陋的原型来证实基本理念并验证核心循环。你也可以开始处理一些主要的系统文档。

概念阶段往往会持续 1~3 个月，具体取决于你尝试构建理念的清晰程度如何。在这个阶段的期间和末尾，你应该有一个门：在这个门口，如果理念在原型中并不能表现出可用，那么需要重新开始或继续其他的东西，唯独不要再在现在的游戏中投入任何资源。在理念和核心循环被清晰理解和变得有趣（即使是以很有限的形式）之前，持续开发理念是没有意义的。

预制作阶段

一旦基本理念看起来合理，你应当根据概念文档以及你从早期原型中学到的内容来填写尽可能多的细节。你需要确保游戏可以使用你手头上的资源来制作。

预制作阶段的主要目的是，确保你和你团队（现阶段仍然很小）了解游戏是什么，所需成本是多少，以及开发需要多少时间。你将把你学到的东西放在一起整合成游戏理念，并把其转化为其他文档——一些与游戏设计直接相关，另一些则是关于你预估游戏将需要花多长时间来制作。

你需要另一些详细的文档，这些文档是关于游戏的起始功能、所有美术资源、声音资源，以及作为产品一部分的游戏运行所需的其他任何内容。毫无疑问，这样的列表会是不准确的，因为实际需要的内容在游戏实际完成时会发生变化。但你仍然需要尽量完整地列出所需内容，否则你甚至无法开始评估下一个开发阶段的规模。

功能和资源

游戏中的功能概要来自你的概念文档、早期系统描述和原型。这决定了游戏运行时玩家可以使用的东西。你应当注意不要让这个列表过长，以免增加游戏开发的规模和风险（从而增加通不过阶段门的概率）。但是，如果列表太短，你可能会遗漏游戏的重要方面，使其完全不能带来吸引人的体验。近年来，最简可行产品（*minimum viable product*，*MVP*）的概念已经被用于指示运行游戏绝对不可缺少的功能数量和组合。MVP 概念目前在某些领域正在发生变化，以更加面向过程，而不是关于一组特定的功能交付物。然而，了解什么对你的游戏来说是核心，什么无法在之后添加，这是一个重要的里程碑。幸运的是，如果你已经构建了理念、核心循环和主要系统，你应该能很快讲出游戏必须具备什么才能运行，以及在游戏的更高版本中可以加入什么。

基于你的基本功能列表或者 MVP，你还需要构建一个主列表，其中包含要为游戏制作的所有资源。资源列表中必须包含游戏中的每个美术资源、声音、动画等片段（从用户界面到每个怪物、角色、自然生物或游戏中任何其他东西）的名称、描述以及任何特殊注释（大小、动画等）。创建此列表是一项艰巨的任务，但如果你从需要创建的各个部分来考虑它，以便在游戏中实现系统，那么它将变得更易于管理。

项目计划

当你考虑游戏需要的每个系统和每一点内容时，你将对实现它所需的人员和技术有更好的了解。这是你需要开始从高级制作人和程序员那里获得帮助的地方——例如，作为阶段门会议准备工作的一部分。获取他们对游戏可行性的意见，从他们的角度来看需要被削减的地方，或哪些区域看起来风险最大。有了这些信息以及他们的帮助，你可以为游戏制订预算和项目计划。

项目计划是各种各样的路线图，展示了什么东西需要在何时被构建。在准备项目计划时，一些制作人喜欢为完整的项目做计划，包括每天或每周的内容。这几乎总是在浪费精力，因为游戏的开发路径沿途会彻底改变。相反，要专注于为接下来的 4 周创建详细的日程安排（为团队中的每个人细化每天、每一个任务），然后按照略低的细节程度安排再接下来的 4 周（需要完成的主要任务）。这些计划应该囊括完整的 sprint 或类似迭代模式所需的足够时间，包含用于设计、实现、游戏测试以及评估和规划的时间，然后回到下一个设计阶段。

在这个最初的详细阶段之后，要计划好接下来 4~8 周内每周的开发优先级（编程、美术生成、新设计文档），以便你生成一个能涵盖 3 个月的时间安排。然后逐月创建将在接下来 3 个月内完成的内容列表（到目前为止，总共给了你 6 个月时间），最后按季度列出预计将在之后完成的内容。随着你不断推进，时间安排应以同样的方式维护，逐周和逐月地前进。因此，你总能非常详细地了解未来一两个月的预期情况，然后在之后的几个月和几个季度中，细节会越来越少。这可以帮助你在项目推进和通过其他阶段门时，基于每月或每个 sprint 来回顾你的进度。

保持预制作继续进行

预制作通常持续至少 2~3 个月，有时长达 6 个月。这是一段很长的时间，但只要你有效工作，就值得在这里花时间。所有这些都是为下一个困难的阶段做准备。需要注意的是，预制作并不是一段迭代的周期，而是一段不会前进的周期——不会投入也不会取消。因此，你应当考虑至少在预制作的中期和后期各开一次阶段门会议。这将有助于阻止你偏离正轨，也让团队有足够的时间在这些会议之间迭代游戏。当你做好日程安排、预算、概念和系统文档以及完整的资源列表，从而完成预制作时，你可以确定（并向他人证明）你知道自己正在构建什么，以及这样做需要花多少资源和时间。

当然，在此期间，在你将预算和美术资源列表等放在一起的同时，你还会一直持续进行迭代开发：编写会引用概念文档的系统文档，构建原型并测试这些想法，以及奠定整体游戏软件架构最开始的部分。当你对自己的理念、系统架构、初始功能、日程安排以及预算都充满信心时，你就可以通过阶段门（确保一切顺利，且项目值得进行）并进入制作阶段。

制作阶段

当你知道了要构建什么时，就是实际构建它的时候了。这听起来是高度非迭代的，但（在大多数情况下）并非如此。到目前为止，你的设计大部分是已知的，并通过原型和早期游戏测试接受了某种程度的考验。你知道有很多东西是可行的，但仍然有很多东西是未知的，且在游戏功能可以被测试之前都不会变为已知。重要的是，在整个制作过程中保持迭代设计—构建—测试的循环，越来越少地依赖原型且越来越多地依靠游戏本身进行测试。毫无疑问，你会发现新的想法、新的呈现功能的方式，以及希望游戏中拥有但你之前并不知道的新系统。

新的功能值得期待，但避免经典问题"规模蔓延"也非常重要。"只再添加一个"酷炫的新系统或功能可能会非常诱人，但你必须记住，每次这样做都会增加游戏的时间和风险。每个新添加的内容，都应该根据游戏的其余部分以及"它会为游戏带来什么"

进行全面、仔细的评估。在被允许进入制作阶段之前，每个新内容都必须经历自己的微型概念和预制作阶段——如果没有时间做这些，那也就没有时间将其添加到游戏中。

经常会有这种情况：新功能或系统的概念和系统设计已经完成，可能还会有一个快速的早期原型，只是你（或者团队）决定暂时搁置它们。这并不意味着这个功能就永远消失了，它进入了概念库以供之后使用，但它实际上是被阶段门隔离在了游戏的初始版本之外，以后再将其添加回游戏可能更合理一些。但是，在单纯无法完成任何新想法之前，不值得使其拖累你的游戏。保持游戏设计的整齐、专注，以原始理念为中心，在游戏获得巨大成功后再将一整个"宝库"的好点子添加进去，这样做要好得多。

制作分析

如第 10 章中提到的，在制作过程中，确定可以用于分析的指标非常重要，能帮助你了解项目是否在正轨上。可以在任务、个人和迭代里程碑的层面上跟踪指标。

应根据"初始完成情况评估"以及"实际完成所需时间"来跟踪单个任务。因此，如果团队决定某个特定的设计或开发任务应当需要 2 天时间完成，而 4 天之后其仍未完成，那么这就是问题。它可能看起微不足道，但项目就是这样出岔子的。引用软件架构师 Fred Brooks 的话："一个项目是如何推迟一年的？……每次推迟一天。"（Brooks，1995）。

正如任务的完成时间可以被跟踪一样，团队成员自己的任务也可以进行估计。这必须谨慎进行，以鼓励个人更好表现，而不是在项目评估不一致的时候让他们产生受到指责的感觉。有很多种方法都可以跟踪这一指标，包括保留初始估计和实际交付时间的历史记录，以了解出现的比例是怎样的。在经过足够长的时间获得了足够多的数据后，这个比例可以作为个人估计的倍率，也可以作为他们学习更好的任务估计技能的一种方式。例如，假设一些人的任务经常交付得很迟，且在计算了初始估计和实际交付日期后，你发现会平均延迟 20%的时间。那么以后，这个倍率可以应用在对他们的估计中，将他们给出的任何完成时间都乘以 1.2，以对他们的工作所需时间有一个更准确的评估。然而，如果他们看到了这一结果并开始做出更有效的估计，那么很快交付时间会更接近他们的估计，并低于 1.2 倍时间——这意味着他们的倍率将被向下修正。当团队成员在任务评估和完成方面更有效时，项目会更可能按计划进行。

最后，在每个项目的里程碑——例如，在每个 sprint 或其他迭代结束时——团队成员应该对他们已经完成的内容进行评估，而不是对他们计划在那个时间段内完成的内容进行评估。对过程的这种反思——对过去迭代的一次非常小的事后分析——有助于团队对项目状态保持意识，同时不会掩饰出现的任何重大问题和风险。在这方面，对特定的 sprint 使用燃尽图以及类似方法，可以可视化过程和所有相关任务的剩余工作，这是很有帮助的，因为它使团队在工作进行时和迭代完成后都能看到他们的表现。

alpha 里程碑

经过制作，游戏最终会接近所谓的 alpha 里程碑。在某些方面，这是旧的游戏开发方法的延续；传统上，alpha 标记了开发的实现阶段与测试阶段之间的边界，此时所有的功能都应该已经就绪。这里的里程碑在一定程度上仍然带有上面的定义（同样，游戏行业中的定义也各不相同），尽管现在大量的测试被认为是会贯穿整个开发过程的。从另一个角度来看，这个里程碑与 Steam 上发布的"抢鲜体验版"有部分一致，通过"抢鲜体验版"玩家可以接触还在开发中的游戏，开发者也可以获得更多有关玩家实际如何玩游戏的数据。

alpha 里程碑的要点是有一个检查点，在那里游戏被证明在很大程度上是可玩的：所有主要系统、功能和资源都已经到位，游戏可以根据这些进行评估。游戏中几乎可以肯定是存在重大 Bug 的，但核心循环和辅助游戏玩法都已就绪，且已经由团队外的人进行了测试。如果游戏符合这些标准，那么它会成功通过这扇门。否则，可能需要更多的迭代工作——或者可能需要被取消。

在 alpha 里程碑之前，团队主要致力于构建系统和功能，并用游戏测试验证游戏玩法。通过这个里程碑后，团队将转为主要专注于测试游戏和修复 Bug，而不是添加或实现新功能或系统。可能有少量设计工作仍在进行，但这应该限制在"平衡系统以获得愉快的游戏玩法"，以及"调整低层次属性值"之内。

随着游戏接近一个稳定的状态（虽然仍然会有 Bug），到达 alpha 里程碑时自带的回顾环节是放置另一个阶段门的好地方。你需要再次提出问题："游戏是否值得继续推进？"考虑所有已经投入的工作，这里的回答很容易是 yes。但即使做了大量的工作，从很多方面来说，真正困难和昂贵的部分仍然存在。在制作后期毙掉游戏意味着，存在可能应在更早的时候就确定的重大问题，但如果游戏确实没有吸引力或乐趣，那就不应该阻止你和团队这样做。如果你确实要在后期阶段取消开发，你不只应该回顾并评估游戏出了什么差错，还应该反思你的过程出了什么差错，以至于阻止了这样的问题在更早的时候就被发现和解决。

beta/首次发布里程碑

一旦游戏的功能、系统和资源到位，团队的重点几乎会完全转向平衡、修复 Bug 和打磨游戏上。这种打磨包括对不同游戏系统部分的低层次属性值做细微调整。例如，一个生物的跑动速度可能比另一个略快，从而改变了游戏中该部分的平衡。打磨的另一个主要方面是改善美术资源、动画，尤其是用户界面部分。为 UI 提供更多"汁"并且不会直接影响游戏玩法，但它确实会让游戏更引人注目和有吸引力。

随着能发现的主要 Bug 越来越少，且游戏也越来越稳定，与玩家一同测试仍继续确保着游戏充满乐趣和吸引力。当这种状态到来时，游戏进入 beta 里程碑。

beta 里程碑曾经是游戏或其他产品被内部判定为可用且足够稳定、能向公众展示了的时候。如今，在过程中我们经常会更早地向玩家展示游戏。beta 里程碑现在通常更多地与测试商业化（对 F2P 游戏来说），部署基础设施、内容分发网络以及发布游戏的其他辅助要素有关。特别是在 F2P 游戏中，beta 里程碑也是游戏的第一批重要指标被关注的时候，包括玩游戏的人数，特别是在第一天、第一周和第一个月后回归游戏的人数。如果这些指标没有表明游戏能在商业上取得成功，那么其甚至在这样一个大后期阶段都可以被取消（这在大型工作室中发生得比想象中要多）。

商业发布

在完成设计、开发和测试游戏的所有工作后，你终于迎来了可以完全向公众发布游戏的这一天。到达这个里程碑需要很长时间和很多艰辛的工作。你拥有了一款面向世界的可用游戏。这是一个值得品味的时刻。这从某些方面来说也是游戏不再仅仅属于你的时候，因为玩家也会很快开始将其视为自己的游戏。现在，你需要将注意力更多地转移到玩家的看法上，以及分析你能获得的内容上，以便你可以考虑下一步优先添加或修复的内容。

完成你的游戏

很多开始制作游戏的人却从未最终完成它，这种情况之多可能会让你感到意外。从你开始思考你的游戏的那一刻起，贯穿设计、开发和测试的整个过程，你必须做出个人承诺并坚持完成它——或者，如果有必要，取消它并重新开始。很久以前我听到过一句话，这句话一直萦绕在我脑海中，挥之不去："任何完成了的事情都比所有未完成的事情更好。"这也包括你未完成的游戏。

任何在售或可以在网站上免费玩的游戏，无论制作得多么有限和糟糕，都比你脑海中超级惊人的想法更好——仅仅是因为这些游戏真实存在，而你的想法却没有。如果你想要你的游戏很棒，你必须让它变为现实。而让它变为现实的唯一方法是测试、开发并最终完成它。

游戏开发中最困难的部分并不在早期的概念阶段。想法很容易提出、数量众多，而且（这会让很多缺乏经验的设计师失望）单看想法本身是一文不值的。提出一个完整的游戏理念可能会消耗你的创造力，但过程的这个部分在很多方面都是最自由和有趣的。困难出现在开发的后期，在你可能认为你已经快完成了的时候。然后，你与那些以前从未见过这款游戏（或者你）的人一起进行了完整游戏的第一个大型测试……然后你最终得到了满页的 Bug、差评、困惑点以及支离破碎、不平衡的系统。这可能非常令人沮丧。你需要坚持度过这段时间，并始终关注完成游戏的目标。这是拥有凝聚力的理念以及团队真正能得到回报的地方。你需要花很长时间来修复看似很小的问题，且这些修复都会增强游戏的可玩性。

现在，"完成"并不意味着"完美"。任何游戏——或任何其他创造性作品——在其创作者眼中都不会是真正完整的——更不要说完美了！但是，尽管这很困难，你还是需要做设计、开发以及让别人测试游戏的工作。你需要经历开发它的困难时期，看它在游戏测试和阶段门处失败，一次又一次地进行改进，直到你最终拥有了真实的东西。

只要你可以——只要你的游戏可玩，且让玩家感到有吸引力和兴奋感，你就需要发布它。你几乎肯定会认为游戏尚未准备好发布。你可能会害怕看到最终游戏进入世人眼中。而且你可能会想知道，在你已经努力了如此长的时间之后，它现在会怎样结束。一旦你进入了长期的开发中，游戏能够完成会变得似乎很奇怪。确定不应该首先再搞定一些 Bug 吗？当你到达这一点时，当游戏测试进展顺利时，即使你确定还有更多的工作要做，也是时候放手了。

幸运的是，当今的技术使得在很多情况下都可以在游戏发布后继续对其进行后续处理。但是为了真正了解需要改进的东西，你仍然必须先完成游戏——然后将其发布，看看小群体测试者之外的其他人是如何真正看待你的游戏的。

请将此视为最外层的设计师循环：你将从发布游戏并了解其市场表现中获得经验，这些经验无法从任何其他地方学到。一旦你完成了整个过程，从早期令人兴奋的理念，穿越开发阶段困难的山谷，最后到达游戏真正实现的地方，你最终将成为一名真正的游戏设计师。

总结

实现你的游戏需要在游戏设计之外完成大量工作。首先，你必须能够在从电梯到会议室的各种环境中有效地传达你的想法。你需要能够将你的兴奋传递给潜在的投资者、媒体联络人以及团队成员。在验证理念时，你还需要能听取对游戏设计的批评。

你必须领会迭代开发的重要性，包括快速原型制作、频繁的游戏测试以及严格的门径管理。这些加上对游戏开发阶段的理解——早期概念阶段、预制作、制作、alpha 和 beta 里程碑——将帮助你以快速但可持续的节奏开发游戏。

最后，你需要认识到实际完成游戏的困难和本质。绝大多数关于游戏的好想法都从未被制作成原型。而那些做了原型的，大多数也从未真正完成过。能越过这条线、其他玩家能接触到你游戏最终打磨后的形态，这本身就是非常困难的，不应被低估。同时，做这些工作也是你提升自己作为游戏设计师的经验、技能、理解和职业生涯的方式。

参考文献

[1] Achterman, D. 2011. *The Craft of Game Systems*. November 12. Accessed March 1, 2017. https://craftof-game-systems.wordpress.com/2011/12/30/system-design-general-guidelines/.

[2] Adams, E., and J. Dormans. 2012. *Game Mechanics: Advanced Game Design*. New Riders Publishing.

[3] Alexander, C. 1979. *The Timeless Way of Building*. Oxford University Press.

[4] Alexander, C., S. Ishikawa, and M. Silverstein. 1977. *A Pattern Language: Towns, Buildings, Construction*. Oxford University Press.

[5] Alexander, L. 2014. *A Dark Room's Unique Journey from the Web to iOS*. Accessed March 25, 2017. http://www.gamasutra.com/view/news/212230/A_Dark_Rooms_unique_journey_from_the_web_to_iOS.php.

[6] —. 2012. *GDC 2012: Sid Meier on How to See Games as Sets of Interesting Decisions*. Accessed 2016. http://www.gamasutra.com/view/news/164869/GDC_2012_Sid_Meier_on_how_to_see_games_as_sets_of_interesting_decisions.php.

[7] Animal Control Technologies. n.d. *Rabbit Problems in Australia*. Accessed 2016. http://www.animalcontrol.com.au/rabbit.htm.

[8] Aristotle. 350 BCE. *Metaphysics*. Accessed September 3, 2017. http://classics.mit.edu/Aristotle/metaphysics.8.viii.html.

[9] Armson, R. 2011. *Growing Wings on the Way: Systems Thinking for Messy Situations*. Triarchy Press.

[10] Army Training and Doctrine Command. 1975. *TRADOC Bulletin 2. Soviet ATGMs: Capabilities and Countermeasures (Declassified)*. U.S. Army.

[11] Bartle, R. 1996. *Hearts, Clubs, Diamonds, Spades: Players Who Suit MUDs*. Accessed March 20, 2017. http://mud.co.uk/richard/hcds.htm.

[12] Bateman, C. 2006. *Mathematics of XP*. August 8. Accessed June 15, 2017. http://onlyagame.typepad.com/only_a_game/2006/08/mathematics_of_.html.

[13] Berry, N. 2011. *What Is Your Body Worth?* Accessed September 3, 2017. http://www.datagenetics.com/blog/april12011/.

[14]　Bertalnaffy, L. 1968. *General System Theory: Foundations, Development, Applications.* Braziller.

[15]　Bertalnaffy, L. 1949. "Zu Einer Allgemeinen Systemlehre, Blätter für Deutsche Philosophie, 3/4," *Biologia Generalis, 19,* 139–164.

[16]　Bigart, H. 1962. "A DDT Tale Aids Reds in Vietnam," *New York Times*, February 2, 3.

[17]　Birk, M., I. Iacovides, D. Johnson, and R. Mandryk. 2015. "The False Dichotomy Between Positive and Negative Affect in Game Play," *Proceedings of CHIPlay.* London.

[18]　Bjork, S., and J. Holopainen. 2004. *Patterns in Game Design.* New York: Charles River Media.

[19]　Bogost, Ian. 2009. "Persuasive Games: Familiarity, Habituation, and Catchiness." Accessed November 24, 2016. http://www.gamasutra.com/view/feature/3977/persuasive_games_familiarity_.php.

[20]　Booth, J. 2011 *GDC Vault 2011—Prototype Through Production: Pro Guitar in ROCK BAND 3.* Accessed September 11, 2017. http://www.gdcvault.com/play/1014382/Prototype-Through-Production-Pro-Guitar.

[21]　Box, G., and N. Draper. 1987. *Empirical Model-Building and Response Surfaces.* Wiley.

[22]　Bretz, R. 1983. *Media for Interactive Communication.* Sage.

[23]　Brooks, F. 1995. *The Mythical Man-Month: Essays on Software Engineering.* Addison-Wesley.

[24]　Bruins, M. 2009. "The Evolution and Contribution of Plant Breeding to Global Agriculture," *Proceedings of the Second World Seed Conference.* Accessed September 3, 2017. http://www.fao.org/docrep/014/am490e/am490e01.pdf.

[25]　Bura, S. 2008. *Emotion Engineering in Videogames.* Accessed July 28, 2017. http://www.stephanebura.com/emotion/.

[26]　Caillois, R, and M. Barash. 1961. *Man, Play, and Games.* University of Illinois Press.

[27]　Capra, F. 2014. *The Systems View of Life: A Unifying Vision.* Cambridge University Press.

[28]　—. 1975. *The Tao of Physics.* Shambala Press.

[29]　Card, S., T. Moran, and A. Newell. 1983. *The Psychology of Human-Computer Interaction.* Erlbaum.

[30]　Case, N. 2017. *Loopy.* Accessed June 6, 2017. ncase.me/loopy.

[31]　—. 2014. *Parable of the Polygons.* Accessed March 15, 2017. http://ncase.me/polygons/.

[32]　CDC. 2017. *Work Schedules: Shift Work and Long Hours.* Accessed July 10, 2017. https://www.cdc.gov/niosh/topics/workschedules/.

[33]　Cheshire, T. 2011. "In Depth: How Rovio Made *Angry Birds* a Winner (and What's Next)," *Wired,* March 7. Accessed February 2, 2017. http://www.wired.co.uk/article/how-rovio-made-angry-birds-a-winner.

[34]　Cook, D. 2012. *Loops and Arcs.* Accessed February 24, 2017. http://www.lostgarden.com/2012/04/loops-and-arcs.html.

[35]　—. 2011a. *Shadow Emotions and Primary Emotions.* Accessed July 28, 2017. http://www.lostgarden.com/2011/07/shadow-emotions-and-primary-emotions.html.

[36] —. 2011b. *Game Design Logs.* Accessed September 10, 2017. http://www.lostgarden.com/2011/05/game-design-logs.html

[37] —. 2010. *Steambirds: Survival: Goodbye Handcrafted Levels.* Accessed July 27, 2017. http://www.lostgarden.com/2010/12/steambirds-survival-goodbye-handcrafted.html.

[38] —. 2007. *Rockets, Cars, and Gardens: Visualizing Waterfall, Agile, and Stage Gate.* Accessed July 13, 2017. http://www.lostgarden.com/2007/02/rockets-cars-and-gardens-visualizing.html.

[39] Cooke, B. 1988. "The Effects of Rabbit Grazing on Regeneration of Sheoaks, Allocasuarina, Verticilliata, and Saltwater TJ-Trees, Melaleuca Halmaturorum, in the Coorong National Park, South Australia," *Australian Journal of Ecology, 13*, 11–20.

[40] Cookson, B. 2006. *Crossing the River: The History of London's Thames River Bridges from Richmond to the Tower.* Mainstream Publishing.

[41] Costikyan, G. 1994. *I Have No Words and I Must Design.* Accessed 2016. http://www.costik.com/nowords.html.

[42] Crawford, C. 1984. *The Art of Computer Game Design.* McGraw-Hill/Osborne Media.

[43] —. 2010. *The Computer Game Developer's Conference.* Accessed December 24, 2016. http://www/erasmatazz.com/personal/experiences/the-computer-game-developer.html.

[44] Csikszentmihalyi, M. 1990. *Flow: The Psychology of Optimal Experience.* Harper & Row.

[45] Damasio, A. 2003. *Looking for Spinoza: Joy, Sorrow, and the Feeling Brain.* Harcourt.

[46] Dennet, D. 1995. *Darwin's Dangerous Idea.* Simon & Schuster.

[47] Descartes, R. 1637/2001. *Discourses on Method, Volume V, The Harvard Classics.* Accessed June 10, 2016. http://www.bartleby.com/34/1/5.html.

[48] Dewey, J. 1934. *Art as Experience.* Perigee Books.

[49] Dinar, M., C. Maclellan, A. Danielescu, J. Shah, and P. Langley. 2012. "Beyond Function-Behavior-Structure," *Design Computing and Cognition,* 511-527.

[50] Dmytryshyn, Y. 2014. *App Stickiness and Its Metrics.* Accessed July 28, 2017. https://stanfy.com/blog/app-stickiness-and-its-metrics/.

[51] Dormans, J. n.d. *Machinations.* Accessed June 6, 2017. www.jorisdormans.nl/machinations.

[52] Einstein, A., M. Born, and H. Born. 1971. *The Born-Einstein Letters: Correspondence Between Albert Einstein and Max and Hedwig Born from 1916–1955, with Commentary by Max Born.* Accessed June 10, 2016. https://archive.org/stream/TheBornEinsteinLetters/Born-TheBornEinsteinLetter_djvu.txt.

[53] Ekman, P. 1992. "Facial Expressions of Emotions: New Findings, New Questions," *Psychological Science, 3*, 34–38.

[54] Eldridge, C. 1940. *Eyewitness Account of Tacoma Narrows Bridge.* Accessed September 3, 2017. http://www.wsdot.wa.gov/tnbhistory/people/eyewitness.htm.

[55] Ellenor, G. 2014. *Understanding "Systemic" in Video Game Development.* Accessed December 15, 2017.

https://medium.com/@gellenor/understanding-systemic-in-video-game-development-59df3fe1868e.

[56] Fantel, H. 1992. "In the Action with Star Wars Sound," *New York Times,* May 3. Accessed July 9, 2017. http://www.nytimes.com/1992/05/03/arts/home-entertainment-in-the-action-with-star-wars-sound.html.

[57] Fitts, P., and J. Peterson. 1964. "Information Capacity of Discrete Motor Responses," *Journal of Experimental Psychology,* 67(2), 103–112.

[58] Forrester, J. 1971. "Counterintuitive Behavior of Social Systems," *Technology Review, 73*(3), 52–68.

[59] Fuller, B. 1975. *Synergetics: Explorations in the Geometry of Thinking.* Macmillan Publishing Co.

[60] Gabler, K., K. Gray, M. Kucic, and S. Shodhan. 2005. *How to Prototype a Game in Under 7 Days.* Accessed March 10, 2017. http://www.gamasutra.com/view/feature/130848/how_to_prototype_a_game_in_under_7_.php?page=3.

[61] Gambetti, R., and G. Graffigna. 2010. "The Concept of Engagement," *International Journal of Market Research,* 52(6), 801–826.

[62] *Game of War—Fire Age.* 2017. Accessed March 12, 2017. https://thinkgaming.com/app-sales-data/3352/game-of-war-fire-age/.

[63] Gardner, M. 1970. "Mathematical Games—The Fantastic Combinations of John Conway's New Solitaire Game *Life,*" *Scientific American, 223*, 120–123.

[64] Garneau, P. 2001. *Fourteen Forms of Fun.* Accessed 2017. http://www.gamasutra.com/view/feature/227531/fourteen_forms_of_fun.php.

[65] Gell-Mann, M. 1995. *The Quark and the Jaguar: Adventures in the Simple and the Complex.* Henry Holt and Co.

[66] Gero, J. 1990. "Design Prototypes: A Knowledge Representation Schema for Design," *AI Magazine, 11*(4), 26–36.

[67] Giaime, B. 2015. "Let's Build a Game Economy!" *PAXDev.* Seattle.

[68] Gilbert, M. 2017. *Terrence Mann Shares Industry Wisdom and Vision for Nutmeg Summer Series.* Accessed March 15, 2017. http://dailycampus.com/stories/2017/2/6/terrance-mann-shares-industry-wisdom-and-vision-for-nutmeg-summer-series.

[69] Goel, A., S. Rugaber, and S. Vattam. 2009. "Structure, Behavior, and Function of Complex Systems: The Structure, Behavior, and Function Modeling Language," *Artificial Intelligence for Engineering Design, Analysis and Manufacturing, 23*(1), 23–35.

[70] Greenspan, A. 1996. *Remarks by Chairman Alan Greenspan.* Accessed August 8, 2017. https://www.federalreserve.gov/boarddocs/speeches/1996/19961205.htm.

[71] Grodal, T. 2000. "Video Games and the Pleasure of Control." In D. Zillman and P. Vorderer (eds.), *Media Entertainment: The Psychology of Its Appeal* (pp. 197–213). Lawrence Erlbaum Associates.

[72] Gwiazda, J., E. Ong, R. Held, and F. Thorn. 2000. *Vision: Myopia and Ambient Night-Time Lighting.*

[73] *History of CYOA.* n.d. Accessed November 24, 2016. http://www.cyoa.com/pages/history-of-cyoa.

[74] Heider, G. 1977. "More about Hull and Koffka. *American Psychologist, 32*(5), 383.

[75] Holland, J. 1998. *Emergence: From Chaos to Order.* Perseus Books .

[76] —. 1995. *Hidden Order: How Adaptation Builds Complexity.* Perseus Books.

[77] Howe, C. 2017. "The Design of Time: Understanding Human Attention and Economies of Engagement," *Game Developer's Conference.* San Francisco.

[78] Huizinga, Johan. 1955. *Homo Ludens, a Study of the Play-Element in Culture.* Perseus Books.

[79] Hunicke, R., M. LeBlanc, and R. Zubek. 2004. *MDA: A Formal Approach to Game Design and Game Research.* Accessed December 20, 2016. http://www.cs.northwestern.edu/~hunicke/pubs/MDA.pdf.

[80] Iberg. 2015. *WaTor—An OpenGL Based Screensaver.* Accessed September 3, 2017. http://www.codeproject.com/Articles/11214/WaTor-An-OpenGL-based-screensaver.

[81] Ioannidis, G. 2008. *Double Pendulum.* http://en.wikipedia.org/wiki/File:DPLE.jpg.

[82] Jobs, S. 1997. *Apple World Wide Developer's Conference Closing Keynote.* Accessed March 23, 2017. https://www.youtube.com/watch?v=GnO7D5UaDig.

[83] Juul, J. 2003. *The Game, the Player, the World: Looking for a Heart of Gameness.* Accessed September 3, 2017. http://ocw.metu.edu.tr/pluginfile.php/4471/mod_resource/content/0/ceit706/week3_new/JesperJuul_GamePlayerWorld.pdf.

[84] Juul, J., and J. Begy. 2016. "Good Feedback for Bad Players? A Preliminary Study of 'Juicy' Interface Feedback," *Proceedings of First Joint FDG/DiGRA Conference.* Dundee.

[85] Kass, S., and K. Bryla. 1995. *Rock Paper Scissors Spock Lizard.* Accessed July 5, 2017. http://www.samkass.com/theories/RPSSL.html.

[86] Kellerman, J., J. Lewis, and J. Laird. 1989. "Looking and Loving: The Effects of Mutual Gaze on Feelings of Romantic Love," *Journal of Research in Personality, 23*(2), 145–161.

[87] Kietzmann, L. 2011. *Half-Minute Halo: An Interview with Jaime Griesemer.* Accessed March 12, 2017. https://www.engadget.com/2011/07/14/half-minute-halo-an-interview-with-jaime-griesemer/.

[88] Koster, R. 2004. *A Theory of Fun for Game Design.* O'Reilly Media.

[89] —. 2012. *Narrative Is Not a Game Mechanic.* Accessed February 24, 2017. http://www.raphkoster.com/2012/01/20/narrative-is-not-a-game-mechanic/.

[90] Krugman, P. 2013. "Reinhart-Rogoff Continued," *New York Times.*

[91] Kuhn, T. 1962. *The Structure of Scientific Revolutions.* University of Chicago Press.

[92] Lane, R. 2015. *Disney/Pixar President Tells BYU How 5 Films Originally "Sucked."* Accessed March 17, 2017. http://utahvalley360.com/2015/01/27/disneypixar-president-tells-byu-4-films-originally-sucked/.

[93] Lantz, F. 2015. *Game Design Advance.* Accessed January 5, 2017. http://gamedesignadvance.com/?p=2995.

[94] Lau, E. 2016. *What Are the Things Required to Become a Hardcore Programmer?* Accessed September 3, 2017.

https://www.quora.com/What-are-the-things-required-to-become-a-hardcore-programmer/answer/Edmond-Lau.

[95] Lawrence, D. H. 1915. *The Rainbow.* Modern Library.

[96] Lawrence, D. H., V. de Sola Pinto, and W. Roberts. 1972. *The Complete Poems of D.H. Lawrence*, vol 1. Heinemann Ltd.

[97] Lawrence, D. H. 1928. *The Collected Poems of D.H. Lawrence.* Martin Seeker.

[98] Lazzaro, N. 2004. *The 4 Keys 2 Fun.* Accessed July 28, 2017. http://www.nicolelazzaro.com/the4-keys-to-fun/.

[99] Liddel, H., and Scott R. 1940. *A Greek-English Lexicon.* Oxford University Press.

[100] Lloyd, W. 1833. *Two Lectures on the Checks to Population.* Oxford University Press.

[101] Lotka, A. 1910. "Contribution to the Theory of Periodic Reaction," *Journal of Physical Chemistry, 14*(3), 271–274.

[102] Lovelace, D. 1999. *RPS-101.* Accessed July 4, 2017. http://www.umop.com/rps.htm.

[103] Luhmann, N. 2002, 2013. *Introduction to Systems Theory.* Polity Press.

[104] Luhmann, N. 1997. *Die Gesellschaft der Gesellschaft.* Suhrkamp.

[105] Mackenzie, J. 2002. *Utility and Indifference.* Accessed August 3, 2017. http://www1.udel.edu/johnmack/ncs/utility.html.

[106] MacLulich, D. 1937. "Fluctuations in the Numbers of the Varying Hare (*Lepus americanus*)," *University of Toronto Studies Biological Series, 43.*

[107] Maslow, A. 1968. *Toward a Psychology of Being.* D. Van Nostrand Company.

[108] Master, PDF urist. 2015. *Mysterious Cat Deaths [Online forum comment].* Accessed 2016. http://www.bay12forums.com/smf/index.php?topic=154425.0.

[109] Matsalla, R. 2016. *What Are the Hidden Motivations of Gamers?* Accessed March 20, 2017. https://blog.fyber.com/hidden-motivations-gamers/.

[110] Maturana, H. 1975. "The Organization of the Living: A Theory of the Living Organization," *International Journal of Man–Machine Studies, 7,* 313–332.

[111] Maturana, H., and F. Varela. 1972. *Autopoiesis and Cognition.* Reidek Publishing Company.

[112] —. 1987. *The Tree of Knowledge: The Biological Roots of Human Understanding.* Shambhala/New Science Press.

[113] Mayer, A., J. Dorflinger, S. Rao, and M. Seidenberg. 2004. "Neural Networks Underlying Endogenous and Exogenous Visual–Spatial Orienting," *NeuroImage, 23*(2), 534–541.

[114] McCrae, R., and O. John. 1992. "An Introduction to the Five-Factor Model and Its Applications," *Journal of Personality, 60*(2), 175–215.

[115] McGonigal, J. 2011. *Reality is Broken: Why Games Make Us Better and How They Can Change the World.* London: Penguin Press.

[116] Meadows, D. H., D. L. Meadows, J. Randers, and W. Behrens. 1972. *Limits to Growth: A Report for the Club of Rome's Project on the Predicament of Mankind*. Universe Books.

[117] Meadows, D. 2008. *Thinking in Systems: A Primer*. Chelsea Green Publishing Company.

[118] Mintz, J. 1993. "Fallout from Fire: Chip Prices Soar." *The Washington Post*, July 22.

[119] Mollenkopf, S. 2017. *CES 2017: Steve Mollenkopf and Qualcomm Are Not Just Talking About 5G—They're Making It Happen*. Accessed January 10, 2017. https://www.qualcomm.com/news/onq/2017/01/05/ces-2017-steve-mollenkopf-keynote.

[120] Monbiot, G. 2013. *For More Wonder, Rewild the World*. Accessed September 3, 2017. https://www.ted.com/talks/george_monbiot_for_more_wonder_rewild_the_world

[121] Morningstar, C., and R. Farmer. 1990. *The Lessons of Lucasfim's Habitat*. Accessed July 7, 2017. http://www.fudco.com/chip/lessons.html.

[122] Nagasawa, M., S. Mitsui, S. En, N. Ohtani, M. Ohta, Y. Sakuma, et al. 2015. "Oxytocin-Gaze Positive Loop and the Coevolution of Human–Dog Bonds," *Science, 348*, 333–336.

[123] Newhagen, J. 2004. "Interactivity, Dynamic Symbol Processing, and the Emergence of Content in Human Communication," *The Information Society, 20*, 395–400.

[124] Newton, I. 1687/c1846. *The Mathematical Principles of Natural Philosophy*. Accessed June 10, 2016. https://archive.org/details/newtonspmathema00newtrich.

[125] Newton, Isaac. c.1687/1974. *Mathematical Papers of Isaac Newton*, vol. 6 (1684–1691). D. Whiteside (ed.). Cambridge University Press.

[126] Nieoullon, A. 2002. "Dopamine and the Regulation of Cognition and Attention," *Progress in Neurobiology, 67*(1), 53–83.

[127] Nisbett, R. 2003. *The Geography of Thought: How Asians and Westerners Think Differently...and Why*. Free Press.

[128] Noda, K. 2008. *Go Strategy*. Accessed 2016. https://www.wikiwand.com/en/Go_strategy.

[129] Norman, D. 1988. *The Design of Everyday Things*. Doubleday.

[130] Norman, D., and S. Draper. 1986. *User-Centered System Design: New Perspectives on Human–Computer Interaction*. L. Erlbaum Associates, Inc.

[131] Novikoff, A. 1945. "The Concept of Integrative Levels and Biology," *Science, 101*, 209–215.

[132] NPS.gov. 2017. *Synchronous Fireflies—Great Smoky Mountains National Park*. Accessed July 24, 2017. https://www.nps.gov/grsm/learn/nature/fireflies.htm.

[133] Olff, M., J. Frijling, L. Kubzansky, B. Bradley, M. Ellenbogen, C. Cardoso, et al. 2013. "The Role of Oxytocin in Social Bonding, Stress Regulation and Mental Health: An Update on the Moderating Effects of Context and Interindividual Differences," *Psychoneuroendocrinology, 38*, 1883–1984.

[134] Pearson, D. 2013. *Where I'm @: A Brief Look at the Resurgence of Roguelikes*. Accessed March 25, 2017.

http://www.gamesindustry.biz/articles/2013-01-30-where-im-a-brief-look-at-the-resurgence-of-roguelikes.

[135] Pecorella, A. 2015. *GDC Vault 2015—Idle Game Mechanics and Monetization of Self-Playing Games.* Accessed June 29, 2017. http://www.gdcvault.com/play/1022065/Idle-Games-The-Mechanics-and.

[136] Piccione, P. 1980. "In Search of the Meaning of Senet," *Archeology,* July–August, 55–58.

[137] Poincare, H. 1901. *La Science et l'Hypothese.* E. Flamarion.

[138] Polansky, L. 2015. *Sufficiently Human.* Accessed December 29, 2016. http://sufficientlyhuman.com/archives/1008.

[139] Popovich, N. 2017. *A Thousand Tiny Tales: Emergent Storytelling in Slime Rancher.* Accessed June 1, 2017. http://www.gdcvault.com/play/1024296/A-Thousand-Tiny-Tales-Emergent.

[140] Quinn, G., C. Maguire, M. Shin, and R. Stone. 1999. "Myopia and Ambient Light at Night," *Nature, 399,* 113–114.

[141] Rafaeli, S. 1988. "Interactivity: From New Media to Communication." In R. P. Hawkins, J. M. Weimann and S. Pingree (eds.), *Advancing Communication Science: Merging Mass and Interpersonal Process* (pp. 110–134). Sage.

[142] Raleigh, M., M. McGuire, G. Brammer, D. Pollack, and A. Yuwiler. 1991. "Serotonergic Mechanisms Promote Dominance Acquisition in Adult Male Vervet Monkeys," *Brain Research, 559*(2): 181–190.

[143] Reilly, C. 2017. *Qualcomm Says 5G Is the Biggest Thing Since Electricity.* Accessed January 10, 2017. https://www.cnet.com/news/qualcomm-ces-2017-keynote-5g-is-the-biggest-thing-since-electricity/?ftag=COS-05-10-aa0a&linkId=33111098.

[144] Reinhart, C., and K. Rogoff. 2010. "Growth in a Time of Debt," *American Economic Review: Papers & Proceedings, 100,* 110–134. Accessed 2016. http://online.wsj.com/public/resources/documents/AER0413.pdf.

[145] Reynolds, C. 1987. "Flocks, Herds, and Schools: A Distributed Behavioral Model." *Computer Graphics,* 21(4), 25–34.

[146] Rollings, A., and D. Morris. 2000. *Game Architecture and Design.* Coriolis.

[147] Routledge, R. 1881. *Discoveries & Inventions of the Nineteenth Century,* 5th ed. George Routledge and Sons.

[148] Russell, J. 1980. "A Circumplex Model of Affect," *Journal of Personality and Social Psychology, 39,* 1161–1178.

[149] Russell, J., M. Lewicka, and T. Nitt. 1989. "A Cross-Cultural Study of a Circumplex Model of Affect," *Journal of Personality and Social Psychology, 57,* 848–856.

[150] Salen, K., and E. Zimmerman. 2003. *Rules of Play—Game Design Fundamentals.* MIT Press.

[151] Schaufeli, W., M. Salanova, V. Gonzales-Roma, and A. Bakker. 2002. "The Measurement of Engagement and Burnout: A Two Sample Confirmatory Factor Analytical Approach," *Journal of Happiness Studies, 3*(1), 71–92.

[152] Schelling, T. 1969. "Models of Segregation," *American Economic Review, 59*(2), 488–493.

[153] Scheytt, P. 2012. *Boids 3D.* Accessed 12 7, 2016. https://vvvv.org/contribution/boids-3d.

[154] Schreiber, I. 2010. *Game Balance Concepts.* Accessed July 4, 2017.
https://gamebalanceconcepts.wordpress.com/2010/07/21/level-3-transitive-mechanics-and-cost-curves/.

[155] Sellers, M. 2013. "Toward a Comprehensive Theory of Emotion for Biological and Artificial Agents,"
Biologically Inspired Cognitive Architectures, 4, 3–26.

[156] Sellers, M. 2012. *What Are Some of the Most Interesting or Shocking Things Americans Believe About
Themselves or Their Country?"* Accessed 2016. https://www.quora.com/What-are-some-of-the-most-
interesting-or-shocking-things-Americans-believe-about-themselves-or-their-country/answer/Mike-Sellers.

[157] Selvin, S. 1975. "A Problem in Probability [letter to the editor]," *American Statistician, 29*(1), 67.

[158] Sempercon. 2014. *What Key Catalyst Is Driving Growth of the Internet of Everything?* Accessed September 3,
2017. http://www.sempercon.com/news/key-catalyst-driving-growth-internet-everything/.

[159] Senge, P. 1990. *The Fifth Discipline.* Doubleday/Currency.

[160] Seong, M. 2000. *Diamond Sutra: Transforming the Way We Perceive the World.* Wisdom Publications.

[161] Sicart, M. 2008. "Defining Game Mechanics," *Game Studies, 8*(2).

[162] Siebert, H. 2001. *Der Kobra-Effekt, Wie Man Irrwege der Wirtschaftspolitik Vermeidet.* Deutsche
Verlags-Anstalt.

[163] Simkin, M. 1992. *Individual Rights* Accessed May 5, 2017. http://articles.latimes.com/1992-01-12/local/
me-358_1_jail-tax-individual-rights-san-diego.

[164] Simler, K. 2014. *Your Oddly Shaped Mind.* Accessed September 3, 2017. http://www.meltingasphalt.com/
the-aesthetics-of-personal-identity-mind/.

[165] Simpson, Z. n.d. *The In-game Economics of Ultima Online.* Accessed September 3, 2017.
http://www.mine-control.com/zack/uoecon/slides.html.

[166] Sinervo, B., and C. Lively. 1996. "The Rock-Paper-Scissors Game and the Evolution of Alternative Male
Strategies," *Nature, 340*, 240-243. Accessed July 3, 2017. http://bio.research.ucsc.edu/~barrylab/lizardland/
male_lizards.overview.html.

[167] Smuts, J. 1927. *Holism and Evolution,* 2nd ed. Macmillan and Co.

[168] *The State Barrier Fence of Western Australia.* n.d. Accessed 2016. http://pandora.nla.gov.au/pan/43156/
20040709-0000/agspsrv34.agric.wa.gov.au/programs/app/barrier/history.htm.

[169] Sundar, S. 2004. "Theorizing Interactivity's Effects," *The Information Society, 20*, 385–389.

[170] Sweller, J. 1988. "Cognitive Load During Problem Solving: Effects on Learning," *Cognitive Science, 12*(2),
257–285.

[171] Swink, S. 2009. *Game Feel.* Morgan Kaufmann.

[172] Taplin, J. 2017. *Move Fast and Break Things: How Facebook, Google, and Amazon Cornered Culture and Undermined Democracy.* Little, Brown and Company.

[173] Teknibas, K., M. Gresalfi, K. Peppler, and R. Santo. 2014. *Gaming the System: Designing with the Gamestar Mechanic.* MIT Press.

[174] Thoren, V. 1989. "Tycho Brahe." In C. Wilson and R. Taton (eds.), *Planetary Astronomy from the Renaissance to the Rise of Astrophysics* (pp. 3–21). Cambridge University Press.

[175] Todd, D. 2007. *Game Design: From Blue Sky to Green Light.* AK Peters, Ltd.

[176] Totilo, S. 2011. *Kotaku.* Accessed January 3, 2017. http://kotaku.com/5780082/the-maker-of-mario-kart-justifies-the-blue-shell.

[177] Tozour, P., et al. 2014. *The Game Outcomes Project.* Accessed July 8, 2017. http://www.gamasutra.com/blogs/PaulTozour/20141216/232023/The_Game_Outcomes_Project_Part_1_The_Best_and_the_Rest.php.

[178] Turner, M. 2016. *This Is the Best Research We've Seen on the State of the US Consumer, and It Makes for Grim Reading.* Accessed September 3, 2017. http://businessinsider.com/ubs-credit-note-us-consumer-2016-6.

[179] U.S. Department of Education and U.S. Department of Labor. 1991. *What Work Requires of Schools: Secretary's Commission on Achieving Necessary Skills Report for America 2000.* U.S. Department of Labor.

[180] Van Der Post, L. 1977. *Jung and the Story of Our Time.* Vintage Books.

[181] Vigen, T. 2015. *Spurious Correlations.* Accessed September 3, 2017. http://www.tylervigen.com/spurious-correlations.

[182] Volterra, V. 1926. "Fluctuations in the Abundance of a Species Considered Mathematically," *Nature, 188,* 558–560.

[183] Wallace, D. 2014. *This Is Water.* Accessed September 3, 2017. https://vimeo.com/188418265.

[184] Walum, H., L. Westberg, S. Henningsson, J. Neiderhiser, D. Reiss, W. Igl, J. Ganiban, et al. 2008. "Genetic Variation in the Vasopressin Receptor 1a Gene (AVPR1A) Associates with Pair-Bonding Behavior in Humans," *Proceedings of the National Academy of Sciences of the United States of America, 105*(37), 14153–14156.

[185] Waters, H. 2010. "Now in 3-D: The Shape of Krill and Fish Schools," *Scientific American.* Accessed December 7, 2016. https://blogs.scientificamerican.com/guest-blog/now-in-3-d-the-shape-of-krill-and-fish-schools/.

[186] Weinberger, D. 2002. *Small Pieces Loosely Joined: A Unified Theory of the Web.* Perseus Publishing.

[187] Wertheimer, M. 1923. "Laws of Organization of Perceptual Forms (*Unterschungen zur Lehre von der Gestalt*)." In W. Ellis (ed.), *A Sourcebook of Gestalt Psychology* (pp. 310–350). Routledge.

[188] White, C. 2008. *Anne Conway: Reverberations from a Mystical Naturalism.* State University of New York Press.

[189] Wiener, N. 1948. *Cybernetics: Or the Control and Communication in the Animal and the Machine.* MIT Press.

[190] Wikipedia. 2009. *Double Pendulum.* Accessed September 3, 2017. https://en.wikipedia.org/wiki/Double_pendulum.

[191] Wilensky, U. 1999. *NetLogo.* Accessed June 1, 2017. http://ccl.northwestern.edu/netlogo.

[192] Wilensky, U., and M. Resnick. 1999. "Thinking in Levels: A Dynamic Systems Approach to Making Sense of the World," *Journal of Science Education and Technology, 8,* 3–19.

[193] Winter, J. 2010. *21 Types of Fun—What's Yours?* Accessed 2017. http://www.managementexchange.com/hack/21-types-fun-whats-yours.

[194] Wittgenstein, L. 1958. *Philosophical Investigations.* Basil Blackwell.

[195] Wohlwend, G. 2017. *Tumbleseed Postmortem.* Accessed June 29, 2017. http://aeiowu.com/writing/tumbleseed/.

[196] Wolf, M., and B. Perron. 2003. *The Video Game Theory Reader.* Routledge.

[197] Woodward, M. 2017. *Balancing the Economy for Albion Online.* Accessed July 7, 2017. http://www.gdcvault.com/play/1024070/Balancing-the-Economy-for-Albion.

[198] *WoWWiki.* n.d. Accessed July 6, 2017. http://wowwiki.wikia.com/wiki/Formulas:XP_To_Level.

[199] Yantis, S., and J. Jonides. 1990. "Abrupt Visual Onsets and Selective Attention: Voluntary Versus Automatic Allocation," *Journal of Experimental Psychology: Human Perception and Performance, 16,* 121–134.

[200] Yee, N. 2016a. *7 Things We Learned About Primary Gaming Motivations from over 250,000 Gamers.* Accessed March 10, 2017. http://quanticfoundry.com/2016/12/15/primary-motivations/.

[201] —. 2016b. *Gaming Motivations Align with Personality Traits.* Accessed March 20, 2017. http://quanticfoundry.com/2016/01/05/personality-correlates/.

[202] —. 2017. *GDC 2017 Talk Slides.* Accessed March 20, 2017. http://quanticfoundry.com/gdc2017/.

[203] Yerkes, R., and Dodson, J. 1908. "The Relation of Strength of Stimulus to Rapidity of Habit-Formation," *Journal of Comparative Neurology and Psychology, 18,* 459–482.

[204] Zald, D., I. Boileau, W. El-Dearedy, R. Gunn, F. McGlone, G. Dichter, and A. Dagher. 2004. "Dopamine Transmission in the Human Striatum During Monetary Reward Tasks," *Journal of Neuroscience,* 24(17), 4105–4112.